Berechnung der Messunsicherheit

Jetzt diesen Titel zusätzlich als E-Book downloaden und 70 % sparen!

Als Käufer dieses Buchtitels haben Sie Anspruch auf ein besonderes Kombi-Angebot: Sie können den Titel zusätzlich zum Ihnen vorliegenden gedruckten Exemplar für nur 30 % des Normalpreises als E-Book beziehen.

Der BESONDERE VORTEIL: Im E-Book recherchieren Sie in Sekundenschnelle die gewünschten Themen und Textpassagen. Denn die E-Book-Variante ist mit einer komfortablen Volltextsuche ausgestattet!

Deshalb: Zögern Sie nicht. Laden Sie sich am besten gleich Ihre persönliche E-Book-Ausgabe dieses Titels herunter.

In 3 einfachen Schritten zum E-Book:

❶ Rufen Sie die Website **www.beuth.de/e-book** auf.

❷ Geben Sie hier Ihren persönlichen, nur einmal verwendbaren E-Book-Code ein:

2988964585K4F8F

❸ Klicken Sie das „Download-Feld" an und gehen dann weiter zum Warenkorb. Führen Sie den normalen Bestellprozess aus.

Hinweis: Der E-Book-Code wurde individuell für Sie als Erwerber dieses Buches erzeugt und darf nicht an Dritte weitergegeben werden. Mit Zurückziehung dieses Buches wird auch der damit verbundene E-Book-Code für den Download ungültig.

Berechnung der Messunsicherheit

Michael Krystek

Berechnung der Messunsicherheit

Grundlagen und Anleitung für die praktische Anwendung

3., erweiterte Auflage 2020

Herausgeber:
DIN Deutsches Institut für Normung e. V.

Beuth Verlag GmbH · Berlin · Wien · Zürich

Herausgeber: DIN Deutsches Institut für Normung e. V.

Berlin · Wien · Zürich
Saatwinkler Damm 42/43
13627 Berlin

Telefon: +49 30 2601-0
Telefax: +49 30 2601-1260
Internet: www.beuth.de
E-Mail: kundenservice@beuth.de

Titelbild: © Sergei Dvornikov – stock.adobe.com
Satz: Michael Krystek
Druck: COLONEL, Kraków
Gedruckt auf säurefreiem, alterungsbeständigem Papier nach DIN EN ISO 9706

ISBN 978-3-410-29889-2
ISBN (E-Book) 978-3-410-29890-8

Geleitwort

Vor etwa 20 Jahren hat die Veröffentlichung des *Leitfadens zur Angabe der Unsicherheit beim Messen* (engl.: *Guide to the Expression of the Uncertainty in Measurement (GUM)*) ein neues Denken in der quantitativen Bewertung und Angabe der Güte von Messergebnissen initiiert. Es schien ein vollständiger Bruch mit den klassischen statistischen Auswertemethoden und dem metrologischen Konzept der Fehlerrechnung zu sein. Der GUM, der gemäß den Ideen von Bayes und Laplace eine durchgehende probabilistische Interpretation von Kenntnissen über messbare Größen einführt, diese auch klassischen statistischen Auswerteformeln unterlegt, führt als etwas wesentlich Neues auch Elemente der Informationstheorie in Form der sogenannten Bewertungsmethode Typ-B zur Behandlung nichtstatistischer Kenntnisse in die praktische Messdatenauswertung ein. Damit gelingt Zweierlei: die gleichartige Behandlung von statistischer und nichtstatistischer Information sowie die Anpassung der Messdatenauswertung an die Entwicklung der modernen digitalen Messtechnik, in der die Reproduzierbarkeit/Wiederholbarkeit von Messergebnissen eine nachrangige Bedeutung im Vergleich zu den unbekannten systematischen Effekten hat.

Allerdings ist der GUM weder als Textbuch noch als normatives Dokument formuliert, und weder stellt er sich ganz in den Kontext der Bayesschen Wahrscheinlichkeitstheorie noch in den der klassischen Stochastik. Für den praktischen Messtechniker und die Qualitätsingenieure, aber auch für Studierende technischer und naturwissenschaftlicher Fachrichtungen, die alle auch über Expertise in der statistischen Analyse verfügen, hat dies bisher ein Problem bereitet: Es entstand der Eindruck eines „sich entscheiden Müssens" bzw. gar der Unverträglichkeit der zugrunde liegenden Konzepte.

Eine zusammenfassende Darstellung des Gebietes von den messtechnischen Grundlagen über die Theoreme der Wahrscheinlichkeitsrechnung und die Regeln der Statistik sowie unter konsistenter Einbeziehung der Bayes-Laplace-Theorie bis zum praktischen Konzept der Messunsicherheitsbestimmung hat bisher in der deutschsprachigen Literatur gefehlt.

Der Autor Michael Krystek, der über langjährige praktische Erfahrung auf allen genannten Gebieten in Anwendung und Lehre verfügt, hat sich mit Erfolg dieser nicht einfachen, aber wichtigen Aufgabe angenommen. Sein nunmehr vorliegendes Buch „Berechnung der Messunsicherheit — Grundlage und Anleitung für die praktische Anwendung" meistert nicht nur souverän den erforderlichen Brückenschlag von der Messtechnik bis zur Bayes-Messdatenauswertung, sondern behandelt auch wichtige aktuelle Teilbereiche, die in ihrer Darstellung und

Verständlichkeit deutlich über die vorliegenden GUM-Dokumente hinausgehen, wie beispielsweise die multivariaten Ausgangsgrößen, die Ausgleichsrechnung, Korrelationen in der Messtechnik sowie die Modellbildung.

Dem Autor ist es gelungen, dem Buch eine klare und logische Gliederung zu geben und selbst komplex aussehende mathematische Zusammenhänge verständlich darzustellen. Gut durchdachte und einfache Beispiele in allen Kapiteln runden dieses Konzept ganz im Sinne des Buchtitels ab. Es bereitet viel Freude, das breite Gebiet der Messdatenauswertung und Messunsicherheitsbestimmung eingebettet in seinen klassischen Grundlagen von Wahrscheinlichkeitsrechnung und Statistik sowie in Konsistenz mit aktuellen Entwicklungen und Ansätzen zu sehen. Das hier vorliegende Buch ist daher allen Metrologen, Natur- und Technikwissenschaftlern, praktisch in Messtechnik und Qualitätssicherung tätigen Ingenieuren sowie gleichermaßen Hochschullehrern und Studierenden zur Lektüre ausdrücklich zu empfehlen.

Prof. Dr.-Ing Klaus-Dieter Sommer
Vorsitzender des GMA-Fachbereiches
Grundlagen und Methoden der Mess-
und Automatisierungstechnik

Vorwort zur 1. Auflage

Ein vollständiges Messergebnis besteht aus dem Wert der gemessenen Größe und der ihm beigeordneten Messunsicherheit.

Durch die Einführung des *Leitfadens zur Angabe der Unsicherheit beim Messen (GUM)* vor fast zwanzig Jahren ist die Berechnung dieser Werte international vereinheitlicht worden. Dies war wegen der Globalisierung des Handels und des weltweiten Gebrauchs des Internationalen Einheitensystems (SI) notwendig geworden, damit die Ergebnisse von in verschiedenen Ländern vorgenommenen Messungen leicht miteinander verglichen werden können.

Vor der Einführung des GUM wurde zur Berechnung der Messunsicherheit die sogenannte „Fehlerrechnung" angewendet. Diese hatte jedoch den Nachteil, dass nur die Messdaten allein zur Berechnung eines besten Schätzwertes der Messgröße und ihrer Unsicherheit herangezogen werden konnten. Zusätzlich vorhandene Information, wie z. B. Vorkenntnisse über die Messgröße und die Eigenschaften des Messgerätes oder Kenntnisse über nicht direkt gemessene Einflussgrößen ließen sich nicht in die Auswertung mit einbeziehen. Insbesondere stellte die Behandlung systematischer Messabweichungen ein Problem dar.

Seit der Veröffentlichung des GUM sind immer wieder Stimmen zu hören, dass dieses Dokument für den Anwender zu kompliziert sei. Dies ist zum Teil richtig und zum Teil falsch. Wer nur die Regeln des GUM *anwenden* will, für den gibt der GUM klare Anweisungen, wie zu verfahren ist. Das Problem ist wohl eher, die Regeln des GUM auch zu *verstehen*. Das vorliegende Buch versucht diese Lücke zu schließen, indem es sich nicht als ein „Leitfaden für den Leitfaden" versteht, sondern dem Leser die im GUM fehlende Information bereitstellt.

Bei der Anwendung der Methoden des GUM auf die in der Realität vorkommenden Probleme gibt es im Wesentlichen zwei Schwierigkeiten für den Anwender, nämlich die Modellbildung und die sinnvolle und korrekte Anwendung der Ermittlungsmethode B. Wenn diese beiden Schwierigkeiten überwunden sind, kann die Auswertung der Messdaten mit den heute vorhandenen Programmen zur Berechnung der Messunsicherheit erledigt werden. Deshalb konzentriert sich dieses Buch auf diese beiden Aspekte der Messdatenauswertung.

Das erste Kapitel dient der Einführung und soll den Leser motivieren, sich mit den Methoden der Messdatenauswertung intensiver auseinanderzusetzen. Das zweite Kapitel geht dann auf die Grundbegriffe der Messtechnik ein, die ausführlich erläutert werden. Diese Begriffe sind dem Messtechniker vertraut, aber sie haben zum Teil in der Vergangenheit einen Bedeutungswandel erfahren, der sich in den neuen Normen und Richtlinien widerspiegelt.

Die Modellbildung setzt sehr viel Erfahrung voraus, und jedes neue Modell stellt meistens wieder eine Herausforderung dar. Um dem Anwender eine Hilfestellung beim Aufstellen von Modellen zu geben, wurden im dritten Kapitel Hinweise und allgemeingültige Regeln zusammengestellt, deren Beachtung insbesondere bei komplexen Modellen viel Ärger vermeiden kann. Dabei wird auch auf die im GUM verwendeten linearen und quadratischen Näherungsverfahren und ihre Grenzen ausführlich eingegangen.

Eine korrekte Anwendung der Methoden des GUM und eine Bewertung der damit erhaltenen Ergebnisse setzt Grundkenntnisse der Wahrscheinlichkeitstheorie und der mathematischen Statistik voraus, ohne die sich diese Methoden für kompliziertere Messaufgaben nicht einsetzen lassen. Dies gilt insbesondere für die Ermittlungsmethode B, die auf Wahrscheinlichkeitsverteilungen und einer Interpretation der Wahrscheinlichkeit beruht, die vielen Anwendern nicht vertraut ist. Um den Sinn der im GUM festgelegten Regeln zu verstehen, ist zusätzliches Wissen notwendig. Dieses Wissen zu vermitteln, ist die Aufgabe der Kapitel vier und fünf, die den Hauptteil dieses Buches darstellen.

Im letzten Kapitel wird die traditionelle Methode der Messdatenauswertung mit den Methoden des GUM verglichen, um dem Leser zu ermöglichen, Unterschiede und Gemeinsamkeiten zu erkennen. Dieser Vergleich ist durchaus kritisch und zeigt, dass es im GUM noch Verbesserungspotenzial gibt.

Michael Krystek

Vorwort zur 2. Auflage

Der gesamte Text wurde für die zweite Auflage gründlich überarbeitet, um ihn noch besser verständlich zu machen. Dabei wurden auch Fehler beseitigt, auf die mich einige Leser hingewiesen haben. Zusätzlich wurde das Buch um zwei weitere Abschnitte erweitert. Zum Kapitel 3 wurde ein Abschnitt über graphische Modellierung hinzugefügt, zum Kapitel 4 ein Abschnitt über Abschätzungen. Außerdem wurde das Buch um eine Liste der Definitionen, eine Liste der Theoreme und ein Symbolverzeichnis ergänzt.

Berlin, im Juni 2015 Michael Krystek

Vorwort zur 3. Auflage

Der Text wurde für die dritte Auflage überarbeitet um die Änderungen zu berücksichtigen, die sich durch die Revision des Internationalen Einheitensystems (SI) ergeben haben. Noch vorhandene Fehler im Text der 2. Auflage, auf die mich Leser dankenswerterweise hingewiesen haben, wurden korrigiert. Außerdem wurden noch ein Anhang über multivariate Unsicherheitsberechnungen und ein Anhang über systematische Messabweichungen hinzugefügt. Damit gibt es nun inhaltlich keinen Unterschied mehr zwischen der dritte Auflage dieses Buches und der bereits erschienenen englischen Fassung.

Berlin, im Februar 2020 Michael Krystek

Inhaltsverzeichnis

1 Einleitung

Ich bin bereit zuzugestehen, dass alle Daten eine gewisse Unsicherheit haben und deshalb, wenn möglich, durch zusätzliche Daten bestätigt werden sollten.

(Bertrand Russell, 1940)

Messungen werden durchgeführt, um den Wert einer Größe zu bestimmen. Wir werden dabei aber immer mehr oder weniger große Abweichungen vom tatsächlich vorliegenden Wert erhalten. Dies ist selbst dann der Fall, wenn wir bei der Messung so sorgfältig wie möglich vorgehen. Den wahren Wert einer Messgröße können wir grundsätzlich nicht ermitteln. Er bleibt eine Fiktion. Um die Zuverlässigkeit einer Messung einschätzen zu können und die Vergleichbarkeit von Messergebnissen zu ermöglichen, ist daher immer eine Angabe der Messunsicherheit notwendig. Diese Forderung ist im Bereich der wissenschaftlichen und technischen Messtechnik seit langem selbstverständlich. Zunehmend spielt sie auch bei alltäglichen Messungen eine Rolle.

1.1 Die Bedeutung der Messunsicherheit

Das Messen ist in unserem Alltag allgegenwärtig, auch wenn es den meisten Menschen nicht unmittelbar bewusst wird. Beispiele sind die Zeitmessung mit unseren Uhren, die Geschwindigkeitsmessung mit dem Tachometer in unserem Auto, die Volumenmessung an der Zapfsäule der Tankstelle, die Bestimmung des Gewichts[1] vieler Artikel im Supermarkt oder die Messung des Verbrauchs

[1]Korrekterweise sollten wir von einer Bestimmung der Masse sprechen, aber im Alltag wird zwischen Masse und Gewicht meistens kein Unterschied gemacht.

von Wasser, Gas und Strom im Haus. In der Medizin wird die Körpertemperatur gemessen oder die Konzentration von bestimmten Stoffen im Blut oder Urin, um Rückschlüsse auf den Gesundheitszustand eines Menschen zu ermöglichen. Die Konzentration von Schadstoffen in Wasser, Luft und Boden wird bestimmt, die Belastung durch ultraviolette Strahlung oder durch radioaktive Stoffe, die Konzentration von Alkohol in Getränken, um die Steuer festzusetzen, oder in der Atemluft, um einen Verstoß gegen geltende Vorschriften festzustellen usw. Die moderne Gesellschaftsordnung ist ohne die Messtechnik nicht mehr vorstellbar. Die Messtechnik selbst hat sich dabei inzwischen zu einer eigenständigen Wissenschaft entwickelt.

Das Bedürfnis der Menschheit, zu messen und zu wägen, ist sehr alt. Bereits zu Beginn der Zivilisation in vorchristlicher Zeit haben die Menschen Maße verwendet und Messungen durchgeführt. Diese beruhten auf astronomischen Beobachtungen, den Proportionen des menschlichen Körpers oder auf einem Vergleich mit Objekten der Umwelt. Alte Maßeinheiten, wie die Zeiteinheiten Jahr und Tag, die Längeneinheiten Elle und Fuß oder die Leistungseinheit Pferdestärke erinnern uns heute noch daran.

Die Vergleichbarkeit von Messungen wurde zunächst durch willkürlich festgelegte Maßverkörperungen — wie z. B. die Länge des Fußes oder der Elle des gerade regierenden Herrschers — sichergestellt. Im Mittelalter wurden die Maßverkörperungen an gut zugänglichen Plätzen, wie den Außenmauern von Kirchen und Rathäusern angebracht. Durch Vergleich konnten bestimmte Eigenschaften von Objekten quantifiziert und die Gerechtigkeit von Tausch und Handel zumindest lokal einigermaßen sichergestellt werden. Die Messunsicherheit im heutigen Sinne spielte zu diesem Zeitpunkt noch keine Rolle.

Die Entwicklung der Naturwissenschaften und der Technik erforderte eine immer präzisere Messtechnik. Erst eine quantitative Beschreibung der Naturerscheinungen aufgrund von Messungen mit einer möglichst kleinen Unsicherheit ermöglichte eine mathematische Formulierung der Naturgesetze und ihre verlässliche Anwendung durch die Technik. Neue naturwissenschaftliche Erkenntnisse ermöglichten andererseits wieder eine Weiterentwicklung der Messtechnik und eine Steigerung ihrer Genauigkeit. Dabei stellte sich bald heraus, dass Messergebnisse mit mehr oder weniger großen Unsicherheiten behaftet sind, deren Ursachen untersucht und die quantifiziert werden müssen.

Der Übergang von der Einzelstückfertigung der Handwerker und Manufakturen zur Massenfertigung während der Industrialisierung wurde erst durch verlässliche Messergebnisse möglich, aber auch die heutige Globalisierung von Handel und Produktion setzt — neben einem international vereinbarten System von Maßeinheiten — ein hohes Vertrauen in die Vergleichbarkeit von Messergebnissen voraus, die ohne eine quantitative Angabe über die Genauigkeit einer Messung nicht möglich ist. Die Angabe einer dem Messwert beigeordneten Messunsicherheit dient diesem Zweck.

Wir wollen die Bedeutung einer quantitativen Angabe der Messgenauigkeit noch durch einige willkürlich herausgegriffene Beispiele verdeutlichen.

In vielen Bereichen müssen Messwerte mit Grenzwerten verglichen werden. In der Produktion wird dadurch zum Beispiel die Einhaltung der durch den Konstrukteur vorgegebenen Spezifikationen überprüft, in der Medizin die Entscheidung über das Vorliegen einer Erkrankung erleichtert oder im gesetzlichen Messwesen die Überwachung von Vorschriften ermöglicht. In allen diesen Fällen lässt sich mithilfe der Messunsicherheit entscheiden, ob ein Messergebnis mit großer Wahrscheinlichkeit innerhalb der vorgegebenen Grenzen liegt oder ob die Anforderungen nicht mehr erfüllt werden. Liegt der gemessene Wert sehr dicht bei einem der vorgegebenen Grenzwerte, dann besteht ein größeres Risiko, dass das gemessene Merkmal den festgelegten Anforderungen möglicherweise nicht entspricht. Die dem Messergebnis beigeordnete Messunsicherheit ist dann ein wichtiges Hilfsmittel, um dieses Risiko realistisch einzuschätzen und dadurch eine vernünftige Entscheidung treffen zu können.

Im Falle einer Produkthaftung muss möglicherweise vor Gericht der Nachweis geführt werden, dass die bei der Herstellung und Freigabe des fraglichen Produktes verwendeten Messprozesse geeignet waren. Ohne einen solchen Nachweis unter Berücksichtigung der Messunsicherheit lassen sich Zweifel an den Messergebnissen, die der Bewertung der wesentlichen Produktmerkmale zugrunde gelegt worden sind, nicht sicher ausräumen.

Damit wir Vertrauen in die Richtigkeit von Messergebnissen haben können, müssen die verwendeten Messgeräte oder Messsysteme auf die Einhaltung ihrer Spezifikationen überprüft werden. Auch in diesem Fall spielt die Angabe der Messunsicherheit eine wesentliche Rolle.

In der medizinischen und pharmazeutischen Forschung muss die Wirksamkeit oder gegebenenfalls die Schädlichkeit von neuen Medikamenten nachgewiesen werden. Dazu werden Versuchsreihen durchgeführt. Eine Beurteilung der Signifikanz der sich dabei ergebenden Messergebnisse ist ohne die Kenntnis der Messunsicherheit nicht möglich.

In den Naturwissenschaften werden neue Theorien stets durch Messung der durch sie vorhersagbaren Phänomene überprüft oder bestehende Theorien erweisen sich durch auftretende Widersprüche zu neuen Messergebnissen möglicherweise als falsch oder unzureichend. Spektakuläre Beispiele dieser Art waren zu Beginn des vorigen Jahrhunderts die allgemeine Relativitätstheorie, durch die A. Einstein die beobachteten Abweichungen in der Bahnbewegung des Planeten Merkur erklären konnte, die mit der klassischen Mechanik von I. Newton nicht in Übereinstimmung zu bringen waren, oder die Annahme der Quantisierung der Energie, durch die M. Planck die Abweichungen vom Wienschen Strahlungsgesetz erklären konnte, die bei sorgfältig durchgeführten Messungen durch Wissenschaftler der Physikalisch-Technischen Reichsanstalt[2] nachgewiesen werden konnten und die heute als Geburtsstunde der Quantentheorie angesehen werden. In beiden Fällen spielte die Genauigkeit der Messergebnisse eine entscheidende Rolle. Die dem Messergebnis beigeordnete Messunsicherheit dient als ein Maß für diese Genauigkeit.

1.2 Das Wesen der Messunsicherheit

Die im vorhergehenden Abschnitt angeführten Beispiele verdeutlichen, dass die Messunsicherheit keine negative Bedeutung hat oder einen Mangel der Messung beschreibt, sondern dass ihre Angabe dazu dient, die Qualität eines Messergebnisses zu beurteilen. Die Messunsicherheit ist damit ein wesentlicher Bestandteil jedes vollständigen Messergebnisses.

Was aber meinen wir genau, wenn wir sagen, dass einem Messergebnis eine Messunsicherheit beigeordnet ist? Worüber sind wir eigentlich unsicher? Was genau ist das Wesen der Messunsicherheit?

Um diese Fragen zu beantworten, müssen wir zunächst einmal feststellen, dass wir schon vor der Durchführung einer Messung bestimmte Kenntnisse über die möglichen Werte der uns interessierenden Messgröße besitzen. Wäre das nämlich nicht der Fall, dann könnten wir keine Messung durchführen. Bereits die Wahl eines geeigneten Messgeräts setzt in der Regel voraus, dass wir bereits etwas über den Wert der Messgröße wissen.

Eine Krankenschwester greift z. B. zum Fieberthermometer und nicht zu einem Kochthermometer, um die Körpertemperatur eines Patienten zu bestimmen, weil sie genau weiß, in welchem Bereich der Wert der zu messenden Temperatur zu erwarten ist. Über den genauen Wert der Temperatur ist sie allerdings unsicher. Deshalb nimmt sie die Messung vor.

Physiker konstruieren aufwendige und häufig sehr teure Messsysteme, die auf ihren bereits vorhandenen Kenntnissen beruhen und verändern sie entsprechend, wenn neue Erkenntnisse vorliegen, denn die Suche nach neuen wissen-

[2] heute Physikalisch-Technische Bundesanstalt (PTB)

schaftlichen Erkenntnissen ist stets ein iterativer Prozess. Neue Messungen werden auf der Grundlage der aus den vorhergehenden Messungen gewonnenen Information durchgeführt.

Der Zweck einer Messung ist also, zusätzliche Kenntnisse zu erhalten und damit die Unsicherheit über den Wert einer Messgröße möglichst zu verringern. Wir sind aber bezüglich dieses Wertes niemals vollständig unwissend, unser Wissen ist lediglich unvollkommen.

Als Ergebnis einer Messung erhalten wir einen Wert der interessierenden Messgröße. Aber dieser Wert kann nicht vollkommen genau sein, wie wir uns leicht klar machen können.

Die Krankenschwester hat zwar aufgrund ihrer Kenntnis über den zu erwartenden Temperaturbereich ein geeignetes Thermometer ausgewählt, aber weshalb kann sie über die Genauigkeit der Anzeige dieses Thermometers sicher sein? Auch die Eichung eines Fieberthermometers ist mit einer Unsicherheit behaftet. Aber selbst wenn das nicht der Fall wäre, das Thermometer also als ideal angenommen werden dürfte, kann die Ablesung der Temperatur auf der Skala nicht beliebig genau erfolgen. Es lassen sich noch weitere Gründe finden, warum sich die Körpertemperatur des Patienten nicht genau bestimmen lässt, wie z. B. dass man nicht sicher sein kann, ob sich ein Temperaturgleichgewicht eingestellt hat, oder ob der Wärmeübergang an der Stelle, an der gemessen wurde, möglicherweise unzureichend war.

Jede Messung ist unvollkommen und ist Einflüssen unterworfen, die sich in der Regel nicht genau quantifizieren lassen, oder die uns zum Teil noch nicht einmal vollständig bekannt sind. Diese Einflüsse können vom Messobjekt selbst herrühren (die nicht ideale geometrische Form eines Ziegelsteins erlaubt es z. B. nicht, seine Abmessungen genau zu ermitteln) oder vom Messgerät (z. B. eine Nullpunktabweichung, eine Linearitätsabweichung oder eine Unvollkommenheit der Skalenteilung), sie können auf Umgebungseinflüsse zurückzuführen sein (z. B. Schwankungen der Temperatur, des Luftdrucks und der Luftfeuchtigkeit) oder auf den Bediener des Messgeräts (z. B. eine Ungenauigkeit oder ein Fehler bei der Ablesung der Anzeige, ja sogar eine Voreingenommenheit bezüglich des zu erwartenden Messwertes). Schließlich spielt auch die Wahl eines geeigneten Messverfahrens eine Rolle oder die Stabilität eines für die Kalibrierung des Messgeräts verwendeten Normals oder Referenzmaterials.

Ein weiterer Grund für die Messunsicherheit ist, dass wir uns oft nicht darüber klar sind, was wir messen. Die ungenaue Festlegung der Messgröße und die unvollkommene Modellierung der Messung sind dann ebenfalls ein Beitrag zur Messunsicherheit, der leider häufig unbeachtet bleibt.

Bisher ist noch nicht davon die Rede gewesen, dass wir aus Erfahrung wissen, dass wir bei einer mehrfachen Wiederholung einer Messung unter sonst gleichen Bedingungen in der Regel nicht den gleichen Messwert erhalten. Wir beobachten, dass Messwerte unregelmäßigen Schwankungen unterliegen, selbst dann, wenn wir uns bemühen, die Messbedingungen möglichst konstant zu halten und systematische Einflussgrößen unter Kontrolle zu bringen.

Eine zufriedenstellende Erklärung der Schwankungen von Messwerten ist bis heute nicht gelungen, obwohl es in der Vergangenheit nicht an Versuchen gemangelt hat, diesen Zustand zu ändern. Wir sprechen in diesem Zusammenhang von „zufälligen“ Schwankungen, ohne dass wir sagen könnten, was das Attribut „zufällig“ denn eigentlich genau bedeutet.

Wenn wir diese mehr philosophische Betrachtung beiseite lassen, dann können wir uns lediglich auf eine möglichst genaue Beschreibung des Phänomens selbst beschränken. Zu diesem Zweck ist in den vergangenen Jahrhunderten eine leistungsfähige mathematische Disziplin entwickelt worden — die Wahrscheinlichkeitstheorie — die es erlaubt, die Gesetzmäßigkeiten zu formulieren, denen die Schwankungen der Messwerte offenbar zu folgen scheinen. Darauf beruht letztlich die heutige Auswertung unserer Messdaten einschließlich der Berechnung der Messunsicherheit zur Einschätzung ihrer Genauigkeit.

Wir haben gesehen, dass durch die Messunsicherheit unsere unvollkommenen Kenntnisse bezüglich des Wertes einer Messgröße charakterisiert werden. Sie kann aber nicht allein auf zufällige Schwankungen des Messwertes zurückgeführt werden. Die Erkenntnis, dass es zwei ihrem Wesen nach verschiedene Beiträge zur Messunsicherheit gibt, ist lange bekannt, aber die Diskussion über ihre korrekte Behandlung beschäftigt uns bis heute.

2 Grundbegriffe der Messtechnik

> Eine Größe messen heißt, dieselbe durch eine Zahl darstellen, welche angibt, wie oft die zu Grunde gelegte Einheit in der gemessenen Größe enthalten ist.
>
> *(Friedrich Kohlrausch, 1887)*

Die Ermittlung von Messergebnissen erfolgt durch Auswerteverfahren, die auf der Anwendung mathematischer Methoden beruhen. Für jede Lösung einer mathematischen Aufgabe ist aber eine eindeutige Festlegung der verwendeten Begriffe erforderlich. Wir werden uns deshalb in diesem Kapitel mit den für die Berechnung von Messergebnissen wesentlichen Grundbegriffen der Messtechnik beschäftigen. Dabei werden wir uns hauptsächlich auf die in der deutschen Norm DIN 1319-1:1995 [DIN1995] und in der derzeit gültigen, im Jahre 2010 erschienenen, korrigierten 3. Auflage des internationalen Wörterbuchs der Metrologie (*International vocabulary of metrology — Basic and general concepts and associated terms (VIM), Corrected version 2010,* deutsche Übersetzung 2011 [VIM]) festgelegten Begriffe und Definitionen beziehen.

2.1 Größen, Größenwerte, Einheiten

Der Begriff „Größe" hat in der Umgangssprache mehrere Bedeutungen. Er kann z. B. für die Abmessungen irgendeines Objekts oder für die Körpergröße eines Menschen stehen. In der Messtechnik ist dieser Begriff aber mehr im Sinne einer „physikalischen Größe" zu verstehen, d. h. als ein quantitativ bestimmbares Merkmal (spezielle Eigenschaft) eines Objektes. Man sagt auch, das Objekt sei der *Träger* des Merkmals.

Ein Objekt ist in der Regel gleichzeitig Träger mehrerer Merkmale, wie z. B. Länge, Masse, Volumen, Temperatur, Härte, Farbe, Geruch, usw., aber nicht alle seine Merkmale müssen quantifizierbar sein. Die nicht quantifizierbaren Merkmale, wie z. B. Farbe oder Geruch, heißen Nominalmerkmale[3] (VIM:2010, 1.30) und sind keine Größen.

Ein Objekt muss nicht notwendigerweise materieller Art sein, d. h. ein Körper oder eine Substanz, sondern es kann auch ein Phänomen sein, d. h. ein Vorgang oder ein Zustand, wie z. B. eine Strahlung (Licht, ionisierende Strahlung) oder ein elektromagnetisches Feld.

Im Wörterbuch der Metrologie finden wir die folgende Definition für den Begriff „Größe" (VIM:2010, 1.1):

Definition 2.1 (Größe)
Eine Größe ist eine Eigenschaft eines Phänomens, eines Körpers oder einer Substanz, wobei die Eigenschaft einen Wert hat, der durch eine Zahl und eine Referenz ausgedrückt werden kann.

Eine Größe ist entsprechend der Definition 2.1 zunächst lediglich ein Skalar. Vektoren oder Tensoren, deren Komponenten Größen sind, können jedoch ebenfalls als Größen angesehen werden.

Formelzeichen für Größen werden grundsätzlich *kursiv* geschrieben. Sie sind in der Normenreihe ISO/IEC 80000 *Größen und Einheiten* festgelegt. Ein Formelzeichen kann unterschiedliche Größen angeben.

Der Oberbegriff Größe lässt sich hierarchisch noch in verschiedene Unterbegriffe unterteilen, so wie dies am Beispiel der Größe *Länge* als Oberbegriff in der Abbildung 2.1 gezeigt ist. Diese Größen sind alle von der gleichen Größenart.

Eine Größe hat einen Wert. Dieser Wert wird als „Größenwert" bezeichnet und ist folgendermaßen definiert (VIM:2010, 1.19):

Definition 2.2 (Größenwert)
Ein Größenwert ist ein Zahlenwert und eine Referenz, die zusammen eine Größe quantitativ angeben.

Die Referenz in dieser Definition kann entweder eine Maßeinheit oder ein Messverfahren oder ein Referenzmaterial oder eine Kombination davon sein. Was unter einer Referenz in diesem Sinne zu verstehen ist, lässt sich am einfachsten durch einige Beispiele verdeutlichen (VIM:2010, 1.19):

[3] Der Wert eines Nominalmerkmals sollte nicht mit dem *Nennwert* verwechselt werden.

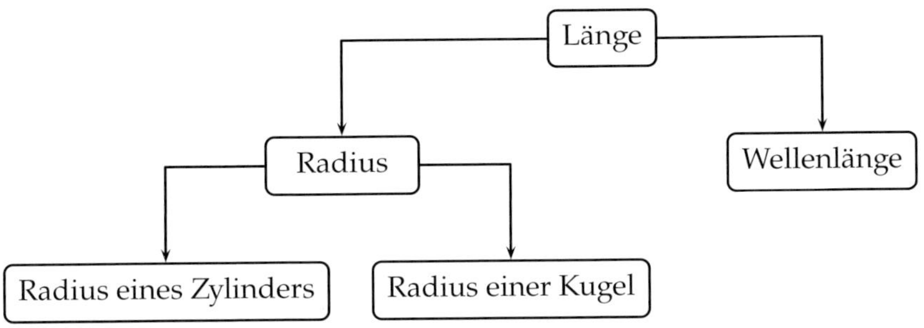

Abbildung 2.1 Hierarchische Unterteilung einer Größe.

Beispiel 2.1

1. Länge eines Stabes: 5,34 m oder 534 cm
2. Masse eines Körpers: 0,152 kg oder 152 g
3. Krümmung eines Bogens: $112\,\mathrm{m}^{-1}$
4. Temperatur einer Probe: −5 °C
5. Impedanz eines elektrischen Netzwerkelements bei einer betrachteten Frequenz, wobei j die imaginäre Einheit ist: (7 + 3j) Ω
6. Brechzahl einer Glasprobe: 1,32
7. Rockwellhärte HRC einer Probe: 43,5 HRC
8. Massenanteil von Cd in einer Kupferprobe: 3 µg/kg oder $3\cdot 10^{-9}$
9. Molalität von Pb^{2+} in einer Wasserprobe: 1,76 µmol/kg
10. Irgendeine Stoffmengenkonzentration von Lutropin in einer Plasmaprobe (Internationaler Standard der WHO 80/552): 5,0 IE/l
11. Eine Kraft, z. B. in kartesischen Koordinaten

$$\boldsymbol{F} = \begin{pmatrix} F_x \\ F_y \\ F_z \end{pmatrix} = \begin{pmatrix} 31{,}5\ \mathrm{N} \\ 43{,}2\ \mathrm{N} \\ 17{,}0\ \mathrm{N} \end{pmatrix}$$

Wir sehen an diesen Beispielen, dass ein Größenwert — je nach Art der Referenz — entweder

- das Produkt aus einer Zahl und einer Maßeinheit (siehe Beispiele 1, 2, 3, 4, 5, 8 und 9) oder
- eine Zahl und eine Referenz zu einem Messverfahren (siehe Beispiel 7) oder
- eine Zahl und ein Referenzmaterial (siehe Beispiel 10)

sein kann. Die Maßeinheit Eins wird für Größen der Dimension Zahl[4] generell nicht angegeben (Beispiele 6 und 8). Die Zahl kann komplex sein (Beispiel 5). Ein Größenwert kann auf mehr als eine Weise dargestellt werden (Beispiele 1, 2 und 8). Im Falle von Vektor- oder Tensorgrößen hat jede Komponente einen Größenwert (Beispiel 11).

Streng genommen müssen wir Größen und Größenwerte immer unterscheiden. Statt „Höhe eines Berges" oder „Geschwindigkeit eines Fahrzeugs" müsste es korrekterweise „Wert der Höhe eines Berges" oder „Wert der Geschwindigkeit eines Fahrzeugs" heißen, weil „Höhe" oder „Geschwindigkeit" Größen und keine Größenwerte bezeichnen. Im Alltag wird dieser Unterschied aber nicht gemacht, weil jeder aus dem Sinnzusammenhang versteht, was eigentlich gemeint ist. Wir werden im Folgenden diesem Sprachgebrauch folgen und aus dem gleichen Grund auch jeweils das gleiche Formelzeichen für Größen und Größenwerte verwenden. So bedeutet z. B. das Zeichen X sowohl die Größe X selbst, als auch den Größenwert von X. Nur für den Fall, dass unklar sein sollte, was gemeint ist, werden wir einen entsprechenden Zusatz hinzufügen.

Wie wir bereits an den Beispielen sehen konnten, besteht ein Größenwert aus einem Zahlenwert und einer Maßeinheit. Der Begriff „Maßeinheit" ist wie folgt definiert (VIM:2010, 1.9):

Definition 2.3 (Maßeinheit)
Eine Maßeinheit ist ein reeller skalarer Größenwert, durch Vereinbarung definiert und angenommen, mit dem jeder andere Größenwert einer Größe gleicher Art verglichen werden kann, um das Verhältnis der beiden Größenwerte als Zahl auszudrücken.

Einheiten von Größen gleicher Dimension können mit demselben Namen und Einheitenzeichen bezeichnet sein, auch wenn die Größen nicht von gleicher Art sind. So sind beispielsweise „Joule durch Kelvin" und J/K jeweils Name und Einheitenzeichen sowohl von einer Einheit der Wärmekapazität als auch von einer Einheit der Entropie, die im Allgemeinen nicht als Größen gleicher Art angesehen werden können. In einigen Fällen sind jedoch spezielle Einheitennamen

[4] Im VIM steht hier „Größen der Dimension Eins". Es wäre aber besser, von „Größen der Dimension Zahl" zu sprechen, weil die Werte von Größen dieser Dimension reine Zahlen sind. Diese Auffassung ist in Übereinstimmung damit, dass z. B. die Werte von „Größen der Dimension Länge" Längenwerte sind oder „Größen der Dimension Masse" Massenwerte.

Die Benennung „Größe der Dimension Eins" soll die Konvention widerspiegeln, dass die symbolische Darstellung der Dimension für solche Größen das Zeichen 1 ist (siehe dazu ISO 80000-1:2009, 3.8, Note 3). Diese Auffassung ist aber falsch, denn die Eins ist keine Dimension, sondern eine Zahl. Die Problematik der Dimensionen wird ausführlich in [Kry15] abgehandelt.

auf die Verwendung mit Größen einer speziellen Art beschränkt. Beispielsweise wird die Einheit „Sekunde hoch minus eins" (s^{-1}) als Hertz (Hz) bezeichnet, wenn sie für Frequenzen verwendet wird, und als Becquerel (Bq), wenn sie für die Aktivität von Radionukleiden verwendet wird.

Einheiten von Größen der Dimension Zahl sind reine Zahlen. In einigen Fällen haben diese Einheiten besondere Namen, wie z. B. Radiant, Steradiant und Dezibel, oder sie werden durch Quotienten ausgedrückt, wie Millimol durch Mol (mmol/mol, das entspricht der Zahl 10^{-3}) und Mikrogramm durch Kilogramm (µg/kg, das entspricht der Zahl 10^{-9}).

Anstatt der Bezeichnung „Maßeinheit" wird häufig nur die Kurzbezeichnung „Einheit" verwendet. Für eine Größe wird diese Kurzbezeichnung oft mit dem Namen der Größe kombiniert, wie beispielsweise bei den Bezeichnungen „Masseeinheit" oder „Einheit der Masse".

Tabelle 2.1 Namen und Zeichen der sieben Basiseinheiten und die entsprechenden Zeichen ihrer Dimension

Basisgröße		**Basiseinheit**	
Name	**Zeichen der Dimension**	**Name**	**Zeichen**
Länge	L	Meter	m
Masse	M	Kilogramm	kg
Zeit	T	Sekunde	s
elektrische Stromstärke	I	Ampere	A
thermodynamische Temperatur	Θ	Kelvin	K
Stoffmenge	N	Mol	mol
Lichtstärke	J	Candela	cd

Maßeinheiten können entsprechend ihrer Definition im Prinzip willkürlich gewählt werden, und ihre Festlegung und Verwendung unterliegt nur der jeweils geltenden Konvention, die sich jederzeit ändern kann. Beispiele dafür haben wir heute noch in den angelsächsischen Ländern mit ihren alten Längen- und Volumeneinheiten, wie z. B. Fuß und Gallone, aber auch in der Luftfahrt z. B. bei der Angabe von Flughöhen und Geschwindigkeiten oder in der Seefahrt bei der Angabe von Entfernungen. Es ist aber unzweckmäßig, wenn jeder seine eigenen Maßeinheiten einführt oder wenn diese von Ort und Zeit abhängen, wie dies früher durchaus üblich war, als Maßeinheiten durch lokale Herrscher willkürlich festgelegt und von diesen jederzeit verändert werden konnten. Im Zuge einer zunehmenden Globalisierung des Handels zeigte sich nämlich immer stärker die Notwendigkeit einer weltweiten Übereinkunft. Heute beruhen die Maßeinheiten in der Regel auf dem Internationalen Einheitensystem (SI). Dabei handelt es sich um ein Einheitensystem, das die Namen und Zeichen der Einheiten, eine Reihe von Vorsätzen mit ihren Namen und Zeichen sowie Regeln für ihre Anwendung umfasst und das von der im Jahre 1875 gegründeten Generalkonferenz für Maß und Gewicht (CGPM) angenommen wurde. Die Namen und Zeichen der sieben Basiseinheiten sind — zusammen mit den entsprechenden Zeichen ihrer Dimension — in der Tabelle 2.1 aufgeführt.

Eine vollständige Beschreibung und Erläuterung des Internationalen Einheitensystems befindet sich in der SI-Broschüre, die vom Bureau International des Poids et Mesures (BIPM) in Paris herausgegeben wird und auf der Webseite des BIPM[5] verfügbar ist. Die deutsche Fassung kann von der Webseite der Physikalisch-Technischen Bundesanstalt (PTB)[6] heruntergeladen werden.

Neben der Maßeinheit ist der zweite Bestandteil eines Größenwertes sein Zahlenwert. Dieser ist wie folgt definiert (VIM:2010, 1.20):

Definition 2.4 (Zahlenwert einer Größe)
Ein Zahlenwert einer Größe ist eine Zahl im Ausdruck eines Größenwertes, die keine als Referenz dienende Zahl ist.

Für Größen der Dimension Zahl ist die Referenz eine Maßeinheit, die eine Zahl ist, und diese wird nicht als Teil des Zahlenwertes angesehen.

Beispiel 2.2
In einem Stoffmengenanteil entsprechend 3 mmol/mol beträgt der Zahlenwert der Größe 3 und die Maßeinheit ist mmol/mol. Die Maßeinheit mmol/mol entspricht der Zahl 0,001 bzw. 10^{-3}. Diese Zahl ist aber nicht Teil des Zahlenwertes der Größe, der weiterhin 3 beträgt.

Für Größen, die eine Maßeinheit haben (d. h. Größen, die keine Ordinalgrößen sind), wird der Zahlenwert $\{Q\}$ einer Größe Q häufig durch $\{Q\} = q/[Q]$ ausgedrückt, wobei q den Größenwert und $[Q]$ die Maßeinheit bezeichnet. Wenn eine Maßeinheit aber — wie im SI — ein festgelegtes Einheitenzeichen hat, dann ist dieses allein *ohne* eckige Klammern anstelle von $[Q]$ zu benutzen.

Beispiel 2.3
Für den Größenwert von 5,7 kg beträgt der Zahlenwert $\{m\} = (5{,}7\,\mathrm{kg})/\mathrm{kg} = 5{,}7$. Derselbe Größenwert kann als 5 700 g ausgedrückt werden. In diesem Fall beträgt der Zahlenwert $\{m\} = (5\,700\,\mathrm{g})/\mathrm{g} = 5\,700$.

[5] `http://www.bipm.org/en/publications/si-brochure/`
[6] `http://www.ptb.de/cms/presseaktuelles/broschueren/`

Wir sehen an diesem Beispiel, dass der *Zahlenwert* einer Größe von der gewählten Einheit abhängt, der *Größenwert* selbst sich aber nicht mit der Änderung seiner Darstellung durch unterschiedlich gewählte Einheiten ändert (die Massenwerte 5,7 kg und 5 700 g sind gleich).

Der Zusammenhang zwischen physikalischen Größen wird durch physikalische Gesetze (Theorien) hergestellt, die in der Regel in der Form von sogenannten Größengleichungen geschrieben werden. Eine Größengleichung ist definiert durch (VIM:2010, 1.22):

Definition 2.5 (Größengleichung)
Eine Größengleichung ist eine mathematische Beziehung zwischen Größen eines Größensystems, unabhängig von den Maßeinheiten.

Beispiel 2.4
Die Gleichung für die kinetische Energie

$$T = \frac{m}{2} v^2 \,,$$

wobei T die kinetische Energie, v die Geschwindigkeit und m die Masse bezeichnet.

Die Gleichung für die Stoffmenge einer Komponente bei der Elektrolyse

$$n = \frac{It}{zF} \,,$$

wobei n die Stoffmenge der Komponente, I die elektrische Stromstärke, t die Dauer der Elektrolyse, z die Wertigkeit der Ionen der Komponente und F die Faraday-Konstante bezeichnet.

Die Gleichung für die Geschwindigkeit eines Teilchens

$$\boldsymbol{v} = \frac{\mathrm{d}\boldsymbol{r}}{\mathrm{d}t} \,,$$

wobei $\boldsymbol{v}$ der Vektor der Geschwindigkeit, $\boldsymbol{r}$ der Ortsvektor des betrachteten Teilchens und t die Zeit bezeichnet.

Änderung der Wärmemenge bei der Erwärmung oder Abkühlung eines Körpers

$$\Delta Q = cm\Delta T \,,$$

wobei ΔQ die zu- oder abgeführte Wärmemenge, m die Masse des Körpers, c seine Wärmekapazität und ΔT die beobachtete Änderung der Temperatur bezeichnet.

Größengleichungen werden uns bei der mathematischen Beschreibung der Messung durch Modellgleichungen wieder begegnen.

2.2 Messen

Messen ist das Ausführen von geplanten Tätigkeiten zum quantitativen Vergleich einer Größe mit einer Einheit und schließt das Zählen mit ein. Der Begriff „Messung" ist folgendermaßen definiert (VIM:2010, 2.1):

Definition 2.6 (Messung)
Eine Messung ist ein Prozess, bei dem einer oder mehrere Größenwerte, die vernünftigerweise einer Größe zugewiesen werden können, experimentell ermittelt werden.

Eine Messung setzt eine Beschreibung der Größe, zusammen mit dem beabsichtigten Zweck eines Messergebnisses, voraus sowie ein Messverfahren und ein kalibriertes Messsystem, das gemäß einem vorgegebenen Messverfahren arbeitet, einschließlich der Messbedingungen.

In der Messtechnik sind Messgröße und Größe synonyme Begriffe, denn der Begriff „Messgröße" ist definiert durch (VIM:2010, 2.3):

Definition 2.7 (Messgröße)
Eine Messgröße ist eine Größe, die gemessen werden soll.

Die Spezifikation einer Messgröße erfordert die Kenntnis der Größenart sowie eine Beschreibung des Zustandes des Phänomens, des Körpers oder der Substanz als Träger der Größe einschließlich aller relevanten Komponenten und beteiligten chemischen Wesenseinheiten.

Die Messung einschließlich des Messsystems und die Bedingungen, unter denen die Messung durchgeführt wird, können zu einer Änderung des Phänomens, des Körpers oder der Substanz führen, sodass die Größe, die gemessen wird, sich von der definierten Messgröße unterscheidet. In diesem Fall ist eine angemessene Korrektion erforderlich.

Beispiel 2.5
Die Spannung zwischen den Polen einer Batterie kann abnehmen, wenn zur Durchführung der Messung ein Spannungsmessgerät mit einem signifikantem Leitwert benutzt wird. Die Leerlaufspannung kann aus den Innenwiderständen der Batterie und des Spannungsmessgerätes errechnet werden.

Beispiel 2.6
Die Länge eines Stahlstabes im Gleichgewicht mit der Umgebungstemperatur von 23 °C unterscheidet sich von der Länge bei der Referenztemperatur von 20 °C, welche die Messgröße ist. In diesem Fall ist eine Korrektion erforderlich.

Bei einer Messung kann nicht davon ausgegangen werden, dass sich der Messvorgang in idealer Weise verwirklichen lässt. Wir können deshalb nicht erwarten, dass wir den exakten Wert der betreffenden Größe als Ergebnis der Messung erhalten, sondern wir erhalten ein „Messergebnis". Dieser Begriff ist folgendermaßen definiert (VIM:2010, 2.9):

Definition 2.8 (Messergebnis)
Ein Messergebnis ist eine Menge von Größenwerten, die einer Messgröße zugewiesen sind, zusammen mit jeglicher verfügbarer relevanter Information.

Ein Messergebnis enthält im Allgemeinen die „relevante Information" über die Menge der Größenwerte, von denen einige repräsentativer für die Messgröße sein können als andere. Dies kann in Form einer Wahrscheinlichkeitsdichtefunktion ausgedrückt werden.

Ein Messergebnis wird in der Regel durch einen einzigen Messwert und eine ihm beigeordnete Messunsicherheit ausgedrückt. Wenn die Messunsicherheit für bestimmte Zwecke als vernachlässigbar angesehen werden kann, dann kann das Messergebnis durch einen einzigen Messwert ausgedrückt werden. In vielen Bereichen ist dies die übliche Art, ein Messergebnis anzugeben.

In der traditionellen Literatur und in der 2. Auflage des VIM ist das Messergebnis noch als ein Wert definiert, der einer Messgröße zugewiesen ist und so erklärt, dass er, je nach Kontext eine Anzeige, ein unkorrigiertes oder ein korrigiertes Ergebnis bedeutet. Diese Sichtweise gilt heute als überholt.

Ein Messergebnis besteht aus einer *Menge von Größenwerten*, die durch einen ihrer Werte oder einen daraus berechneten Wert und die dem jeweiligen Wert beigeordnete Unsicherheit repräsentiert werden.

Der Begriff „Messwert" ist definiert durch (VIM:2010, 2.10):

Definition 2.9 (Messwert)
Ein Messwert ist ein Größenwert, der ein Messergebnis repräsentiert.

Für eine Messung mit wiederholten Anzeigen kann jede Anzeige verwendet werden, um einen entsprechenden Messwert zu liefern. Diese Menge einzelner Messwerte kann dazu verwendet werden, einen resultierenden Messwert zu berechnen, z. B. einen Mittelwert oder einen Median, im Allgemeinen mit einer verringerten beigeordneten Messunsicherheit.

Wenn der Bereich der Werte einer Größe, von denen angenommen werden kann, dass sie die Messgröße repräsentieren, im Vergleich zur Messunsicherheit klein ist, kann ein Messwert als Schätzwert eines im Wesentlichen einzigen

„wahren Wertes" angesehen werden und ist oft ein Mittelwert oder Median einzelner, durch wiederholte Messungen erhaltener Größenwerte.

In dem Fall, in dem der Bereich der Werte einer Größe, von denen angenommen werden kann, dass sie die Messgröße repräsentieren, im Vergleich zur Messunsicherheit nicht klein ist, ist ein Messwert oft der Schätzwert eines Mittelwertes oder eines Medians der Menge der Werte.

Im GUM werden die Benennungen „Messergebnis" und „Schätzwert des Wertes der Messgröße" oder auch nur „Schätzwert der Messgröße" für die Benennung „Messwert" verwendet.

2.3 Wahrer Wert einer Messgröße

Wir haben im vorhergehenden Abschnitt im Zusammenhang mit dem Begriff „Messwert" den Begriff „wahrer Wert" benutzt. Dieser Begriff wird in der Messtechnik heute immer noch häufig verwendet, ohne dass immer im Einzelnen klar ist, was er tatsächlich bedeutet. Sicher scheint nur zu sein, dass darunter ein tatsächlich vorhandener, wirklicher Wert verstanden werden soll.

Wenn man die genaue Definition eines Begriffs wissen möchte, sieht man üblicherweise in einem guten Lexikon nach oder versucht den Begriff in den entsprechenden Normen zu finden. Leider hilft das in diesem Fall nicht sehr viel weiter, denn es gibt mehrere unterschiedliche Definitionen für den Begriff „wahrer Wert" in den Normen. Glücklicherweise widersprechen sich die unterschiedlichen Definitionen aber nicht, sondern sie geben die möglichen Standpunkte der Experten aus den verschiedenen Arbeitsgebieten wieder, für welche die jeweilige Norm gültig ist. Wir wollen uns die in den Normen vorhandenen Definitionen etwas genauer ansehen und kommentieren.

In der deutschen Norm DIN 55350-13:1987 [DIN1987] finden wir folgende Definition des wahren Wertes (DIN 55350-13:1987, 1.3):

Der wahre Wert ist der tatsächliche Merkmalswert unter den bei der Ermittlung herrschenden Bedingungen.

Anmerkung 1: Oftmals ist der wahre Wert ein ideeller Wert, weil er sich nur dann feststellen ließe, wenn sämtliche Ergebnisabweichungen vermieden werden könnten, oder er ergibt sich aus theoretischen Überlegungen.

Anmerkung 2: Der wahre Wert eines mathematisch-theoretischen Merkmals wird auch „exakter Wert" genannt. Bei einem numerischen Berechnungsverfahren wird sich als Ermittlungsergebnis jedoch nicht immer der exakte Wert ergeben.

> *Beispielsweise ist der exakte Wert einer Fläche eines Kreises mit dem Durchmesser d gleich* $\pi d^2/4$.

Nach dieser Definition ist der wahre Wert gleich dem tatsächlichen Wert einer quantifizierbaren (d. h. durch einen Zahlenwert angebbaren und damit auch messbaren) Eigenschaft, also einer Größe, an einem bestimmten Ort und zu einer bestimmten Zeit, unter den an genau diesem Ort und zu genau diesem Zeitpunkt geltenden Bedingungen.

Damit ist auch ohne die Anmerkung 1 bereits klar, dass es sich hier nur um einen *ideellen Wert* handeln kann, selbst dann, *wenn sämtliche Ergebnisabweichungen vermieden werden könnten* (d. h. wenn wir in der Lage wären, eine ideale Messung vorzunehmen), denn schon die vollständige Kenntnis der *herrschenden Bedingungen* ist unmöglich.

Unter diesem Gesichtspunkt ist der zweite Teil der Anmerkung 1 — „oder er ergibt sich aus theoretischen Überlegungen" — nicht unmittelbar nachvollziehbar, denn auch bei rein *theoretischen Überlegungen* können nicht alle *herrschenden Bedingungen* vollständig berücksichtigt werden. Gemeint ist hier wohl, dass es Fälle gibt, bei denen der „wahre Wert" aufgrund von allgemein anerkannten physikalischen Gesetzen unabhängig von jeglichen Bedingungen ist, wie z. B. der Wert der Lichtgeschwindigkeit im Vakuum, deren Konstanz der EINSTEINschen Relativitätstheorie entsprechend heute als gegeben vorausgesetzt wird (ein besonders überzeugender experimenteller Nachweis dafür ist von D. SADEH [Sad63] erbracht worden) und deren Wert vom *Committee on Data for Science and Technology (CODATA)* exakt festgelegt worden ist[7] [MTN08]. Auch die PLANCK-Konstante h, die Elementarladung e, die BOLTZMANN-Konstante k und die AVOGADRO-Konstante N_A sind seit der Revision des SI durch Vereinbarung festgelegte exakte Größenwerte [New+18].

Dagegen handelt es sich bei dem in der Anmerkung 2 angeführten, als „exakter Wert" bezeichneten *Wert eines mathematisch-theoretischen Merkmals* um einen aus der Mathematik deduktiv ableitbaren Wert, für den die *herrschenden Bedingungen* nur die Gesetze der Mathematik sind. Die Winkelsumme von 180° eines ebenen Dreiecks ist z. B. ein solcher *wahrer Wert*, aber (wegen der Konstanz der Lichtgeschwindigkeit) z. B. auch das Produkt aus der magnetischen Feldkonstante μ_0 und der elektrischen Feldkonstante ε_0, denn es gilt $\mu_0\varepsilon_0 = 1/c^2$.

In der Anmerkung 2 wird außerdem darauf hingewiesen, dass sich *bei einem numerischen Berechnungsverfahren* nicht notwendigerweise *immer der exakte Wert*

---

[7] Der Wert der Lichtgeschwindigkeit im Vakuum wurde durch Messungen bestimmt und dann durch Vereinbarung als ein exakter Wert (ohne Messunsicherheit) festgelegt.

ergibt. Das angegebene Beispiel bedarf aber einer näheren Erläuterung, um zu verstehen, was damit genau gemeint ist. Gemeint sind hier nicht mögliche Rundungsabweichungen, die bei einer numerischen Berechnung auftreten können, sondern die Tatsache, dass die mathematische Konstante π sich nicht durch eine rationale Zahl oder durch eine Dezimalzahl mit endlich vielen Stellen darstellen lässt, sodass jede Näherung von π unweigerlich dazu führen muss, dass das Ergebnis nicht exakt ist. Aus dem gleichen Grund lassen sich auch weder die elektrische noch die magnetische Feldkonstante *numerisch* exakt angeben, obwohl sie exakt definiert sind. Dieses Problem ist grundsätzlich unvermeidbar und tritt bei jeder numerischen Darstellung irrationaler Zahlen auf.

Die Definition des Begriffs „wahrer Wert" in der internationalen Norm ISO 3534-2:2006 (deutsche Übersetzung DIN ISO 3534-2:2010 [DIN2010]) ist inhaltlich mit der in der deutschen Norm DIN 55350-13:1987 angegebenen Definition identisch, aber weniger ausführlich. Sie lautet (DIN ISO 3534-2:2010, 3.2.5):

> *Der wahre Wert ist der Wert, der eine vollkommen definierte Größe oder ein vollkommen definiertes quantitatives Merkmal beschreibt, und zwar unter den Bedingungen, die bestehen, wenn diese Größe oder das quantitative Merkmal betrachtet wird.*
>
> *Anmerkung 1: Der wahre Wert einer Größe oder eines quantitativen Merkmals ist ein theoretischer Begriff und kann im Allgemeinen nicht genau bekannt sein.*

In der Anmerkung 1 dieser Definition wird deutlich darauf hingewiesen, dass der wahre Wert *im Allgemeinen nicht genau bekannt sein* kann. Diese Schlussfolgerung lässt sich allerdings auch aus der in DIN 55350-13:1987 gegebenen Definition ziehen und führt zu keiner neuen Erkenntnis.

Problematisch an der Definition des wahren Wertes in der internationalen Norm ISO 3534-2:2006 ist allerdings, dass es darin keine Definition des Begriffs „quantitatives Merkmal" gibt, d. h. die Definition ist unklar. Da Größen ebenfalls quantitative Merkmale sind (also gewissermaßen eine Teilmenge der quantitativen Merkmale darstellen) [DIN1989], stellt sich die Frage, welche anderen quantitativen Merkmale noch gemeint sein könnten.

Den in den Normen DIN 55350-13:1987 und ISO 3534-2:2006 angegebenen Definitionen des wahren Wertes ist gemeinsam, dass sie ihn als etwas real Existierendes definieren, das aber nicht genau bekannt ist. Die in DIN 1319-1 [DIN1995] angegebene, sehr kurze Definition folgt dagegen einer etwas anderen Philosophie. Die Definition lautet (DIN 1319-1, 1.3):

Der wahre Wert (einer Messgröße) ist der Wert der Messgröße als Ziel der Auswertung von Messungen der Messgröße.

Hier wird nicht — wie in den vorhergehenden Definitionen — gesagt, was der wahre Wert ist, sondern wozu er dienen soll. Dabei wird stillschweigend von folgenden drei Voraussetzungen ausgegangen:

a) Für jede Messgröße gibt es genau einen wahren Wert.

b) Der wahre Wert der Messgröße ist ein fester numerischer Wert.

c) Würde es ideale Messungen geben, dann könnte der wahre Wert ermittelt werden.

Unter der Annahme, dass diese Voraussetzungen tatsächlich zutreffen, kann der wahre Wert als ein unbekannter Parameter des Modells der Auswertung angesehen werden. Das *Ziel der Auswertung von Messungen der Messgröße* ist es dann, einen Schätzwert für diesen Parameter (d. h. für die Messgröße) aus den Messdaten zu bestimmen, der dem wahren Wert möglichst nahe kommt.

Dies setzt allerdings voraus, dass die Messgröße wohldefiniert ist, d. h. dass das Modell der Auswertung vollständig ist. Dies ist aber streng genommen niemals möglich, denn um eine Messgröße *vollständig* zu beschreiben, wäre eine unendliche Menge von Information notwendig, da *alle* Einflussgrößen — sowohl bekannte als auch unbekannte — bei der Modellierung berücksichtigt werden müssten. Da dies aber unmöglich ist, kann die interessierende Größe nur näherungsweise durch ein Modell beschrieben werden, d. h. jedes Modell führt prinzipiell zu einem anderen „wahren" Wert.

Wir wenden uns jetzt der 1993 im *Guide to the Expression of Uncertainty in Measurement (GUM)* (deutsche Übersetzung 1995 [GUM]) angegebenen Definition des wahren Wertes zu. Diese lautet (GUM, B.2.3):

Der wahre Wert (einer Größe) ist der Wert, der mit der Definition einer betrachteten speziellen Größe übereinstimmt.

Anmerkung 1: Diesen Wert würde man bei einer idealen Messung erhalten.

Anmerkung 2: Wahre Werte sind ihrer Natur nach nicht ermittelbar.

Anmerkung 3: Häufiger als der bestimmte Artikel „der" wird der unbestimmte Artikel „ein" in Verbindung mit dem „wahren Wert" verwendet, weil es viele Größenwerte geben kann, die mit der Definition einer betrachteten speziellen Größe übereinstimmen.

Diese Definition stimmte zum damaligen Zeitpunkt mit der in der im gleichen Jahr erschienenen 2. Auflage des Internationalen Wörterbuchs der Messtechnik *International Vocabulary of Basic and General Terms in Metrology (VIM)* angegebenen Definition überein (siehe VIM:1993, 1.19).

Die Definition des wahren Wertes im GUM trägt der bereits angesprochenen Tatsache Rechnung, dass es je nach der Definition der jeweils betrachteten Messgröße unterschiedliche wahre Werte geben kann — für jede Definition der Messgröße einen — die dann alle als ideal anzusehen wären.

In der 3. Auflage des VIM wird dieser Sachverhalt in den Anmerkungen zur Definition des wahren Wertes präzisiert (VIM:2010, 2.11):

Definition 2.10 (wahrer Wert)
Der wahre Wert einer Größe ist der Größenwert, der mit der Definition einer Größe in Übereinstimmung ist.

Anmerkung 1: Im Messabweichungsansatz zur Beschreibung von Messungen wird davon ausgegangen, dass ein wahrer Wert einer Größe eindeutig, aber in der Praxis nicht ermittelbar ist. Der Unsicherheitsansatz erkennt an, dass aufgrund der naturgegebenen unvollständigen Detailkenntnis in der Definition einer Größe es nicht nur einen einzigen wahren Wert einer Größe gibt, sondern eine Menge an wahren Werten, die mit der Definition konsistent sind. Jedoch ist es im Prinzip und in der Praxis nicht möglich, diese Werte zu kennen. Andere Ansätze verzichten ganz auf den Begriff des wahren Werts und beziehen sich auf den Begriff der metrologischen Verträglichkeit von Messergebnissen, um ihre Gültigkeit zu beurteilen.

Anmerkung 2: In dem speziellen Fall von Fundamentalkonstanten wird davon ausgegangen, dass die Größe einen einzigen wahren Wert hat.

Anmerkung 3: Wenn angenommen werden kann, dass die der Messgröße beigeordnete Eigenunsicherheit im Vergleich zu den anderen Komponenten der Messunsicherheit vernachlässigbar ist, kann davon ausgegangen werden, dass die Messgröße einen *im Wesentlichen einzigen* wahren Wert hat. Dies ist der Ansatz des GUM und der sich darauf beziehenden Dokumente, wobei das Wort *wahr* als überflüssig angesehen wird.

Der in der Anmerkung 1 angeführte Messabweichungsansatz beruht auf der im Grundsatz auf C. F. Gauss zurückgehenden „Fehlerrechnung“, die bis zur Einführung des GUM verwendet wurde, während es sich beim Unsicherheitsansatz um die Vorgehensweise nach der Methode des GUM handelt.

Die in der Anmerkung 2 angesprochenen Fundamentalkonstanten sind Naturkonstanten, d. h. physikalische Größen, bei denen vorausgesetzt wird, dass sich ihr Größenwert weder räumlich noch zeitlich ändert. Sie sind die unbekannten Parameter in den physikalischen Theorien. Die Theorien können ihre

Werte nicht festlegen, sondern diese Werte müssen durch Messungen bestimmt werden. Diese Sonderstellung der Fundamentalkonstanten erklärt auch, warum sie grundsätzlich nur einen einzigen Wert haben können.

Der Wert einer Fundamentalkonstante kann in bestimmten Fällen durch Beschluss auch auf den letzten durch Messungen festgestellten Wert festgelegt werden, wie dies z. B. bei der Lichtgeschwindigkeit im Vakuum geschehen ist. Dann hat er selbstverständlich keine Unsicherheit mehr.

Aus der Anmerkung 3 dieser Definition geht unmittelbar hervor, dass bei der Berechnung der Messunsicherheit nach dem GUM auf den wahren Wert verzichtet werden kann, vorausgesetzt, die Eigenunsicherheit ist vernachlässigbar klein. Eine ausführlichere Begründung dieses Standpunktes findet sich im Anhang D des GUM [GUM]. Mit dem Begriff „Eigenunsicherheit" werden wir uns noch ausführlich im Abschnitt 2.7 beschäftigen.

2.4 Messprinzip, Messmethode, Messverfahren

Die experimentelle Ermittlung einer Messgröße kann häufig auf unterschiedliche Art und Weise erfolgen. Grundlage jeder Messung ist ein „Messprinzip", das folgendermaßen definiert ist (VIM:2010, 2.4):

Definition 2.11 (Messprinzip)
Ein Messprinzip ist ein Phänomen, das als Grundlage einer Messung dient.

Das Phänomen kann physikalischer, chemischer oder biologischer Natur sein. Entscheidend dabei ist, dass es sich um eine Naturerscheinung handelt, die immer wieder in gleicher Weise erzeugt werden kann.

Die meisten Größen sind einer unmittelbaren Messung nicht zugänglich. Wenn es aber einen — zumindest empirisch bekannten und quantitativ erfassbaren — eindeutigen naturwissenschaftlichen Zusammenhang zwischen der Messgröße und einer anderen Größe gibt, die einer direkten Messung leichter zugänglich ist, dann kann dieser dazu verwendet werden, den Wert der Messgröße aus den Messwerten zu berechnen.

Beispiel 2.7

1. Der thermoelektrische Effekt, angewandt auf Temperaturmessungen.
2. Die Energieabsorption, bei der Messung der Stoffmengenkonzentration.
3. Senkung der Glucose-Konzentration im Blut eines nüchternen Kaninchens, bei der Messung der Insulinkonzentration in einem Präparat.

Zusätzlich zum Messprinzip muss noch eine bestimmte „Messmethode" festgelegt werden. Dieser Begriff ist definiert durch (VIM:2010, 2.5):

Definition 2.12 (Messmethode)
Eine Messmethode ist eine allgemeine Beschreibung des logischen Vorgehens zur Durchführung einer Messung.

Messmethoden können wie folgt unterschieden werden:

- Substitutionsmessmethode
- Differenzmessmethode
- Nullabgleichsmessmethode

oder

- direkte Messmethode
- indirekte Messmethode

Wir geben für jede der genannten Messmethoden ein Beispiel an, um ihre Unterschiede verständlich zu machen:

Beispiel 2.8
Eine *Substitutionsmessmethode* ist die Messung einer *Masse* mit einer Federwaage und einem Satz geeichter Gewichtsstücke. Dabei wird die Längenänderung der Feder bei Belastung durch ein geeichtes Gewichtsstück bekannter Masse und bei Belastung durch das zu messende Objekt als Messprinzip verwendet. Ist die Federkonstante bekannt, dann kann aus den gemessenen Längenwerten der unbekannte Wert der Masse des zu messenden Objekts berechnet werden.

Beispiel 2.9
Eine *Differenzmessmethode* ist die Messung des *Volumens* eines unregelmäßig geformten Körpers (z. B. eines Steins), indem das Volumen der von ihm verdrängten Flüssigkeit bei seinem vollständigen Eintauchen in die Flüssigkeit bestimmt wird. Hier wird das Gesetz von der Erhaltung der Masse als Messprinzip ausgenutzt.

Beispiel 2.10
Eine *Nullabgleichsmessmethode* ist die Messung einer *Masse* mit einer Balkenwaage und einem Satz geeichter Gewichtsstücke. Sind die Arme der Waage genau gleich und ist die Waage im Gleichgewicht, dann sind die Massewerte des geeichten Gewichtsstücks und des zu messenden Objekts gleich. Hierbei wird als Messprinzip ausgenutzt, dass die Summe der beiden Drehmomente null ist.

Beispiel 2.11
Eine *direkte Messmethode* ist die Messung einer *Länge* mit einem Lineal, einem Messschieber oder einem Maßband. Hierbei findet ein direkter Vergleich des Messobjekts mit der Skala des Messmittels statt.

Beispiel 2.12
Eine *indirekte Messmethode* ist die Messung einer *Temperatur* mit einem Flüssigkeitsthermometer. Hier wird die Volumenausdehnung der Flüssigkeit als Messprinzip verwendet. Die Länge der Flüssigkeitssäule in der Glaskapillare ist dann (näherungsweise) proportional zur Temperatur.

Wir sehen, dass die Unterscheidung der Messmethoden in der ersten Gruppe mehr den prozeduralen Aspekt einer Messung betont, während in der zweiten Gruppe mehr Wert darauf gelegt wird, ob ein Messwert unmittelbar abgelesen werden kann oder aus den Messwerten berechnet werden muss.

Die praktische Anwendung eines oder mehrerer Messprinzipien zusammen mit einer Messmethode heißt „Messverfahren“ (VIM:2010, 2.6).

Definition 2.13 (Messverfahren)
Ein Messverfahren ist eine detaillierte Beschreibung einer Messung gemäß einem oder mehreren Messprinzipien und einer Messmethode auf der Grundlage eines Modells der Messung und einschließlich aller Berechnungen zum Erhalt eines Messergebnisses.

Es ist empfehlenswert, ein Messverfahren so genau zu beschreiben, dass die Dokumentation genügend Einzelheiten enthält, um den Anwender in die Lage zu versetzen, eine Messung durchzuführen und auszuwerten. Dabei muss sowohl das Modell der Messung angegeben werden, als auch alle notwendigen Gleichungen und Algorithmen, die zur Berechnung des Messergebnisses benötigt werden. Es empfiehlt sich auch, Hinweise auf relevante Literatur oder Tabellenwerke nicht zu vergessen. Diese Angaben können insbesondere für eine später notwendig werdende Verifikation des Auswerteverfahrens nützlich sein, z. B. im Falle einer Produkthaftung.

Die erreichbare Genauigkeit einer Messung wird in der Regel durch die Wahl des Messverfahrens bestimmt. Ein Messverfahren kann eine Aussage über einen einzuhaltenden Höchstwert der Messunsicherheit (die sogenannte Zielunsicherheit, engl. *target uncertainty*) enthalten, d. h. einen oberen Grenzwert der Messunsicherheit auf der Grundlage des beabsichtigten Verwendungszwecks der Messergebnisse (VIM:2010, 2.34). Eine Messung sollte demnach nicht „so genau wie möglich“, sondern „so genau wie nötig“ sein.

2.5 Genauigkeit, Richtigkeit, Präzision

Leider kommt es immer wieder vor, dass die Begriffe „Auflösung“, „Messgenauigkeit“, „Messrichtigkeit“ und „Messpräzision“ miteinander verwechselt oder im falschen Sinnzusammenhang verwendet werden. Wir wollen deshalb in diesem Abschnitt kurz auf die Definitionen dieser Begriffe eingehen.

Der Begriff „Auflösung“ ist definiert durch (VIM:2010, 4.14):

Definition 2.14 (Auflösung)
Die Auflösung ist die kleinste Änderung einer Messgröße, die in der entsprechenden Anzeige eine merkliche Änderung verursacht.

Die Auflösung kann z. B. vom Rauschen (intern oder extern) oder von einer Reibung abhängen. Sie kann auch vom Wert der Messgröße abhängen.

Bei einem visuell anzeigenden Messgerät ist die Auflösung die kleinste Differenz zwischen den Anzeigen, die noch sinnvoll unterschieden werden können (VIM:2010, 4.15).

Der Begriff „Messgenauigkeit“ ist definiert durch (VIM:2010, 2.13):

Definition 2.15 (Messgenauigkeit)
Die Messgenauigkeit ist das Ausmaß der Annäherung eines Messwerts an einen wahren Wert einer Messgröße.

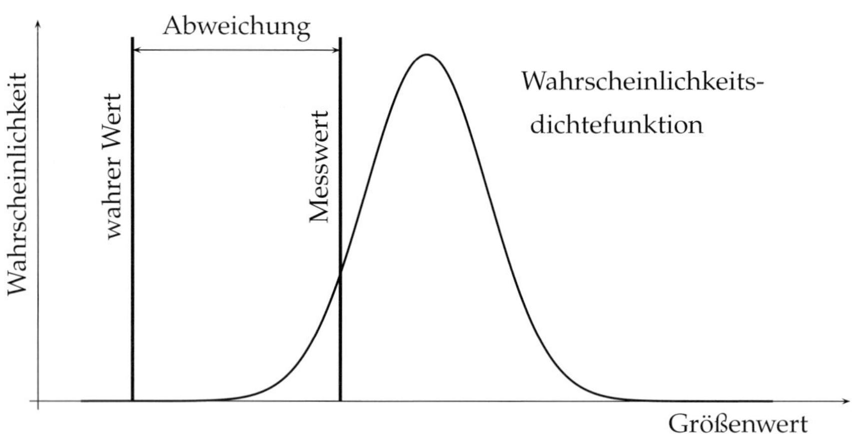

Abbildung 2.2 Zur Definition der Messgenauigkeit

Die Messgenauigkeit ist keine Größe und kann daher nicht quantitativ ausgedrückt werden. Es ist nur eine qualitative Aussage möglich, wie z. B. dass eine Messung genauer als eine andere Messung ist, wenn sie eine kleinere Messabweichung oder Messunsicherheit hat. Auf die Messabweichungen werden wir im nächsten Abschnitt noch ausführlich eingehen.

Die Messgenauigkeit wird manchmal als Ausmaß der Übereinstimmung zwischen Messwerten verstanden, die der Messgröße zugewiesen werden. Diese Auffassung ist aber nicht korrekt, denn die Messgenauigkeit erlaubt entsprechend ihrer Definition keine derartige Aussage (siehe dazu die Abbildung 2.2). Zulässig wäre es dagegen, das Ausmaß der Annäherung eines Messwertes an einen durch Vereinbarung festgelegten Referenzwert als Messgenauigkeit anzusehen, denn der Referenzwert ist ein Größenwert, der als Grundlage für den Vergleich mit Werten von Größen gleicher Art verwendet wird (VIM:2010, 5.18). Dies setzt aber voraus, dass der gewählte Referenzwert als Ersatz für den prinzipiell unbekannten „wahren Wert" angesehen werden darf.

Der Begriff „Messrichtigkeit" ist definiert durch (VIM:2010, 2.14):

Definition 2.16 (Messrichtigkeit)
Die Messrichtigkeit ist das Ausmaß der Annäherung des Mittelwerts einer unendlichen Anzahl wiederholter Messwerte an einen Referenzwert.

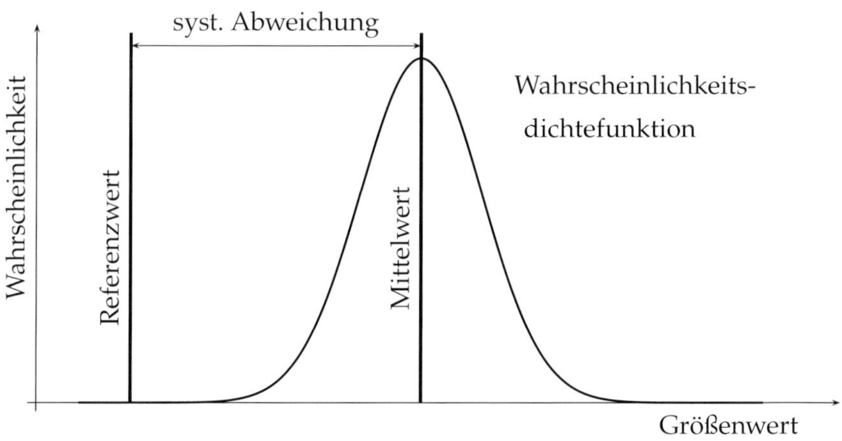

Abbildung 2.3 Zur Definition der Messrichtigkeit

Die Messrichtigkeit ist keine Größe und kann daher nicht quantitativ ausgedrückt werden. Sie steht in umgekehrter Beziehung zur systematischen Messabweichung, hat aber keinen Bezug zur zufälligen Messabweichung. Hinweise zur Beurteilung der Messrichtigkeit sind in der Normenreihe DIN ISO 5725 enthalten. Als Ergänzung zu dieser Normenreihe kann auch der Leitfaden DIN ISO/TR 22971 verwendet werden.

Die Messrichtigkeit spielt auch eine wesentliche Rolle im gesetzlichen Messwesen, allerdings in einem etwas anderen Sinne. In der Eichordnung heißt es dazu (EichO, §36, Abs. 1)

> *(1) Messgeräte müssen so gebaut sein, dass sie für ihren bestimmungsgemäßen Verwendungszweck geeignet sind und unter Nenngebrauchsbedingungen richtige Messergebnisse erwarten lassen.*
>
> *(2) Referenzbedingungen für die messtechnische Prüfung und Nenngebrauchsbedingungen sind in den Anlagen aufgeführt oder können bei der Bauartzulassung festgelegt werden.*

Demzufolge kann eine Messung als „richtig“ angesehen werden, wenn ihre systematische Messabweichung unter Nenngebrauchsbedingungen des Messgerätes vernachlässigbar klein ist.

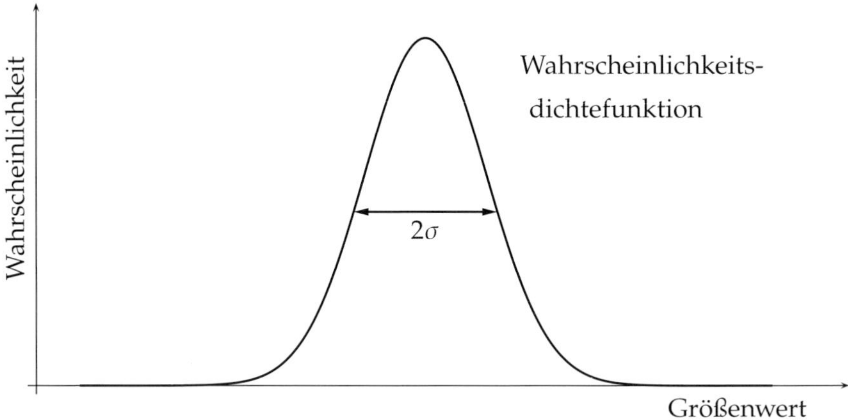

Abbildung 2.4 Zur Definition der Messpräzision. Die Messpräzision ist umgekehrt proportional zur Standardabweichung σ.

Der Begriff „Messpräzision" ist definiert durch (VIM:2010, 2.15):

Definition 2.17 (Messpräzision)
Die Messpräzision ist das Ausmaß der Übereinstimmung von Anzeigen oder Messwerten, die durch wiederholte Messungen an denselben oder ähnlichen Objekten unter vorgegebenen Bedingungen erhalten wurden.

Die Messpräzision wird im Allgemeinen mithilfe von Kenngrößen, wie der Standardabweichung, der Varianz oder des Variationskoeffizienten unter vorgegebenen Messbedingungen quantifiziert.

Der Begriff „Messpräzision" wird gebraucht, um die Begriffe „Wiederholpräzision" (VIM:2010, 2.21), „Vergleichspräzision" (VIM:2010, 2.23) und „erweiterte Vergleichspräzision" (VIM:2010, 2.25) einer Messung zu definieren. Die *vorgegebenen Messbedingungen* sind dann die Wiederholbedingungen, die Vergleichsbedingungen oder die erweiterten Vergleichsbedingungen der Messung.

Der Unterschied zwischen der Messrichtigkeit und der Messpräzision ist in der Abbildung 2.5 am Beispiel von Treffern auf einer Zielscheibe veranschaulicht. Der Mittelpunkt der Zielscheibe (Zielpunkt) entspricht dabei dem Referenzwert. Aus der Abbildung ist ersichtlich, dass eine kleine Streuung der Treffer (Messwerte) einer großen Messpräzision entspricht, und zwar unabhängig von der Messrichtigkeit, die nur die systematische Abweichung der Treffer vom Zielpunkt beschreiben kann. Da es leichter ist, eine systematische Messabweichung zu korrigieren, als die Streuung der Messwerte zu verringern, ist eine große Messpräzision wertvoller als eine große Messrichtigkeit.

Die „Wiederholbedingung" ist definiert durch (VIM:2010, 2.20):

Definition 2.18 (Wiederholbedingung)
Eine Wiederholbedingung ist eine Messbedingung aus einer Menge von Bedingungen, die dasselbe Messverfahren, dieselben Bediener, dasselbe Messsystem, dieselben Betriebsbedingungen und denselben Ort und wiederholte Messungen an demselben Objekt oder an ähnlichen Objekten während eines kurzen Zeitintervalls umfassen.

Die „Vergleichsbedingung" ist definiert durch (VIM:2010, 2.22):

Definition 2.19 (Vergleichsbedingung)
Eine Vergleichsbedingung ist eine Messbedingung bei Vorliegen einer Menge von Bedingungen, die dasselbe Messverfahren, denselben Messort und wiederholte Messungen an demselben Objekt oder ähnlichen Objekten über ein längeres Zeitintervall umfasst, aber auch andere sich ändernde Bedingungen einschließen kann.

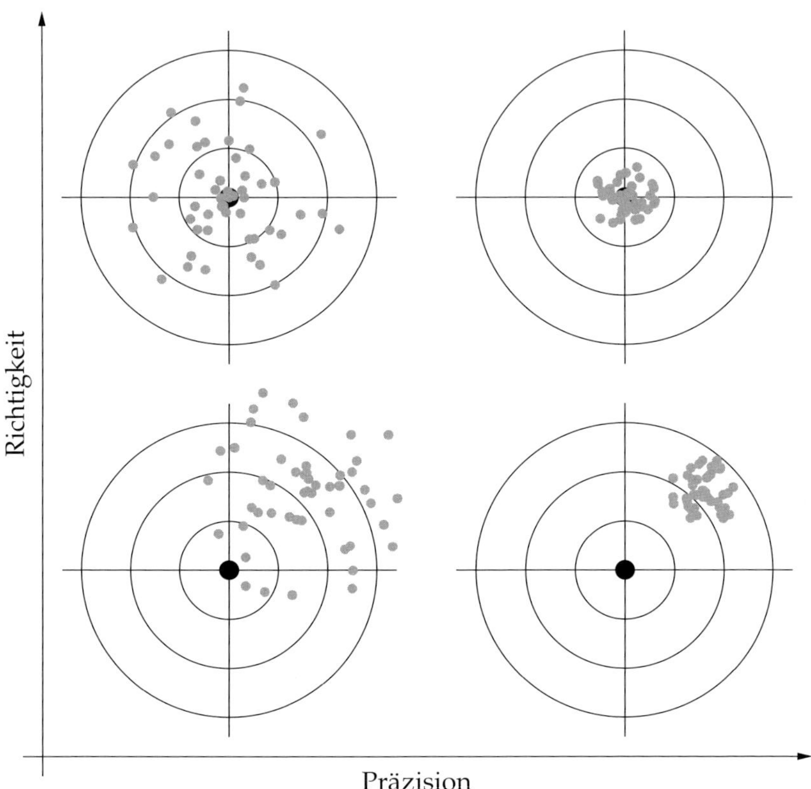

Abbildung 2.5 Vergleich von Richtigkeit und Präzision

Die „erweiterte Vergleichsbedingung“ ist definiert durch (VIM:2010, 2.24):

Definition 2.20 (erweiterte Vergleichsbedingung)
Eine erweiterte Vergleichsbedingung ist eine Messbedingung bei einer Menge von Bedingungen, die unterschiedliche Messorte, Bediener, Messsysteme und wiederholte Messungen an demselben Objekt oder an ähnlichen Objekten umfasst.

Wie wir gesehen haben, sind nur die Auflösung und die Messpräzision quantifizierbar. Die Auflösung spielt eine direkte Rolle bei der Berechnung der Messunsicherheit. Die Messpräzision kann dagegen, solange keine systematischen Messabweichungen auftreten, als ein Maß angesehen werden, das umgekehrt proportional zur Messunsicherheit ist.

Es sei nochmals eindringlich darauf hingewiesen, dass sich sowohl die Messrichtigkeit, als auch die Messgenauigkeit nicht quantifizieren lassen, weil sie ihrer Definition nach keine Größen sind. Leider finden sich in der wissenschaftlichen Literatur immer noch häufig Aussagen, die diese einfache Tatsache missachten. Die negative Konsequenz ist, dass insbesondere Studenten mit den unterschiedlichsten Interpretationen dieser Begriffe konfrontiert werden und sich dadurch gegebenenfalls falsche Auffassungen einprägen.

2.6 Messabweichungen

Dass sich der Wert einer Größe durch Messungen nicht beliebig genau bestimmen lässt, ist seit Jahrhunderten bekannt. Bereits C. F. Gauss, P. S. Laplace und ihre Zeitgenossen haben sich eingehend mit den — von ihnen als „Beobachtungsfehler", von späteren Autoren auch als „Messfehler" bezeichneten — Messabweichungen beschäftigt. Der Begriff „Messabweichung" hat seitdem viele Veränderungen seiner Benennung und seiner Definition erfahren.

In der derzeit gültigen deutschen Norm DIN 1319-1:1995 [DIN1995] findet man folgende Definition (DIN 1319-1:1995, 3.5):

> *Die Messabweichung ist die Abweichung eines aus Messungen gewonnenen und der Messgröße zugeordneten Wertes vom wahren Wert.*

Hier wird die Messabweichung noch ausschließlich auf den *wahren Wert* der Messgröße bezogen. Die heute gültige Definition des Begriffs „Messabweichung" ist dagegen (VIM:2010, 2.16):

> **Definition 2.21 (Messabweichung)**
> Die Messabweichung wird berechnet als Messwert minus einem Referenzwert.

Die neue Definition ist allgemeiner als die alte, denn sie bezieht die Messabweichung nicht mehr ausschließlich auf den prinzipiell nicht bekannten wahren Wert der Messgröße, sondern auf einen Referenzwert, der allerdings auch der wahre Wert sein kann (VIM:2010, 5.18, Anmerkung 1). Die Definition des Begriffs „Referenzwert" lautet (VIM:2010, 5.18):

> **Definition 2.22 (Referenzwert)**
> Ein Referenzwert ist ein Größenwert, der als Grundlage für den Vergleich mit Werten von Größen der gleichen Art verwendet wird.

Ein Referenzwert kann ein wahrer Wert einer Messgröße sein, dann ist er unbekannt, oder er kann ein vereinbarter Wert sein, dann ist er bekannt. Ein Referenzwert mit beigeordneter Messunsicherheit wird üblicherweise angegeben mit Bezug auf:

a) ein Material, z. B. ein zertifiziertes Referenzmaterial,
b) ein Gerät, z. B. ein stabilisierter Laser,
c) ein Referenzmessverfahren,
d) einen Vergleich von Normalen.

Statt des wahren Wertes der Messgröße können wir also einen beliebig vereinbarten Wert als Referenzwert für die Berechnung der Messabweichung verwenden. Das hat den Vorteil, dass wir — im Gegensatz zum wahren Wert — den Referenzwert tatsächlich kennen. Allerdings müssen wir dabei in Kauf nehmen, dass dieser Referenzwert in der Regel auch eine beigeordnete Messunsicherheit hat. Dies hat die Konsequenz, dass die Messabweichung dann — neben dem vom Messwert selbst kommenden Unsicherheitsbeitrag — noch einen zusätzlichen Beitrag zur Messunsicherheit enthält, der vom Referenzwert stammt. Im Allgemeinen werden wir daher versuchen, den Referenzwert so zu wählen, dass seine Messunsicherheit so klein ist, dass sie gegenüber der Messunsicherheit der Messgröße vernachlässigt werden kann.

Der Begriff „Messabweichung" kann verwendet werden,

a) wenn es nur einen einzigen Referenzwert gibt, auf den man sich beziehen kann, was zutrifft, wenn eine Kalibrierung mit einem Normal mit einem Messwert mit vernachlässigbarer Messunsicherheit durchgeführt wird, oder wenn ein vereinbarter Wert vorliegt, in welchem Fall die Messabweichung bekannt ist, oder

b) wenn angenommen wird, dass eine Messgröße durch einen einzigen wahren Wert oder durch eine Menge von wahren Werten von vernachlässigbarer Spannweite[8] dargestellt wird, in welchem Fall die Messabweichung nicht bekannt ist.

Der Begriff „Messabweichung" sollte nicht mit dem Begriff „Messunsicherheit" oder mit dem Begriff „Fehler" verwechselt werden. Ein Fehler ist z. B. die falsche Bedienung eines Messinstruments, eine falsche oder fehlende Ziffer in einem Messdatensatz oder ein Programmierfehler in einem Algorithmus zur

---

[8] Die Spannweite eines Intervalls $[a,b]$ ist als Differenz $(b-a)$ der Intervallgrenzen definiert und wird durch den Ausdruck $r[a;b]$ bezeichnet.

Auswertung der Messdaten. Grobe Fehler bzw. Irrtümer dieser Art werden in der Regel nicht als Messabweichungen betrachtet.

Vor der Einführung des Konzepts der Messunsicherheit wurde die Messabweichung als „Messfehler" bezeichnet und die Methode zu ihrer Berechnung als „Fehlerrechnung". Bedauerlicherweise begegnet uns auch heute — mehr als zwanzig Jahren nach der Einführung des GUM — vielerorts noch die längst überholte Denkweise in der Ausbildung.

Üblicherweise werden zwei Arten der Messabweichung unterschieden, nämlich die zufällige und die systematische Messabweichung. Die „zufällige Messabweichung" ist definiert durch (VIM:2010, 2.19):

Definition 2.23 (zufällige Messabweichung)
Die zufällige Messabweichung ist eine Komponente der Messabweichung, die bei wiederholten Messungen in unvorhersagbarer Weise schwankt.

Ein denkbarer Referenzwert für eine zufällige Messabweichung ist der Mittelwert, der sich aus einer unendlichen Anzahl von wiederholten Messungen derselben Messgröße unter gleichbleibenden Messbedingungen ergeben würde. Dieser Mittelwert ist aber genauso ein rein ideeller Wert, wie der wahre Wert der Messgröße. In der Praxis gibt man sich daher mit dem Mittelwert zufrieden, der sich aus einer ausreichend großen Anzahl von wiederholten Messungen derselben Messgröße unter gleichbleibenden Bedingungen ergibt.

Zufällige Messabweichungen von wiederholten Messungen bilden eine Verteilung, die durch ihren Erwartungswert — der im Allgemeinen als null angenommen wird — und ihre Varianz beschrieben werden kann. Was genau unter einer Verteilung bzw. unter einem Erwartungswert und einer Varianz zu verstehen ist, werden wir klären, wenn wir uns im Kapitel 4 mit den Grundlagen der Wahrscheinlichkeitstheorie beschäftigen.

Die zufällige Messabweichung ist gleich der Messabweichung minus der systematischen Messabweichung. Die „systematische Messabweichung" ist definiert durch (VIM:2010, 2.17):

Definition 2.24 (systematische Messabweichung)
Die systematische Messabweichung ist eine Komponente der Messabweichung, die bei wiederholten Messungen konstant bleibt oder sich in vorhersagbarer Weise ändert.

Diese Definition der systematischen Messabweichung schließt auch die Möglichkeit einer Drift, einer Hysterese oder von sich in vorhersagbarer Weise periodisch ändernden systematischen Effekten, wie z. B. die Auswirkungen der Regelschwankungen einer Temperaturregelung, mit ein. Systematische Messabweichungen sind immer streng deterministisch, auch wenn das Gesetz, dem sie folgen, nicht in jedem Fall bekannt ist.

Ein Referenzwert für eine systematische Messabweichung kann ein wahrer Wert oder ein Messwert eines Normals mit vernachlässigbar kleiner Messunsicherheit oder ein vereinbarter Wert sein.

Die systematische Messabweichung ist gleich der gesamten Messabweichung minus der zufälligen Messabweichung.

Die Einteilung in systematische und zufällige Messabweichungen ist nicht immer eindeutig. Manchmal werden systematische Messabweichungen nicht unmittelbar als solche erkannt. Es ist z. B. möglich, dass eine Messabweichung aufgrund unzureichender Kenntnisse über das Messverfahren zunächst als zufällig angesehen wird, sich mit einer besseren Modellierung der Messung aber zusätzliche Einflussgrößen von eher systematischer Art ergeben und dann von einer systematischen Messabweichung gesprochen werden muss.

Eine systematische Messabweichung und ihre Ursachen können vollkommen unbekannt sein, oder sie können nur teilweise bekannt sein. Durch unter gleichbleibenden Bedingungen wiederholt durchgeführte Messungen lässt sich nicht herauszufinden, ob systematische Effekte vorliegen.

Um eine bekannte systematische Messabweichung auszugleichen, kann eine Korrektion angewendet werden. Der Begriff „Korrektion" ist definiert durch (VIM:2010, 2.53):

Definition 2.25 (Korrektion)
Eine Korrektion ist eine Kompensation eines geschätzten systematischen Effekts.

Der Hinweis in dieser Definition, dass nur eine Kompensation *eines geschätzten systematischen Effekts* möglich ist, ist wesentlich, denn eine systematische Messabweichung kann niemals vollständig bekannt sein, sondern es lässt sich nur ein (bester) Schätzwert dafür angeben. Der Einfluss eines systematischen Effekts lässt sich daher strenggenommen nicht vollständig korrigieren.

Um einen besten Schätzwert für eine systematische Messabweichung zu erhalten, können wir z. B. ein Normal messen und den gemessenen Größenwert mit dem im Kalibrierschein angegebenen Größenwert vergleichen. Die Differenz dieser beiden Werte kann als Schätzwert für die systematische Messabweichung dienen und damit zur Kompensation des zugrunde liegenden systematischen Effekts verwendet werden.

Die Kompensation kann unterschiedlicher Art sein, wie beispielsweise ein Summand, ein Faktor oder ein Tabellenwert. Üblicherweise wird als Kompensation der mit einem negativen Vorzeichen versehene Schätzwert der entsprechenden systematischen Messabweichung verwendet, der auch als „Bias der Messung" bezeichnet wird (VIM:2010, 2.18). Dabei muss aber beachtet werden, dass die diesem Schätzwert beigeordnete Messunsicherheit nicht null ist und deshalb bei der Berechnung der Messunsicherheit der *korrigierten* Messgröße weiterhin zu berücksichtigen ist. Dies wird leider oft vergessen.

Eine bekannte systematische Messabweichung sollte grundsätzlich korrigiert werden, um die Messunsicherheit nicht unnötig zu vergrößern. Im GUM wird davon ausgegangen, dass das Ergebnis einer Messung hinsichtlich aller erkannten systematischen Einflüsse korrigiert wurde, und dass alle Anstrengungen unternommen wurden, um solche Einflüsse zu erkennen (GUM, 3.2.4). Diese Empfehlung findet sich auch bereits bei C. F. Gauss [Gau21].

Abschließend sei noch darauf hingewiesen, dass bei einer kleinen Messunsicherheit nicht auch eine kleine systematische Messabweichung vorhanden sein muss, selbst dann nicht, wenn eine Korrektion durchgeführt wurde. Ein Messwert kann eine sehr kleine Unsicherheit haben, aber trotzdem eine große systematische Messabweichung, die unbekannt ist, weil z. B. eine oder mehrere Einflussgrößen systematischer Art bei der Messung wirksam waren, die unerkannt geblieben, möglicherweise übersehen oder bei der Aufstellung des Modells der Auswertung nicht berücksichtigt worden sind.

2.7 Messunsicherheit

Wir wollen uns nun dem Begriff „Messunsicherheit" zuwenden. In der Einleitung hatten wir bereits erwähnt, dass die Messunsicherheit dazu dienen kann, die Qualität eines Messergebnisses zu beurteilen, und es besteht Einigkeit darüber, dass die Messunsicherheit möglichst klein sein sollte. Wir müssen uns aber noch damit auseinandersetzen, wie die Messunsicherheit definiert ist, denn dies kann prinzipiell auf unterschiedliche Art und Weise erfolgen.

Letztlich ist es immer eine Sache der Konvention, welche Festlegung bezüglich der Messunsicherheit getroffen wird. Wesentlich ist dabei allerdings, dass weltweit nur *eine einzige* Festlegung existiert, um die Vergleichbarkeit der Qualität von Messergebnissen sicherzustellen.

Eine durch Vereinbarung festgelegte Definition ist im Allgemeinen nicht frei von Veränderungen und wird im Laufe der Zeit neuen Erkenntnissen und Bedürfnissen angepasst. Dabei führen die unter den Experten zu diesem Zweck geführten Diskussionen leider nicht immer zu einem allgemein akzeptierten Ergebnis. Wie wenig sinnvoll eine im Wesentlichen ideologisch geprägte Diskussion in einem solchen Fall ist, hat bereits C. F. Gauss klar formuliert[9], als er sich damit auseinandersetzte, ob das von P. S. Laplace oder das von ihm angegebene Maß zur Beschreibung von Messabweichungen besser geeignet sei.

Auch heute scheint die Diskussion über die „richtige" Vorgehensweise noch nicht vollständig beendet zu sein. In der Einleitung des Wörterbuchs der Metrologie (VIM) wird der früher übliche Ansatz („Messabweichungsansatz" genannt) dem heute verwendeten Ansatz („Unsicherheitsansatz" genannt) gegenübergestellt. Es heißt dort (VIM:2010, Einleitung):

> *In dieser dritten Ausgabe wird keinem dieser besonderen Ansätze der Vorzug gegeben.*
>
> ⋮
>
> *Ziel einer Messung beim Messabweichungsansatz ist es, einen Schätzwert des wahren Werts zu ermitteln, der dem einzelnen wahren Wert so nah wie möglich ist. Die Abweichung vom wahren Wert setzt sich aus zufälligen und systematischen Messabweichungen zusammen. Diese zwei Arten von Messabweichungen, von denen angenommen wird, dass sie immer unterschieden werden können, müssen auch unterschiedlich behandelt werden. Es kann keine Regel abgeleitet werden, wie sie sich zusammensetzen, um die Gesamtmessabweichung eines Messergebnisses zu bilden, welches für gewöhnlich als der Schätzwert genommen wird. Für gewöhnlich wird nur eine Obergrenze des absoluten Werts der*

[9]Quodsi quis hanc rationem pro arbitrio, nulla cogente necessitate, electam esse obiciat, libenter assentiemur. Quippe quaestio haec per rei naturam aliquid vagi implicat, quod limitibus circumscribi nisi per principium aliquatenus arbitrarium nequit.

...utrum enim error duplex aeque tolerabilis putetur quam simplex bis repetitus, an aegrius, et proin utrum magis conveniat, errori duplici momentum duplex tantum, an maius, tribuere, quaestio est ne qua per se clara, neque demonstrationibus mathematicis decidenda, sed libero tantum arbitrio remittenda. [Gau21]

[Wenn nun jemand einwenden würde, diese Festsetzung sei ohne zwingende Notwendigkeit willkürlich getroffen, so stimmen wir gern zu. Enthält doch diese Frage der Natur der Sache nach etwas Unbestimmtes, welches nur durch ein in gewisser Hinsicht willkürliches Prinzip bestimmt begrenzt werden kann.

...ob nämlich der doppelte Fehler für ebenso erträglich zu halten ist, wie der einfache, zwei mal wiederholte, oder für schlimmer, und ob es daher angemessener ist, dem doppelten Fehler nur das doppelte Moment, oder ein größeres zuzuordnen, ist eine Frage, die weder an sich klar, noch durch mathematische Beweise entschieden werden kann, sondern allein dem freien Ermessen zu überlassen ist.]

Gesamtmessabweichung geschätzt — und manchmal einfach „Unsicherheit“ genannt.

⋮

Ziel der Messung ist es beim Unsicherheitsansatz nicht, einen wahren Wert so genau wie möglich zu ermitteln. Es geht eher darum, dass die durch die Messung gewonnenen Daten es erlauben sollen, ein Intervall von für die jeweilige Messgröße sinnvollen Werten festzulegen, wobei man davon ausgeht, dass bei der Messung keine Fehler begangen worden sind. Weitere relevante Information kann dazu beitragen, die Spannweite des Bereichs der Werte zu reduzieren, der der Messgröße sinnvollerweise zugewiesen werden kann. Aufgrund der begrenzten Menge an Details in der Definition einer Messgröße kann selbst die genaueste Messung das Intervall jedoch nicht auf einen einzigen Wert reduzieren.

Die Autoren des Wörterbuchs der Metrologie überlassen damit offensichtlich dem Anwender die Entscheidung darüber, welchem Ansatz er den Vorzug geben möchte. Faktisch entspricht aber der Unsicherheitsansatz der heute gültigen Konvention, denn die 1993 im *Guide to the Expression of Uncertainty in Measurement (GUM)* (deutsche Übersetzung 1995 [GUM]) angegebene Definition der Messunsicherheit lautet (GUM, 2.2.3):

Die Messunsicherheit ist ein dem Messergebnis zugeordneter Parameter, der die Streuung der Werte kennzeichnet, die vernünftigerweise der Messgröße zugeordnet werden könnte.

Anmerkung 1: Der Parameter kann beispielsweise eine Standardabweichung (oder ein gegebenes Vielfaches davon) oder die halbe Weite eines Bereiches sein, der ein festgelegtes Vertrauensniveau hat.

Anmerkung 2: Die Messunsicherheit enthält im Allgemeinen viele Komponenten. Einige dieser Komponenten können aus der statistischen Verteilung der Ergebnisse einer Messreihe ermittelt und durch empirische Standardabweichungen gekennzeichnet werden. Die anderen Komponenten, die ebenfalls durch Standardabweichungen charakterisiert werden können, werden aus angenommenen Wahrscheinlichkeitsverteilungen ermittelt, die sich auf Erfahrung oder andere Information gründen.

Anmerkung 3: Es wird vorausgesetzt, dass das Messergebnis der beste Schätzwert für den Wert der Messgröße ist, und dass alle Komponenten der Unsicherheit zur Streuung beitragen, eingeschlossen diejenigen, welche von systematischen

Einwirkungen herrühren, z. B. solche, die von Korrektionen und Bezugsnormalen stammen.

Diese Definition ist identisch mit der in der 2. Auflage des Internationalen Wörterbuchs der Messtechnik angegebenen Definition (siehe VIM:1993, 3.9). In der derzeit gültigen 3. Auflage heißt es dagegen jetzt (VIM:2010, 2.26):

Definition 2.26 (Messunsicherheit)
Die Messunsicherheit ist ein nichtnegativer Parameter, der die Streuung der Werte kennzeichnet, die der Messgröße auf der Grundlage der benutzten Information beigeordnet ist.

Anmerkung 1: Die Messunsicherheit schließt Komponenten ein, die sich aus systematischen Effekten ergeben wie Komponenten, die mit Korrektionen und den zugewiesenen Größenwerten von Normalen zusammenhängen, sowie die Eigenunsicherheit. Manchmal werden geschätzte systematische Effekte nicht korrigiert, sondern es werden stattdessen beigeordnete Messunsicherheitsbeiträge berücksichtigt.

Anmerkung 2: Der Parameter kann beispielsweise eine Standardabweichung, genannt Standardmessunsicherheit (oder ein vorgegebenes Vielfaches davon), oder die halbe Spannweite eines Intervalls mit einer angegebenen Überdeckungswahrscheinlichkeit sein.

Anmerkung 3: Die Messunsicherheit umfasst im Allgemeinen viele Komponenten. Einige davon können mithilfe der Ermittlungsmethode A der Messunsicherheit aus der statistischen Verteilung der Größenwerte aus Messreihen ermittelt und durch Standardabweichungen charakterisiert werden. Die anderen Komponenten, die nach der Ermittlungsmethode B der Messunsicherheit ermittelt werden können, können ebenfalls durch Standardabweichungen charakterisiert werden, ermittelt aus Wahrscheinlichkeitsdichtefunktionen auf der Grundlage von Erfahrungen oder anderer Information.

Anmerkung 4: Im Allgemeinen wird für eine Menge an Information davon ausgegangen, dass die Messunsicherheit einem angegebenen Größenwert beigeordnet ist, welcher der Messgröße zugewiesen ist. Eine Änderung dieses Größenwertes führt zu einer Änderung der beigeordneten Unsicherheit.

Wir wollen im Folgenden näher auf die Unterschiede eingehen, die zwischen der alten und der neuen Definition der Messunsicherheit bestehen. Diese Unterschiede, wenn sie auch nur gering sind, zeigen deutlich die Veränderungen im Verständnis der Messunsicherheit, die während der zwischen der 2. und der 3. Auflage des VIM liegenden 15 Jahre eingetretenen sind. Die neue Auflage des VIM ist stärker an die Denkweise angepasst worden, die der derzeit gültigen Fassung des GUM zugrunde liegt.

In der neuen Definition wird Wert darauf gelegt, dass die Messunsicherheit ein *nichtnegativer* Parameter ist (das war natürlich vorher auch schon der Fall, ohne dass es explizit erwähnt worden ist), der auf *der Grundlage der benutzten Information* ermittelt wird, während es in der alten Definition noch ausreichend war, dass er *vernünftigerweise der Messgröße zugeordnet werden könnte*. Damit wird jetzt präzisiert, was „vernünftigerweise" bedeuten soll, nämlich die Verwendung der vorhandenen Information. Zusätzlich wurde in der neuen Definition der Konjunktiv „zugeordnet werden könnte" durch „beigeordnet ist" ersetzt, um die vorher vorhandene, vage Aussage zu vermeiden. Der Bezug auf die *Information* verdeutlicht nun besser, dass die Messunsicherheit die *unzureichende Kenntnis des Wertes der Messgröße* widerspiegelt (siehe GUM, 3.3.1).

In der neuen Definition ist die Messunsicherheit jetzt nicht mehr *ein dem Messergebnis zugeordneter Parameter*, sondern *einem angegebenen Größenwert beigeordnet* (VIM:2010, 2.26, Anmerkung 4). Diese Änderung stellt eine sinnvolle Korrektur dar, denn das vollständige Messergebnis besteht aus dem angegebenen Größenwert und der ihm beigeordneten Messunsicherheit. Es wird damit auch klargestellt, dass die Messunsicherheit zum *Wert* der Größe gehört und *nicht* zur Größe selbst. Dies sollte eigentlich unmittelbar klar sein, denn eine Größe ist nicht unsicher, sondern wir sind nur unsicher über ihren Wert. Es ergibt also keinen Sinn, z. B. über die Messunsicherheit einer elektrischen Spannung zu reden — wie man dies leider immer wieder hört —, sondern allenfalls über die Messunsicherheit des *Wertes* der elektrischen Spannung von z. B. 1,5 V. Damit wird auch verständlich, warum zwangsläufig *eine Änderung des Größenwerts zu einer Änderung der beigeordneten Unsicherheit führt* (VIM:2010, 2.26, Anmerkung 4). Auch eine Änderung des bei der Auswertung verwendeten Modells kann zu einem veränderten Größenwert führen, dem dann auch zwangsläufig eine andere Messunsicherheit beigeordnet ist. Schätzwerte von Messgrößen und die ihnen beigeordneten Messunsicherheiten sind demnach für verschiedene Modelle der Auswertung nicht unmittelbar vergleichbar.

In der neuen Definition wird als eine Möglichkeit zur Festlegung der Messunsicherheit — wie bereits zuvor (VIM:1993, 3.9, Anmerkung 1) — die Standardabweichung zugelassen, die aber nun als *Standardunsicherheit* bezeichnet wird (VIM:2010, 2.26, Anmerkung 2). Dies entspricht der im GUM angegebenen Definition der Standardunsicherheit als der als Standardabweichung ausgedrückten Unsicherheit (GUM, 2.3.1). Dagegen wird *die halbe Weite eines Bereiches, der ein festgelegtes Vertrauensniveau hat* (VIM:1993, 3.9, Anmerkung 1) durch *die halbe Spannweite eines Intervalls mit einer angegebenen Überdeckungswahrscheinlichkeit* ersetzt (VIM:2010, 2.26, Anmerkung 2). Hiermit soll klargestellt werden, dass es sich bei der (erweiterten) Messunsicherheit nicht um einen *Vertrauensbereich* im Sinne der Statistik handelt (GUM, 6.2).

Die Anmerkung 2 der alten Definition ist mit der Anmerkung 3 der neuen Definition im Wesentlichen identisch. Zusätzlich wird aber in der neuen Definition auf die Ermittlungsmethode A *zur Berechnung der Messunsicherheit durch statistische Analyse von Reihen von Beobachtungen* (GUM, 2.3.2) und die Ermittlungsmethode B *zur Berechnung der Messunsicherheit mit anderen Mitteln als der statistischen Analyse von Reihen von Beobachtungen* (GUM, 2.3.3) hingewiesen. Damit ist eine Anpassung des VIM an den GUM vorgenommen worden.

Die Anmerkung 1 der neuen Definition ist mit der Anmerkung 3 der alten Definition insofern in Übereinstimmung, als bei der Ermittlung der Messunsicherheit Komponenten eingeschlossen sind, die sich aus systematischen Effekten ergeben, wie Komponenten, die mit Korrektionen und den zugewiesenen Größenwerten von Normalen zusammenhängen. Neu hinzugekommen ist lediglich die Eigenunsicherheit als eine weitere Komponente der Messunsicherheit (VIM:2010, 2.26, Anmerkung 1). Die Eigenunsicherheit ist folgendermaßen definiert (VIM:2010, 2.27):

Definition 2.27 (Eigenunsicherheit)
Die Eigenunsicherheit ist die Komponente der Messunsicherheit, die aus der endlichen Detaillierung der Definition einer Messgröße resultiert.

Die Eigenunsicherheit ist die kleinste in der Praxis erreichbare Messunsicherheit bei jeder Messung einer Messgröße. Jede Änderung in der Detaillierung der Definition führt zu einer anderen Eigenunsicherheit.

Im GUM gilt die Eigenunsicherheit gegenüber den anderen Beiträgen zur Messunsicherheit als vernachlässigbar (VIM:2010, Einleitung). Eine derartige Vernachlässigung ist aber nicht immer zulässig.

Die Messgröße „Durchmesser" ist z. B. nicht für jede Messaufgabe wohldefiniert, weil sie den idealen Kreis als Modell voraussetzt. In der Realität ergeben sich aber immer mehr oder weniger starke Abweichungen von der Kreisform. Dadurch gibt es bei der Auswertung einer an irgendeinem Kreis gemessenen Menge von Datenpunkten mehr als einen möglichen Durchmesser, z. B. irgendeinen Abstand zwischen zwei einander gegenüberliegenden Punkten auf dem Umfang des Kreises, den Durchmesser des größten einbeschriebenen Kreises, den Durchmesser des kleinsten umschriebenen Kreises oder den nach der Methode der kleinsten Quadrate ermittelten Durchmesser, um nur einige Beispiele zu nennen. Die Unterschiede dieser verschiedenen möglichen Messergebnisse können einen Beitrag zur Messunsicherheit liefern, der nicht mehr vernachlässigbar ist. Deshalb ist die Ergänzung um die Eigenunsicherheit in der neuen Definition der Messunsicherheit durchaus sinnvoll, auch wenn sie im GUM bisher noch als vernachlässigbar angesehen wird.

In der neuen Definition der Messunsicherheit wird — im Gegensatz zur alten Definition — noch darauf hingewiesen, dass geschätzte systematische Effekte, die nicht korrigiert werden, zu einem zusätzlichen Beitrag der Messunsicherheit führen (VIM:2010, 2.26, Anmerkung 1). Grundsätzlich sollten systematische Messabweichungen jedoch korrigiert werden. Ihre Berücksichtigung bei der Berechnung der Messunsicherheit sollte nur unter ganz besonderen Umständen erfolgen (GUM, 6.3.1, Anmerkung). Zu beachten ist aber, dass die *Unsicherheit* der systematischen Messabweichung in jedem Fall zur Messunsicherheit beiträgt, selbst dann, wenn die im GUM empfohlene Korrektur vorgenommen worden ist. Diese Tatsache ist unmittelbar einsichtig, denn unsere Kenntnis über eine systematische Messabweichung kann nur unzureichend sein, wie wir bereits im vorangegangenen Abschnitt festgestellt haben.

Ein Punkt fehlt allerdings in der neuen Definition der Messunsicherheit, nämlich die Voraussetzung, *dass das Messergebnis der beste Schätzwert für den Wert der Messgröße ist* (VIM:1993, 3.9, Anmerkung 3). Dadurch wird zugelassen, dass die Messunsicherheit auch in den Fällen noch angegeben werden kann, für die diese Voraussetzung nicht erfüllt ist. Das ist z. B. dann der Fall, wenn eine systematische Messabweichung nicht korrigiert wurde und deshalb der ermittelte Wert der Messgröße eben *nicht* ihr bester Schätzwert ist. Die Streuung der Werte wird dann bezüglich des unkorrigierten Wertes der Messgröße ermittelt und durch eine entsprechend vergrößerte Messunsicherheit charakterisiert.

Damit sind alle Unterschiede zwischen der neuen und der alten Definition der Messunsicherheit im VIM bzw. GUM angesprochen worden. Zusammenfassend können wir feststellen, dass es sich dabei im Wesentlichen um kleinere Korrekturen oder präzisere Formulierungen handelt, ohne dass sich die grundlegende Philosophie geändert hat.

3 Das Modell der Auswertung

> Die Erfahrungen werden mehr oder weniger vollkommen in einfachere, häufiger vorkommende Elemente zerlegt und zum Zwecke der Mitteilung stets mit einem Opfer an Genauigkeit symbolisiert.
>
> *(Ernst Mach, 1897)*

Die Berechnung der Messunsicherheit setzt stets ein Modell der Auswertung voraus, das die Kenntnisse über den Einfluss der bekannten Eingangsgrößen auf die zu bestimmende Ausgangsgröße widerspiegelt. Das Modell sollte alle relevanten Eingangsgrößen beinhalten, wobei einzelne Eingangsgrößen selbst durch Untermodelle beschrieben sein können. Die in der Messtechnik verwendeten Modelle beruhen fast ausschließlich auf naturwissenschaftlichen Grundgesetzen und können in den meisten Fällen mathematisch durch eine oder mehrere Gleichungen beschrieben werden.

3.1 Methoden der Modellbildung

Die Modellierung mithilfe mathematischer Methoden dient einer angemessenen Beschreibung von Problemen und ist eine der Voraussetzungen für eine systematische Problemlösung. In verschiedenen Gebieten werden unterschiedliche, jeweils an die Art der zugrunde liegenden Aufgabenstellung angepasste Modellierungsmethoden verwendet. Das Ziel jeder guten Modellbildung sollte es sein, die für die Lösung des jeweiligen Problems wesentlichen Aspekte möglichst gut zu beschreiben, dabei aber alle Aspekte, die für das Problem unwesentlich sind, bei der Modellierung *nicht* zu berücksichtigen.

Der Begriff Modell wird in verschiedenen Zusammenhängen mit unterschiedlichen Bedeutungen verwendet. Ein Modell kann ein Abbild eines bereits vorhandenen oder noch zu schaffenden Originals sein (z. B. ein Flugzeugsimulator oder eine maßstabsgetreue Nachbildung eines Bauwerks), oder es kann dem Versuch einer Erklärung bestimmter Erscheinungen der realen Welt dienen (z. B. Modelle physikalischer Theorien, wie das BOHRsche Atommodell). Modelle werden unter anderem verwendet, um

- ein konkretes Problem zu lösen,
- bestimmte Eigenschaften komplexer Zusammenhänge zu untersuchen, zu verstehen oder zu vermitteln (z. B. physikalische Modelle),
- das Aussehen und Verhalten eines Originals zu veranschaulichen (z. B. in der Architektur oder im Modellbau),
- Anforderungen für die Herstellung eines Produkts festzulegen (z. B. technische Zeichnungen und Produktspezifikationen),
- Operationen durchzuführen, die am Original nicht oder nicht mehr durchgeführt werden können (z. B. Simulation der Vorgänge, die möglicherweise zu einem Flugzeugabsturz geführt haben könnten),
- nachzuweisen, dass alle wesentlichen Eigenschaften eines komplexen Systems korrekt und vollständig beschrieben werden (z. B. bei der Validierung eines neuen Messsystems).

Modelle können nie ein vollständiges Abbild der Wirklichkeit geben, und sie sollen dies auch nicht tun. Sie berücksichtigen stets nur bestimmte Eigenschaften und lassen andere unberücksichtigt. Durch den jeweiligen Verwendungszweck des Modells wird festgelegt, welche Eigenschaften modelliert werden müssen und welche Beschreibung dazu geeignet ist. Einige wichtige Punkte, die bei der Modellierung berücksichtigt werden sollten, sind:

- lokale und globale Genauigkeit,
- Grad der Detaillierung,
- Grad der Abstraktion,
- statisches und dynamisches Verhalten,
- Verhalten gegenüber Störungen,
- Systemstabilität,
- mathematische Komplexität,
- numerische Umsetzbarkeit.

Leider gibt es für die Vorgehensweise bei der Modellbildung keine allgemeingültigen Regeln. Häufig sind mehrere gleichwertige Methoden vorhanden, zwischen denen gewählt werden kann, d. h. es gibt nicht notwendigerweise nur *eine* eindeutige Modellierung. Je nach dem beabsichtigten Verwendungszweck des Modells, der zur Verfügung stehenden Information über das zu beschreibende System und den zugrunde liegenden mathematischen Methoden der Modellierung ergeben sich jedoch häufig Einschränkungen, welche die Auswahl einer geeigneten Methode erleichtern.

Bei der Modellbildung wird zwischen einem mehr theoretischen und einem mehr experimentellen Vorgehen unterschieden. Die Entscheidung für oder gegen eine bestimmte Methode der Modellbildung hängt dabei von der über das System vorliegenden Information ab.

Die experimentelle Modellbildung wird immer dann verwendet, wenn ein System entweder unbekannt ist oder es für den beabsichtigten Zweck nicht notwendig ist, alle seine Details genau zu beschreiben. Die Modellbildung schließt dabei alle Konzepte ein, die zu einer geeigneten Systembeschreibung führen und ausschließlich auf dem gemessenen Ausgangsverhalten eines Systems für vorgegebene Eingangssignale beruhen. Es ist dabei unerheblich, ob dieses Verhalten mithilfe vorgegebener Gleichungen oder Algorithmen beschrieben wird oder ob bereits vorhandene Messdaten als Grundlage für das Modell dienen. Da tabellierte Messdaten aber Probleme mit sich bringen können (z. B. in der Realität nicht vorhandene Unstetigkeiten oder eine fehlende Differenzierbarkeit), wird in der Regel die rein mathematische Beschreibung vorzuziehen sein. Dabei wird eine einzelne Gleichung oder ein Gleichungssystem als Modell vorgegeben und die darin vorkommenden unbestimmten Modellparameter mithilfe eines geeigneten Verfahrens der mathematischen Optimierung (z. B. nach der Methode der kleinsten Quadrate) derart bestimmt, dass sich möglichst kleine Abweichungen des Modells von den vorliegenden Messdaten ergeben.

Ein experimentelles Modell lässt sich (z. B. bei Polynomansätzen durch die Wahl der Modellordnung) beliebig genau an vorhandene Messdaten anpassen. Es ist aber darauf zu achten, dass die Güte der Anpassung des Modells an die Messdaten nicht zu weit getrieben wird und dadurch die vorhandenen zufälligen Messabweichungen Teil des Modells werden. Für systematische Messabweichungen kann dies aber im Einzelfall erwünscht sein.

Experimentelle Modelle lassen sich nur in wenigen Fällen extrapolieren, d. h. sie sind in der Regel außerhalb des von den gemessenen Daten abgedeckten Bereiches nicht verwendbar. Ihre Stärke liegt in der Interpolation der Messdaten. Außerdem muss für ein anderes gleichartiges System in den meisten Fällen das gesamte Optimierungsverfahren zur Bestimmung der Modellparameter wiederholt werden. Die Modellparameter lassen sich oft nicht interpretieren, d. h. ein

Verständnis der tatsächlichen Funktion eines betrachteten Systems ist häufig nicht unmittelbar möglich.

Die experimentelle Modellbildung wird aufgrund der Tatsache, dass sie fast ausschließlich auf dem gemessenen Ausgangsverhalten eines Systems für vorgegebene Eingangssignale beruht, ohne dass Kenntnisse über die innere Struktur oder die Funktionsweise des Systems selbst vorhanden sein müssen, auch als Black-Box-Modellierung bezeichnet.

Die theoretische oder physikalische Modellbildung beschreibt ein System auf der Grundlage allgemein gültiger physikalischer Zusammenhänge. Dabei werden üblicherweise alle vorhandenen Teilsysteme einzeln beschrieben und anschließend zu einem komplexeren System zusammengesetzt. Dies führt in der Regel zu einem besseren Verständnis des Gesamtsystems, da jede der im Modell vorkommenden Größen eine reale physikalische Bedeutung hat, erfordert aber auch umfangreichere Kenntnisse.

Die theoretische Modellbildung kann sehr rechenaufwendige Modelle ergeben, da für viele Effekte detaillierte physikalische Beschreibungen existieren, diese aber häufig auf nicht mehr analytisch lösbare mathematische Probleme führen und damit im Allgemeinen eine numerische Behandlung erfordern. Typische Beispiele sind dynamische Systeme, Strömungssimulationen oder die Berechnung von thermischen oder elastischen Materialeigenschaften, die zu ihrer Lösung aufwendige Berechnungsmethoden benötigen.

Die physikalische Modellbildung ermöglicht eine hohe Wiederverwendbarkeit der Modelle. Es sind meistens keine oder nur sehr wenige Messdaten erforderlich, um die Modellparameter festzulegen. Die verwendete Information beschränkt sich auf charakteristische Größen, wie z. B. vorgegebene geometrische Abmessungen, Materialkennwerte oder Naturkonstanten, die einschlägigen Tabellenwerken entnommen werden können. Da eine Systembeschreibung auf der Grundlage bekannter physikalischer Gesetze eine höchstmögliche Transparenz bietet, wird diese Art der Modellbildung auch als White-Box-Modellierung oder, in der theoretischen Physik, Modellierung *ab initio* genannt.

Ein wesentlicher Unterschied zwischen der experimentellen und der theoretischen Modellbildung kann in der Struktur des betrachteten Systems bestehen. Bei der experimentellen Modellbildung kann die Struktur des Systems vorgegeben und dadurch in seinen dynamischen Eigenschaften bereits vorab festgelegt werden. Bei der theoretischen Modellbildung ergibt sich dagegen die Struktur des Systems erst durch die Modellbildung selbst. Durch unzulässige Vereinfachungen komplexer Systeme können sich dabei aber manchmal Probleme der Berechenbarkeit ergeben. Um eine vereinfachte, aber trotzdem physikalisch sinnvolle Systembeschreibung zu gewährleisten, müssen die im Modell verwendeten Größengleichungen den bekannten Gesetzen der Physik genügen und zusätzlich noch bestimmte mathematische Randbedingungen erfüllen.

Die ausschließliche Beschränkung auf die theoretische oder die experimentelle Modellbildung allein führt nicht immer zu einem zufriedenstellenden Ergebnis. Es wird deshalb häufig eine Kombination beider Methoden eingesetzt, die auch als Grey-Box-Modellierung bezeichnet wird.

Die Grundidee bei der Grey-Box-Modellierung ist, dass sowohl theoretisches Vorwissen über ein zu modellierendes System in Form physikalischer Zusammenhänge verwendet wird als auch geeignete empirische Modellparameter vorhanden sind, die einer optimalen Anpassung des gesamten Systemmodells an vorhandene Messdaten dienen. Diese Parameter können physikalisch bzw. technisch interpretierbar sein, müssen es aber nicht.

Bei der Grey-Box-Modellierung sind zwei unterschiedliche Vorgehensweisen möglich. Einerseits kann zunächst von einer rein physikalischen Modellbildung ausgegangen werden, um anschließend bestimmte Größen als Modellparameter festzulegen, die eine optimale Anpassung des Gesamtmodells an vorhandene Messdaten ermöglichen. Die auf diese Weise bestimmten Werte werden im Allgemeinen nicht mit den tatsächlichen Größenwerten übereinstimmen. Sie beschreiben das betrachtete reale System aber häufig besser, als dies ohne eine Anpassung der ausgewählten Größen der Fall wäre. Außerdem ist — unabhängig von einer besseren mathematischen Beschreibung — auch häufig vorhersehbar, wie eine bestimmte Größe das System beeinflusst. Im Falle einer derartigen Systemoptimierung sind die tatsächlich vorliegenden Größenwerte meistens gute Startwerte. Dies kann insbesondere bei nichtlinearen Modellen für den Erfolg der gewählten Optimierungsmethode entscheidend sein.

Alternativ kann bei der Grey-Box-Modellierung eines modularen Systems ein bestimmter Teil durch einen Black-Box-Ansatz beschrieben werden. Diese Vorgehensweise ist häufig dann zweckmäßig, wenn komplexe Zusammenhänge eines oder mehrerer Teilsysteme vereinfacht dargestellt werden müssen, um ein umfangreiches Modell überhaupt noch handhaben zu können.

Welche der beschriebenen Methoden bei der Modellbildung im Einzelfall angewendet wird, hängt einerseits von der geforderten Genauigkeit des Modells ab, andererseits aber auch von der Komplexität der zugrunde liegenden physikalischen Zusammenhänge. Wenn bei komplexeren Systemen die physikalische Beschreibung sehr aufwendig wird, nimmt der Abstraktionsgrad in der Regel zu, und der Schwerpunkt bei der Modellbildung verlagert sich üblicherweise mehr in Richtung auf die Black-Box-Modellierung.

Zur Veranschaulichung der Vorgehensweise bei der Modellbildung wollen wir das Modell einer Halbleiterdiode betrachten. In diesem Fall ist eine rein theoretische Modellierung des Verhaltens der Diode nicht zweckmäßig, da die zugrunde liegenden physikalischen Zusammenhänge sehr komplex sind. Beschränken wir uns aber darauf, nur eine ganz bestimmte Eigenschaft einer Halbleiterdiode zu modellieren, wie z. B. ihr Gleichstromverhalten, dann kommen wir mit einem relativ einfachen nichtlinearen Modell aus.

Beispiel 3.1 (Shockley-Diodenmodell)
Das Shockley-Diodenmodell ermöglicht eine sehr einfache Beschreibung der Strom-Spannungs-Kennlinie (*I*-*U*-Kennlinie) einer Halbleiterdiode. Für die meisten Gleichstrombetrachtungen reicht dieses Modell bereits aus.

Beim der nach W. B. Shockley benannten Modellgleichung einer Halbleiterdiode wird die *I*-*U*-Kennlinie durch eine Exponentialfunktion beschrieben. Dieses Modell ermöglicht — mit Ausnahme des sogenannten Durchbruchverhaltens im Sperrbereich — eine gute Beschreibung des Gleichstromverhaltens der Diode.

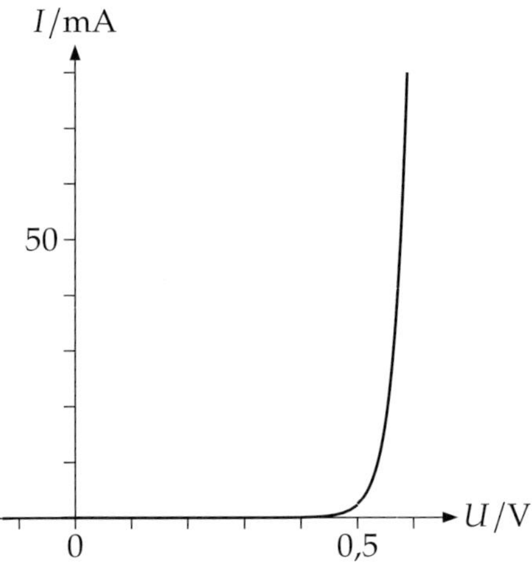

Abbildung 3.1 Typische *I*-*U*-Kennlinie einer Halbleiterdiode.

Im Durchlassbereich (positive Spannungswerte) erkennen wir den exponentiellen Anstieg des Stromes mit zunehmender Spannung (siehe Abbildung 3.1). Im Sperrbereich (negative Spannungswerte) nähert sich der Sperrstrom dagegen asymptotisch dem sogenannten Sättigungssperrstrom I_S.

Obwohl das Shockley-Modell zu den idealen Diodenmodellen gehört, beschreibt es in einem weiten Bereich sehr gut die Realität für den Gleichstrombetrieb einer

Halbleiterdiode. Für eine bestimmte Spannung U lässt sich der durch die Diode fließende Strom I nach der SHOCKLEY-Gleichung

$$I = I_S \left[\exp\left(\frac{U}{nU_T} \right) - 1 \right]$$

berechnen, mit der Temperaturspannung U_T (bei 20 °C etwa 25 mV), dem Emissionskoeffizienten n (1...4) und dem Sättigungssperrstrom I_S (bei 20 °C etwa 100 nA für Germanium und 10 pA für Silizium). Der tatsächliche Wert für den Sättigungssperrstrom I_S ist, außer vom verwendeten Halbleitermaterial, auch noch von der Fläche der Sperrschicht und der Temperatur abhängig und wächst mit steigender Temperatur stark an.

Die Temperaturspannung ist durch

$$U_T = \frac{kT}{e}$$

gegeben, wobei k die BOLTZMANN-Konstante, e die elektrische Elementarladung und T die absolute Temperatur bezeichnen.

In diesem Beispiel sind der Emissionskoeffizient und der Sättigungssperrstrom typische Modellparameter, deren Werte durch Messungen an den jeweiligen Diodentypen bestimmt werden müssen, um das Diodenmodell möglichst gut an die Realität anzupassen. Die Temperaturspannung ist dagegen durch ein rein physikalisches Modell gegeben.

3.2 Modellgleichungen

Für die Berechnung der Messunsicherheit nach dem GUM werden üblicherweise Modelle verwendet, die in Form einer oder mehrerer mathematischer Gleichungen gegeben sind. Es kann sich dabei sowohl um lineare als auch um nichtlineare Gleichungen handeln. Da sich der GUM auf die Fälle beschränkt, bei denen nur eine einzige Ausgangsgröße im Modell vorkommt, werden wir uns hier im Wesentlichen mit Modellgleichungen beschäftigen, bei denen eine Ausgangsgröße von einer oder mehreren Eingangsgrößen abhängig ist. Wir beginnen unsere Überlegungen mit den linearen Modellgleichungen. Dazu betrachten wir zunächst zwei einfache Beispiele.

Beispiel 3.2 (Spannungsabfall an einer elektrischen Leitung)
Eine elektrische Leitung mit dem Widerstand R wird von einem elektrischen Strom durchflossen. Nach dem ohmschen Gesetz ist der Spannungsabfall U an der Leitung durch die Gleichung

$$U = R\,I$$

gegeben. Der Leitungswiderstand R wird hierbei als ein Modellparameter angesehen, dessen Wert z. B. durch eine frühere Messung bestimmt worden ist und daher als bekannt vorausgesetzt wird.

Beispiel 3.3 (Steighöhe eines Flugzeuges)
Ein Flugzeug startet von einem Flughafen, dessen Höhe über dem Meeresspiegel durch die Größe h_0 gegeben ist. Nach dem Start steigt das Flugzeug mit der konstanten Steiggeschwindigkeit v_s. Nach der Zeit t erreicht es dann die Höhe

$$h = h_0 + v_\mathrm{s} t$$

über dem Meeresspiegel. Die Flugplatzhöhe und die Steiggeschwindigkeit werden hier als Modellparameter angesehen und als bekannt vorausgesetzt.

Die Beispiele 3.2 und 3.3 sind spezielle Fälle eines linearen Modells. Wenn nur eine Eingangsgröße und nur eine Ausgangsgröße im Modell vorkommen, dann ist ein lineares Modell mathematisch durch eine lineare Gleichung der Form

$$Y = aX + b \tag{3.1}$$

gegeben, wobei X die Eingangsgröße und Y die Ausgangsgröße des Modells ist. Die Größen a und b sind konstante Modellparameter.

Neben den linearen Modellen mit nur einer Eingangs- und Ausgangsgröße gibt es auch lineare Modelle mit nur einer Ausgangsgröße, die mehr als eine Eingangsgröße haben. Wir betrachten dazu die beiden folgenden Beispiele.

Beispiel 3.4 (Masse einer Mischung von Flüssigkeiten)
Zwei Flüssigkeiten unterschiedlicher Massendichte werden miteinander vermischt. Die Volumina der Flüssigkeiten bezeichnen wir mit V_1 und V_2, ihre Massendichten mit ϱ_1 und ϱ_2. Wegen des Massenerhaltungssatzes gilt dann für die Masse m der Mischung

$$m = \varrho_1 V_1 + \varrho_2 V_2 \,.$$

Die Größen ϱ_1 und ϱ_2 wollen wir hierbei als Modellparameter ansehen, deren Werte wir als bekannt voraussetzen. Sie könnten z. B. separat gemessen oder aus einem Tabellenbuch entnommen worden sein.

Beispiel 3.5 (Richmannsche Mischungsregel)
Wenn mehrere verschiedene Flüssigkeiten gleichen Volumens, aber unterschiedlicher Temperatur miteinander vermischt werden, dann stellt sich nach der Richmannschen Mischungsregel die Mischungstemperatur

$$T_\mathrm{m} = \sum_{i=1}^{n} a_i T_i$$

ein, wobei n die Anzahl der Flüssigkeiten in der Mischung ist und T_i die Temperatur der i-ten Flüssigkeit. Die Koeffizienten a_i sind dabei durch

$$a_i = \frac{c_i \varrho_i}{\sum\limits_{k=1}^{n} c_k \varrho_k}\,, \qquad i = 1, \ldots, n\,,$$

gegeben, wobei c_i die spezifische Wärmekapazität und ϱ_i die Massendichte der i-ten Flüssigkeit bezeichnet. Die Koeffizienten a_i ($i = 1, \ldots, n$) wollen wir als bekannte Modellparameter ansehen, da sie aus bekannten Größen berechnet werden können, die wir z. B. aus einem Tabellenbuch entnehmen könnten.

Die Beispiele 3.4 und 3.5 sind Anwendungsfälle eines allgemeinen linearen Modells mit einer Ausgangsgröße und mehreren Eingangsgrößen. Für dieses können wir die folgende Definition angeben:

Definition 3.1 (lineares Modell)
Ein lineares Modell wird durch die Modellgleichung

$$Y = \sum_{k=1}^{n} a_k X_k + b \tag{3.2}$$

beschrieben, mit den n Eingangsgrößen X_k ($k = 1, \ldots, n$) und der Ausgangsgröße Y, wobei sowohl die n Koeffizienten a_k ($k = 1, \ldots, n$), als auch b bekannte konstante Modellparameter sind.

Das einfachere lineare Modell nach der Gleichung (3.1) erhalten wir offensichtlich aus der Gleichung (3.2) für den Fall $n = 1$.

Leider sind lineare Modelle in der Praxis eher die Ausnahme. Wir wollen uns deshalb nun den nichtlinearen Modellgleichungen zuwenden. Dazu beginnen wir zunächst wieder mit einigen Beispielen.

Beispiel 3.6 (Flächeninhalt eines Kreises)
Wir betrachten einen Kreis mit dem Durchmesser d. Sein Flächeninhalt ist durch

$$A = \frac{\pi}{4} d^2$$

gegeben. Der Flächeninhalt ist also dem Quadrat des Durchmessers proportional, wobei die Proportionalitätskonstante $\pi/4$ ein bekannter Modellparameter ist.

Beispiel 3.7 (Volumen eines geraden Kreiszylinders)
Wir betrachten einen geraden Kreiszylinder mit dem Durchmesser d und der Höhe h. Sein Volumen ist durch

$$V = \frac{\pi}{4} d^2 h$$

gegeben. Das Volumen ist also dem Produkt aus dem Quadrat des Durchmessers und der Höhe des Zylinders proportional, wobei die Proportionalitätskonstante $\pi/4$ ein bekannter Modellparameter ist.

Beispiel 3.8 (Massendichte einer Flüssigkeit)
Die Massendichte einer Flüssigkeit kann aus ihrer Masse m und ihrem Volumen V nach der Gleichung

$$\varrho = \frac{m}{V}$$

berechnet werden. Da sich das Volumen im Allgemeinen mit der Temperatur ändert, ist die Massendichte temperaturabhängig. Diese Temperaturabhängigkeit könnte selbstverständlich in der Modellgleichung noch durch eine entsprechende Erweiterung berücksichtigt werden. Wir sind aber nur an einem vereinfachten Modell für eine fest vorgegebene Temperatur interessiert und lassen deshalb den Einfluss der Temperatur hier unberücksichtigt.

Beispiel 3.9 (Leistungsverlust in einem Draht)
Ein Draht der Länge ℓ mit dem Durchmesser d und dem spezifischen Widerstand ϱ wird von einem elektrischen Strom mit der Stromstärke I durchflossen. Die elektrische Verlustleistung ist dann durch

$$P = \frac{4\varrho\ell}{\pi}\left(\frac{I}{d}\right)^2 \tag{3.3}$$

gegeben. Dieser Leistungsverlust führt zu einer Erwärmung des Drahtes. Um diese so gering wie möglich zu halten, wird für elektrische Leitungen ein möglichst gut leitendes Material gewählt und ihr Durchmesser dem maximalen Strom I_{max} entsprechend gewählt, sodass das Verhältnis I_{max}/d weitestgehend konstant bleibt.

In diesem Modell ist die thermische Ausdehnung des Drahtes und die Abhängigkeit des spezifischen Widerstandes von der Temperatur nicht berücksichtigt worden, obwohl dies wegen der Erwärmung des Drahtes durch den elektrischen Strom eigentlich erforderlich wäre.

Alle diese Beispiele führen auf ein nichtlineares Modell. Für dieses können wir die folgende Definition angeben:

Definition 3.2 (nichtlineares Modell)
Ein nichtlineares Modell wird durch die Modellgleichung

$$Y = f(X_1, \ldots, X_n)$$

beschrieben, mit den n Eingangsgrößen X_k $(k = 1, \ldots, n)$ und der Ausgangsgröße Y, wobei f eine nichtlineare Funktion ist, die den Zusammenhang zwischen den Eingangsgrößen und der Ausgangsgröße beschreibt. Diese Funktion kann von einer beliebigen Anzahl von konstanten Modellparametern abhängen.

Wir sehen, dass das am Ende des vorhergehenden Abschnitts bereits betrachtete Beispiel 3.1 des SHOCKLEY-Modells einer Halbleiterdiode ebenfalls auf eine nichtlineare Modellgleichung führt.

Zum Schluss dieses Abschnitts wollen wir uns noch mit einer weiteren Art der Modellgleichung beschäftigen, nämlich mit der sogenannten *impliziten* Modellgleichung. Dieser Fall kommt im GUM nicht vor, ist aber in der Praxis manchmal gegeben. Dazu betrachten wir folgendes Beispiel.

Beispiel 3.10 (VAN-DER-WAALS-Gleichung)
Die angenäherte Zustandsgleichung für reale Gase (VAN-DER-WAALS-Gleichung) lautet

$$p - \frac{nRT}{V - nb} + \frac{n^2 a}{V^2} = 0\,,$$

wobei p den Druck, V das Volumen, T die thermodynamische Temperatur und n die Anzahl der Mole des Gases bezeichnet. Die allgemeine Gaskonstante R, der Kohäsionsdruck a und das Kovolumen b sind bekannte Modellparameter, die wir aus einem Tabellenbuch entnehmen können, wobei R eine Naturkonstante ist und die Konstanten a und b jeweils nur für ein bestimmtes Gas gelten.

Wenn wir das Volumen V, den Druck p und die Temperatur T als Eingangsgrößen durch eine Messung bestimmen, dann ergibt sich für die Anzahl n der Mole des Gases als Ausgangsgröße die Gleichung

$$abn^3 - aVn^2 + (bp + RT)V^2 n - pV^3 = 0\,. \tag{3.4}$$

Diese Gleichung dritten Grades hat insgesamt drei mögliche Lösungen, aber wir sind nur an einer reellen positiven Lösung interessiert, da die Anzahl der Mole eine positive reelle Zahl ist.

In diesem Beispiel ist die Modellgleichung (3.4) nicht nach der gesuchten Größe n aufgelöst. Dies ist ein Beispiel für ein implizites Modell. Allgemein können wir folgende Definition angeben:

Definition 3.3 (implizites Modell)
Ein implizites Modell wird durch die Modellgleichung

$$f(Y, X_1, \ldots, X_n) = 0$$

beschrieben, mit den n Eingangsgrößen X_k ($k = 1, \ldots, n$) und der Ausgangsgröße Y, wobei f eine eindeutig nach Y auflösbare Funktion ist, die den Zusammenhang zwischen den Eingangsgrößen und der Ausgangsgröße beschreibt. Diese Funktion kann von einer beliebigen Anzahl von konstanten Modellparametern abhängen.

Bei dieser Definition ist wesentlich, dass sich die implizite Modellgleichung eindeutig nach der Ausgangsgröße auflösen lassen muss. Diese Forderung ist keineswegs selbstverständlich, denn es gibt implizite Gleichungen, bei denen das nicht möglich ist. Dann wäre allerdings die entsprechende Modellgleichung unbrauchbar, weil sich daraus weder der Wert der Ausgangsgröße, noch die ihm beigeordnete Unsicherheit berechnen lassen würden.

Die Eindeutigkeit einer möglichen Auflösung einer impliziten Modellgleichung $f(Y,X_1,\ldots,X_n) = 0$ nach der Ausgangsgröße Y muss gegebenenfalls durch zusätzliche Nebenbedingungen sichergestellt werden. Ob aber die Auflösung nach Y überhaupt möglich ist, lässt sich mithilfe des *Satzes über implizite Funktionen* entscheiden, der in jedem guten Lehrbuch der Analysis erklärt wird. In den uns hier interessierenden Fällen können wir diesen Satz auf die folgende einfache Form bringen:

Satz 3.1 (Auflösbarkeit einer impliziten Modellgleichung)
Es sei die implizite Modellgleichung $f(Y,X_1,\ldots,X_n) = 0$ gegeben. Von den Größen $X_1,\ldots,X_n$ sei bekannt, dass sie die festen Werte $x_1,\ldots,x_n$ annehmen. Wenn nun $Y = y$ eine Lösung der Gleichung $f(Y,x_1,\ldots,x_n) = 0$ ist und

$$\left(\frac{\mathrm{d}f(Y,x_1,\ldots,x_n)}{\mathrm{d}Y}\right)_{Y=y} \neq 0\,,$$

dann lässt sich die Modellgleichung $f(Y,X_1,\ldots,X_n) = 0$ nach Y auflösen.

Wir wollen die Anwendung dieses Satzes an einem einfachen Beispiel verdeutlichen.

Beispiel 3.11 (Halbkreis in der Ebene)
Ein Halbkreis in der (x,y)-Ebene oberhalb der x-Achse mit dem Radius R, dessen Mittelpunkt im Koordinatenursprung liegt, ist durch die implizite Gleichung

$$f(Y,X,R) = Y^2 + X^2 - R^2 = 0 \qquad \text{mit der Nebenbedingung} \qquad Y \geq 0 \tag{3.5}$$

gegeben. Wir nehmen an, dass der Radius bekannt ist und den Wert $R = r$ hat. Es sei auch ein Wert für X bekannt, den wir mit x bezeichnen. Dann ist $y = \sqrt{r^2 - x^2}$ die Lösung der Gleichung $f(Y,x,r) = 0$ unter der gegebenen Nebenbedingung. Außerdem finden wir für die Ableitung an dieser Stelle

$$\left(\frac{\mathrm{d}f(Y,x,r)}{\mathrm{d}Y}\right)_{Y=y} = 2\sqrt{r^2 - x^2}\,.$$

Diese Ableitung kann aber nur für $x = \pm r$ den Wert null annehmen. Wenn also $-r < x < +r$ ist, dann ist die Gleichung (3.5) eindeutig nach Y auflösbar.

Kann der Nachweis erbracht werden, dass die Modellgleichung sich eindeutig nach der Ausgangsgröße Y auflösen lässt, bedeutet dies allerdings noch nicht, dass sie sich tatsächlich explizit als eine nach Y aufgelöste Gleichung schreiben lassen muss. Im Allgemeinen lässt sich eine implizite Gleichung nach einer vorgegebenen Variable nämlich nicht analytisch auflösen. Wir können dann nur eine numerische Lösung erhalten.

Praktiker argumentieren in der Regel, dass ein Modell ja die Naturgesetze widerspiegelt, die der jeweiligen Messung zugrunde liegen, sodass man sich die Mühe sparen kann, die eindeutige Auflösbarkeit einer impliziten Modellgleichung nach der Ausgangsgröße mathematisch nachzuweisen. Diese Argumentation ist jedoch nicht stichhaltig, denn ein Modell ist natürlich in der Regel *kein* vollständiges Abbild des in der Natur tatsächlich stattfindenden Vorganges, d. h. es besteht durchaus die Möglichkeit, dass sich ein Modell als falsch oder ungeeignet erweist.

Die Möglichkeit, dass sich ein Modell mathematisch als nicht geeignet erweisen könnte, ist einer der Gründe, warum jedes komplexere Modell einer Validierung unterzogen werden sollte, bevor es für die Messdatenauswertung verwendet wird. Dies gilt nicht nur für implizite Modellgleichungen, sondern ganz allgemein. Von einer Validierung kann nur dann abgesehen werden, wenn es sich um Modellgleichungen handelt, deren Korrektheit bereits nachgewiesen worden ist und die sich in der praktischen Anwendung bewährt haben.

3.3 Untermodelle

Ein komplexes Modell kann fast immer übersichtlicher gestaltet werden, wenn wir mit Untermodellen arbeiten. Dadurch wird eine umfangreiche Aufgabe in einfacher zu handhabende Teilaufgaben zerlegt, und die gesamte Berechnung wird leichter verständlich. Damit wird auch die Gefahr geringer, sich zu verrechnen. Außerdem erleichtern wir es dadurch auch Anderen, unseren Gedankengängen besser folgen zu können und unsere Berechnungen auf möglicherweise vorhandene Schwachstellen zu überprüfen. Wir wollen uns die Vorgehensweise an dem im Beispiel 3.9 gegebenen Modell klarmachen.

Beispiel 3.12 (Leistungsverlust in einem Draht; mit Untermodellen)
Wenn ein Draht mit dem Widerstand R von einem elektrischen Strom mit der Stromstärke I durchflossen wird, dann entsteht ein Leistungsverlust

$$P = RI^2 , \tag{3.6}$$

der zu einer Erwärmung des Drahtes führt.

Der Widerstand des Drahtes mit der Länge ℓ, der Querschnittfläche A und dem spezifischen Widerstand ϱ lässt sich nach der Gleichung

$$R = \varrho \frac{\ell}{A} \tag{3.7}$$

berechnen. Wir haben hierbei noch nicht von der tatsächlich vorliegenden Querschnittform des Drahtes Gebrauch gemacht.

Hat der betrachtete Draht einen kreisförmigen Querschnitt mit dem Durchmesser d, dann gilt für seine Querschnittfläche (siehe dazu das Beispiel 3.6)

$$A = \frac{\pi}{4} d^2 . \tag{3.8}$$

Aus den Gleichungen (3.6), (3.7) und (3.8) können wir durch entsprechendes Einsetzen wieder die Gleichung (3.3) erhalten.

Die in diesem Beispiel aufgestellten Gleichungen (3.6) bis (3.8) sind die Modellgleichungen der Untermodelle des im Beispiel 3.9 angegebenen Gesamtmodells. Wir sehen, dass wir das gleiche Modell in einer leichter verständlichen Form erhalten haben, wobei die Modellgleichungen der Untermodelle gleichzeitig einfacher sind. Wir können auch sofort feststellen, was zu tun wäre, wenn der Draht keinen kreisförmigen Querschnitt hätte, sondern z. B. einen rechteckigen. Die Untermodelle geben hier offensichtlich den zugrundeliegenden physikalischen Sachverhalt des Modells in einer leichter verständlichen Weise wieder.

Die Verwendung von Untermodellen kann auch sehr hilfreich zur Ableitung der gesuchten Modellgleichung aus bekannten physikalischen oder technischen Sachverhalten sein. Wir wollen das an dem Modell des Beispiels 3.5 zeigen.

Beispiel 3.13 (Ableitung der Richmannschen Mischungsregel)
Werden mehrere Flüssigkeiten mit unterschiedlichen Temperaturen miteinander vermischt, dann stellt sich nach einer gewissen Zeit ein Gleichgewicht mit einer mittleren Temperatur ein, die als Mischungstemperatur bezeichnet wird. Diese kommt dadurch zustande, dass die Flüssigkeitsanteile, die eine höhere Temperatur haben, Wärme an die Mischung abgeben, während die Flüssigkeitsanteile, die eine niedrigere Temperatur haben, Wärme aus der Mischung aufnehmen.

Wir betrachten die Mischung von n unterschiedlichen Flüssigkeiten mit den Temperaturen T_k $(k = 1, \ldots, n)$. Da aufgrund des Energieerhaltungssatzes bei der Mischung der Flüssigkeiten Wärmeenergie weder entstehen noch verloren gehen kann, muss die Summe aller aus der Mischung aufgenommenen bzw. an sie abgegebenen Wärmemengen Q_k $(k = 1, \ldots, n)$ gleich null sein, d. h. es gilt

$$\sum_{k=1}^{n} Q_k = 0 . \tag{3.9}$$

Die einer Flüssigkeitsmenge zugeführte bzw. von ihr abgegebene Wärmemenge Q_k ist ihrer Masse m_k sowie der Differenz ihrer Temperatur und der Mischungstemperatur proportional, wobei die Proportionalitätskonstante c_k gleich der spezifischen Wärmekapazität der jeweiligen Flüssigkeit ist. Wir erhalten also die Gleichung

$$Q_k = m_k c_k (T_k - T_\mathrm{m}) \,, \qquad k = 1, \ldots, n \,. \tag{3.10}$$

wobei T_m die sich ergebende Mischungstemperatur bezeichnet. Wir sehen, dass wir für eine wärmere Flüssigkeit (d. h. für $T_k > T_\mathrm{m}$) eine positive Wärmemenge erhalten, die an die Mischung abgegeben wird, während sich für eine kältere Flüssigkeit (d. h. für $T_k < T_\mathrm{m}$) eine negative Wärmemenge ergibt, die aus der Mischung aufgenommen wird. Wenn aber $T_k = T_\mathrm{m}$ ist, dann ergibt sich $Q_k = 0$, d. h. dieser Flüssigkeitsanteil nimmt weder Wärme aus der Mischung auf, noch gibt er Wärme an sie ab.

Setzen wir nun die Gleichungen (3.10) in die Gleichung (3.9) ein und lösen nach der Mischungstemperatur T_m auf, dann erhalten wir die Modellgleichung

$$T_\mathrm{m} = \sum_{i=1}^{n} a_i T_i \,, \tag{3.11}$$

mit den Koeffizienten

$$a_i = \frac{m_i c_i}{\sum\limits_{k=1}^{n} m_k c_k} \,, \qquad i = 1, \ldots, n \,. \tag{3.12}$$

Die Masse der i-ten Flüssigkeitsmenge können wir mithilfe der Gleichung

$$m_i = \varrho_i V_i \tag{3.13}$$

aus ihrem Volumen V_i und ihren Massendichte ϱ_i berechnen.

Die Gleichungen (3.11), (3.12) und (3.13) sind den im Beispiel 3.5 angegebenen Modellgleichungen äquivalent, wenn die Volumina der Flüssigkeiten gleich sind.

Wir haben an diesem Beispiel gesehen, wie sich aus den bekannten physikalischen Zusammenhängen die Gleichungen zur Erklärung der RICHMANNschen Mischungsregel ableiten lassen. Dabei haben wir mehrere einfach zu verstehende Untermodelle verwendet. Wir können aus der Ableitung der Modellgleichungen auch sofort erkennen, welche Mischungsregeln sich ergeben, wenn andere Bedingungen vorliegen, z. B. wenn die Volumina der Flüssigkeiten nicht gleich sind, es sich aber um gleichartige Flüssigkeiten handelt.

Da die Verwendung von Untermodellen grundsätzlich nur Vorteile mit sich bringt, sollte davon möglichst sowohl bei der Aufstellung der Modellgleichungen als auch anschließend bei der Berechnung der Messergebnisse und der ihnen beigeordneten Messunsicherheiten Gebrauch gemacht werden. Ein derartiger modularer Aufbau der Modellgleichungen unterstützt auch die Wiederverwendbarkeit von Untermodellen in neu aufzustellenden Modellen oder die Anpassung bereits vorhandener Modelle an veränderte Bedingungen.

Durch die Zerlegung von Modellen in Untermodelle ergibt sich im Laufe der Zeit ein Satz von Modellgleichungen für immer wiederkehrende Teilaufgaben, wie z. B. die Modellierung der thermischen Ausdehnung bei der Längenmessung, die Berücksichtigung der Änderung des elektrischen Widerstandes und anderer Materialkonstanten mit der Temperatur, die Modelle analoger bzw. digitaler Spannungsmessgeräte oder die Modellierung bestimmter Messabweichungen, wie z. B. Drift oder Hysterese.

Der Vorteil der Modularisierung bei der Modellbildung ist nicht nur, dass wir die gleichen Überlegungen nicht immer wieder erneut anstellen müssen, sondern wir können auch auf bereits bewährte und auf ihre Richtigkeit überprüfte Untermodelle zurückgreifen. Dadurch können wir die Modellbildung beschleunigen und sie weniger fehleranfällig machen. Außerdem wird dadurch die Zusammenarbeit von Experten bei der Erstellung komplexer Modelle erleichtert, denn jeder muss dann nur einen Teil der Gesamtaufgabe bearbeiten.

3.4 Modellierungsstrategien

Das Hauptproblem bei der Auswertung von Messdaten ist oft die Aufstellung eines geeigneten Modells. Wenn dieses gefunden worden ist, können in der Regel die eigentlichen Berechnungen einem für diese Zwecke speziell entwickelten Computerprogramm überlassen werden.

Eine Modellbildung kann nicht ohne eine bewusste Beteiligung des menschlichen Verstandes erfolgen, d. h. nicht in der rein mechanischen Art und Weise einer mehr unterbewussten Handlung — wie zum Beispiel das Laufen oder Radfahren — ohne ein tieferes Nachdenken über die bei dem zu modellierenden Vorgang beteiligten Phänomene und Einflüsse.

Aber der menschliche Verstand ist nicht in der Lage, ein umfangreiches System, das durch viele Faktoren beeinflusst wird, im Einzelnen zu begreifen. Nichtlineare Zusammenhänge überfordern unser Vorstellungsvermögen, ohne dass wir uns dessen bewusst sind, sodass Prognosen über das Verhalten komplexer Systeme fast immer zum Scheitern verurteilt sind. Selbst brillante Gehirne können im Allgemeinen nicht mehr begreifen als einfache Ursache-Wirkung-Zusammenhänge (siehe dazu z. B. [Dör01]). Das ist auch der Grund dafür, dass uns das Verhalten von umfangreichen Computerprogrammen manchmal überrascht. Dies gilt selbst dann, wenn es sich um ein von uns selbst geschriebenes Programm handelt.

Aus dieser Erkenntnis können wir die Schlussfolgerung ziehen, dass die Aufstellung eines guten Modells keine Routineangelegenheit ist. Das Modellieren ist mehr eine Kunst als eine Wissenschaft. Man lernt es, wie das Rechnen oder ein Handwerk, am besten dadurch, dass man es immer wieder tut. Dabei sollte man sich von erfahrenen Kollegen beraten und unterstützen lassen. Dies ist auch dann zu empfehlen, wenn man selbst ein Experte auf dem entsprechenden Gebiet ist, für das ein Modell zu entwickeln ist, denn etwas von der Sache zu verstehen ist gut, aber zu viel darüber zu wissen, ist manchmal eher hinderlich, weil man sich zu sehr mit den unwesentlichen Kleinigkeiten beschäftigt. Außerdem hilft ein ständiger Erfahrungsaustausch mit den Kollegen auch dabei, dass keine wesentlichen Aspekte übersehen werden.

Die Modellierung komplexer Systeme setzt meistens gute mathematische Kenntnisse voraus. Deshalb müssen manchmal Mathematiker mit einer guten Ausbildung in praktischer und numerischer Mathematik hinzugezogen werden. Aufwendige Modelle können häufig nur durch eine Zusammenarbeit mehrerer Spezialisten aufgestellt und auf ihre Korrektheit überprüft werden.

Bevor man mit der eigentlichen Modellbildung beginnt, kann es oft nützlich sein, die einschlägige Fachliteratur zu studieren, denn es ist in der Regel besser, zunächst aus den Erfahrungen Anderer zu lernen. Für bestimmte Bereiche gibt es bereits Beispielsammlungen von Modellen (siehe z. B. [DKD1998; DKD2002]), die man entweder unmittelbar verwenden kann oder die sich für eigene Zwecke geeignet modifizieren lassen.

In einigen Fällen kann es auch sinnvoll sein, einen Blick darauf zu werfen, was in anderen Bereichen an ähnlichen Problemen bereits behandelt worden ist. Möglicherweise stößt man dabei auf Ideen, die für die eigene Modellbildung genutzt werden können. Modelle unterschiedlicher Disziplinen haben häufig eine sehr ähnliche mathematische Struktur. Diese Erkenntnis hat man früher bei der Modellierung verschiedenartigster Systeme mithilfe von elektrischen Schaltkreisen (Analogrechnern) ausgenutzt. Heute ist dieses Wissen allerdings bereits weitgehend in Vergessenheit geraten. Hier kann sich eine Auffrischung lohnen oder ein Gespräch mit älteren Kollegen.

Der Entwurf eines Modells ist ein Prozess, der in mehrere Schritte unterteilt werden kann. Man sollte von Anfang an der Versuchung widerstehen, das gesamte Modell in einem einzigen Schritt entwickeln zu wollen. Am besten ist es, mit einem möglichst einfachen Modell zu beginnen, das zunächst nur die wesentlichen Zusammenhänge beschreibt, die durch das gewählte Messverfahren bestimmt sind (ideales Modell), und dieses Modell dann nach und nach zu verfeinern, bis die geforderte Genauigkeit der Annäherung an die Wirklichkeit erreicht ist. Dabei sollte man immer daran denken, dass das Modell die Wirklichkeit nur bis zu einem gewissen Grad wiedergeben soll. Je mehr Parameter (z. B. Materialkonstanten usw.) geschätzt oder vorab bestimmt (z. B. aus Tabellenbüchern entnommen) werden müssen, desto größer ist die Gefahr, dass sich kleine Abweichungen verstärken, das Modell unrealistisch wird und dadurch seine Aufgabe nicht mehr erfüllen kann. Ein komplexeres Modell erhöht nicht zwangsläufig die Genauigkeit der Approximation, aber stets die Anzahl der zu bestimmenden Parameter.

Die Güte eines Modells kann nicht *a priori* bestimmt werden, aber als Regel sollte gelten, dass ein einfacheres Modell besser als ein komplexeres ist (Sparsamkeitsprinzip von W. v. Occam), solange es den beabsichtigten Zweck erfüllt. Das schließt allerdings nicht aus, dass es für ein Problem unter Umständen mehr als ein geeignetes Modell geben kann und häufig auch gibt.

Manchmal ist es notwendig, sehr komplexe Systeme zu modellieren. In diesem Fall ist eine systematische Vorgehensweise erforderlich. Dabei ist die Verwendung von Untermodellen unentbehrlich. Das Gesamtmodell wird modular aus den Untermodellen aufgebaut. Auch hier wird bei jedem Untermodell zunächst mit einem idealen Ursache-Wirkung-Zusammenhang begonnen. Anschließend werden dann alle wesentlichen Einflussgrößen berücksichtigt, wobei man mit den wichtigsten beginnen sollte. Die einzelnen Untermodelle können auch von verschiedenen Personen modelliert werden, oder es kann auf bereits vorhandene Modelle zurückgegriffen werden, die gegebenenfalls an die vorgegebenen Bedingungen angepasst werden. Sind die Untermodelle fertiggestellt, dann werden sie zum Gesamtmodell zusammengefügt, wobei gegebenenfalls auch alle wesentlichen „Rückwirkungen“ (d. h. die „Ursache“ wird durch die „Wirkung“ beeinflusst) zwischen den einzelnen Modulen in die Modellierung mit einbezogen werden müssen. Zum Schluss muss das Gesamtmodell validiert werden. Dies erfolgt am besten durch eine Computersimulation. Dabei ist darauf zu achten, dass *alle* Komponenten des Modells getestet werden, und dass das Modell insgesamt plausibel ist.

Es ist schwierig, die Güte eines Modells zu bewerten. Im Extremfall können Modelle entweder zu komplex oder zu einfach sein. Sind sie zu komplex, dann müssen zu viele Modellparameter geschätzt werden, und es kann unmöglich sein, die dafür notwendige Information bereitzustellen. Derartige Modelle werden häufig von Fachleuten entwickelt, die alle bekannten Aspekte bei der

Modellierung berücksichtigen wollen. Sie treiben die Spezialisierung dabei oft zu weit. Das andere Extrem sind Modelle, die zu einfach sind. Sie können zu falschen Ergebnissen führen, weil sie die Wirklichkeit nur ungenügend abbilden. Dabei werden dann auch wesentliche Eigenschaften unberücksichtigt gelassen. Zu einfache Modelle entstehen häufig durch unzureichende Kenntnisse über das Messverfahren und die wirksamen Einflussfaktoren oder einfach nur, weil man keinen großen Aufwand treiben möchte. Man gibt sich dann mit einem sehr allgemeinen Modell zufrieden, das bestimmte Details unberücksichtigt lässt, die den Unterschied zwischen verschiedenen Messverfahren ausmachen. Das Optimum liegt irgendwo in der Mitte zwischen diesen Extremen.

Es ist durchaus nicht ungewöhnlich, dass ein Modell iterativ entwickelt wird. In allen experimentellen Naturwissenschaften ist dies sogar die Regel. Die durch die Messungen gewonnene Information führt zu einem besseren Verständnis der Wirklichkeit und damit wiederum zu einem an diese neuen Kenntnisse besser angepassten Modell. Messungen, Auswertung der Messdaten und eine Verfeinerung des Modells folgen zyklisch aufeinander, bis schließlich — zumindest vorläufig — keine neuen Erkenntnisse mehr hinzugewonnen werden können. Das Modell hat sich dann zu einer wissenschaftlichen Theorie entwickelt, die solange bestehen bleibt, bis irgendwann auftretende Widersprüche die Suche nach einem besser angepassten Modell der Wirklichkeit erzwingen. Jedes Modell kann also nur im Rahmen der jeweils vorhandenen Information gültig sein, die aber niemals vollständig sein wird.

3.5 Linearisierung der Modellgleichungen

Nichtlineare Modellgleichungen können unter bestimmten Voraussetzungen linearisiert werden, d. h. in guter Näherung durch lineare Modellgleichungen ersetzt werden. Der GUM arbeitet ausschließlich mit linearen oder linearisierten Modellen. Der Grund dafür ist, dass sich die Messunsicherheit besonders einfach berechnen lässt, wenn lineare Modellgleichungen vorliegen. Wir wollen uns in diesem Abschnitt mit den beiden unmittelbar miteinander im Zusammenhang stehenden Fragen beschäftigen, wie Modellgleichungen linearisiert werden können und welche Bedingungen dabei zu beachten sind.

Wir beginnen unsere Überlegungen mit dem einfachsten Fall und nehmen an, dass die Ausgangsgröße Y nur von einer einzigen Eingangsgröße X abhängt, d. h. wir gehen von der nichtlinearen Modellgleichung $Y = f(X)$ aus. Unser Ziel ist es, diese Gleichung durch die lineare Gleichung $Y = aX + b$ möglichst gut zu approximieren, wobei a und b noch zu bestimmende Konstanten sind.

Wir können natürlich nicht erwarten, dass die Linearisierung der Modellgleichung für jeden beliebigen Wert von X mit einer vernachlässigbar kleinen Abweichung möglich ist. Deshalb beschränken wir uns auf die Umgebung eines uns interessierenden Punktes auf der durch die Gleichung $Y = f(X)$ gegebenen ebenen Kurve. Diesen Punkt mit den Koordinaten X_0 und $Y_0 = f(X_0)$ wollen wir Arbeitspunkt nennen und im Folgenden mit P bezeichnen.

Um die Konstanten a und b der im Arbeitspunkt linearisierten Modellgleichung zu bestimmen, machen wir den Ansatz

$$f(X) = aX + b + R(X)\,, \tag{3.14}$$

wobei das Restglied $R(X)$ die Abweichung der linearen Näherung von der ursprünglichen Modellgleichung an der Stelle X bezeichnet.

Sinnvollerweise sollten wir verlangen, dass die lineare Näherung $Y = aX + b$ im Arbeitspunkt zum gleichen Ergebnis führt, wie die ursprüngliche Modellgleichung $Y = f(X)$, d. h. wir fordern $R(X_0) = 0$. Setzen wir in der Gleichung (3.14) $X = X_0$ und verwenden diese Forderung, so ergibt sich

$$b = f(X_0) - aX_0\,. \tag{3.15}$$

Setzen wir dieses Ergebnis in die Gleichung (3.14) ein, dann erhalten wir für die relative Abweichung, bezogen auf den entlang der X-Achse gemessenen Abstand $\Delta X = X - X_0$ vom Arbeitspunkt,

$$r(X) = \frac{R(X) - R(X_0)}{X - X_0} = \frac{f(X) - f(X_0)}{X - X_0} - a\,, \tag{3.16}$$

wobei wir wieder unsere Forderung $R(X_0) = 0$ ausgenutzt haben. Der erste Term auf der rechten Seite dieser Beziehung ist die Steigung einer Sekante der Funktion f durch den Arbeitspunkt P und einen weiteren, in seiner näheren Umgebung liegenden Punkt Q auf der durch $Y = f(X)$ beschriebenen Kurve, wobei wir die Differenz $\Delta X = X - X_0$ als klein annehmen. Diese Situation ist in der Abbildung 3.2 dargestellt.

Denken wir uns nun ΔX immer kleiner werdend, dann bewegt sich der Punkt Q entlang der Kurve immer weiter auf den Punkt P zu, bis er schließlich mit ihm zusammenfällt (d. h. es wird $\Delta X = 0$), wobei die Sekante gleichzeitig in die Tangente an den Graphen der Funktion f im Punkt P übergeht. Wenn die

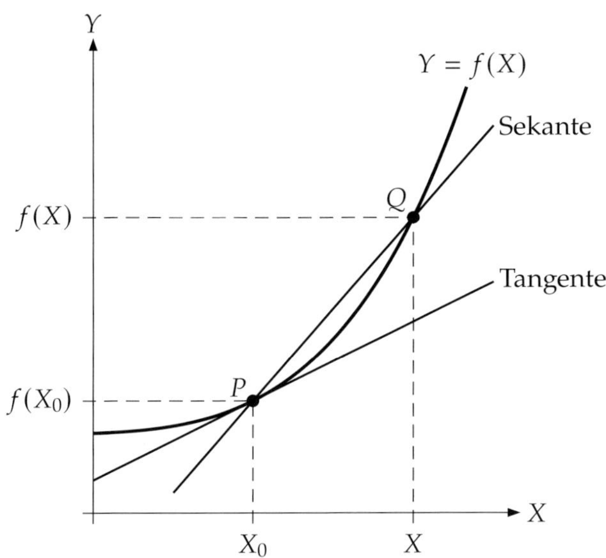

Abbildung 3.2 Linearisierung einer nichtlinearen Gleichung $Y = f(X)$.

Funktion in diesem Punkt differenzierbar ist, dann ist die Steigung der Tangente dort durch die erste Ableitung

$$f'(X_0) = \lim_{X \to X_0} \frac{f(X) - f(X_0)}{X - X_0} \tag{3.17}$$

gegeben. Damit ergibt sich aus der Gleichung (3.16)

$$r(X_0) = R'(X_0) = f'(X_0) - a\,, \tag{3.18}$$

d. h. die relative Abweichung im Arbeitspunkt ist gleich der ersten Ableitung des Restgliedes an dieser Stelle. Diese Ableitung existiert allerdings nur dann, wenn $f(X)$ im Arbeitspunkt differenzierbar ist.

Um eine möglichst gute lineare Näherung im Arbeitspunkt zu erhalten, fordern wir nun zusätzlich zu $R(X_0) = 0$, dass die relative Abweichung im Arbeitspunkt ebenfalls gleich null ist, d. h. dass $r(X_0) = 0$ ist. Damit folgt aus der Gleichung (3.18) unmittelbar

$$a = f'(X_0)\,. \tag{3.19}$$

Setzen wir dieses Ergebnis und das Ergebnis für b aus der Gleichung (3.15) in die Gleichung (3.14) ein, dann erhalten wir

$$f(X) = f(X_0) + f'(X_0)(X - X_0) + R(X)\,.$$

Wenn das Restglied $R(X)$ in dem uns interessierenden Bereich um den Arbeitspunkt vernachlässigbar ist, dann ist die Gleichung $Y = f(X_0) + f'(X_0)(X - X_0)$ dort eine ausreichend gute lineare Näherung der nichtlinearen Modellgleichung $Y = f(X)$ und wir haben unser Ziel erreicht.

Wir wollen nun untersuchen, unter welchen Umständen es eine gute Näherung ist, die nichtlineare Modellfunktion im Arbeitspunkt durch die Gleichung ihrer Tangente zu ersetzen. Dazu setzen wir das Ergebnis (3.19) in die Gleichung (3.16) ein und erhalten für die relative Abweichung den Ausdruck

$$r(X) = \frac{f(X) - f(X_0)}{X - X_0} - f'(X_0)\,. \tag{3.20}$$

Der erste Term auf der rechten Seite dieser Beziehung ist die Steigung der Sekante, die durch den Arbeitspunkt und einen Punkt mit dem Abszissenwert X geht, der zweite Term ist die Steigung der Tangente im Arbeitspunkt. Die relative Abweichung ist also gleich der Differenz dieser beiden Steigungen. Diese Differenz ist klein, wenn die Funktion $f(X)$ im Arbeitspunkt nur wenig gekrümmt ist und der jeweils betrachtete Punkt auf der durch $Y = f(X)$ beschriebenen ebenen Kurve nur wenig vom Arbeitspunkt entfernt ist.

Um ein Gefühl für die Größe der Abweichung bei der Linearisierung einer nichtlinearen Modellfunktion zu bekommen, wollen wir für zwei Beispiele das Restglied $R(X)$ berechnen.

Beispiel 3.14
Wir betrachten die quadratische Funktion $f(X) = aX^2$. Dafür erhalten wir

$$\frac{f(X) - f(X_0)}{X - X_0} = \frac{aX^2 - aX_0^2}{X - X_0} = \frac{a(X + X_0)(X - X_0)}{X - X_0} = a(X + X_0)$$

Daraus ergibt sich nach der Gleichung (3.17)

$$f'(X_0) = 2aX_0\,.$$

Wenn wir diese Ergebnisse in die Gleichung (3.20) einsetzen und mit $(X - X_0)$ multiplizieren, dann erhalten wir für das Restglied

$$R(X) = a(X - X_0)^2\,.$$

Beispiel 3.15
Wir betrachten die reziproke Funktion $f(X) = a/X$. Dafür erhalten wir

$$\frac{f(X) - f(X_0)}{X - X_0} = \frac{1}{X - X_0}\left(\frac{a}{X} - \frac{a}{X_0}\right) = -\frac{a}{XX_0}\,.$$

Daraus ergibt sich nach der Gleichung (3.17)

$$f'(X_0) = -\frac{a}{X_0^2}\,.$$

Wenn wir diese Ergebnisse in die Gleichung (3.20) einsetzen und mit $(X - X_0)$ multiplizieren, dann erhalten wir für das Restglied

$$R(X) = \frac{a}{XX_0^2}(X - X_0)^2\,.$$

Wir sehen, dass das Restglied in beiden Beispielen proportional zu $(X - X_0)^2$ ist. Es lässt sich zeigen, dass dies grundsätzlich der Fall ist (siehe z. B. [PS93]). Die Abweichung bei der linearen Approximation einer nichtlinearen Modellgleichung nimmt also quadratisch mit dem Abstand des jeweils betrachteten Punktes vom Arbeitspunkt zu. Dies erklärt, warum ein linearisiertes Modell nur in einer kleinen Umgebung des Arbeitspunktes brauchbare Ergebnisse liefern kann. Die lineare Approximation ist nur lokal verwendbar.

Wir können nun alle unsere Überlegungen zusammenfassen:

Satz 3.2 (Linearisierung einer Funktion)
Eine nichtlineare Funktion $Y = f(X)$, die im Punkt X_0 differenzierbar ist, lässt sich dort durch die lineare Funktion

$$Y_{\text{lin}} = f(X_0) + f'(X_0)(X - X_0) \tag{3.21}$$

annähern, vorausgesetzt, dass die durch das Restglied

$$R(X) = \left[\frac{f(X) - f(X_0)}{X - X_0} - f'(X_0)\right](X - X_0) \tag{3.22}$$

gegebene Abweichung in der näheren Umgebung von X_0 vernachlässigbar klein ist.

Wir wollen die Anwendung dieses Satzes an einem weiteren Beispiel zeigen, wobei wir diesmal den Arbeitspunkt explizit festlegen werden.

Beispiel 3.16
Wir suchen für die nichtlineare Funktion $f(X) = 1/(1 + X)$ eine lineare Näherung im Arbeitspunkt $X_0 = 0$. Wir berechnen zunächst die allgemeinen Ausdrücke und setzen anschließend $X_0 = 0$.

Für die Steigung der Sekante durch den Arbeitspunkt gilt

$$\frac{f(X) - f(X_0)}{X - X_0} = -\frac{1}{(1+X)(1+X_0)} \,. \tag{3.23}$$

Unter Verwendung der Beziehung (3.17) ergibt sich daraus für die Steigung der Tangente im Arbeitspunkt

$$f'(X_0) = -\frac{1}{(1+X_0)^2} \,. \tag{3.24}$$

Damit erhalten wir aus der Gleichung (3.21) die lineare Näherung

$$Y_{\text{lin}} = \frac{1 + 2X_0 - X}{(1+X_0)^2} \,.$$

Setzen wir die Ergebnisse (3.23) und (3.24) in die Gleichung (3.22) ein, dann ergibt sich für das Restglied der Ausdruck

$$R(X) = \frac{(X - X_0)^2}{(1+X)(1+X_0)^2} \,.$$

Für $X_0 = 0$ erhalten wir also die lineare Näherung

$$Y_{\text{lin}} = 1 - X$$

mit dem Restglied

$$R(X) = \frac{X^2}{1+X} \,.$$

Es lässt sich leicht zeigen, dass die Summe von Y_{lin} und $R(X)$ wieder $f(X)$ ergibt, wie es auch sein muss.

Um ein Gefühl für die Güte der linearen Näherung für Werte von X in der näheren Umgebung des Arbeitspunktes zu bekommen, setzen wir $X = \pm 0{,}01$. Damit erhalten wir im Intervall $-0{,}01 \leq X \leq 0{,}01$ für das Restglied die Größenordnung $R(X) \leq 10^{-4}$. Die Näherung ist also ausreichend gut.

Bisher haben wir uns nur mit der Linearisierung von Modellgleichungen befasst, bei denen die Ausgangsgröße nur von einer Eingangsgröße abhängt. Dies ist allerdings eher die Ausnahme. Im Allgemeinen ist die Ausgangsgröße Y von mehreren Eingangsgrößen $X_1, \ldots, X_n$ abhängig, d. h. wir haben es häufig mit einer — in der Regel nichtlinearen — Modellgleichung der Form $Y = f(X_1, \ldots, X_n)$ zu tun. Wir müssen uns daher damit beschäftigen, wie eine solche Modellgleichung linearisiert werden kann. Unser Ziel ist es, die Gleichung $Y = f(X_1, \ldots, X_n)$ durch die lineare Funktion $Y = c_0 + c_1 X_1 + \cdots + c_n X_n$ an einer vorgegebenen Stelle möglichst gut zu approximieren, wobei $c_0, \ldots, c_n$ noch zu bestimmende Konstanten sind.

Für die Linearisierung beschränken wir uns auf die Umgebung eines durch $X_1 = \xi_1, X_2 = \xi_2, \ldots, X_n = \xi_n$ gegebenen Punktes, den wir wieder als Arbeitspunkt bezeichnen wollen. Wir machen den Ansatz

$$f(X_1, \ldots, X_n) = c_0 + \sum_{i=1}^{n} c_i X_i + R(X_1, \ldots, X_n)\,, \tag{3.25}$$

wobei das Restglied $R(X_1, \ldots, X_n)$ die Abweichung der linearen Näherung von der ursprünglichen Modellgleichung beschreibt.

Sinnvollerweise verlangen wir wieder, dass die lineare Näherung im Arbeitspunkt zum gleichen Ergebnis führt, wie die ursprüngliche Modellgleichung, d. h. es sollte $R(\xi_1, \ldots, \xi_n) = 0$ sein. Mit dieser Forderung ergibt sich aus der Gleichung (3.25)

$$c_0 = f(\xi_1, \ldots, \xi_n) - \sum_{i=1}^{n} c_i \xi_i\,.$$

Setzen wir dieses Ergebnis wieder in die Gleichung (3.25) ein, dann erhalten wir

$$f(X_1, \ldots, X_n) = f(\xi_1, \ldots, \xi_n) + \sum_{i=1}^{n} c_i (X_i - \xi_i) + R(X_1, \ldots, X_n)\,. \tag{3.26}$$

Um die Konstanten c_i $(i = 1, \ldots, n)$ zu bestimmen, setzen wir in der Gleichung (3.26) für alle Koordinaten $X_i = \xi_i$ $(i = 1, \ldots, n)$, bis auf X_k für einen beliebigen Index k. Dadurch erhalten wir

$$f(\xi_1, \ldots, X_k, \ldots, \xi_n) = f(\xi_1, \ldots, \xi_n) + c_k(X_k - \xi_k) + (X_k - \xi_k) r(X_k)\,,$$

mit

$$r(X_k) = \frac{R(\xi_1, \ldots, X_k, \ldots, \xi_n) - R(\xi_1, \ldots, \xi_n)}{X_k - \xi_k}\,, \tag{3.27}$$

wobei wir unsere Forderung $R(\xi_1, \ldots, \xi_n) = 0$ verwendet haben.

Durch einen Vergleich der Gleichungen (3.16) und (3.27) finden wir, dass der Ausdruck $r(X_k)$ die relative Abweichung der linearen Näherung von der ursprünglichen Modellgleichung beschreibt, wenn wir uns vom Arbeitspunkt entlang der durch zu- oder abnehmende Werte von X_k gegebenen Richtung entfernen und alle übrigen Werte X_i unverändert lassen.

Lösen wir die Gleichung (3.27) nach der relativen Abweichung $r(X_k)$ auf, dann erhalten wir

$$r(X_k) = \frac{f(\xi_1, \ldots, X_k, \ldots, \xi_n) - f(\xi_1, \ldots, \xi_n)}{X_k - \xi_k} - c_k\,. \tag{3.28}$$

Der erste Term auf der rechten Seite dieser Beziehung ist die Steigung einer Geraden durch den Arbeitspunkt P und einen weiteren, in seiner näheren Umgebung liegenden Punkt Q auf der durch $Y = f(\xi_1, \dots, X_k, \dots, \xi_n)$ beschriebenen Schnittkurve in der (Y, X_k)-Ebene, wobei wir die Differenz $\Delta X_k = X_k - \xi_k$ wieder als klein annehmen wollen. Die Gerade durch die Punkte P und Q kann als Sekante der nur von X_k allein abhängigen Funktion $f(\xi_1, \dots, X_k, \dots, \xi_n)$ aufgefasst werden. Dies entspricht aber der in der Abbildung 3.2 dargestellten Situation, wenn wir dort X durch X_k und X_0 durch ξ_k ersetzen.

Denken wir uns nun ΔX_k immer kleiner werdend, dann bewegt sich der Punkt Q entlang der Schnittkurve immer weiter auf den Punkt P zu, bis er schließlich mit ihm zusammenfällt, wobei die Sekante gleichzeitig in die Tangente der Funktion $f(\xi_1, \dots, X_k, \dots, \xi_n)$ im Punkt P übergeht. Wenn die Funktion in diesem Punkt differenzierbar ist, dann ist die Steigung der Tangente dort durch die partielle Ableitung[10] bezüglich X_k gegeben, d. h.

$$\left[\frac{\partial f(X_1, \dots, X_n)}{\partial X_k}\right]_{X_1=\xi_1,\dots,X_n=\xi_n} = \left[\lim_{X_k \to \xi_k} \frac{f(\xi_1, \dots, X_k, \dots, \xi_n) - f(\xi_1, \dots, \xi_k, \dots, \xi_n)}{X_k - \xi_k}\right]_{X_1=\xi_1,\dots,X_n=\xi_n} . \quad (3.29)$$

Damit ergibt sich aus den Gleichungen (3.27) und (3.28)

$$r(\xi_k) = \left[\frac{\partial R(X_1, \dots, X_n)}{\partial X_k}\right]_{X_1=\xi_1,\dots,X_n=\xi_n} = \left[\frac{\partial f(X_1, \dots, X_n)}{\partial X_k}\right]_{X_1=\xi_1,\dots,X_n=\xi_n} - c_k \,, \quad (3.30)$$

d. h. die relative Abweichung bezüglich einer Änderung von X_k im Arbeitspunkt ist gleich der ersten partiellen Ableitung des Restgliedes bezüglich X_k an dieser Stelle. Diese Ableitung existiert allerdings nur dann, wenn $f(X_1, \dots, X_n)$ im Arbeitspunkt bezüglich X_k partiell differenzierbar ist.

Um eine möglichst gute lineare Näherung im Arbeitspunkt zu erhalten, fordern wir nun zusätzlich zu $R(\xi_1, \dots, \xi_n) = 0$, dass die relative Abweichung im Arbeitspunkt ebenfalls gleich null ist, d. h. dass $r(\xi_k) = 0$ ist. Damit folgt aus der

[10] Die partielle Ableitung einer Funktion, die von mehreren Variablen abhängt, wird wie eine gewöhnliche Ableitung berechnet, wobei alle Variablen, mit Ausnahme der jeweils betrachteten Variable, konstant gehalten werden.

Gleichung (3.30)

$$c_k = \left[\frac{\partial f(X_1, \ldots, X_n)}{\partial X_k}\right]_{X_1=\xi_1,\ldots,X_n=\xi_n} . \qquad (3.31)$$

Da wir unsere Überlegungen für einen beliebig gewählten Index k angestellt haben, ist die Gleichung (3.31) für die Wahl des Koeffizienten c_k für beliebige und damit für alle Indizes k sinnvoll.

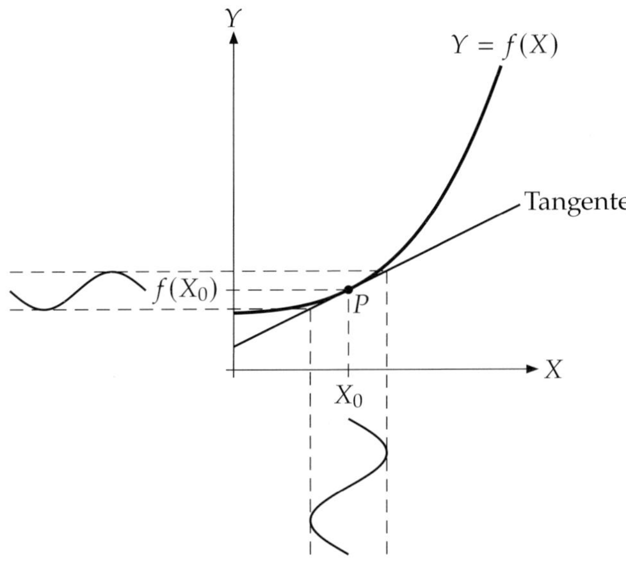

Abbildung 3.3 Die Empfindlichkeit des Wertes der Ausgangsgröße Y gegenüber einer kleinen Änderung des Wertes der Eingangsgröße X.

Die Koeffizienten c_k ($k = 1, \ldots, n$) werden im GUM als Sensitivitätskoeffizienten (Empfindlichkeitskoeffizienten) bezeichnet, weil sie als ein Maß dafür angesehen werden können, wie empfindlich der Wert der Ausgangsgröße gegenüber einer kleinen Änderung des Wertes der entsprechenden Eingangsgröße ist. Dies ist in der Abbildung 3.3 für eine sich periodisch ändernde Eingangsgröße dargestellt. Je größer die Steigung der Tangente für die jeweils betrachtete Eingangsgröße im Arbeitspunkt ist, desto stärker wirkt sich eine Änderung ihres Wertes auf den Wert der Ausgangsgröße aus. Der Empfindlichkeitskoeffizient kann somit als eine Art Verstärkungsfaktor angesehen werden.

Die gesuchte lineare Näherung ist durch die Gleichung (3.26) mit den Empfindlichkeitskoeffizienten nach der Gleichung (3.31) gegeben. Für die durch das Restglied beschriebene Abweichung erhalten wir aus der Gleichung (3.26) den Ausdruck

$$R(X_1,\ldots,X_n) = f(X_1,\ldots,X_n) - f(\xi_1,\ldots,\xi_n) - \sum_{i=1}^{n} c_i(X_i - \xi_i)\,.$$

Wir können nun den Satz 3.2 für Funktionen verallgemeinern, die von beliebig vielen Eingangsgrößen abhängig sind:

Satz 3.3 (Linearisierung einer expliziten Funktion)
Eine explizite Funktion $Y = f(X_1,\ldots,X_n)$, die im Punkt $X_1 = \xi_1,\ldots,X_n = \xi_n$ differenzierbar ist, lässt sich dort durch die lineare Funktion

$$Y_{\text{lin}} = f(\xi_1,\ldots,\xi_n) + \sum_{i=1}^{n} c_i(X_i - \xi_i) \tag{3.32}$$

mit den Koeffizienten

$$c_k = \left[\frac{\partial f(X_1,\ldots,X_n)}{\partial X_k}\right]_{X_1=\xi_1,\ldots,X_n=\xi_n}\,, \qquad k = 1,\ldots,n\,, \tag{3.33}$$

annähern, vorausgesetzt, dass die durch das Restglied

$$R(X_1,\ldots,X_n) = Y - Y_{\text{lin}} \tag{3.34}$$

gegebene Abweichung in der näheren Umgebung von $X_1 = \xi_1,\ldots,X_n = \xi_n$ vernachlässigbar klein ist.

Um den Gang der Rechnung zu demonstrieren, zeigen wir die Anwendung des Satzes 3.3 an einem einfachen Beispiel.

Beispiel 3.17
Wir betrachten die nichtlineare Funktion

$$f(X_1,\ldots,X_n) = \sum_{i=1}^{n} a_i X_i^2\,. \tag{3.35}$$

Durch Einsetzen in die Beziehung (3.33) und Verwendung der Gleichung (3.29) erhalten wir die Koeffizienten

$$c_k = \left[\frac{\partial f(X_1,\dots,X_n)}{\partial X_k}\right]_{X_1=\xi_1,\dots,X_n=\xi_n} =$$

$$\left[\lim_{X_k\to\xi_k}\frac{f(\xi_1,\dots,X_k,\dots,\xi_n)-f(\xi_1,\dots,\xi_k,\dots,\xi_n)}{X_k-\xi_k}\right]_{X_k=\xi_k} =$$

$$\left[\lim_{X_k\to\xi_k} a_k\frac{X_k^2-\xi_k^2}{X_k-\xi_k}\right]_{X_k=\xi_k} = \left[\lim_{X_k\to\xi_k} a_k\frac{(X_k+\xi_k)(X_k-\xi_k)}{X_k-\xi_k}\right]_{X_k=\xi_k} =$$

$$\left[\lim_{X_k\to\xi_k} a_k(X_k+\xi_k)\right]_{X_k=\xi_k} = 2a_k\xi_k\,.$$

Mit diesem Ergebnis erhalten wir aus der Gleichung (3.32)

$$Y_{\text{lin}} = \sum_{i=1}^{n} a_i\xi_i(2X_i-\xi_i)\,.$$

Damit ergibt sich aus den Gleichungen (3.34) und (3.35) für das Restglied

$$R(X_1,\dots,X_n) = \sum_{i=1}^{n} a_i(X_i-\xi_i)^2\,.$$

Aus dieser Gleichung folgern wir, dass wir $\xi_i - 0.01/\sqrt{na_i} \le X_i \le \xi_i + 0.01/\sqrt{na_i}$ zulassen könnten, damit $R(X_1,\dots,X_n) \le 10^{-4}$ gilt.

Wir müssen uns nun noch mit dem Fall befassen, dass die Modellgleichung in der impliziten Form $f(Y,X_1,\dots,X_n) = 0$ gegeben ist und diese implizite Funktion in nichtlinearer Weise von den Eingangsgrößen $X_1,\dots,X_n$ und der Ausgangsgröße Y abhängig ist. Wir betrachten dazu das folgende einfache Beispiel

Beispiel 3.18
Eine Halbkugel mit dem Mittelpunkt im Koordinatenursprung und dem Radius R, die oberhalb der (X_1,X_2)-Ebene liegt, wird durch die implizite Gleichung

$$f(Y,X_1,X_2) = Y^2 + X_1^2 + X_2^2 - R^2 = 0 \tag{3.36}$$

mit der Nebenbedingung

$$Y \ge 0 \tag{3.37}$$

beschrieben.

Wir wählen nun den Arbeitspunkt ($X_1 = \xi_1, X_2 = \xi_2$) mit den zusätzlichen Bedingungen $-R < \xi_1 < +R$ und $-R < \xi_2 < +R$. Für diesen Punkt erhalten wir aus der Gleichung (3.36) mit der Nebenbedingung (3.37) die Lösung

$$y = \sqrt{R^2 - \xi_1^2 - \xi_2^2}\,. \tag{3.38}$$

Außerdem ergibt sich aus der Gleichung (3.36) noch

$$\left[\frac{\mathrm{d}f(Y,X_1,X_2)}{\mathrm{d}Y}\right]_{Y=y} = 2\sqrt{R^2 - \xi_1^2 - \xi_2^2} \neq 0\,.$$

d. h. die Gleichung (3.36) ist nach Satz 3.1 eindeutig nach Y auflösbar und ist damit unter der Nebenbedingung (3.37) eine zulässige implizite Modellgleichung, die nichtlinear in den Eingangsgrößen und der Ausgangsgröße ist.

Wir suchen eine lineare Näherung $Y = c_0 + c_1 X_1 + \cdots + c_n X_n$ der impliziten Gleichung $f(Y,X_1,\ldots,X_n) = 0$, wobei wir voraussetzen, dass diese Gleichung eindeutig nach Y auflösbar ist, denn wenn diese Voraussetzung nicht erfüllt ist, dann ist das Modell ohnehin unbrauchbar. Für die Linearisierung beschränken wir uns auf die Umgebung eines durch $X_1 = \xi_1, X_2 = \xi_2, \ldots, X_n = \xi_n$ gegebenen Punktes, den wir wieder als Arbeitspunkt bezeichnen wollen.

Wir betrachten nun die nichtlineare Ersatzgleichung $Z = f(X_1,\ldots,X_{n+1})$, die identisch mit der ursprünglichen Gleichung $f(Y,X_1,\ldots,X_n) = 0$ ist, wenn wir uns $Z = 0$ und $X_{n+1} = Y$ gesetzt denken. Für die Ersatzgleichung machen wir in Analogie zur Gleichung (3.26) den Ansatz

$$f(X_1,\ldots,X_{n+1}) = f(\xi_1,\ldots,\xi_{n+1}) + \sum_{i=1}^{n+1} c_i(X_i - \xi_i) + R(X_1,\ldots,X_{n+1}) \tag{3.39}$$

mit den Koeffizienten

$$c_k = \left[\frac{\partial f(X_1,\ldots,X_{n+1})}{\partial X_k}\right]_{X_1=\xi_1,\ldots,X_{n+1}=\xi_{n+1}}\,, \qquad k = 1,\ldots,n+1\,, \tag{3.40}$$

wobei das Restglied $R(X_1,\ldots,X_{n+1})$ wieder die Abweichung der linearen Näherung von der ursprünglichen Modellgleichung beschreibt.

Wir gehen nun zur ursprünglichen Gleichung über, indem wir $Z = 0$ und $X_{n+1} = Y$ setzen, d. h. es muss $f(X_1,\ldots,X_{n+1}) = 0$ und $\xi_{n+1} = y$ sein, wobei y die als eindeutig vorausgesetzte Lösung der Gleichung $f(y,\xi_1,\ldots,\xi_n) = 0$ ist. Damit erhalten wir aus den Gleichungen (3.39) und (3.40)

$$\sum_{i=1}^{n} c_i(X_i - \xi_i) + c_{n+1}(Y - y) + R(Y,X_1,\ldots,X_n) = 0\,. \tag{3.41}$$

$$c_k = \left[\frac{\partial f(Y,X_1,\ldots,X_n)}{\partial X_k}\right]_{Y=y,X_1=\xi_1,\ldots,X_n=\xi_n}, \qquad k = 1,\ldots,n\,.$$

und

$$c_{n+1} = \left[\frac{\partial f(Y,X_1,\ldots,X_n)}{\partial Y}\right]_{Y=y,X_1=\xi_1,\ldots,X_n=\xi_n}.$$

Da wir vorausgesetzt haben, dass die Gleichung $f(Y,X_1,\ldots,X_n) = 0$ eindeutig nach Y auflösbar ist, muss entsprechend Satz 3.1 $c_{n+1} \neq 0$ sein, d. h. wir können die Gleichung (3.41) durch c_{n+1} dividieren und nach Y auflösen. Außerdem können wir im Restglied das Argument Y weglassen, da Y eine Funktion der Eingangsgrößen ist, sodass das Restglied eine reine Funktion der Eingangsgrößen sein muss. Aus unseren Überlegungen ergibt sich der folgende Satz:

Satz 3.4 (Linearisierung einer impliziten Funktion)
Eine implizite Funktion $f(Y,X_1,\ldots,X_n) = 0$, die im Punkt $X_1 = \xi_1,\ldots,X_n = \xi_n$ differenzierbar und eindeutig nach Y auflösbar ist, lässt sich dort durch die lineare Funktion

$$Y_{\text{lin}} = y - \sum_{i=1}^{n} \frac{c_i}{c_{n+1}}(X_i - \xi_i) \tag{3.42}$$

mit der Lösung y der impliziten Gleichung $f(y,\xi_1,\ldots,\xi_n) = 0$ und den Koeffizienten

$$c_k = \left[\frac{\partial f(Y,X_1,\ldots,X_n)}{\partial X_k}\right]_{Y=y,X_1=\xi_1,\ldots,X_n=\xi_n}, \qquad k = 1,\ldots,n\,, \tag{3.43}$$

und

$$c_{n+1} = \left[\frac{\partial f(Y,X_1,\ldots,X_n)}{\partial Y}\right]_{Y=y,X_1=\xi_1,\ldots,X_n=\xi_n} \tag{3.44}$$

annähern, vorausgesetzt, dass die durch das Restglied

$$R(X_1,\ldots,X_n) = Y - Y_{\text{lin}} \tag{3.45}$$

gegebene Abweichung in der näheren Umgebung von $X_1 = \xi_1,\ldots,X_n = \xi_n$ vernachlässigbar klein ist.

Zu diesem Satz sind einige Anmerkungen notwendig: In der Gleichung (3.42) muss $c_{n+1} \neq 0$ gefordert werden. Dies ist aber nach Satz 3.1 durch die hier vorausgesetzte eindeutige Auflösbarkeit der impliziten Funktion $f(Y,X_1,\ldots,X_n) = 0$ nach Y garantiert. Diese Auflösbarkeit bedeutet allerdings nicht, dass sich die in den Gleichungen (3.42) bzw. (3.45) vorkommende Ausgangsgröße Y bzw. ihr Wert y im Arbeitspunkt explizit als Funktionen der Eingangsgrößen $X_1,\ldots,X_n$

bzw. ihrer Werte $\xi_1, \ldots, \xi_n$ im Arbeitspunkt schreiben lassen müssen. Ist dies aber der Fall, dann sollte die Gleichung $f(Y, X_1, \ldots, X_n) = 0$ explizit nach Y aufgelöst werden und für die Linearisierung der Satz 3.3 herangezogen werden.

Der Satz 3.4 ist immer dann wichtig, wenn die explizite Auflösung nach der Größe Y entweder nicht möglich oder unzweckmäßig ist. In diesem Fall ist für die Linearisierung nach Satz 3.4 die Anwendung numerischer Methoden zur Berechnung des Wertes y als Lösung der Gleichung $f(y, \xi_1, \ldots, \xi_n) = 0$ erforderlich. Das gilt auch für die Berechnung der Größe Y, deren Werte wir zweckmäßigerweise als Lösung der Gleichung $f(Y, X_1, \ldots, X_n) = 0$ für verschiedene Werte $X_1 = \xi_1 + h_1, \ldots, X_n = \xi_n + h_n$ bestimmen.

Wir wollen die Anwendung des Satzes 3.4 demonstrieren, indem wir zunächst das Beispiel 3.18 fortsetzen. In diesem Fall sind wir noch in der Lage, eine analytische Lösung zu finden.

Beispiel 3.19 (Fortsetzung von Beispiel 3.18)
Durch Einsetzen der Gleichung (3.36) in die Beziehung (3.43) und Verwendung der Gleichung (3.29) erhalten wir die Koeffizienten

$$c_1 = \left[\frac{\partial f(Y, X_1, X_2)}{\partial X_1}\right]_{Y=y, X_1=\xi_1, X_2=\xi_2} = \left[\lim_{X_1 \to \xi_1} \frac{f(y, X_1, \xi_2) - f(y, \xi_1, \xi_2)}{X_1 - \xi_1}\right]_{X_1=\xi_1} =$$
$$\left[\lim_{X_1 \to \xi_1} \frac{X_1^2 - \xi_1^2}{X_1 - \xi_1}\right]_{X_1=\xi_1} = \left[\lim_{X_1 \to \xi_1} \frac{(X_1 + \xi_1)(X_1 - \xi_1)}{X_1 - \xi_1}\right]_{X_1=\xi_1} = 2\xi_1$$

und

$$c_2 = \left[\frac{\partial f(Y, X_1, X_2)}{\partial X_2}\right]_{Y=y, X_1=\xi_1, X_2=\xi_2} = \left[\lim_{X_2 \to \xi_2} \frac{f(y, \xi_1, X_2) - f(y, \xi_1, \xi_2)}{X_2 - \xi_2}\right]_{X_2=\xi_2} =$$
$$\left[\lim_{X_2 \to \xi_2} \frac{X_2^2 - \xi_2^2}{X_2 - \xi_2}\right]_{X_2=\xi_2} = \left[\lim_{X_2 \to \xi_2} \frac{(X_2 + \xi_2)(X_2 - \xi_2)}{X_2 - \xi_2}\right]_{X_2=\xi_2} = 2\xi_2 \,.$$

Durch Einsetzen der Gleichung (3.36) in die Beziehung (3.44) und Verwendung der Gleichungen (3.29) und (3.38) erhalten wir

$$c_3 = \left[\frac{\partial f(Y, X_1, X_2)}{\partial Y}\right]_{Y=y, X_1=\xi_1, X_2=\xi_2} = \left[\lim_{Y \to y} \frac{f(Y, \xi_1, \xi_2) - f(y, \xi_1, \xi_2)}{Y - y}\right]_{Y=y} =$$
$$\left[\lim_{Y \to y} \frac{Y^2 - y^2}{Y - y}\right]_{Y=y} = \left[\lim_{Y \to y} \frac{(Y + y)(Y - y)}{Y - y}\right]_{Y=y} = 2y = 2\sqrt{R^2 - \xi_1^2 - \xi_2^2} \,.$$

Setzen wir diese Ergebnisse in die Gleichung (3.42) ein und verwenden die Gleichung (3.38), dann ergibt sich die lineare Näherung

$$Y_{\text{lin}} = \frac{R^2 - \xi_1 X_1 - \xi_2 X_2}{\sqrt{R^2 - \xi_1^2 - \xi_2^2}}\,, \tag{3.46}$$

Lösen wir die Gleichung (3.36) nach Y auf, dann erhalten wir

$$Y = \sqrt{R^2 - X_1^2 - X_2^2}\,. \tag{3.47}$$

Setzen wir die Ergebnisse (3.46) und (3.47) in die Gleichung (3.45) ein, dann ist das Restglied durch

$$R(X_1,X_2) = \sqrt{R^2 - X_1^2 - X_2^2} - \frac{R^2 - \xi_1 X_1 - \xi_2 X_2}{\sqrt{R^2 - \xi_1^2 - \xi_2^2}} \tag{3.48}$$

gegeben.

Die Ergebnisse (3.46) und (3.48) hätten wir auch erhalten, wenn wir unmittelbar die Funktion (3.47) durch Anwendung des Satzes 3.3 linearisiert hätten.

Wir wollen die Linearisierung einer impliziten Modellgleichung noch für einen Fall zeigen, in dem eine explizite Auflösung nach der Ausgangsgröße nicht möglich ist und daher numerische Berechnungen erforderlich werden.

Beispiel 3.20
Wir betrachten die implizite Gleichung

$$f(Y,X_1,X_2) = Y^5 - Y - X_1^2 - X_2^2 = 0\,. \tag{3.49}$$

Diese Gleichung lässt sich nicht explizit nach Y auflösen.

Wir wählen den Arbeitspunkt $(X_1 = 1, X_2 = 0)$. Für diesen Punkt erhalten wir aus der Gleichung (3.49) die Gleichung

$$y^5 - y - 1 = 0\,,$$

mit der numerisch berechneten Lösung $y = 1{,}1673$.

Durch Einsetzen der Gleichung (3.49) in die Beziehung (3.43) und Verwendung der Gleichung (3.29) erhalten wir die Koeffizienten

$$c_1 = \left[\frac{\partial f(Y,X_1,X_2)}{\partial X_1}\right]_{Y=y,X_1=1_1,X_2=0} = \left[\lim_{X_1\to 1} \frac{f(y,X_1,0) - f(y,1,0)}{X_1 - 1}\right]_{X_1=1} =$$

$$\left[\lim_{X_1\to 1} \frac{1 - X_1^2}{X_1 - 1}\right]_{X_1=1} = \left[\lim_{X_1\to 1} \frac{(1 + X_1)(1 - X_1)}{X_1 - 1}\right]_{X_1=1} = -2$$

und

$$c_2 = \left[\frac{\partial f(Y,X_1,X_2)}{\partial X_2} \right]_{Y=y,X_1=1_1,X_2=0} = \left[\lim_{X_2 \to 0} \frac{f(y,1,X_2) - f(y,1,0)}{X_2} \right]_{X_2=0} = 0\,.$$

Durch Einsetzen der Gleichung (3.49) in die Beziehung (3.44) und Verwendung der Gleichungen (3.29) ergibt sich

$$c_3 = \left[\frac{\partial f(Y,X_1,X_2)}{\partial Y} \right]_{Y=y,X_1=1_1,X_2=0} =$$

$$\left[\lim_{Y \to y} \frac{f(Y,1,0) - f(y,1,0)}{Y - y} \right]_{Y=y} = \left[\lim_{Y \to y} \frac{Y^5 - Y - y^5 + y}{Y - y} \right]_{Y=y} =$$

$$\left[\lim_{Y \to y} \left(Y^4 + yY^3 + y^2Y^2 + y^3Y + y^4 - 1 \right) \right]_{Y=y} = 5y^4 - 1\,.$$

Setzen wir diese Ergebnisse in die Gleichung (3.42) ein, dann erhalten wir die lineare Näherung

$$Y_{\text{lin}} = y + \frac{2}{5y^4 - 1}(X_1 - 1)\,,$$

bzw. mit $y = 1{,}1673$

$$Y_{\text{lin}} = 1{,}1673 + 0{,}2414\,(X_1 - 1)\,,$$

Diese Näherung hängt nicht mehr von X_2 ab.

Um eine Vorstellung über die Größe der Abweichungen der Näherung zu erhalten, berechnen wir für einige Werte der Eingangsgrößen X_1 und X_2 den Wert der Ausgangsgröße Y numerisch aus der Gleichung (3.49) und das Restglied $R(X_1,X_2)$ nach der Gleichung (3.45). Das Ergebnis dieser Rechnung zeigt die folgende Tabelle.

X_1	X_2	Y	$R(X_1,X_2)$
0,99	-0,01	1,1649	-0,0024
0,99	0	1,1649	-0,0024
0,99	+0,01	1,1649	-0,0024
1	-0,01	1,1673	$1{,}2 \cdot 10^{-5}$
1	0	1,1673	0
1	+0,01	1,1673	$1{,}2 \cdot 10^{-5}$
1,01	-0,01	1,1697	+0,0024
1,01	0	1,1697	+0,0024
1,01	+0,01	1,1697	+0,0024

Wir sehen, dass für $0{,}99 \leq X_1 \leq 1{,}01$ und $-0{,}01 \leq X_2 \leq +0{,}01$ das Restglied praktisch nicht von X_2 abhängt und betragsmäßig kleiner als $2{,}4 \cdot 10^{-3}$ bleibt.

Die in diesem Abschnitt gezeigte Linearisierung der Modellgleichung beruht auf einer sogenannten TAYLOR-Entwicklung bis zum linearen Glied und ist die im GUM verwendete Methode. Wir haben aber gesehen, dass eine Linearisierung stets die Differenzierbarkeit der nichtlinearen Funktion im Arbeitspunkt voraussetzt. Funktionen, die diese Bedingung nicht erfüllen, lassen sich mit der TAYLOR-Entwicklung nicht linearisieren. Ein Beispiel ist die Betragsfunktion $f(X) = |X|$, die im Arbeitspunkt $X = 0$ nicht differenzierbar ist. Aber selbst wenn die betrachtete Funktion differenzierbar ist, kann es vorkommen, dass sich im Arbeitspunkt ein unendlich großer Wert für die Ableitung ergibt, sodass eine Linearisierung ebenfalls unmöglich ist. Dies gilt z. B. bereits für eine so einfache Funktion wie $f(X) = \sqrt{R^2 - X^2}$ im Arbeitspunkt $X = R$.

3.6 Quadratische Näherungen

In der Praxis treten manchmal Fälle auf, bei denen die durch eine lineare Näherung der Modellgleichung erhaltenen Empfindlichkeitskoeffizienten im Arbeitspunkt alle gleichzeitig zu null werden. Wir werden später sehen, dass dies die Konsequenz hätte, dass die entsprechenden Unsicherheitsbeiträge ebenfalls gleich null wären. Da aber die Unsicherheit grundsätzlich von null verschieden sein muss, ist in diesen Fällen eine lineare Näherung der Modellgleichung unbrauchbar. Wir müssen dann mindestens zu einer quadratischen Näherung übergehen. Dies ist auch dann erforderlich, wenn die Nichtlinearitäten der Modellfunktion so groß sind, dass die Abweichungen der linearen Näherung von der ursprünglichen Modellgleichung in der näheren Umgebung des Arbeitspunktes nicht mehr als vernachlässigbar klein angesehen werden können.

Wir betrachten einen für die messtechnische Praxis wichtigen Fall, in dem die lineare Näherung der Modellgleichung versagt und wir deshalb zu einer quadratischen Näherung übergehen müssen:

Beispiel 3.21 (Kosinus-Fehler in der Längenmesstechnik)
Der „Kosinus-Fehler“ ist eine in der Längenmesstechnik allgemein bekannte Messabweichung. Sie tritt auf, wenn das Messobjekt, dessen Länge gemessen werden soll, nicht parallel zum Maßstab ausgerichtet ist (siehe dazu die Abbildung 3.4).

Die tatsächliche Länge L des Messobjekts ergibt sich aus der abgelesenen Länge L_m nach der Gleichung

$$L = \frac{L_\mathrm{m}}{\cos\varphi} .$$

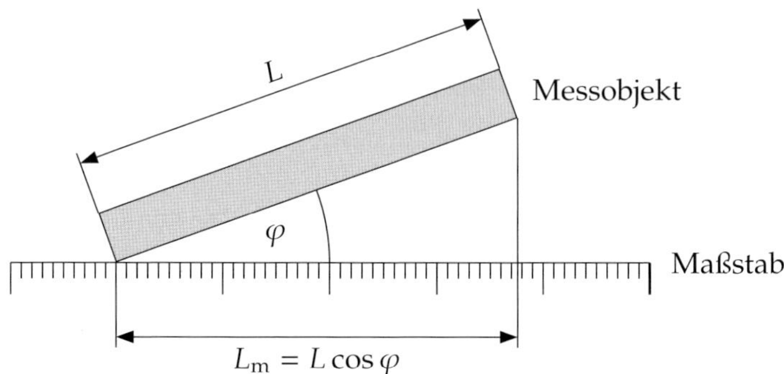

Abbildung 3.4 Kosinus-Fehler bei der Längenmessung.

Für die Messabweichung erhalten wir demnach

$$\Delta L = L_\mathrm{m} - L = L(\cos\varphi - 1)\,. \tag{3.50}$$

Dies ist unsere Modellgleichung mit der Ausgangsgröße L und den Eingangsgrößen L_m und φ. Wir sehen, dass es sich um ein nichtlineares Modell handelt.

Da wir uns für die Änderung der Länge in der Umgebung von $\varphi = 0$ interessieren, wählen wir diesen Wert als Arbeitspunkt für die Linearisierung unserer Modellgleichung. Wenden wir den Satz 3.3 an, dann erhalten wir zunächst für die Sensitivitätskoeffizienten

$$c_1 = \left(\frac{\partial \Delta L}{\partial L}\right)_{\varphi=0} = 0 \qquad \text{und} \qquad c_2 = \left(\frac{\partial \Delta L}{\partial \varphi}\right)_{\varphi=0} = 0\,. \tag{3.51}$$

Beide Sensitivitätskoeffizienten sind hier also gleich null, sodass wir für die linearisierte Modellgleichung $\Delta L = 0$ erhalten. Dies ist offensichtlich ein unbrauchbares Modell und kann daher nicht akzeptiert werden.

Wenn die lineare Näherung der Modellgleichung sich als unbrauchbar erweist, wird im GUM empfohlen, die quadratische Näherung zu verwenden. Wir werden nun zeigen, wie wir diese Näherung für eine explizite Modellgleichung $Y = f(X_1, \ldots, X_n)$ erhalten können.

Wir wählen wieder $X_i = \xi_i$ $(i = 1, \ldots, n)$ als Arbeitspunkt und fordern, dass es dort keinerlei Abweichung zwischen der Approximation und der ursprünglichen Modellgleichung geben soll. Diesmal machen wir den quadratischen Ansatz

$$Y = f(\xi_1, \ldots, \xi_n) + \sum_{i=1}^{n} c_i (X_i - \xi_i) + \sum_{i=1}^{n} \sum_{j=1}^{n} C_{ij} (X_i - \xi_i)(X_j - \xi_j) + R(X_1, \ldots, X_n)\,, \tag{3.52}$$

wobei $R(X_1, \ldots, X_n)$ das Restglied ist, mit dem wir die zu erwartende Abweichung der quadratischen Näherung beschreiben. Wir sehen, dass im Arbeitspunkt $R(\xi_1, \ldots, \xi_n) = 0$ ist, d. h. der Ansatz erfüllt unsere Forderung.

Im vorhergehenden Abschnitt hatten wir die Koeffizienten c_k $(k = 1, \ldots, n)$ aus der Forderung $R(\xi_1, \ldots, \xi_n) = 0$ und aus der zusätzlichen Forderung erhalten, dass die relative Abweichung zwischen der approximierenden Gleichung und der ursprünglichen Modellgleichung im Arbeitspunkt ebenfalls zu null werden soll. Daraus ergab sich (siehe Gleichung (3.31))

$$c_i = \left[\frac{\partial f(X_1, \ldots, X_n)}{\partial X_i} \right]_{X_1 = \xi_1, \ldots, X_n = \xi_n}, \qquad i = 1, \ldots, n\,. \tag{3.53}$$

Es ist vernünftig, diese Bedingung hier beizubehalten, denn wenn die Modellgleichung linear wäre, dann sollte der Ansatz (3.52) immer noch gültig sein, d. h. er sollte für eine lineare Approximation in den Ausdruck (3.31) übergehen. Dies ist aber nur dann der Fall, wenn die Beziehungen (3.53) gelten.

Wir bilden jetzt die erste partielle Ableitung der Gleichung (3.52) nach der Eingangsgröße X_k entsprechend der im vorhergehenden Abschnitt angegebenen Regel (siehe dazu die Fußnote auf Seite 66) und erhalten

$$\frac{\partial f(X_1, \ldots, X_n)}{\partial X_k} = c_k + \sum_{i=1}^{n} (C_{ik} + C_{ki})(X_i - \xi_i) + \frac{\partial R(X_1, \ldots, X_n)}{\partial X_k}\,, \qquad k = 1, \ldots, n\,. \tag{3.54}$$

Im Arbeitspunkt ergibt sich daraus unter Verwendung der Forderung (3.53)

$$\left[\frac{\partial R(X_1, \ldots, X_n)}{\partial X_k} \right]_{X_1 = \xi_1, \ldots, X_n = \xi_n} = 0\,, \qquad k = 1, \ldots, n\,. \tag{3.55}$$

Dieses Ergebnis ist in Übereinstimmung mit der Gleichung (3.30), wie wir es auch erwarten sollten.

Betrachten wir nun die Gleichung (3.54) etwas näher, dann stellen wir fest, dass die Funktion $(\partial f(X_1,\ldots,X_n)/\partial X_k)$ durch diese Gleichung linear approximiert wird. Wir können also den Satz 3.3 auf diese Funktion anwenden. Wenn wir dabei analog zur Beziehung (3.55) die Forderung

$$\left[\frac{\partial^2 R(X_1,\ldots,X_n)}{\partial X_k \partial X_l}\right]_{X_1=\xi_1,\ldots,X_n=\xi_n} = 0\,, \qquad k,l = 1,\ldots,n\,,$$

stellen, dann ergibt sich

$$\left[\frac{\partial^2 f(X_1,\ldots,X_n)}{\partial X_k \partial X_l}\right]_{X_1=\xi_1,\ldots,X_n=\xi_n} = C_{lk} + C_{kl}\,, \qquad k,l = 1,\ldots,n\,.$$

Wenn wir nun $C_{lk} = C_{kl}$ fordern, dann erreichen wir, dass die quadratische Approximation der Modellgleichung mit dem entsprechenden TAYLOR-Polynom zweiten Grades übereinstimmt. Diese Festlegung ist in Übereinstimmung mit den Empfehlungen im GUM.

Wenn wir alle unsere Überlegungen zusammenfassen, dann erhalten wir für die quadratische Näherung einer expliziten Funktion den folgenden Satz.

Satz 3.5 (Quadratische Näherung einer expliziten Funktion)
Eine explizite Funktion $Y = f(X_1,\ldots,X_n)$, die im Punkt $X_1 = \xi_1,\ldots,X_n = \xi_n$ zweimal differenzierbar ist, lässt sich dort durch die quadratische Funktion

$$Y_{\mathrm{qu}} = f(\xi_1,\ldots,\xi_n) + \sum_{i=1}^{n} c_i(X_i - \xi_i) + \sum_{i=1}^{n}\sum_{j=1}^{n} C_{ij}(X_i - \xi_i)(X_j - \xi_j) \tag{3.56}$$

mit den Koeffizienten

$$c_i = \left[\frac{\partial f(X_1,\ldots,X_n)}{\partial X_i}\right]_{X_1=\xi_1,\ldots,X_n=\xi_n}\,, \qquad i = 1,\ldots,n\,,$$

und

$$C_{ij} = C_{ji} = \frac{1}{2}\left[\frac{\partial^2 f(X_1,\ldots,X_n)}{\partial X_i \partial X_j}\right]_{X_1=\xi_1,\ldots,X_n=\xi_n}\,, \qquad i,j = 1,\ldots,n\,, \tag{3.57}$$

annähern, vorausgesetzt, dass die durch das Restglied

$$R(X_1,\ldots,X_n) = Y - Y_{\mathrm{qu}}$$

gegebene Abweichung in der näheren Umgebung von $X_1 = \xi_1,\ldots,X_n = \xi_n$ vernachlässigbar klein ist.

Wir zeigen die Anwendung dieses Satzes, indem wir das Beispiel 3.21 fortsetzen, um zu einer vernünftigen Näherung zu kommen.

Beispiel 3.22 (Fortsetzung des Beispiels 3.21)
Wir wollen nun die quadratische Näherung der Modellgleichung (3.50) berechnen. Wie wir gesehen haben, ändern sich die Koeffizienten c_1 und c_2 dabei nicht, sodass wir die Ergebnisse (3.51) weiter verwenden können. Für die übrigen Koeffizienten erhalten wir durch Anwendung der Gleichung (3.57)

$$C_{11} = \left(\frac{\partial^2 \Delta L}{\partial L^2}\right)_{\varphi=0} = 0\,, \qquad C_{22} = \left(\frac{\partial^2 \Delta L}{\partial \varphi^2}\right)_{\varphi=0} = -\frac{L}{2}$$

und

$$C_{12} = C_{21} = \left(\frac{\partial^2 \Delta L}{\partial L \partial \varphi}\right)_{\varphi=0} = 0\,.$$

Damit ergibt sich nach der Gleichung (3.56) die quadratische Näherung

$$\Delta L_{\mathrm{qu}} = -\frac{L}{2}\,\varphi^2\,.$$

Dies ist ein sinnvolles Ergebnis. Die Längenabweichung ist danach proportional zum Quadrat des Verkippungswinkels φ und ist stets negativ, d. h. die gemessene Länge ist immer zu klein, solange φ von null verschieden ist.

Der Kosinus-Fehler ist ein sogenannter Fehler zweiter Ordnung. Deshalb sind die zu erwartenden Abweichungen in der Regel nur klein. Für $\varphi = \pm 5°$ erhalten wir z. B. eine relative Abweichung $(\Delta L_{\mathrm{qu}}/L) \approx -3{,}8 \cdot 10^{-3}$.

Beschränken wir uns auf das Intervall $-5° \leq \varphi \leq +5°$, dann erhalten wir für das Restglied $R \leq 1{,}2 \cdot 10^{-5}$. Die Näherung ist also ausreichend gut.

Die Bedingungen für die Anwendbarkeit des Satzes 3.5 sind wesentlich einschneidender, als die für den Fall der Linearisierung einer expliziten Funktion unter Anwendung des Satzes 3.3, denn die Funktion muss nicht nur einmal, sondern sogar zweimal differenzierbar sein. Dies kann in einzelnen Fällen dazu führen, dass sich für eine Modellgleichung weder eine lineare noch eine quadratische Näherung angeben lässt, weil die ersten Ableitungen gleich null sind und die zweiten Ableitungen nicht existieren. Eine quadratische Näherung ist aber auch dann nicht möglich, wenn die zweite Ableitung im Arbeitspunkt unendlich groß wird, wie dies z. B. bei der Funktion $f(X) = X^{3/2}$ der Fall ist, deren erste Ableitung im Arbeitspunkt $X = 0$ gleich null ist, deren höhere Ableitungen dort aber alle unendlich groß sind.

Wenn sich für eine Modellgleichung weder eine lineare noch eine quadratische Näherung im betrachteten Arbeitspunkt finden lässt, müssten wir streng genommen zum nächst höheren Glied des TAYLOR-Polynoms übergehen. Dieser Fall ist aber im GUM nicht vorgesehen und auch wegen seines unvertretbar hohen Aufwands nicht zu empfehlen. Es ist besser das Problem durch eine leichte Verschiebung des Arbeitspunktes zu lösen. Diese Vorgehensweise ist zulässig, weil wir prinzipiell in der Wahl des Arbeitspunktes frei sind.

3.7 Graphische Modellierung

Die Modellierung umfangreicher, komplexer Modelle führt schnell dazu, dass die Übersichtlichkeit verloren geht. Diese Gefahr ist zwar geringer, wenn Untermodelle verwendet werden, aber auch dann lässt sich die Struktur eines Modells aus einem System von Gleichungen nur schwer erschließen. Das menschliche Gehirn ist dagegen sehr gut in der Lage, Muster und Strukturen in graphischen Darstellungen zu erkennen. Es ist daher naheliegend, graphische Methoden zur Modellierung zu verwenden. Wir werden in diesem Abschnitt zeigen, dass die Graphentheorie dabei sehr hilfreich sein kann.

Die Graphentheorie ist ein Teilgebiet der Mathematik, das sich mit den Eigenschaften von Graphen beschäftigt. Viele Probleme unterschiedlichster Art lassen sich mithilfe von Graphen modellieren. Graphen sind aus sehr einfachen Elementen aufgebaut, durch welche die Information kodiert wird.

Definition 3.4 (Gerichteter Graph)
Ein gerichteter Graph ist ein geordnetes Paar $(\mathfrak{V},\mathfrak{E})$ aus einer endlichen, nichtleeren Menge $\mathfrak{V}$ und einer Relation $\mathfrak{E} \subseteq (\mathfrak{V} \times \mathfrak{V})$.

Die Elemente von $\mathfrak{V}$ heißen Knoten und die Elemente von $\mathfrak{E}$ heißen Kanten.

Die Kanten (engl. *edges*) eines gerichteten Graphen, also die Elemente von $\mathfrak{E}$, sind geordnete Paare von Knoten (engl. *vertices*), also von Elementen von $\mathfrak{V}$, d. h. es ist $(X,Y) \in \mathfrak{E}$ wenn $X \in \mathfrak{V}$ und $Y \in \mathfrak{V}$ ist.

Wir sagen, dass eine Kante (X,Y) die Knoten X und Y verbindet, wobei X Startknoten und Y Zielknoten genannt wird. Sind Startknoten und Zielknoten identisch, dann ist die Kante eine Schleife.

Gerichtete Graphen lassen sich graphisch darstellen (daher die Benennung „Graph“), indem die Knoten als Punkte, Kreise, oder beliebige andere Symbole dargestellt werden, die paarweise durch Linien verbunden sind, wobei jede einzelne Linie mit einem Pfeil versehen ist, um eine Richtung festzulegen (siehe dazu die Abbildung 3.5). Welche Symbole für die Knoten gewählt werden und wie die Kanten gezeichnet sind, ob als gerade Linien oder als Kurven, ob sie voneinander getrennt verlaufen oder sich überkreuzen, ist beliebig und hängt nur von der Zweckmäßigkeit und Ästhetik der Darstellung ab. Die formale mathematische Definition eines Graphen ist unabhängig von seiner bildlichen Darstellung, die lediglich seiner Veranschaulichung dient.

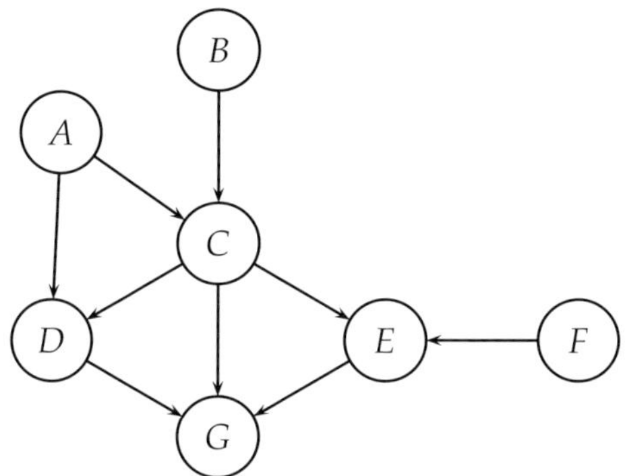

Abbildung 3.5 Typischer gerichteter Graph

Der in der Abbildung 3.5 dargestellte Graph besteht aus der Knotenmenge

$$\mathfrak{V} = \{A,B,C,D,E,F\}$$

und der Menge

$$\mathfrak{E} = \{(A,C),(A,D),(B,C),(C,D),(C,G),(C,E),(D,G),(E,G),(F,E)\}$$

der Kanten. Er enthält keine Schleifen.

Um die Knoten voneinander unterscheiden zu können, haben wir ihnen Namen geben. Damit handelt es sich um einen benannten Graphen:

Definition 3.5 (Benannter Graph)
Ein benannter Graph $(\mathfrak{V},\mathfrak{E})$ ist ein Graph, bei dem die Menge der Knoten $\mathfrak{V}$ einer Menge $\mathfrak{E}$ von Namen entspricht.

Bei dem in der Abbildung 3.5 dargestellten Graphen sind die Namen der Knoten die in den Kreisen eingetragenen Buchstaben.

Wir haben gesehen, dass der in der Abbildung 3.5 dargestellte Graph keine Schleifen besitzt. Die Verallgemeinerung einer Schleife ist ein Zyklus. Für seine Definition benötigen wir die Definition eines Weges in einem Graphen:

Definition 3.6 (Weg)
Ein Weg in einem gerichteten Graphen ist eine Folge $(V_1, \ldots, V_n)$ paarweise verschiedener Knoten, bei der aufeinanderfolgende Knoten V_i und V_{i+1} $(i = 1, \ldots, n-1)$ jeweils durch eine Kante verbunden sind.

Der Knoten V_1 heiße Anfangsknoten des Weges und der Knoten V_n Endknoten.

In dem in der Abbildung 3.5 dargestellten gerichteten Graphen gibt es insgesamt die folgenden acht Wege: (A,D,G), (A,C,G), (A,C,D,G), (A,C,E,G), (B,C,G), (B,C,D,G), (B,C,E,G) und (F,E,G).

Mithilfe der Definition 3.6 kann nun erklärt werden, was ein Zyklus in einem Graphen ist:

Definition 3.7 (Zyklus)
Ein Zyklus ist ein Weg in einem gerichteten Graphen, bei dem Anfangs- und Endknoten des Weges identisch sind.

Ein Zyklus ist demnach ein Weg im Graphen, der von irgendeinem Knoten ausgehend wieder zu demselben Knoten zurückführt, wobei auf dem Weg beliebig viele Knoten des Graphen liegen. Eine Schleife ist ein spezieller Zyklus, bei dem der Weg unmittelbar zum Knoten zurückführt.

In dem in der Abbildung 3.5 dargestellten gerichteten Graphen gibt es keinen Zyklus, denn es gibt für keinen seiner Knoten einen geschlossenen Weg, der wieder zu ihm zurück führt.

Unter Verwendung der Definitionen 3.4 und 3.7 können wir die Definition für einen gerichteten, azyklischen Graphen angeben:

Definition 3.8 (Gerichteter, azyklischer Graph)
Ein gerichteter, azyklischer Graph ist ein gerichteter Graph ohne Zyklen.

Der in der Abbildung 3.5 dargestellte Graph ist ein gerichteter, azyklischer Graph, denn wir hatten ja bereits festgestellt, dass er keinen Zyklus enthält.

Wir wenden uns nur der Klassifizierung der Knoten in einem Graphen zu. Dazu benötigen wir noch einige weitere Definitionen:

Definition 3.9 (Vorgänger, Nachfolger, isolierter Knoten)
Wenn (X,Y) eine Kante in einem Graphen ist, welche die Knoten X und Y verbindet, dann heißt X direkter Vorgänger von Y und Y direkter Nachfolger von X.

Ein Knoten, der weder einen Vorgänger noch einen Nachfolger besitzt, heißt isolierter Knoten.

Definition 3.10 (Zusammenhängender Graph)
Ein nicht leerer Graph heißt zusammenhängend, wenn es in ihm keinen isolierten Knoten gibt.

In einem zusammenhängenden Graphen ist also jeder Knoten mit mindestens einem anderen Knoten durch eine Kante verbunden.

Der in der Abbildung 3.5 dargestellte Graph ist ein zusammenhängender Graph, denn keiner seiner Knoten ist isoliert.

Jeder Knoten in einem Graph hat eine bestimmte Anzahl von direkten Vorgängern bzw. Nachfolgern, die auch gleich null sein können.

Definition 3.11 (Eingangsgrad, Ausgangsgrad)
Der Eingangsgrad eines Knotens ist gleich der Anzahl seiner direkten Vorgänger. Der Ausgangsgrad eines Knotens ist gleich der Anzahl seiner direkten Nachfolger.

Mithilfe dieser Definition können wir in einem zusammenhängenden Graphen genau drei Arten von Knoten unterscheiden:

Eingangsknoten: Knoten, dessen Eingangsgrad gleich null ist.

Ausgangsknoten: Knoten, dessen Ausgangsgrad gleich null ist.

Innerer Knoten: Knoten, der weder Eingangs- noch Ausgangsknoten ist.

In dem in der Abbildung 3.5 dargestellten Graphen können wir demnach die Knoten wie folgt klassifizieren:

Eingangsknoten: A, B, F;
Ausgangsknoten: G;
innere Knoten: C, D, E.

Um die Arten der Knoten in einem Graphen zu unterscheiden, verwenden wir einen knotengefärbten Graphen, der wie folgt definiert ist:

Definition 3.12 (Benannter, knotengefärbter Graph)
Ein benannter, knotengefärbter Graph $(\mathfrak{V},\mathfrak{E})$ ist ein benannter Graph mit der Knotenmenge $\mathfrak{V} \subseteq \mathfrak{N} \times \mathbb{N}$, wobei $\mathfrak{N}$ die Menge der Knotennamen bezeichnet.

Bei einem benannten, knotengefärbten Graphen ist demnach jeder Knoten ein geordnetes Paar bestehend aus einem Namen und einer natürlichen Zahl. In der bildlichen Darstellung können statt der natürlichen Zahlen z. B. unterschiedliche Farben (daher die Benennung „knotengefärbter Graph“) oder verschiedene Symbole für die Knoten gewählt werden.

Wir werden die in der Tabelle 3.1 angegebene Symbolik verwenden, um die verschiedenen Arten von Knoten bildlich darzustellen.

Tabelle 3.1 Knotenarten und die ihnen zugeordneten Zahlen

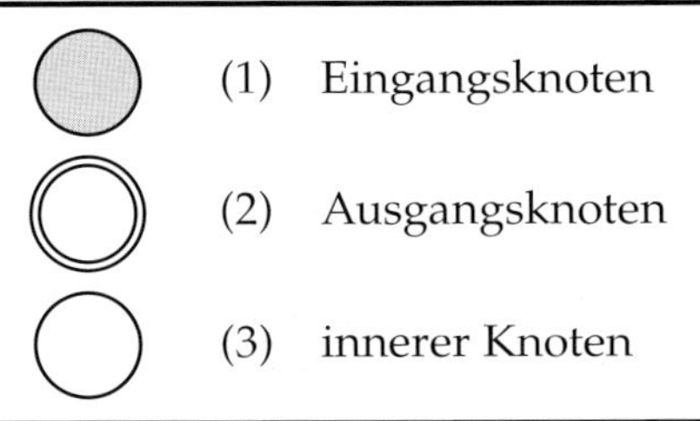

Symbol	Nr.	Knotenart
	(1)	Eingangsknoten
	(2)	Ausgangsknoten
	(3)	innerer Knoten

Wir wollen sagen, ein Knoten Y sei von einem Knoten X abhängig, wenn es eine Kante (X,Y) gibt, welche die beiden Knoten verbindet. Um diese Abhängigkeit zu erfassen, markieren wir die Zielknoten des Graphen.

Definition 3.13 (Benannter, knotenmarkierter Graph)
Ein benannter, knotenmarkierter Graph $(\mathfrak{V},\mathfrak{E})$ ist ein benannter Graph mit der Knotenmenge $\mathfrak{V} \subseteq \mathfrak{N} \times \mathbb{N} \times \mathfrak{M}$, wobei $\mathfrak{N}$ die Menge der Knotennamen bezeichnet und $\mathfrak{M}$ die Menge der Knotenmarkierungen.

Wir werden die in der Abbildung 3.6 dargestellte Art der Markierung verwenden, um eine funktionale Abhängigkeit eines Knotens von seinen direkten Vorgängern zu beschreiben.

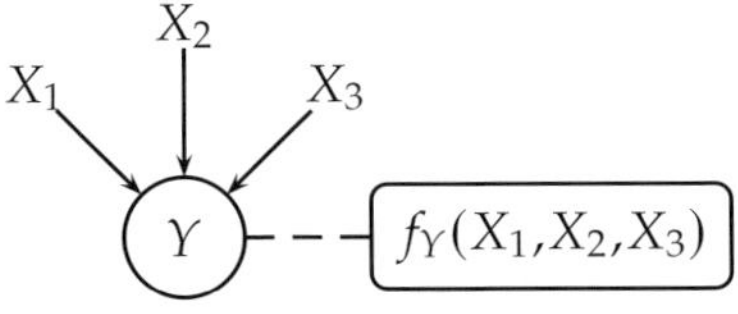

Abbildung 3.6 Markierung eines Knotens

Wir haben nun alle notwendigen Mittel zur Verfügung, um definieren zu können, was wir unter einem Abhängigkeitsgraphen verstehen wollen:

Definition 3.14 (Abhängigkeitsgraph)
Ein Abhängigkeitsgraph ist ein benannter, knotenmarkierter, gerichteter, azyklischer Graph.

Aus den oben angegebenen Definitionen ergibt sich, dass ein Abhängigkeitsgraph ein geordnetes Paar $(\mathfrak{V},\mathfrak{E})$ aus einer endlichen, nichtleeren Knotenmenge $\mathfrak{V} \subseteq \mathfrak{N} \times \mathbb{N} \times \mathfrak{M}$ und einer Relation $\mathfrak{E} \subseteq (\mathfrak{V} \times \mathfrak{V})$ ist, wobei $\mathfrak{N}$ die Menge der Knotennamen bezeichnet und $\mathfrak{M}$ die Menge der Knotenmarkierungen. Der Graph ist zusammenhängend, d. h. er enthält keine isolierten Knoten, und es gibt in ihm keine Zyklen, d. h. keinen Weg, der von einem Knoten ausgehend wieder zu demselben Knoten zurückführt.

Jeder Knoten eines Abhängigkeitsgraphen entspricht einem geordneten Tripel bestehend aus dem Knotennamen, einer Kennzeichnung der Art des Knotens und einer Markierung. Als Knotennamen wählen wir die Benennung einer dem Knoten zugeordneten Größe, die in der bildlichen Darstellung des Graphen in den Kreis eingetragen wird, der den Knoten symbolisiert. Die Kennzeichnung der Art des Knotens erfolgt durch eine natürliche Zahl — bzw. in seiner bildlichen Darstellung durch ein Symbol — entsprechend der Tabelle 3.1. Als Markierung eines Ausgangsknotens oder eines inneren Knotens wird die Funktion verwendet, durch welche die mathematische Abhängigkeit der dem Knoten zugeordneten Größe von den Größen beschrieben wird, die seinen direkten Vorgängern zugeordnet sind. In der bildlichen Darstellung wird eine Markierung nach Art der Abbildung 3.6 benutzt. Eingangsknoten werden nicht markiert, denn die ihnen zugeordneten Größen sind unabhängig.

Die Abbildung 3.7 zeigt einen typischen Abhängigkeitsgraphen mit drei Eingangsknoten, mit den Namen X_1, X_2 und X_3, einem Ausgangsknoten, mit dem Namen Y, und drei inneren Knoten, mit den Namen Z_1, Z_2 und Z_3. Durch diesen Graphen wird ein mathematisches Modell dargestellt, dass aus vier Untermodellen besteht, die durch die folgenden Gleichungen beschrieben werden:

$$Z_1 = f_1(X_1,Z_2)\,,$$

$$Z_2 = f_2(X_1,X_2)\,,$$

$$Z_3 = f_3(Z_2,X_3)\,,$$

$$Y = f_Y(Z_1,Z_2,Z_3)\,.$$

Wir sehen, dass die Eingangsgrößen X_1, X_2 und X_3 des Modells den Eingangsknoten des Graphen zugeordnet sind, die Ausgangsgröße Y dem Ausgangsknoten und die Zwischengrößen Z_1, Z_2 und Z_3 den inneren Knoten.

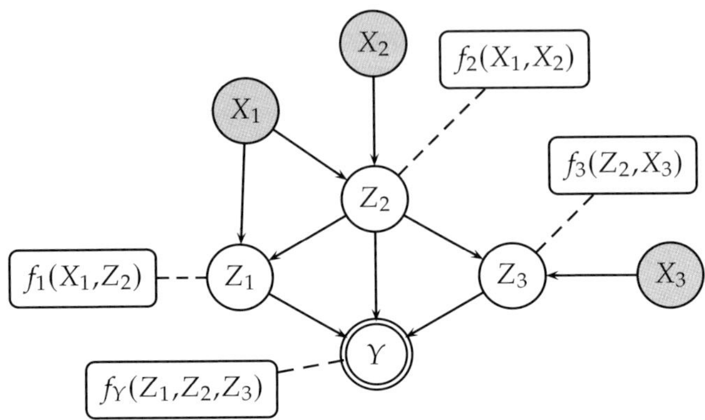

Abbildung 3.7 Typischer Abhängigkeitsgraph

Da es von jeder der drei Eingangsgrößen X_1, X_2 und X_3 mindestens einen Weg im Graphen zur Ausgangsgröße Y gibt, hängt diese Größe von allen drei Eingangsgrößen ab. Diese Abhängigkeit ist aber keine direkte, denn keiner der direkten Vorgänger des Ausgangsknotens ist ein Eingangsknoten. Alle Wege von den Eingangsknoten zum Ausgangsknoten führen über die inneren Knoten, wodurch die komplexe Struktur des Modells entsteht. Ohne die inneren Knoten hätte der Abhängigkeitsgraph eine der Abbildung 3.6 entsprechende sehr einfache Struktur und das Modell könnte durch eine einzige Modellgleichung der Form $Y = f(X_1, X_2, X_3)$ beschrieben werden.

In der Literatur findet man häufig die Aussage, dass durch das mathematische Modell ein kausaler Zusammenhang zwischen den beteiligten Größen beschrieben wird. Diese Aussage ist aber so nicht korrekt, denn jede Modellgleichung ist lediglich die Beschreibung eines funktionalen Zusammenhangs. Um den Unterschied zwischen einem kausalen und einem funktionalen Zusammenhang zu verstehen, betrachten wir zwei Beispiele.

Beispiel 3.23 (Ohmsches Gesetz)
Wenn wir die Pole einer Batterie mit einem Draht verbinden, dann fließt ein elektrischer Strom, dessen Stärke von der Batteriespannung und dem Widerstand des Drahtes abhängt. Der funktionale Zusammenhang zwischen dem elektrischen Strom I, der elektrischen Spannung U und dem elektrischen Widerstand R wird durch das Ohmsche Gesetz

$$I = \frac{U}{R}$$

beschrieben. Der dieser Modellgleichung entsprechende Abhängigkeitsgraph ist in der Abbildung 3.8 bildlich dargestellt.

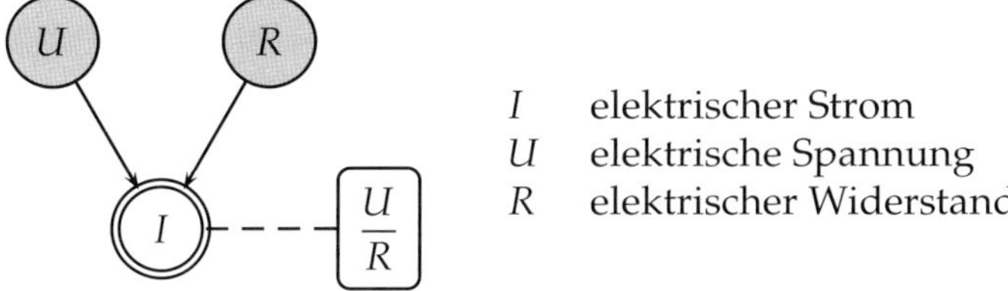

Abbildung 3.8 OHMsches Gesetz

Aus der Physik wissen wir, dass die elektrische Spannung die Ursache des elektrischen Stroms ist. Das OHMsche Gesetz beschreibt also nicht nur einen funktionalen Zusammenhang, sondern auch den — im Abhängigkeitsgraphen durch die Kante vom Knoten U zum Knoten I dargestellten — kausalen Zusammenhang zwischen der elektrischen Spannung und dem elektrischen Strom. Dagegen entspricht der Kante vom Knoten R zum Knoten I kein kausaler Zusammenhang, denn der elektrische Widerstand ist nicht die Ursache des elektrischen Stroms. Es gibt aber einen funktionalen Zusammenhang zwischen diesen beiden Größen.

Beispiel 3.24 (Elektrischer Widerstand einer Glühlampe)
Wir interessieren uns für den typischen elektrischen Widerstand einer Glühlampe. Für seine Berechnung steht uns nur die Nennleistung und die Nennspannung der Glühlampe als Information zur Verfügung.

Aus der Elektrotechnik wissen wir, dass die elektrische Leistung P von der elektrischen Spannung U und dem elektrischen Strom I abhängt und dass der zwischen dem elektrischen Strom, der elektrischen Spannung und dem elektrischen Widerstand R bestehende Zusammenhang durch das OHMsche Gesetz beschrieben wird. Indem wir den unbekannten elektrischen Strom als zusätzliche Größe einführen, erhalten wir den in der Abbildung 3.9 bildlich dargestellten Abhängigkeitsgraphen, der den Modellgleichungen

$$I = \frac{P}{U} \qquad \text{und} \qquad R = \frac{U}{I}$$

entspricht. Durch diese Gleichungen wird der funktionale Zusammenhang zwischen den entsprechenden Größen beschrieben.

Der kausale Zusammenhang zwischen der elektrischen Spannung und dem elektrischen Strom wird im Abhängigkeitsgraphen durch die Kante vom Knoten U zum Knoten I dargestellt. Alle anderen Kanten im Graphen entsprechen dagegen keiner kausalen Abhängigkeit zwischen den entsprechenden Größen, denn weder die elektrische Spannung, noch der elektrische Strom sind Ursache des elektrischen Wi-

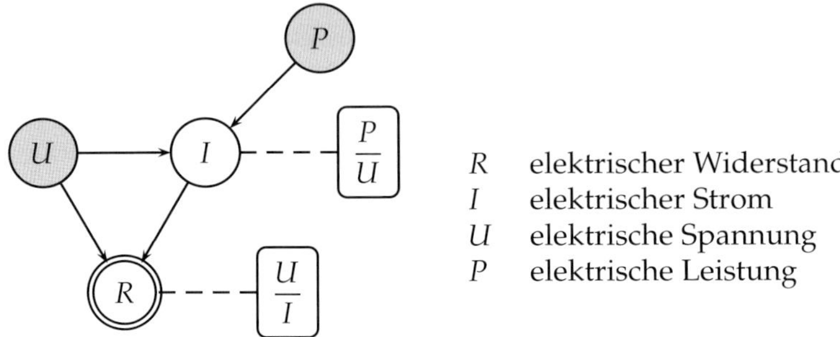

Abbildung 3.9 Elektrischer Widerstand einer Glühlampe

derstands und die elektrische Leistung ist auch nicht Ursache des elektrischen Stroms, sondern das Umgekehrte ist der Fall.

Die beiden Beispiele zeigen, dass in einem Abhängigkeitsgraphen die Verbindung zweier Knoten X und Y durch eine Kante (X,Y) nicht notwendigerweise bedeutet, dass die Größe X die Ursache der Größe Y ist oder die Größe Y die Folge der Größe X. Die Verbindung zweier Knoten in einem Abhängigkeitsgraphen bedeutet nur, dass es zwischen den jeweiligen Größen einen *funktionalen* Zusammenhang gibt. Es wird aber nicht ausgeschlossen, dass zwischen ihnen auch ein *kausaler* Zusammenhang bestehen kann.

Wir wollen jetzt an einem Beispiel zeigen, wie sich ein Abhängigkeitsgraph zur Modellbildung verwenden lässt. Dabei werden wir den Graphen schrittweise aus den Untermodellen entwickeln.

Beispiel 3.25 (Elektrische Verlustleistung in einem Draht)
Ein elektrischer Verbraucher ist über eine zweiadrige Leitung an eine Spannungsquelle angeschlossen. Jede der beiden Adern der Leitung besteht aus einem Draht mit einem kreisförmigem Querschnitt.

Wenn durch die Anschlussleitung ein Strom zum Verbraucher fließt, dann entsteht in ihr eine Verlustleistung

$$P = UI\,, \tag{3.58}$$

die in Wärme umgesetzt wird, wobei I den elektrischen Strom bezeichnet und U den aufgrund dieses Stromes an der Leitung entstehenden elektrischen Spannungsabfall. Um das durch die Gleichung (3.58) gegebene Modell als Abhängigkeitsgraph darzustellen, benötigen wir drei Knoten, einen Ausgangsknoten zur Darstellung der elektrischen Leistung P und zwei Eingangsknoten zur Darstellung des elektrischen Stromes I, bzw. des elektrischen Spannungsabfalls U. Zusätzlich benötigen wir zwei

Kanten, um die funktionale Abhängigkeit der Leistung vom Strom und vom Spannungsabfall darzustellen. Beide Kanten sind vom jeweiligen Eingangsknoten zum Ausgangsknoten gerichtet. Am Ausgangsknoten bringen wir eine Markierung an,

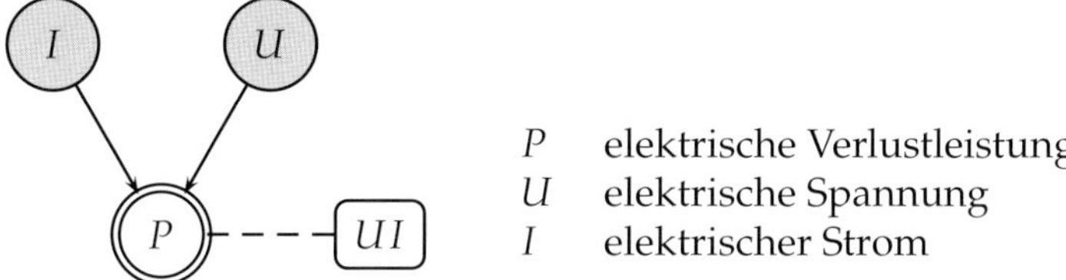

Abbildung 3.10 Elektrische Verlustleistung in einer Leitung. Der Abhängigkeitsgraph nach dem ersten Modellierungsschritt.

um die durch die Gleichung (3.58) beschriebene funktionale Abhängigkeit der Ausgangsgröße von den Eingangsgrößen im Graphen festzuhalten.

Der sich nach dem ersten Modellierungsschritt ergebende Abhängigkeitsgraph ist in der Abbildung 3.10 dargestellt. Daraus ergibt sich, dass wir den durch die Leitung fließenden Strom und den sich dadurch ergebenden Spannungsabfall messen müssen, um daraus die Verlustleistung zu ermitteln.

Wir entschließen uns dazu, zwar den Strom zu messen, aber nicht den sich ergebenden Spannungsabfall, weil dies bei einer langen Leitung mit einem nicht unerheblichen Aufwand verbunden ist und wegen des zu erwartenden kleinen Wertes auch mit einer großen Unsicherheit der Messung zu rechnen ist. Außerdem interessiert uns auch, wie sich der elektrische Widerstand der Leitung auf die Verlustleistung auswirkt. Der Zusammenhang zwischen diesem Widerstand und dem durch die Leitung fließenden Strom ist durch das Ohmsche Gesetz

$$U = RI \tag{3.59}$$

gegeben, wobei R den elektrischen Widerstand der Leitung bezeichnet, I den durch sie fließenden elektrischen Strom und U den sich dadurch ergebenden Spannungsabfall. Wir erweitern daher den Abhängigkeitsgraphen durch einen zusätzlichen Eingangsknoten mit dem Namen R, der den Leitungswiderstand symbolisiert. Gleichzeitig wandeln wir den Knoten mit dem Namen U, der den Spannungsabfall symbolisiert, in einen inneren Knoten um und fügen zwei weitere Kanten in den Graphen ein, um die funktionale Abhängigkeit des Spannungsabfalls vom Strom und vom Widerstand darzustellen. Die beiden zusätzlichen Kanten sind vom Eingangsknoten I und vom neuen Eingangsknoten R zum inneren Knoten U gerichtet. An diesem Knoten bringen wir auch noch eine Markierung an, um die durch die Gleichung (3.59) beschriebene funktionale Abhängigkeit des Spannungsabfalls U von den Eingangsgrößen I und R im Graphen festzuhalten.

Der sich nach dem zweiten Modellierungsschritt ergebende Abhängigkeitsgraph ist in der Abbildung 3.11 dargestellt. Aus diesem Graphen ergibt sich, dass wir den durch die Leitung fließenden Strom und ihren Widerstand messen müssen, um daraus die Verlustleistung zu ermitteln.

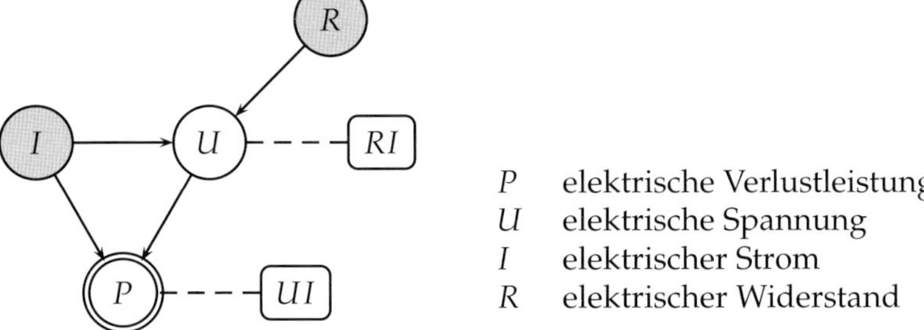

Abbildung 3.11 Elektrische Verlustleistung in einer Leitung. Der Abhängigkeitsgraph nach dem zweiten Modellierungsschritt.

Wieder entscheiden wir uns zwar für die Messung des Stroms durch die Leitung, aber den Leitungswiderstand wollen wir nicht direkt messen, sondern aus der Länge der Leitung L, dem Querschnitt A des verwendeten Drahtes und seinem spezifischen Widerstand ϱ ermitteln. Der Zusammenhang dieser Größen mit dem Leitungswiderstand R ist durch die Gleichung

$$R = 2\varrho \frac{L}{A} \tag{3.60}$$

gegeben, wobei der Faktor zwei notwendig ist, weil wir voraussetzen wollen, dass die Leitung aus zwei Drähten gleicher Länge und gleichen Querschnitts besteht. Wir fügen drei neue Eingangsknoten für die Größen L, ϱ und A in den Abhängigkeitsgraphen ein. Gleichzeitig wandeln wir den Knoten mit dem Namen R in einen inneren Knoten um und verbinden ihn mit den drei neuen Eingangsknoten durch Kanten, die auf ihn gerichtet sind, wodurch die funktionale Abhängigkeit des elektrischen Widerstands R von den Eingangsgrößen L, ϱ und A symbolisiert wird. Außerdem bringen wir an diesem Knoten auch noch eine Markierung an, um die durch die Gleichung (3.60) beschriebene funktionale Abhängigkeit im Graphen festzuhalten.

Der sich nach dem dritten Modellierungsschritt ergebende Abhängigkeitsgraph ist in der Abbildung 3.12 dargestellt. Aus diesem Graphen ergibt sich, dass wir die in der Leitung entstehende Verlustleistung aus dem durch sie fließenden elektrischen Strom I, der Länge der Leitung L, dem Querschnitt A des Drahtes in der Leitung und dem spezifischen Widerstand ϱ des für den Draht verwendeten Materials ermitteln können. Die Materialgröße ϱ werden wir allerdings im Allgemeinen nicht selbst messen, sondern einem Tabellenbuch entnehmen.

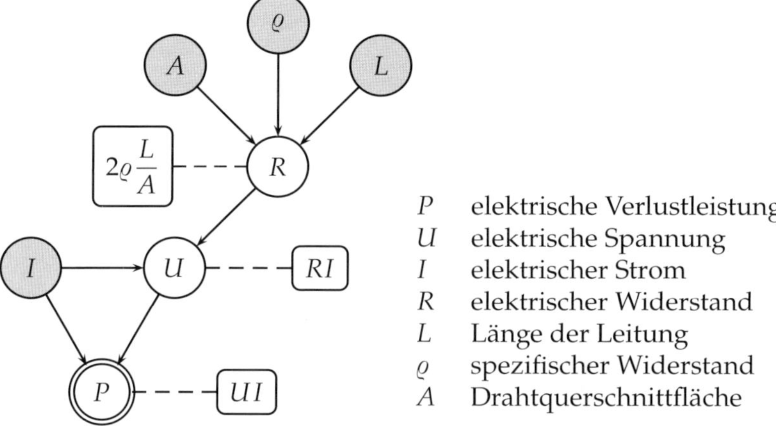

Abbildung 3.12 Elektrische Verlustleistung in einer Leitung. Der Abhängigkeitsgraph nach dem dritten Modellierungsschritt.

Da die direkte Messung des Drahtquerschnitts A in der Praxis auf Schwierigkeiten stößt, entschließen wir uns, diese Größe auf den Durchmesser D des Drahtes zurückzuführen, welcher einer Messung besser zugänglich ist. Aus der Geometrie ist bekannt, dass zwischen Querschnitt und Durchmesser der Zusammenhang

$$A = \frac{\pi}{4}D^2 \tag{3.61}$$

besteht. Wir nehmen daher eine weitere Veränderung an unserem Abhängigkeitsgraphen vor, indem wir einen neuen Eingangsknoten mit dem Namen D einführen und den Knoten mit dem Namen A in einen inneren Knoten umwandeln. Diese beiden Knoten verbinden wir durch eine auf den inneren Knoten gerichtete Kante, um die funktionale Abhängigkeit des Querschnitts vom Durchmesser zu symbolisieren. Diese durch die Gleichung (3.61) festgelegte Abhängigkeit halten wir im Graphen außerdem noch durch eine am Knoten mit dem Namen A angebrachte Markierung fest. Damit erhalten wir schließlich den in der Abbildung 3.13 dargestellten Abhängigkeitsgraphen. Dieser Graph symbolisiert das vollständige Modell zur Ermittlung der elektrischen Verlustleistung P in einer Leitung, wenn der durch sie fließende elektrische Strom I, ihre Länge L, sowie der Durchmesser D und der spezifische Widerstand ϱ des Drahtes, aus dem sie besteht, bekannt sind.

Das Beispiel verdeutlicht, wie die Modellbildung durch einen schrittweisen Aufbau des Abhängigkeitsgraphen aus den Gleichungen der Untermodelle erleichtert wird. Ausgehend von einem Ausgangsknoten wächst das Modell durch

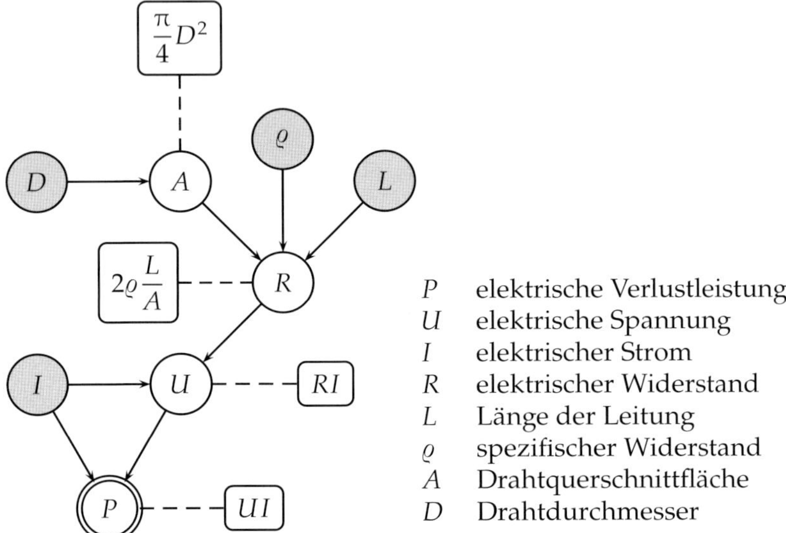

Abbildung 3.13 Elektrische Verlustleistung in einer Leitung. Der Abhängigkeitsgraph nach dem letzten Modellierungsschritt.

schrittweises Hinzufügen von Eingangsknoten, wobei einige dieser Knoten nach Bedarf in innere Knoten umgewandelt werden, wenn sie von neu hinkommenden Eingangsknoten abhängig sind. Die funktionale Abhängigkeit der den Knoten zugeordneten Größen wird durch gerichtete Kanten symbolisiert, die in jedem Schritt die neu eingefügten Eingangsknoten mit den von ihnen abhängigen Knoten verbinden. Die an den inneren Knoten und am Ausgangsknoten angebrachten Markierungen erlauben die vollständige Rekonstruktion der Modellgleichungen aus dem Abhängigkeitsgraphen.

Der Abhängigkeitsgraph eines mathematischen Modells ist nicht nur hilfreich, um die Struktur des Modells bildlich darzustellen, sondern er repräsentiert auch gleichzeitig einen Algorithmus zur Berechnung des Wertes der Ausgangsgröße aus den Werten der Eingangsgrößen. Um dies zu verstehen, stellen wir uns vor, dass die — z. B. durch eine Messung erhaltenen — Werte der Eingangsgrößen an den diesen Größen zugeordneten Knoten des Graphen eingespeist werden. Von dort gelangen diese Werte entlang der die Knoten verbindenden gerichteten Kanten zu den benachbarten inneren Knoten. Die inneren Knoten sind mit einer Markierung versehen, die eine Vorschrift zur Berechnung eines

Wertes aus den Werten enthält, die der Knoten von seinen direkten Vorgängern empfängt. Jeder innere Knoten kann also lokal die entsprechende Berechnung durchführen und das Ergebnis an seine direkten Nachfolger weitergeben. Auf diese Weise wandert die jeweils an den inneren Knoten modifizierte Information entlang der gerichteten Kanten schließlich zum Ausgangsknoten. Dieser ist ebenfalls mit einer Markierung versehen, die eine Vorschrift zur Berechnung eines Wertes aus den Werten seiner direkten Vorgänger enthält, sodass der gesuchte Wert der Ausgangsgröße dort lokal berechnet werden kann.

Wir können dem Abhängigkeitsgraphen noch mehr Nützlichkeit verleihen, indem wir noch zusätzlich seine Kanten mit Gewichten versehen. Wir erhalten dann einen kantengewichteten Graphen.

Definition 3.15 (Kantengewichteter Graph)
Ein kantengewichteter Graph ist ein Graph, bei dem das geordnete Paar $(\mathfrak{V},\mathfrak{E})$ durch eine Funktion $d : \mathfrak{E} \to \mathbb{R}$ zu einem geordneten Tripel $(\mathfrak{V},\mathfrak{E},d)$ ergänzt wurde, die jeder Kante eine reelle Zahl zuordnet.

Die Abbildung 3.14 zeigt einen Ausschnitt aus einem Abhängigkeitsgraphen mit gewichteten Kanten. Wenn der Knoten des Graphen mit dem Namen Y mit

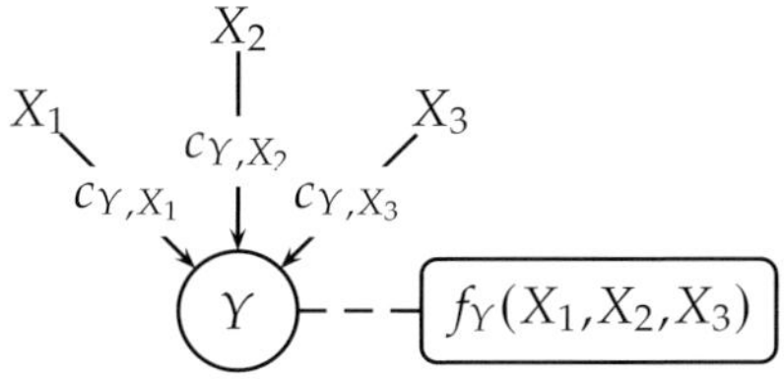

Abbildung 3.14 Gewichtete Kanten

dem funktionalen Zusammenhang $f_Y(X_1,X_2,X_3)$ markiert ist, dann verwenden wir die Vorschrift

$$c_{Y,X_i} = \left[\frac{\partial f_Y(X_1,X_2,X_3)}{\partial X_i}\right]_{X_1=\xi_1,X_2=\xi_2,X_3=\xi_3} \tag{3.62}$$

zur Berechnung der Gewichte der gerichteten Kanten, die diesen Knoten mit seinen direkten Vorgängern mit den Namen X_i verbinden, wobei ξ_i jeweils den Wert der Größe X_i bezeichnet. Die Gewichte c_{Y,X_i} sind offensichtlich die bei der Linearisierung einer Modellgleichung $Y = f_Y(X_1,X_2,X_3)$ auftretenden Empfindlichkeitskoeffizienten, wobei jeweils der erste Index die abzuleitende Größe bezeichnet und der zweite Index die Größe, nach der abgeleitet wird.

Wir wollen die Markierung der Kanten eines Abhängigkeitsgraphen mit den entsprechend der Gleichung (3.62) berechneten Gewichten am Graphen des Beispiels 3.25 zeigen.

Beispiel 3.26 (Fortsetzung des Beispiels 3.25)
Aus den Gleichungen (3.58) bis (3.61) erhalten wir durch Anwendung der Beziehung (3.62) die Kantengewichte

$$c_{P,U} = I_0\,, \qquad c_{P,I} = U_0\,, \qquad c_{U,I} = R_0\,, \qquad c_{U,R} = I_0\,,$$

$$c_{R,L} = 2\frac{\varrho_0}{A_0}\,, \qquad c_{R,\varrho} = 2\frac{L_0}{A_0}\,, \qquad c_{R,A} = -2\varrho_0\frac{L_0}{A_0^2}\,, \qquad c_{A,D} = \frac{\pi}{2}D_0\,.$$

Der durch diese Gewichte ergänzte Abhängigkeitsgraph nach der Abbildung 3.14 ist in der Abbildung 3.15 dargestellt. Wir sehen, dass nun alle Kanten mit Gewichten versehen sind.

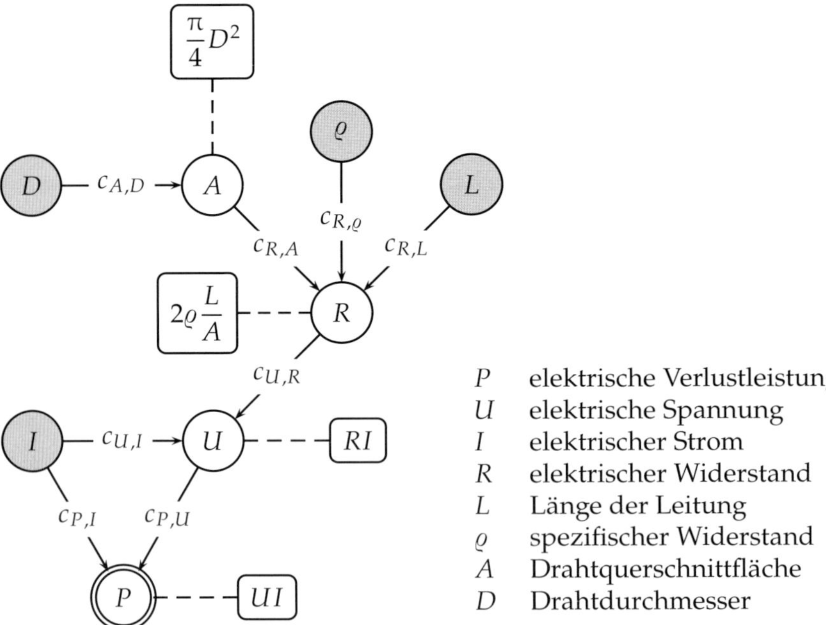

Abbildung 3.15 Elektrische Verlustleistung in einer Leitung. Abhängigkeitsgraph mit markierten Kanten.

Da die Gewichte nur von Informationen abhängig sind, die am jeweiligen Knoten vorhanden sind, auf den die Kanten gerichtet sind, lassen sie sich an jedem inneren Knoten und am Ausgangsknoten lokal berechnen, nachdem die Berechnung aller Größenwerte abgeschlossen ist.

Nachdem alle Kanten eines Abhängigkeitsgraphen mit Gewichten versehen sind, lässt sich das linearisierte Modell direkt aus dem Graphen erhalten. Dazu gehen wir folgendermaßen vor. Wir stellen für jeden inneren Knoten und für den Ausgangsknoten des Abhängigkeitsgraphen eine Gleichung auf, indem wir auf die linke Seite der Gleichung die Differenz der dem Knoten zugeordneten Variable und ihres Wertes schreiben und auf die rechte Seite die Summe aller mit den jeweiligen Kantengewichten multiplizierten Differenzen der den direkten Vorgängern des Knotens zugeordneten Variablen und ihrer Werte. Wir zeigen diese Vorgehensweise am Graphen des Beispiels 3.26.

Beispiel 3.27 (Fortsetzung des Beispiels 3.25)
Um die Gleichungen des linearisierten Modells des Beispiels 3.25 zu erhalten, beginnen wir mit dem Ausgangsknoten. Durch Anwendung des gerade geschilderten Verfahrens erhalten wir die Gleichung

$$P - P_0 = c_{P,U}(U - U_0) + c_{P,I}(I - I_0)\,,$$

wobei wir den Wert einer jeden Größe durch den Index 0 bezeichnet haben. Wenn wir das gleiche Verfahren auf die inneren Knoten anwenden, erhalten wir noch die Gleichungen

$$\begin{aligned} U - U_0 &= c_{U,R}(R - R_0) + c_{U,I}(I - I_0)\,, \\ R - R_0 &= c_{R,\varrho}(\varrho - \varrho_0) + c_{R,L}(L - L_0) + c_{R,A}(A - A_0)\,, \\ A - A_0 &= c_{A,D}(D - D_0)\,. \end{aligned}$$

Diese vier Gleichungen bilden gemeinsam das linearisierte Modell, dass wir auch aus den Modellgleichungen (3.58) bis (3.61) erhalten würden.

Wir sehen an diesem Beispiel, dass sich das linearisierte Modell auf sehr einfache Weise aus einem Abhängigkeitsgraphen ablesen lässt. Damit ist dieser Graph nicht nur eine große Hilfe bei der Modellbildung selbst, sondern unterstützt auch die Auswertung der Messwerte.

Zum Schluss dieses Abschnitts soll noch der Aspekt einer Umsetzung der hier dargestellten Vorgehensweise in ein Computerprogramm betrachtet werden, ohne auf alle damit verbundenen Einzelheiten eingehen zu können. Die graphische Modellierung durch schrittweise Erstellung eines Abhängigkeitsgraphen lässt sich durch einen graphischen Editor realisieren, mit dem sich die graphischen Elemente zur Darstellung des Graphen mittels einer vom Anwender bedienten graphischen Oberfläche auswählen, verbinden und mit zusätzlichen Informationen versehen lassen. Während der Erzeugung des Abhängigkeitsgraphen kann das Programm eine interne Struktur aufbauen, die alle notwendige Information über den Graphen enthält. Die den inneren Knoten und dem Ausgangsknoten zugeordneten Markierungen, in denen die funktionale Abhängigkeit der dem jeweiligen Knoten zugeordneten Größe von den seinen direkten Vorgängern zugeordneten Größen festgehalten ist, könnte in abstrakten Syntaxbäumen[11] gespeichert werden. Nach der Fertigstellung des Modells kann dann die Berechnung der Werte und der Kantengewichte erfolgen, indem der Graph von den Eingangsknoten ausgehend durchlaufen wird und bei jedem inneren Knoten und schließlich auch beim Ausgangsknoten die ihnen zugeordneten abstrakten Syntaxbäume zur Berechnung herangezogen werden. Die zur Berechnung der Empfindlichkeitskoeffizienten (Kantengewichte) notwendigen Ableitungen können dabei durch automatisches Differenzieren[12] unter Verwendung der gleichen Syntaxbäume erhalten werden.

[11] Abstrakte Syntaxbäume sind Strukturen, die z. B. in Compilern zur Speicherung von mathematischen Ausdrücken verwendet werden.

[12] Das automatische Differenzieren ist ein Verfahren der Informatik, mit dem sich Algorithmen differenzieren lassen. Dabei werden — im Gegensatz zu approximierenden Verfahren, wie es z. B. die Differenzenapproximation ist — die Ableitungen korrekt berechnet.

4 Wahrscheinlichkeitstheorie

> Wenn wir nicht unwissend wären, gäbe es keine Wahrscheinlichkeit; es wäre nur Platz für die Gewissheit da; aber unsere Unwissenheit kann keine absolute sein ...
>
> *(Henri Poincaré, 1902)*

Die Wahrscheinlichkeitstheorie ist ein Teilgebiet der Mathematik. Sie stellt die Mittel und Methoden zur Beschreibung und Auswertung von Experimenten mit zufälligem Ausgang bereit. Zufällig bedeutet dabei, dass sich das Ergebnis nicht mit Sicherheit vorhersehen lässt.

Wir wollen uns in diesem Kapitel mit den Grundlagen der Wahrscheinlichkeitstheorie beschäftigen, um die später zu behandelnden Methoden zur Berechnung der Messunsicherheit besser verstehen zu können.

4.1 Der Wahrscheinlichkeitsbegriff

Intuitiv wissen wir alle, was Wahrscheinlichkeit ist, aber niemand ist in der Lage, eine zufriedenstellende Erklärung dieses Begriffs zu geben. Im Alltag begegnen uns verschiedene Arten von Wahrscheinlichkeit. So haben z. B. die Fragen

1. Wie groß ist die Wahrscheinlichkeit, mit einem vollkommen symmetrischen (idealen) Würfel eine Sechs zu würfeln?
2. Wie groß ist die Wahrscheinlichkeit, dass es morgen schneit?
3. Wie groß ist die Wahrscheinlichkeit, dass *ich* 90 Jahre alt werde?

alle eine andere Qualität. Die Beantwortung der ersten Frage ist sicherlich für viele Menschen unproblematisch. Bei der zweiten Frage wird die Mehrzahl der befragten Personen einwenden, dass die Antwort von der vorhandenen Information abhängt. Die dritte Frage kann aber nur rein subjektiv beantwortet werden, denn jeder wird zwangsläufig eine andere Antwort geben müssen.

Die Frage, was Wahrscheinlichkeit *eigentlich* ist, lässt sich nicht in einfacher Weise beantworten. Es gibt nämlich unterschiedliche Auffassungen darüber, wie dieser Begriff definiert werden sollte. Wir werden uns hier nicht an der philosophischen Diskussion beteiligen, welche Wahrscheinlichkeitsdefinition die richtige ist, oder ob es mehrere sinnvolle Arten der Wahrscheinlichkeitsdefinition gleichberechtigt nebeneinander geben sollte, sondern uns darauf beschränken, die drei wichtigsten Definitionen anzugeben und durch Beispiele zu verdeutlichen, unter welchen Umständen sie eine Berechtigung haben.

Klassischer Wahrscheinlichkeitsbegriff

Die Wahrscheinlichkeitstheorie begann nach der heutigen Auffassung damit, dass der Chevalier de Meré sich im Jahre 1654 bei seinem Freund Blaise Pascal darüber beklagte, dass die Mathematik nicht mit den Erfahrungen des praktischen Lebens übereinstimmen würde. Das „praktische Leben" war für den Chevalier das Glücksspiel, insbesondere das Würfelspiel. Er hatte die Regeln des damals üblichen Spiels verändert und geglaubt, dass seine Chancen zu gewinnen dabei unverändert bleiben würden. Zu seinem Verdruss musste er aber feststellen, dass nach der Änderung der Regeln die Spieler öfter gewannen, als die Bank, während es vorher umgekehrt war.

Wir wollen das Problem des Chevalier de Meré näher betrachten, weil es uns unmittelbar auf die Definition des klassischen Wahrscheinlichkeitsbegriffs führen wird. Wir beginnen mit einer einfachen Überlegung.

Beispiel 4.1 (Würfeln mit einem idealen Würfel)
Ein Würfel hat sechs Flächen, die wir mit den Zahlen 1, 2, 3, 4, 5 und 6 bezeichnen. Es gibt demnach sechs verschiedene mögliche Ergebnisse nach einem Wurf. Da der Würfel hier als ideal angenommen wird, sind wir davon überzeugt, dass in einem von sechs Fällen eine Sechs geworfen wird und in fünf von sechs Fällen *keine* Sechs.

Nach dieser Vorüberlegung wenden wir uns jetzt den Gewinnchancen eines französischen Würfelspiels zu, wie es im 17. Jahrhundert zur Zeit des Chevalier de Meré gespielt wurde.

Beispiel 4.2 (französisches Würfelspiel im 17. Jahrhundert)
Im 17. Jahrhundert war in Frankreich ein Würfelspiel üblich, das mit einem Würfel gespielt wurde. Es wurde viermal nacheinander gewürfelt. Der Spieler gewann, wenn bei den vier Würfen *keine* Sechs geworfen wurde, sonst gewann die Bank.

Wir wollen uns überlegen, wie die Chancen für die Bank standen zu gewinnen, wobei wir den Würfel wieder als ideal annehmen.

Wir denken uns die möglichen Ergebnisse E_k der vier Würfe in der Form (E_1,E_2,E_3,E_4) angeordnet, wobei E_k das Ergebnis beim k-ten Wurf ist. Da E_k für jedes k genau sechs verschiedene Werte annehmen kann, gibt es bei den vier Würfen insgesamt $6 \cdot 6 \cdot 6 \cdot 6 = 1296$ verschiedene mögliche Ergebnisse. Nun kann aber E_k für jedes k nur fünf verschiedene Werte annehmen, die ungleich Sechs sind, sodass es bei den vier Würfen nur $5 \cdot 5 \cdot 5 \cdot 5 = 625$ verschiedene Ergebnisse gibt, bei denen *keine* Sechs auftritt.

Wir stellen also fest, dass in 625 von 1296 Fällen bei vier Würfen *keine* Sechs geworfen wird, d. h. nur etwa 48,2 % aller Spiele konnten die Spieler gewinnen. Das Geschäft lohnte sich also auf lange Sicht für die Bank.

Der Chevalier de Meré hatte nun die Idee, die Spielregeln zu verändern. Er schlug vor, statt viermal mit einem Würfel, 24 mal mit zwei Würfeln gleichzeitig zu spielen, wobei der Spieler gewinnen sollte, wenn dabei keine doppelte Sechs vorkommen würde. Er glaubte, dass sich die Chancen dadurch nicht ändern würden und argumentierte, dass bei dem ursprünglichen Spiel die Chancen 4:6 (vier Würfe und sechs mögliche Ergebnisse für einen Würfel) seien und bei den veränderten Spielregeln 24:36 (24 Würfe und $6 \cdot 6 = 36$ mögliche Ergebnisse für zwei Würfel), also auch 4:6[13]. Wie wir bereits wissen, irrte sich der Chevalier aber schon bei den Chancen des unveränderten Spiels.

Um herauszufinden, worin der zweite Irrtum des Chevalier de Meré bestand, wollen wir noch die tatsächlichen Chancen für das Würfelspiel mit den von ihm veränderten Spielregeln berechnen.

Beispiel 4.3 (das Würfelspiel des Chevalier de Meré)
Nach den Spielregeln des Chevalier de Meré ist mit zwei Würfeln gleichzeitig insgesamt 24 mal nacheinander zu würfeln. Wenn dabei keine doppelte Sechs vorkommt, dann gewinnt der Spieler, sonst gewinnt die Bank.

Jeder der zwei Würfel hat sechs Flächen, die wir mit den Zahlen 1, 2, 3, 4, 5 und 6 bezeichnen. Es gibt also für jeden Würfel sechs verschiedene mögliche Ergebnisse, d. h. nach einem Wurf mit beiden Würfeln insgesamt $6 \cdot 6 = 36$ verschiedene mögliche Ergebnisse. Da die Würfel als ideal angenommen werden, sind wir davon überzeugt, dass nur in einem dieser 36 möglichen Fälle zwei Sechsen geworfen werden und in 35 von 36 Fällen entweder gar keine oder höchstens eine Sechs.

---

[13]Diese naiven Überlegungen kommentierte Pascal am 26. Juli 1654 in seinem ersten Brief an Fermat [Pas19] mit den Worten: « *... il a trés bon esprit, mais il n'est pas géomètre; c'est, comme vous savez, un grand défaut;...* » [... er ist ein sehr kluger Geist, aber er ist kein Mathematiker; das ist, wie Sie wissen, ein großer Mangel; ...].

Wird nun insgesamt 24 mal gewürfelt, dann gibt es offenbar 36^{24} mögliche Ergebnisse, bei denen in 35^{24} Fällen keine oder höchstens eine Sechs vorkommt. Die Chancen für die Spieler zu gewinnen, sind also $(35/36)^{24}$, d. h. die Spieler gewinnen etwa 50,9 % aller Spiele. Das Geschäft lohnte sich für die Bank nicht mehr.

Der Chevalier hätte 26 mal würfeln lassen müssen, um die Chancen für die Bank durch seine neuen Spielregeln nicht wesentlich zu verändern, denn dann hätten die Spieler nur noch etwa 48,1 % aller Spiele gewonnen.

Die Beispiele haben uns gezeigt, wie man die Chancen für einen Gewinn oder Verlust bei einem Glücksspiel abschätzen kann. Dazu wird die Anzahl der günstigen zur Anzahl der möglichen Fälle ins Verhältnis gesetzt. Dieses Verhältnis bezeichnen wir heute als klassische Wahrscheinlichkeit.

Definition 4.1 (klassische Wahrscheinlichkeit)
Die Wahrscheinlichkeit $\mathsf{P}(\mathfrak{E})$ für das Eintreten eines Ereignisses $\mathfrak{E}$ ist das Verhältnis der Anzahl der dafür günstigen Fälle $g(\mathfrak{E})$ zur Anzahl der möglichen Fälle n, d. h.

$$\mathsf{P}(\mathfrak{E}) = \frac{g(\mathfrak{E})}{n} .$$

Es gilt stets $0 \leq g(\mathfrak{E}) \leq n$.

Zur Verdeutlichung dieser Definition wollen wir zwei einfache Beispiele für die Berechnung der klassischen Wahrscheinlichkeit betrachten.

Beispiel 4.4 (Werfen einer idealen Münze)
Eine Münze hat zwei Seiten, die wir Kopf und Zahl nennen wollen. Die Anzahl der möglichen Fälle ist hier also gleich zwei. Fragen wir nach der Wahrscheinlichkeit, dass nach einem Wurf die Zahl oben liegt, so ist die Anzahl der dafür günstigen Fälle gleich eins. Demnach ist die Wahrscheinlichkeit für dieses Ereignis gleich $1/2$.

Beispiel 4.5 (Ziehen einer Karte aus einem Kartenspiel)
Ein übliches Kartenspiel hat 52 Karten. Die Anzahl der möglichen Fälle ist hier also gleich 52. Fragen wir nach der Wahrscheinlichkeit, dass wir eine Bildkarte ziehen, so ist die Anzahl der dafür günstigen Fälle gleich 12, denn es gibt insgesamt zwölf Bildkarten, nämlich vier Buben, vier Damen und vier Könige. Demnach ist die Wahrscheinlichkeit für dieses Ereignis gleich $12/52 = 3/13$.

Bei diesen Beispielen ist die Anzahl der möglichen Fälle vorher (*a priori*) bekannt (eine Münze hat zwei Seiten, ein übliches Kartenspiel hat 52 Karten), und wir haben *implizit vorausgesetzt*, dass sie alle gleichwahrscheinlich sind. Diese beiden Voraussetzungen sind charakteristisch für die klassische Wahrscheinlichkeit. Es ist aber nicht selbstverständlich, dass wir die Anzahl der möglichen Fälle immer sofort angeben können. Betrachten wir dazu ein Beispiel.

Beispiel 4.6 (Augensumme beim Würfeln mit zwei idealen Würfeln)
Wir würfeln gleichzeitig mit zwei als ideal vorausgesetzten Würfeln und bilden die Summe der jeweils oben liegenden Augenzahlen. Wie groß ist die Wahrscheinlichkeit, dass der Wert der Summe gleich 7 ist?

Wir finden, dass es insgesamt elf verschiedene Summenwerte gibt, nämlich 2, 3, 4, 5, 6, 7, 8, 9, 10, 11, 12. Der Summenwert 7 ist also ein günstiger von insgesamt elf möglichen Fällen, sodass wir versucht sein könnten, die Wahrscheinlichkeit für das Auftreten des Summenwerts 7 mit 1/11 anzugeben. Das wäre jedoch falsch. Die elf Summenwerte sind nicht gleich wahrscheinlich, weil sie nicht gleich häufig auftreten. Das müssen wir natürlich berücksichtigen.

Um herauszufinden, wie häufig die jeweiligen Summenwerte sind, machen wir eine tabellarische Aufstellung aller möglichen Fälle:

Summe	**Anzahl**	**Fälle**
2	1	⚀+⚀
3	2	⚀+⚁ ⚁+⚀
4	3	⚀+⚂ ⚁+⚁ ⚂+⚀
5	4	⚀+⚃ ⚁+⚂ ⚂+⚁ ⚃+⚀
6	5	⚀+⚄ ⚁+⚃ ⚂+⚂ ⚃+⚁ ⚄+⚀
7	6	⚀+⚅ ⚁+⚄ ⚂+⚃ ⚃+⚂ ⚄+⚁ ⚅+⚀
8	5	⚁+⚅ ⚂+⚄ ⚃+⚃ ⚄+⚂ ⚅+⚁
9	4	⚂+⚅ ⚃+⚄ ⚄+⚃ ⚅+⚂
10	3	⚃+⚅ ⚄+⚄ ⚅+⚃
11	2	⚄+⚅ ⚅+⚄
12	1	⚅+⚅
	36	

Aus dieser Aufstellung ergibt sich, dass der Summenwert 7 in sechs von insgesamt 36 Fällen vorkommt, d.h. die Wahrscheinlichkeit für sein Auftreten ist $6/36 = 1/6$.

Dieses Beispiel zeigt, dass wir *immer* die Gleichwahrscheinlichkeit der Ereignisse sicherstellen müssen, bevor wir die klassische Wahrscheinlichkeit entsprechend ihrer Definition berechnen.

Bisher haben wir die Gleichwahrscheinlichkeit der möglichen Fälle stets vorausgesetzt ohne zu wissen, was *gleichwahrscheinlich* eigentlich bedeutet. Sehen wir einmal davon ab, dass es unbefriedigend ist, bei der Definition der Wahrscheinlichkeit den noch nicht definierten Begriff der Gleichwahrscheinlichkeit zugrunde zu legen (hier liegt offenbar eine Zirkeldefinition *idem per idem*[14] vor), so ist uns bei manchen Fragestellungen noch nicht einmal klar, welche Fälle als gleichwahrscheinlich anzusehen sind. Ein derartiges Beispiel aus der Geometrie ist von J. BERTRAND [Ber89] angegeben worden.

Beispiel 4.7 (BERTRANDsches Paradoxon)
In einem Kreis wird zufällig eine Sehne gezogen. Wie groß ist die Wahrscheinlichkeit dafür, dass sie länger ist, als die Seitenlänge des in den Kreis einbeschriebenen, gleichseitigen Dreiecks?

Diese Frage lässt sich nicht eindeutig beantworten, solange nicht bekannt ist, welche Fälle als gleichwahrscheinlich anzusehen sind. Wir können z. B. die beiden folgenden Annahmen machen:

Annahme 1: Ein Endpunkt der Sehne ist fest auf dem Umfang des Kreises vorgegeben, während der zweite Endpunkt zufällig auf dem Umfang des Kreises gewählt wird. Wir betrachten den Winkel α, den die Sehne mit dem Durchmesser des Kreises durch den festen Endpunkt der Sehne bildet. Dieser Winkel kann nur Werte aus dem Intervall $(-90°, +90°)$ annehmen. Alle Sehnen, für die $-30° < \alpha < +30°$ ist, sind länger als die Seitenlänge des in den Kreis einbeschriebenen, gleichseitigen Dreiecks. Nehmen wir an, dass die möglichen Winkelwerte gleichwahrscheinlich sind, dann ist ein Drittel von ihnen günstig, d. h. die Wahrscheinlichkeit ist $1/3$.

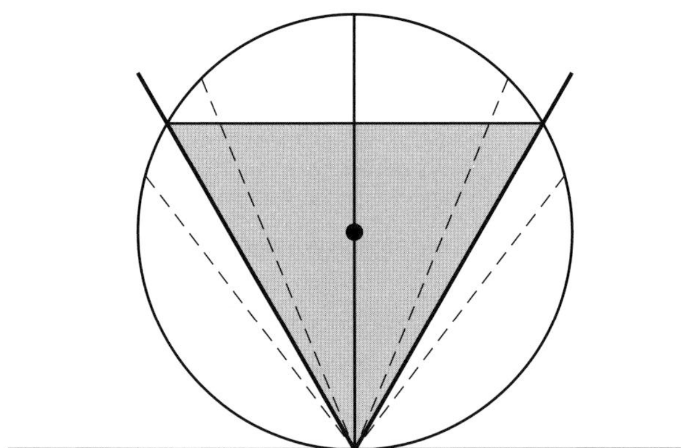

Annahme 2: Die Richtung der Sehne ist fest vorgegeben, nämlich senkrecht zu einem beliebig gewählten Durchmesser des Kreises, während der Mittelpunkt der Sehne zufällig auf dem Durchmesser gewählt wird. Wir bezeichnen mit d die Position des Mittelpunktes der Sehne bezüglich des Kreismittelpunktes, gemessen entlang des Kreisdurchmessers. Die Größe d kann nur Werte aus dem Intervall $(-R, +R)$ annehmen, wenn R den Radius des Kreises bezeichnet. Sehnen, für die $-R/2 < d < +R/2$ ist,

[14] lat., dasselbe durch dasselbe

sind länger als die Seitenlänge des in den Kreis einbeschriebenen, gleichseitigen Dreiecks. Wenn wir annehmen, dass alle Werte von d gleichwahrscheinlich sind, dann ist die Hälfte der Werte aus dem Intervall $(-R, +R)$ günstig, d. h. wir erhalten in diesem Fall die Wahrscheinlichkeit 1/2.

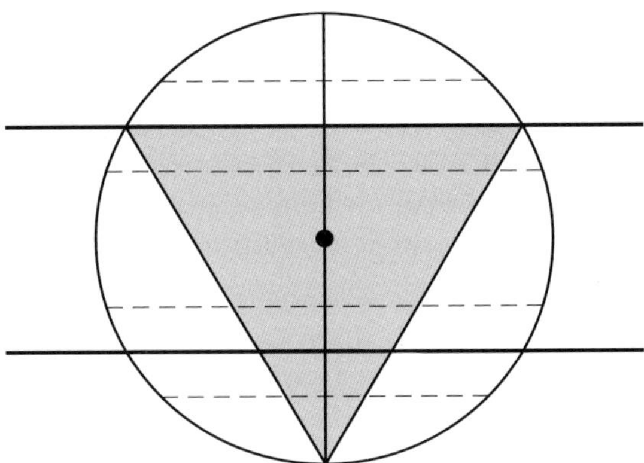

Wir sehen, dass wir für jede der beiden Annahmen einen anderen Wert für die gesuchte Wahrscheinlichkeit erhalten.

Das Bertrandsche Paradoxon zeigt, dass es von der jeweiligen Festlegung der Gleichwahrscheinlichkeit abhängt, welche Wahrscheinlichkeitswerte wir erhalten. Die Physiker kennen dieses Problem. Sie legen für unterschiedliche Elementarteilchen unterschiedliche „Statistiken" fest. Für Elektronen gelten z. B. andere statistische Gesetze, als für Photonen (Lichtquanten). Dies macht deutlich, dass offenbar der Anwender der Wahrscheinlichkeitstheorie festlegen muss, was er unter der Gleichwahrscheinlichkeit verstehen will. Diese Feststellung ist natürlich nicht befriedigend, aber sie ist notwendig.

Die klassische Wahrscheinlichkeit wird manchmal auch als kombinatorische Wahrscheinlichkeit bezeichnet, weil zur Berechnung der Anzahlen der jeweiligen Möglichkeiten die Kombinatorik herangezogen werden kann. Mithilfe der Kombinatorik lassen sich ganz allgemein die Anzahlen möglicher Anordnungen von unterscheidbaren oder ununterscheidbaren Objekten mit oder ohne Beachtung ihrer Reihenfolge bestimmen. Diese mathematische Disziplin wurde im Wesentlichen von B. Pascal [Pas65] und G. W. Leibniz [Lei66] unabhängig voneinander begründet und später von J. Bernoulli [Ber13] perfektioniert, der sie auch zur Berechnung von Wahrscheinlichkeiten verwendete.

Frequentistischer Wahrscheinlichkeitsbegriff

Da der klassische Wahrscheinlichkeitsbegriff nicht vollkommen zufriedenstellend ist, war es naheliegend, nach einem anderen Wahrscheinlichkeitsbegriff zu suchen. Den Anfang dazu hat bereits P. S. Laplace gemacht, während er das Verhältnis der Anzahl männlicher Geburten zur Anzahl aller Geburten in Berlin, London, St. Petersburg und in ganz Frankreich untersuchte [Lap86]. Er legte seinen Überlegungen dabei eine völlig andere Art von Wahrscheinlichkeit zugrunde, als es zu seiner Zeit üblich war. Diese Wahrscheinlichkeit nennen wir heute frequentistische Wahrscheinlichkeit.

Um den frequentistischen Wahrscheinlichkeitsbegriff zu verstehen, müssen wir uns zunächst mit den Begriffen *Zufallsexperiment* und *relative Häufigkeit* befassen. Dazu betrachten wir zunächst ein Beispiel.

Beispiel 4.8 (mehrfaches Würfeln mit einem idealen Würfel)
Wir würfeln mit einem idealen Würfel 100 mal und notieren jeweils, welche der sechs möglichen Flächen, die wir uns mit den Zahlen 1 bis 6 markiert denken, oben liegt. Ein mögliches Ergebnis dieses Experiments ist in der Abbildung 4.1 dargestellt.

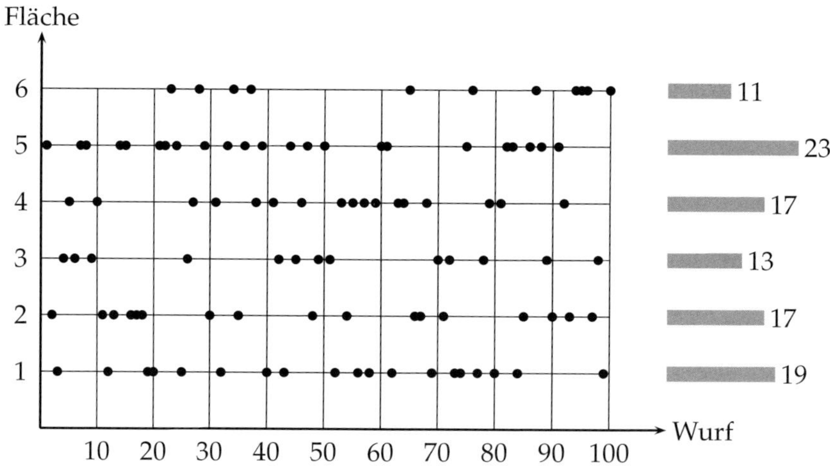

Abbildung 4.1 Ergebnis beim mehrfachen Würfeln mit einem idealen Würfel. Das Balkendiagramm auf der rechten Seite zeigt die absolute Häufigkeit der entsprechenden oben liegenden Würfelfläche.

Wir sehen, dass die Folge der oben liegenden Flächen 5, 2, 1, 3, 4, 3, 5, 5, 3, 4, ... offenbar völlig regellos ist d. h. es ist nicht vorhersehbar, welche der Flächen beim nächsten Wurf oben liegen wird. Außerdem ist die für einen idealen Würfel eigentlich zu erwartende, gleiche absolute Häufigkeit jeder der Flächen nicht zu beobachten. So tritt z. B. während der ersten zehn Würfe die Sechs überhaupt nicht auf, während die Drei und die Fünf jeweils dreimal oben liegen. Selbst nach 100 Würfen ist die Gleichverteilung der oben liegenden Flächen noch nicht vorhanden, wie das Balkendiagramm in der Abbildung 4.1 zeigt.

Wir haben in diesem Beispiel ein typisches Zufallsexperiment vor uns. Andere Beispiele wären das mehrfache Werfen einer Münze, das Registrieren der Geburten oder Todesfälle in einem Lande während einer bestimmten Zeit, das Zählen der während einer Stunde in einer Telefonzentrale eingehenden Anrufe, die Messung der Temperatur an einem festen Ort an verschiedenen Tagen usw. Wir können also folgende Definition geben:

Definition 4.2 (Zufallsexperiment)
Ein Zufallsexperiment besteht aus beliebig oft wiederholbaren, voneinander unabhängigen Versuchen, deren Ergebnis sich nicht vorhersagen lässt, unter stets gleich bleibenden Bedingungen.

Wenden wir uns nun wieder dem Zufallsexperiment des Beispiels 4.8 zu. Wir wollen aber jetzt statt der absoluten Häufigkeit die relative Häufigkeit dafür untersuchen, dass die Fläche mit der Nummer k oben liegt, wenn wir unterschiedlich oft würfeln. Die relative Häufigkeit für jede der Flächen erhalten wir, indem wir ermitteln, wie oft die entsprechende Fläche oben liegt und diese Anzahl (absolute Häufigkeit) zur Gesamtzahl der Würfe ins Verhältnis setzen. Wir können die relative Häufigkeit also definieren durch:

Definition 4.3 (relative Häufigkeit)
Die relative Häufigkeit $h_n(\mathfrak{E})$ eines Ereignisses $\mathfrak{E}$ bei einem Zufallsexperiment ist gleich dem Verhältnis der absoluten Häufigkeit $H_n(\mathfrak{E})$, mit der dieses Ereignis auftritt, zur Gesamtzahl n der Versuche, d. h.

$$h_n(\mathfrak{E}) = \frac{H_n(\mathfrak{E})}{n} .$$

Es gilt stets $0 \leq H_n(\mathfrak{E}) \leq n$.

Wir wollen nun untersuchen, wie die im Beispiel 4.8 betrachteten relativen Häufigkeiten von der Anzahl der Versuche abhängen. Wir würden ja für einen idealen Würfel erwarten, dass jede seiner sechs Seiten gleich häufig oben liegt, d. h. die relative Häufigkeit sollte nicht sehr stark von $h_n(\mathfrak{E}_k) \approx 1/6$ $(k = 1, \ldots ,6)$

abweichen. Aus der Abbildung 4.2 ist aber ersichtlich, dass dies für eine kleine Anzahl von Würfen (kleine Werte von n) keineswegs der Fall ist, sondern erst (näherungsweise) für eine sehr große Anzahl.

Die relativen Häufigkeiten scheinen sich den Werten der klassischen Wahrscheinlichkeit immer besser anzunähern, je größer die Anzahl der Versuche ist. Wir vermuten, dass wir eine vollständige Übereinstimmung erhalten würden, wenn wir unendlich viele Versuche machen könnten.

Das in der Abbildung 4.2 beispielhaft dargestellte Verhalten ist charakteristisch für alle Zufallsexperimente. Mit zunehmender Anzahl der Versuche stabilisieren sich die Werte der relativen Häufigkeiten, und es scheint so zu sein, als ob sie gewissen Grenzwerten zustreben. Eine mathematische Erklärung für dieses beobachtete Verhalten hat als erster J. Bernoulli [Ber13] im Jahre 1713 gegeben. Er hat dazu folgende Anmerkung gemacht:

> *Damit aber dies nicht unrichtig verstanden werde, ist noch zu bemerken, dass wir das Verhältnis zwischen den Zahlen der Fälle, welches wir durch Beobachtungen zu bestimmen unternehmen, nicht absolut genau (denn so würde ganz das Gegenteil herauskommen und desto unwahrscheinlicher werden, dass das richtige Verhältnis gefunden sei, je mehr Beobachtungen gemacht wären), sondern nur mit einer bestimmten Annäherung erhalten, d. h. zwischen zwei Grenzen einschließen wollen, welche aber beliebig nahe beieinander angenommen werden können.*

Er hat dann mathematisch streng bewiesen, dass die von ihm genannten Grenzen mit zunehmender Zahl von Versuchen immer näher zusammenrücken, und dass es immer wahrscheinlicher wird, dass das angesprochene Verhältnis innerhalb dieser Grenzen liegt, als dass es außerhalb liegt. Dieses Ergebnis wird als (schwaches) Gesetz der großen Zahlen bezeichnet.

Bei der Interpretation des Gesetzes der großen Zahlen ist zu beachten, dass die Aussage nicht ist, dass für eine zunehmende Zahl von Versuchen die Werte irgendwann *immer* innerhalb zweier Grenzen bleiben, die immer enger zusammenrücken, denn es kann immer wieder vorkommen, dass ein Wert auftritt, der außerhalb der Grenzen liegt. Es handelt sich lediglich um eine Wahrscheinlichkeitsaussage, dass solche Fälle immer seltener auftreten.

Das Gesetz der großen Zahlen wird — insbesondere von Glücksspielern — häufig missverstanden. Es besagt nicht, dass ein Ereignis, welches bisher weniger häufig eingetreten ist, als dies entsprechend seiner Wahrscheinlichkeit zu erwarten gewesen wäre, seinen „Rückstand“ in Zukunft ausgleichen wird und daher häufiger eintreten muss.

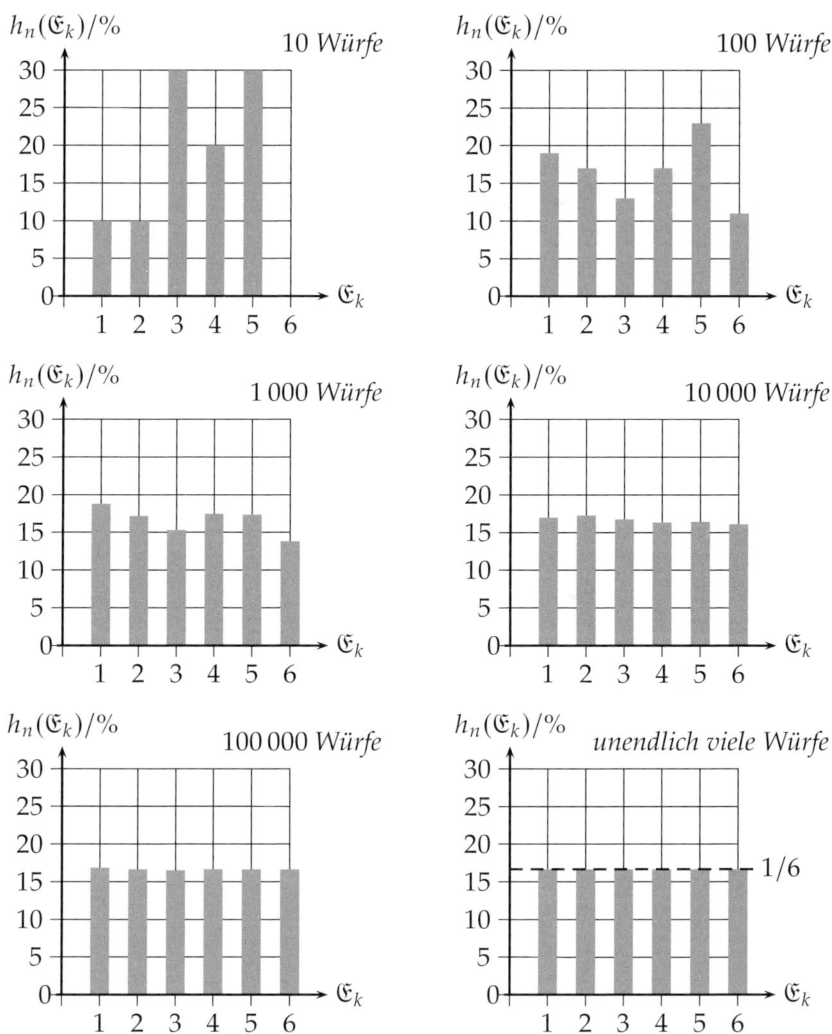

Abbildung 4.2 Relative Häufigkeit $h_n(\mathfrak{E}_k)$ für das Eintreten des Ereignisses $\mathfrak{E}_k$, dass die Fläche mit der Nummer k oben liegt, beim n-fachen Würfeln mit einem idealen Würfel.

Auf dem Gesetz der großen Zahlen beruht die Definition der frequentistischen Wahrscheinlichkeit.

Definition 4.4 (frequentistische Wahrscheinlichkeit)
Die Wahrscheinlichkeit $\mathsf{P}(\mathfrak{E})$ für das Eintreten eines Ereignisses $\mathfrak{E}$ ist gleich seiner beobachteten relativen Häufigkeit $h_n(\mathfrak{E})$, wenn die Anzahl n der Versuche unendlich groß wird, d. h. es gilt

$$|\mathsf{P}(\mathfrak{E}) - h_n(\mathfrak{E})| \to 0 \qquad \text{für} \qquad n \to \infty \,.$$

Bei dem Grenzwert in dieser Definition handelt es sich nicht um einen analytischen Grenzwert der Mathematik, wie man früher glaubte [Mis19; Mis28]. Ein derartiger Grenzwert kann nämlich nicht existieren, denn nach der mathematischen Definition des analytischen Grenzwertes (siehe z. B. [BS91]) müsste es dann für jeden beliebig kleinen Wert $\varepsilon > 0$ eine Zahl $n_0(\varepsilon)$ geben, sodass

$$|\mathsf{P}(\mathfrak{E}) - h_n(\mathfrak{E})| < \varepsilon \qquad \text{für} \qquad n > n_0(\varepsilon)$$

gilt. Dies ist aber nicht der Fall, denn die relative Häufigkeit $h_n(\mathfrak{E})$ unterliegt für jede noch so große Anzahl von Versuchen n stets gewissen Schwankungen, wie dies in der Abbildung 4.3 gut zu erkennen ist.

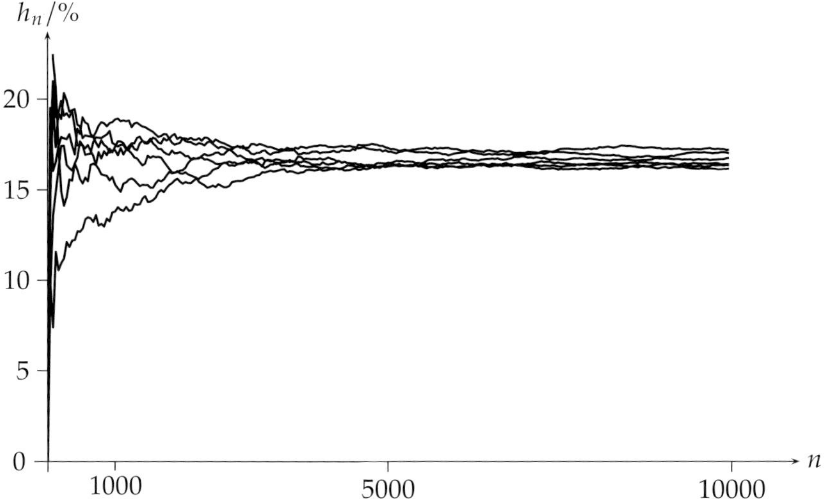

Abbildung 4.3 Abhängigkeit der relativen Häufigkeit h_n beim Würfeln von der Anzahl der Würfe n für unterschiedliche Experimente.

Diese Schwankungen führen dazu, dass sich nicht für jeden Wert von ε eine Zahl $n_0(\varepsilon)$ angeben lässt, sodass dieser Wert für eine größere Anzahl n nicht mehr durch $|\mathsf{P}(\mathfrak{E}) - h_n(\mathfrak{E})|$ überschritten wird. Wir wissen zu keinem Zeitpunkt des Zufallsexperiments, wie nahe wir dem gesuchten Grenzwert sind, und es gibt auch keinerlei Garantie dafür, dass die relative Häufigkeit, die wir bisher beobachtet haben, diesem Grenzwert auf lange Sicht auch nur ähnelt. Tatsächlich kann nur eine Aussage über die *Wahrscheinlichkeit* gemacht werden, mit der dieser Grenzwert erreicht werden kann. Diese Wahrscheinlichkeit nimmt mit einer zunehmenden Anzahl von Versuchen zu und scheint sich der Gewissheit zu nähern. Man spricht auch von einem Grenzwert in Wahrscheinlichkeit oder einem stochastischen Grenzwert.

Aus unseren Überlegungen ergibt sich also, dass die Definition der frequentistischen Wahrscheinlichkeit letztlich auf einem Grenzwertbegriff beruht, für dessen Definition wieder der Wahrscheinlichkeitsbegriff (möglicherweise einer anderer Art) benötigt wird. Auch hier liegt — wie bereits bei der klassischen Wahrscheinlichkeitsdefinition — eine zirkuläre Definition vor. Aber selbst wenn wir uns mit diesem wenig zufriedenstellenden Zustand abfinden, ist die Definition der frequentistischen Wahrscheinlichkeit immer noch problematisch, weil sie, wie wir gesehen haben, über die Definitionen der relativen Häufigkeit und des Zufallsexperiments von der Annahme *gleichbleibender* Bedingungen ausgeht. Es ist aber unmöglich sicherzustellen, dass bei einer Folge von Versuchen stets gleichbleibende Bedingungen vorliegen, oder — falls dies tatsächlich so wäre — das Zutreffen dieser Voraussetzung zu überprüfen. Hierin liegt — neben der Forderung, das Experiment beliebig oft wiederholen zu können — ein praktisches Problem der frequentistischen Wahrscheinlichkeitsdefinition.

Subjektiver Wahrscheinlichkeitsbegriff

Unsere alltägliche Auffassung von Wahrscheinlichkeit entspricht weder dem klassischen, noch dem frequentistischen Wahrscheinlichkeitsbegriff. Wir treffen täglich viele Male Entscheidungen, die zwangsläufig auf einer mehr oder weniger unvollkommenen Information beruhen müssen. Dabei berücksichtigen wir unsere Kenntnisse und die in der Vergangenheit gemachten persönlichen Erfahrungen, soweit sie für die Entscheidungsfindung wesentlich sind, und schätzen die Wahrscheinlichkeit der möglichen Konsequenzen der verschiedenen möglichen Handlungen unter den gegebenen Umständen ab.

Die persönliche Wahrscheinlichkeitsauffassung ist immer subjektiv. Verschiedene Personen können sehr unterschiedlicher Meinung sein, wie groß die Wahrscheinlichkeit für ein und dasselbe Ereignis ist, weil ihnen in der Regel nicht die gleiche Information zur Verfügung steht, oder weil sie die vorhandene Information unterschiedlich bewerten. Betrachten wir dazu ein Beispiel.

Beispiel 4.9 (Regenwahrscheinlichkeit)
Bevor wir morgens das Haus verlassen, stellen wir am Barometer einen fallenden Luftdruck fest, und bei einem Blick aus dem Fenster erkennen wir eine starke Wolkenbildung. Unsere Erfahrung sagt uns, dass dies häufig Anzeichen von Regen sind. Daraus folgern wir, dass es mit großer Wahrscheinlichkeit im Laufes des Tages regnen wird und wir heute besser den Regenschirm mitnehmen sollten. Unser Nachbar kann dagegen aufgrund *seiner* Information der Meinung sein, dass die Regenwahrscheinlichkeit nicht besonders groß ist und lässt daher den Regenschirm zu Hause.

Es ist klar, dass der klassische Wahrscheinlichkeitsbegriff hier nicht anwendbar ist, denn es ist nicht zwanglos möglich, eine Anzahl von gleichwahrscheinlichen Fällen anzugeben und daraus die Anzahl günstiger Fälle auszuwählen. Auch der aus der Häufigkeitsstatistik abgeleitete frequentistische Wahrscheinlichkeitsbegriff ist nicht geeignet, denn es gilt die Wahrscheinlichkeit eines Ereignisses zu bewerten, das nicht im Sinne der Definition 4.2 als ein Zufallsexperiment interpretiert werden kann. Es ist zwar von H. Reichenbach [Rei32] versucht worden, für Fälle der im Beispiel 4.9 angegebenen Art eine Rückführung auf den frequentistischen Wahrscheinlichkeitsbegriff vorzunehmen, aber seine Auffassung hat sich nicht durchsetzen können. H. Reichenbach hatte argumentiert, dass die Wahrscheinlichkeit für das Eintreten eines Ereignisses nicht einem Einzelfall, sondern einer Klasse von Ereignissen zukommt, sodass man letztlich wieder über Häufigkeiten reden könne. Aber eine derartige Klassifizierung ist nicht immer durchführbar, wie wir an dem folgenden Beispiel sehen.

Beispiel 4.10 (unzureichende Kenntnis)
Ein Behälter enthält 1000 identische Kugeln, die sich nur in ihrer Farbe voneinander unterscheiden. Diese Kugeln sind entweder schwarz oder weiß. Wie groß ist die Wahrscheinlichkeit eine weiße Kugel zu ziehen?

Um diese Frage zu beantworten, obwohl wir keinerlei Kenntnis über die Anzahl der weißen oder schwarzen Kugeln haben, nehmen wir an, dass es genauso wahrscheinlich ist, eine weiße Kugel zu ziehen wie eine schwarze. Dabei setzen wir voraus, dass die Kugeln gut durchmischt und gleichmäßig verteilt sind, d. h. dass nicht alle schwarzen oder alle weißen Kugeln oben liegen. Unter dieser Annahme ist die Wahrscheinlichkeit, eine weiße Kugel zu ziehen, gleich 1/2.

Es ist bei diesem Beispiel offensichtlich nicht möglich, die Wahrscheinlichkeit auf irgendeine Weise auf eine relative Häufigkeit zurückzuführen. Unsere Wahrscheinlichkeitsaussage beruht hier auf einem anderen Prinzip. Wenn wir keinerlei Kenntnis über die Verteilung der schwarzen und weißen Kugeln in dem Behälter haben, sind wir gezwungen, diesen Informationsmangel durch eine Annahme auszugleichen, wenn wir überhaupt zu einer Wahrscheinlichkeitsaussage kommen wollen. Da wir entweder eine weiße oder eine schwarze Kugel ziehen werden — es gibt keine andere Möglichkeit — können wir die beiden Ereignisse nur als gleichwahrscheinlich ansehen. Diese Annahme entspricht dem allgemeinen Empfinden, dass verschiedene mögliche Ereignisse als gleichwahrscheinlich angesehen werden sollten, wenn es keinen Grund dafür gibt, eines von ihnen zu bevorzugen. Dieser heute auch als *Prinzip vom unzureichenden Grund (Indifferenzprinzip)* bezeichnete Gedanke findet sich bereits bei P. S. LAPLACE, der davon spricht[15], dass die Wahrscheinlichkeitstheorie nichts anderes sei, als der der Berechnung unterworfene gesunde Menschenverstand.

Wenn wir in der Situation des Beispiels 4.10 zusätzliche Kenntnisse über die Verteilung der schwarzen und weißen Kugeln in dem Behälter erhalten — selbst wenn diese immer noch unvollkommen wären — würden wir zu einem anderen Wert für die Wahrscheinlichkeit kommen, eine weiße Kugel zu ziehen. Dies soll in dem folgenden Beispiel verdeutlicht werden.

Beispiel 4.11 (Zusätzliche Kenntnisse durch ein Experiment)
Wir sind in der gleichen Situation wie im Beispiel 4.10. Wir machen nun ein Experiment, indem wir 10 mal nacheinander eine Kugel entnehmen, ihre Farbe notieren und sie wieder zurücklegen. Angenommen, das Ergebnis dieses Experiments ist, dass wir sieben weiße und drei schwarze Kugeln gezogen haben. Wie groß ist die Wahrscheinlichkeit, dass die nächste Kugel, die wir ziehen, weiß ist?

Nach dem Ergebnis unseres Experiments sind wir sicher nicht mehr bereit zu behaupten, dass die Wahrscheinlichkeit, beim nächsten Mal wieder eine weiße Kugel zu ziehen, 1/2 ist, sondern wir sind jetzt wohl eher davon überzeugt, dass sie größer ist. Wir werden allerdings nicht von einer Wahrscheinlichkeit von 7/10 ausgehen können, denn hätten wir bei unserem Experiment nur weiße Kugeln gezogen, würden wir ja auch nicht annehmen, dass der Behälter nur weiße Kugeln enthält, weil diese Schlussfolgerung der vor dem Experiment bereits vorhandenen Kenntnis widersprechen würde, dass der Behälter weiße *und* schwarze Kugeln enthält.

Wir sehen, dass in unseren Beispielen die jeweils vorliegenden Kenntnisse den Wert der Wahrscheinlichkeit bestimmen, die wir einem Ereignis zuzuordnen bereit sind. Dies ist ein typisches Merkmal der subjektiven Wahrscheinlichkeit. Wenn sich die vorhandenen Kenntnisse ändern, z. B. durch die Ergebnisse eines

[15]« *On voit, . . . , que la théorie des probabilités n'est, au fond, que le bon sens réduit au calcul ; elle fait apprécier avec exactitude ce que les esprits justes sentent par une sorte d'instinct, sans qu'ils puissent souvent s'en rendre compte.* »[Lap12]

Experiments, dann kann sich der Wert der Wahrscheinlichkeit ändern, vorausgesetzt, dass die neue Information für das betrachtete Problem relevant ist und wir an ihrer Richtigkeit keinen begründeten Zweifel haben.

Wir wollen den Einfluss der jeweils vorhandenen Information auf den Wert der Wahrscheinlichkeit noch an einem weiteren, von J. BERNOULLI [Ber13] angegebenen Beispiel verdeutlichen.

Beispiel 4.12 (Schiffbruch)
Es fahren drei Schiffe aus dem Hafen fort; nach einiger Zeit wird gemeldet, dass eines von ihnen durch Schiffbruch zu Grunde gegangen ist, und wir stellen nun Vermutungen an, welches von den dreien es sei. Würden wir nun allein die Anzahl der Schiffe in Betracht ziehen, so müssten wir schließen, dass das Unglück jedem von ihnen gleich leicht zugestoßen sein könnte; da wir uns aber erinnern, dass eines der drei Schiffe morsch und alt und schlecht mit Segeln und Rahen ausgerüstet war, auch einen jungen, unerfahrenen Steuermann hatte, so ist es uns wahrscheinlicher, dass dieses Schiff zu Grunde gegangen ist, als eines der beiden anderen.

Die Berücksichtigung der jeweils vorliegenden Information führt dazu, dass die subjektive Wahrscheinlichkeit immer eine *bedingte* Wahrscheinlichkeit ist. Wir erhalten also die folgende Definition:

Definition 4.5 (subjektive Wahrscheinlichkeit)
Die Wahrscheinlichkeit $\mathsf{P}(\mathfrak{E} \mid \mathrm{I})$ ist ein Maß für den Grad der persönlichen Überzeugung, aufgrund der vorhandenen Information I, dass das Ereignis $\mathfrak{E}$ eintritt.

Wir geben noch ein weiteres Beispiel an, um den Einfluss der Information auf den Wert der Wahrscheinlichkeit zu verdeutlichen.

Beispiel 4.13 (Einfluss der Information)
Ein übliches normales Kartenspiel hat 52 Karten. Es wird eine Karte gezogen. Die Wahrscheinlichkeit, dass es sich z. B. um den Kreuz-König handelt, ist aufgrund der vorhandenen Information I, dass es nur *einen* Kreuz-König in einem normalen Kartenspiel gibt, $\mathsf{P}(\clubsuit\mathrm{K} \mid \mathrm{I}) = 1/52$, denn jede der 52 Karten hat unter normalen Bedingungen dem Prinzip vom unzureichenden Grund zufolge die gleiche Wahrscheinlichkeit, gezogen zu werden.

Wir erfahren nun, dass die gezogene Karte eine Kreuz-Karte ist. Wie groß ist dann die Wahrscheinlichkeit, dass es ein Kreuz-König ist?

Wir verwenden jetzt eine andere Information I′, nämlich dass es in dem Kartenspiel genau 13 Kreuz-Karten gibt, von denen nur eine ein König ist. Die bedingte Wahrscheinlichkeit, dass es sich bei der gezogenen Karte — mit der zusätzlichen Kenntnis, dass es eine Kreuz-Karte ist — um den Kreuz-König handelt, ist jetzt aufgrund der neuen Information $\mathsf{P}(\clubsuit\mathrm{K} \mid \clubsuit,\mathrm{I}') = 1/13$.

Wir sehen an diesem Beispiel sehr gut, wie sich die Wahrscheinlichkeit durch zusätzliche Information ändert. Subjektive Wahrscheinlichkeitsaussagen sind immer auf die jeweils vorhandene Information bezogen. Dies ist ein grundsätzlicher Unterschied gegenüber den anderen Wahrscheinlichkeiten.

Ein weiterer Unterschied besteht darin, dass die subjektive Wahrscheinlichkeit keine operationale Definition zulässt, wie dies bei den beiden vorhergehenden Wahrscheinlichkeitsdefinitionen der Fall war, d. h. es gibt keine Vorschrift, die es ermöglichen würde, den Wert der Wahrscheinlichkeit tatsächlich direkt zu bestimmen. Das liegt daran, dass der Wahrscheinlichkeitsbegriff der Umgangssprache zunächst rein vergleichender Art ist („Es ist wahrscheinlicher, dass es regnet, als dass es nicht regnet.") im Sinne einer rein subjektiven (persönlichen) Erwartung. Durch Aufstellen einfacher Axiome (Grundsätze) für diesen Begriff, die uns aufgrund unseres alltäglichen Verständnisses als einleuchtend erscheinen, kann er aber präziser gefasst werden, und es lässt sich zeigen, dass dann auch für die subjektive Wahrscheinlichkeit ein objektives und normiertes Maß angegeben werden kann [Ram26; Fin37; Sav54].

Zusammenfassung und Anmerkungen

Obwohl der Begriff „Wahrscheinlichkeit" sowohl in der Umgangssprache als auch in der Wissenschaft und Technik scheinbar ohne Probleme verwendet wird, ist eine zufriedenstellende Definition dieses Begriffes bis heute nicht gelungen. Vielleicht ist dies auch gar nicht möglich.

Die verschiedenen Wahrscheinlichkeitsbegriffe sind historisch aufgrund unterschiedlicher Fragestellungen entstanden und werden heute immer noch ihrem ursprünglichen Zweck entsprechend benutzt. Wir wollen hier kurz zusammenfassen, worin sich die verschiedenen Wahrscheinlichkeitsbegriffe hauptsächlich unterscheiden und wann sie benutzt werden.

Die klassische Wahrscheinlichkeit lässt sich immer dann sinnvoll verwenden, wenn eine endliche abzählbare Menge von Ereignissen vorliegt, von denen bekannt ist, dass sie alle als gleich wahrscheinlich angesehen werden können. Hier lassen sich Methoden der Kombinatorik einsetzen, um die Anzahl der jeweils auftretenden Fälle zu berechnen. Lotterien oder Glücksspiele mit klar festgelegten Regeln lassen sich auf diese Weise behandeln, aber auch viele technische Probleme oder die klassische statistische Mechanik in der Physik.

Die frequentistische Wahrscheinlichkeitsauffassung entspricht der derzeit geltenden Lehre und bildet die Grundlage der mathematischen Statistik. Man sollte dabei aber immer bedenken, dass es in den Naturwissenschaften und in der Technik Fälle gibt, die sich mit dem frequentistischen Wahrscheinlichkeitsbegriff nicht gut vereinbaren lassen, denn viele Experimente beschränken sich — meistens aus wirtschaftlichen Gründen — auf eine kleine Anzahl von Versuchen. Die sich ergebenden relativen Häufigkeiten können also — wie wir gesehen haben — noch nicht stabil sein. Die Versuche erfüllen oft nicht die Forderungen für ein Zufallsexperiment, weil gleichbleibende Versuchsbedingungen nicht sichergestellt werden können oder nicht nachgewiesen werden kann, dass derartige Bedingungen tatsächlich vorliegen. Es gibt allerdings auch physikalische Gründe dafür, dass die frequentistische Wahrscheinlichkeitsauffassung ihre Berechtigung haben kann. So ist z. B. der Zerfall einer radioaktiven Probe mit der frequentistischen Wahrscheinlichkeitsauffassung weitgehend im Einklang. Dies gilt auch für andere Massenphänomene, bei denen eine sehr große Anzahl gleichartiger Ereignisse auftritt. In all diesen Fällen ist es vernünftig, die experimentell ermittelte relative Häufigkeit als einen guten Näherungswert für die Wahrscheinlichkeit anzusehen. Eine Aussage über die Güte dieses Näherungswertes lässt sich aber nicht machen.

Der subjektive Wahrscheinlichkeitsbegriff erweist sich in all den Fällen von Vorteil, bei denen sich die Wahrscheinlichkeit weder kombinatorisch noch als relative Häufigkeit sinnvoll interpretieren lässt, wie z. B. bei einzeln auftretenden Ereignissen oder beim Lernen aus Erfahrungen. Aber selbst in den Fällen, in denen üblicherweise einer der beiden anderen Wahrscheinlichkeitsbegriffe sinnvoll ist, kann der subjektive Wahrscheinlichkeitsbegriff verwendet werden, weil er einerseits von den (oft impliziten) Voraussetzungen der beiden anderen Wahrscheinlichkeitsbegriffe frei ist, und weil er es andererseits erlaubt, alle vorhandenen Kenntnisse zu nutzen, um zu einer besser begründeten Wahrscheinlichkeitsaussage zu kommen. So ist z. B. der Fall, dass wir vor einer Messung überhaupt keine Information über die Messgröße besitzen, praktisch undenkbar, denn wie sollten wir sonst in der Lage sein, unser Experiment zu planen. Wir sollten diese zusätzlichen Kenntnisse sinnvollerweise auch verwenden, wenn wir eine Aussage über die Unsicherheit der Messergebnisse machen wollen.

Wahrscheinlichkeitsaussagen beruhen immer auf der jeweils vorhandenen Information oder auf Hypothesen. Bei der subjektiven Wahrscheinlichkeit ist diese Feststellung offensichtlich. Sie gilt aber in gleicher Weise auch für die anderen Wahrscheinlichkeitsbegriffe. Für die klassische Wahrscheinlichkeit ist z. B. die implizit zugrunde gelegte Information die Annahme der Gleichwahrscheinlichkeit möglicher Ereignisse, für die frequentistische Wahrscheinlichkeit die stillschweigende Annahme, dass die Bedingungen entsprechend der Definition 4.2 für ein Zufallsexperiment erfüllt sind.

Die klassische und die frequentistische Wahrscheinlichkeit können aufgrund ihrer Definition nur rationale Werte annehmen, während bei der subjektiven Wahrscheinlichkeit reelle Werte prinzipiell zulässig sind. In der Praxis spielt dieser Unterschied aber keine wesentliche Rolle, weil sich reelle Zahlen beliebig genau durch rationale Zahlen approximieren lassen.

Unabhängig davon, welchen der Wahrscheinlichkeitsbegriffe wir verwenden, können wir die folgenden Gemeinsamkeiten feststellen:

- Die Wahrscheinlichkeit lässt sich durch eine nichtnegative Zahl darstellen, die nur Werte zwischen null und eins annimmt.
- Der Fall der Gewissheit entspricht der Wahrscheinlichkeit eins.
- Der Fall der Unmöglichkeit entspricht der Wahrscheinlichkeit null.

Diese Eigenschaften ergeben sich für die klassische und die frequentistische Wahrscheinlichkeit unmittelbar aus ihren Definitionen. Es lässt sich aber zeigen (siehe z. B. H. Jeffreys [Jef39] oder R. T. Cox [Cox61]), dass sie für die subjektive Wahrscheinlichkeit ebenfalls gelten.

Die Feststellung, dass wir eigentlich nicht genau wissen, was Wahrscheinlichkeit ist, mag zwar philosophisch unbefriedigend sein, sie hindert uns aber nicht daran, in der Praxis mit Wahrscheinlichkeiten zu rechnen. Dazu bedarf es aber eines soliden mathematischen Fundaments, mit dem wir uns in den nächsten Abschnitten beschäftigen werden.

4.2 Ereignisse und Ergebnisse

Wir haben bereits mehrfach von einem Ereignis (z. B. „Es wurde eine Sechs gewürfelt.") gesprochen, ohne diesen Begriff definiert zu haben. Dies war möglich, weil wir intuitiv wissen, was ein Ereignis ist und diesen Begriff auch im Alltag verwenden. Für eine mathematisch strenge Formulierung der Wahrscheinlichkeitstheorie benötigen wir aber eine Definition.

In der modernen Wahrscheinlichkeitstheorie baut die Definition des Begriffs „Ereignis" auf dem Begriff der „Ergebnismenge" auf, der folgendermaßen definiert ist (DIN ISO 3534:2007, 2.1 [DIN2009]):

Definition 4.6 (Ergebnismenge)
Eine Ergebnismenge ist die Menge aller möglichen Ergebnisse eines Zufallsexperiments. Die Ergebnismenge wird mit Ω bezeichnet.

Was ein „Ergebnis" im Sinne dieser Definition ist, wird nicht gesagt. Dies wird als nicht notwendig angesehen, weil in der mathematischen Wahrscheinlichkeitstheorie, wie sie derzeit an den Universitäten gelehrt wird, ohnehin nur von Ergebnissen von Zufallsexperimenten im Sinne der Definition 4.2 die Rede ist. Wir werden dieser Auffassung hier nicht folgen, weil wir uns sonst auf den frequentistischen Wahrscheinlichkeitsbegriff beschränken müssten.

Um auch den subjektiven Wahrscheinlichkeitsbegriff in unsere weiteren Überlegungen mit einbeziehen zu können, werden wir unter einem Ergebnis die Realisierung eines Sachverhaltes verstehen. Einen Sachverhalt beschreiben wir dabei durch eine logisch sinnvolle Aussage. Um diese Festlegung zu präzisieren, fügen wir noch die Definition der (logischen) Aussage hinzu, die auf Chrysippos von Soloi[16] zurückgeht:

Definition 4.7 (Aussage)
Eine Aussage ist, was wahr oder falsch ist. Eine Aussage ist genau dann wahr, wenn der Sachverhalt besteht, den sie ausdrückt.

Beispiele für logisch sinnvolle Aussagen im Sinne dieser Definition sind: „Es schneit in diesem Jahr am ersten Weihnachtsfeiertag." oder „Eine Sechs wird gewürfelt." oder „Es gibt Leben auf dem Mars.". Wir brauchen nicht zu wissen, ob diese Aussagen wahr oder falsch sind, wesentlich ist lediglich, dass nur genau eine dieser beiden Möglichkeiten zutreffen kann.

Wir sehen, dass sowohl Aussagen über Ergebnisse eines Zufallsexperiments gemacht werden können, als auch Aussagen über Sachverhalte, die wir nicht mit dem Begriff des Zufalls in Verbindung bringen würden. Trotzdem könnten wir aber über alle diese Ergebnisse eine Wahrscheinlichkeitsaussage machen.

Um die Definition 4.6 der Ergebnismenge zu veranschaulichen, wollen wir einige Beispiele betrachten:

Beispiel 4.14 (Ergebnismengen)

a) Beim Werfen einer Münze haben wir folgende Ergebnismenge:

$$\Omega = \{\mathrm{K},\mathrm{Z}\}\,,$$

wobei wir mit K das Ergebnis „Kopf liegt oben." und mit Z das Ergebnis „Zahl liegt oben." bezeichnet haben.

b) Beim Würfeln mit einem Würfel haben wir folgende Ergebnismenge:

$$\Omega = \{\text{⚀},\text{⚁},\text{⚂},\text{⚃},\text{⚄},\text{⚅}\}\,,$$

[16] Griechischer Philosoph (* 281/276 v. Chr. in Soloi in Kilikien, † 208/204 v. Chr. vermutlich in Athen). Er gilt als Begründer der zweiwertigen Aussagenlogik.

wobei wir mit ⚀ das Ergebnis „Eine Eins wird gewürfelt.“, mit ⚁ das Ergebnis „Eine Zwei wird gewürfelt.“, ... und mit ⚅ das Ergebnis „Eine Sechs wird gewürfelt.“ bezeichnet haben.

c) Beim Werfen von zwei unterscheidbaren Münzen haben wir folgende Ergebnismenge:

$$\Omega = \{(K,K),(K,Z),(Z,K),(Z,Z)\} .$$

Für unterscheidbare Münzen sind die Ergebnisse (K,Z) — die erste Münze zeigt Kopf, die zweite Münze zeigt Zahl — und (Z,K) — die erste Münze zeigt Zahl, die zweite Münze zeigt Kopf — nicht identisch.

d) Wir sind an der Anzahl der Atome im Universum interessiert. Als Ergebnismenge wählen wir in diesem Fall[17]

$$\Omega = \mathbb{N} ,$$

denn die Anzahl ist sicher sehr groß, aber wir sind nicht in der Lage, eine verlässliche obere Grenze dafür anzugeben.

e) Wir interessieren uns für den Ort, an dem der nächste Meteorit die Erdoberfläche treffen wird. Wenn wir die Position durch den Längen- und Breitengrad λ bzw. φ beschreiben, dann ist die Ergebnismenge

$$\Omega = \{(\varphi,\lambda) \mid -180^\circ \leq \lambda < 180^\circ, -90^\circ \leq \varphi \leq 90^\circ\} \subset \mathbb{R}^2 ,$$

d. h. Ω ist eine Teilmenge des zweidimensionalen Kontinuums[18] $\mathbb{R}^2$.

An den hier angegebenen Beispielen sehen wir, dass es nicht nur endliche Ergebnismengen gibt, sondern auch abzählbar unendliche oder sogar kontinuierliche Ergebnismengen. Bei der Anwendung der Wahrscheinlichkeitstheorie in der Messtechnik spielen letztere sogar die Hauptrolle.

Nachdem klar ist, was wir unter einem Ergebnis und einer Ergebnismenge verstehen wollen, können wir nun definieren, was ein Ereignis ist. Die genormte Definition lautet (DIN ISO 3534:2007, 2.2 [DIN2009]):

Definition 4.8 (Ereignis)
Ein Ereignis ist eine Teilmenge der Ergebnismenge.

Diese Definition zeigt, dass Ereignisse durch Mengen beschrieben werden können. Dies ist aber eine reine Konvention, die in der mathematischen Wahr-

[17]Mit dem Symbol $\mathbb{N}$ wird in der Mathematik die Menge der natürlichen Zahlen bezeichnet.

[18]Mit dem Symbol $\mathbb{R}$ wird in der Mathematik die Menge der reellen Zahlen bezeichnet. $\mathbb{R}$ und damit auch das kartesische Produkt $\mathbb{R}^2 = \mathbb{R} \times \mathbb{R}$ sind überabzählbare Mengen, die als Kontinua bezeichnet werden.

scheinlichkeitstheorie heute üblich ist[19] und sich bewährt hat. Ein Ereignis $\mathfrak{E}$ ist eine *Teilmenge* der Ergebnismenge Ω, d. h. es gilt $\mathfrak{E} \subseteq \Omega$, wobei das Symbol $\subseteq$ die Bedeutung „ist Teilmenge von" hat. Dabei wird nicht ausgeschlossen, dass $\mathfrak{E}$ auch gleich Ω sein kann. Ein Ergebnis ω ist dagegen stets ein *Element* der Ergebnismenge Ω, d. h. es gilt $\omega \in \Omega$, wobei das Symbol $\in$ die Bedeutung „ist Element von" hat. Die beiden Begriffe „Ereignis" und „Ergebnis" werden leider in der Literatur nicht immer konsequent auseinander gehalten.

Betrachten wir als Beispiel einige Ereignisse, die beim Würfeln mit einem Würfel eintreten können:

Beispiel 4.15 (Ereignisse beim Würfeln mit einem Würfel)
Wir stellen die Ereignisse in Form von Mengen dar und geben an, um welches Ereignis es sich dabei jeweils handelt.

{⚅}	„Es wird eine Sechs gewürfelt."
{⚀,⚁,⚂,⚃,⚄}	„Es wird *keine* Sechs gewürfelt."
{⚁,⚃}	„Es wird eine Zwei oder eine Vier gewürfelt."
{⚀,⚂,⚄}	„Es wird eine ungerade Augenzahl gewürfelt."
{⚁,⚃,⚅}	„Es wird eine gerade Augenzahl gewürfelt."
{}	„Es wird keine Augenzahl gewürfelt."
{⚀,⚁,⚂,⚃,⚄,⚅}	„Es wird irgendeine Augenzahl gewürfelt."

Wir sehen an diesen Beispielen, dass es durch Mengen dargestellte Ereignisse gibt, die nur ein einziges Element aus der Ergebnismenge enthalten. Diese Ereignisse werden als „Elementarereignisse" bezeichnet und stets durch Mengen der Form $\{\omega\}$ mit $\omega \in \Omega$ beschrieben. Wir können also folgende Definition für ein Elementarereignis angeben:

Definition 4.9 (Elementarereignis)
Ein Elementarereignis wird durch eine Menge dargestellt, die nur ein einziges Element (Ergebnis) der Ergebnismenge enthält.

Außerdem sehen wir noch, dass in den Fällen im Beispiel 4.15 das unmögliche Ereignis durch die leere Menge $\varnothing = \{\}$ dargestellt wird, während das sichere Ereignis durch die Ergebnismenge Ω = {⚀,⚁,⚂,⚃,⚄,⚅} selbst repräsentiert wird. Dies ist auch unmittelbar verständlich, denn dass beim Würfeln

[19] Es sei hier angemerkt, dass sich die Wahrscheinlichkeitstheorie auch auf die mathematische Logik gründen lässt, wie dies z. B. R. Carnap [Car50] vorgeschlagen hat. Dieser Ansatz hat sich aber nicht durchsetzen können.

überhaupt keine Augenzahl gewürfelt wird, ist unmöglich, und dass sich immer irgendeines der sechs möglichen Ergebnisse zeigen wird, ist sicher. Unsere Überlegungen führen zu zwei weitere Definitionen:

Definition 4.10 (Unmögliches Ereignis)
Das unmögliche Ereignis wird durch die leere Menge dargestellt.

Definition 4.11 (Sicheres Ereignis)
Das sichere Ereignis wird durch die Ergebnismenge selbst dargestellt.

Aus der Definition 4.8 ergibt sich, dass jedes durch die Menge $\mathfrak{E}$ dargestellte Ereignis eine Teilmenge der Ergebnismenge Ω ist. Die Teilmengenoperation kann ganz allgemein auf zwei beliebige Ereignissen angewendet werden, wie aus den Fällen im Beispiel 4.15 ersichtlich ist, denn es ist z. B. {⚁,⚃} $\subseteq$ {⚁,⚃,⚅}. Diese Teilmengenrelation können wir folgendermaßen interpretieren: Das Ereignis, „Es wird eine Zwei oder eine Vier gewürfelt", zieht das Ereignis, „Es wird eine gerade Augenzahl gewürfelt" nach sich bzw. „wenn eine Zwei oder eine Vier gewürfelt wird, dann wird eine gerade Augenzahl gewürfelt". Diese Interpretation ist offenbar sinnvoll und auch leicht zu verstehen. Im Allgemeinen interpretieren wir für zwei Ereignisse $\mathfrak{A}$ und $\mathfrak{B}$ die Relation $\mathfrak{A} \subseteq \mathfrak{B}$ als „das Ereignis $\mathfrak{A}$ zieht das Ereignis $\mathfrak{B}$ nach sich" bzw. „wenn das Ereignis $\mathfrak{A}$ eintritt, dann tritt auch das Ereignis $\mathfrak{B}$ ein". Dabei dürfen die Ereignisse $\mathfrak{A}$ und $\mathfrak{B}$ auch gleich sein, aber $\mathfrak{B}$ sollte selbstverständlich nicht das unmögliche Ereignis sein. Soll die Gleichheit der Ereignisse $\mathfrak{A}$ und $\mathfrak{B}$ ausdrücklich ausgeschlossen sein, dann wird dies durch die Relation $\mathfrak{A} \subset \mathfrak{B}$ ausgedrückt.

Neben der Teilmengenoperation gibt es noch weitere Mengenoperationen, die sich auf durch Mengen dargestellte Ereignisse anwenden lassen. Die für die Anwendung in der Wahrscheinlichkeitstheorie wichtigen Mengenoperationen — dargestellt durch Venn-Diagramme[20] — und die ihnen entsprechenden Ereignisrelationen sind in der Tabelle 4.1 zusammengestellt. Diese Zusammenstellung macht deutlich, dass sich jeder Mengenoperation eine Operation mit Ereignissen zuordnen lässt. Auf diese Weise werden Ereignisse einer mathematischen Behandlung zugänglich.

Für die Mengenoperationen gelten die Gesetze einer Booleschen Algebra [Boo54; Pea89], die in der Mengenlehre und der mathematischen Logik einge-

[20] Diese Diagramme wurden durch den englischen Logiker J. Venn zur Visualisierung logischer Zusammenhänge eingeführt [Ven81].

führt und bewiesen werden. Wir müssen hier auf weitere Einzelheiten verzichten und verweisen den interessierten Leser auf die Lehrbücher der mathematischen Logik und der Mengenlehre (z. B. auf das sehr verständlich geschriebene Buch von P. R. HALMOS [Hal68]).

Die Zuordnung von Ereignisrelationen zu den ihnen entsprechenden Mengenoperationen, wie sie in der Tabelle 4.1 beispielhaft gezeigt ist, erlaubt es uns, mit Ereignissen nach den Regeln der Mengenalgebra zu rechnen. Damit haben wir den ersten wichtigen Schritt zu einer mathematisch strengen Formulierung der Wahrscheinlichkeitstheorie getan.

Wir fügen noch zwei wichtige Definitionen hinzu. Die erste ergibt sich aus der folgenden Überlegung. Wenn für zwei beliebige Ereignisse $\mathfrak{A}$ und $\mathfrak{B}$ die Beziehung $\mathfrak{A} \cap \mathfrak{B} = \varnothing$ gilt, dann bedeutet dies offenbar, dass das gemeinsame Eintreten dieser beiden Ereignisse das unmögliche Ereignis ist, d. h. die Ereignisse schließen einander aus. Es ergibt sich daher folgende Definition:

Definition 4.12 (Einander ausschließende Ereignisse)
Für zwei einander ausschließende Ereignisse $\mathfrak{A}$ und $\mathfrak{B}$ gilt

$$\mathfrak{A} \cap \mathfrak{B} = \varnothing .$$

Einander ausschließende Ereignisse werden auch unvereinbare Ereignisse genannt. Da sie kein Element der Ergebnismenge gemeinsam haben, spricht man in der Mathematik auch von disjunkten Ereignissen.

Die zweite Definition stellt einen Zusammenhang zwischen der Mengendifferenz und dem Mengenkomplement her.

Definition 4.13 (Mengendifferenz)
Für die Mengendifferenz gilt:

$$\mathfrak{A} \setminus \mathfrak{B} = \mathfrak{A} \cap \mathfrak{B}^c .$$

Setzen wir in dieser Gleichung $\mathfrak{A} = \Omega$, dann erhalten wir $\Omega \setminus \mathfrak{B} = \Omega \cap \mathfrak{B}^c$ und daraus schließlich, nach den Regeln der Mengenlehre, $\Omega \setminus \mathfrak{B} = \mathfrak{B}^c$. Das Mengenkomplement wird also immer bezüglich der jeweiligen Ergebnismenge Ω gebildet. Damit haben wir nachträglich das entsprechende VENN-Diagramm für das komplementäre Ereignis in der Tabelle 4.1 gerechtfertigt.

In bestimmten Fällen sind wir daran interessiert, ein Ereignis in zwei einander ausschließende Ereignisse zu zerlegen. Wir sprechen dann von einer disjunkten Zerlegung eines Ereignisses.

Tabelle 4.1 Die wichtigsten Mengenoperationen, sowie die ihnen entsprechenden Ereignisrelationen, dargestellt durch VENN-Diagramme

VENN-Diagramm	Ereignisrelation
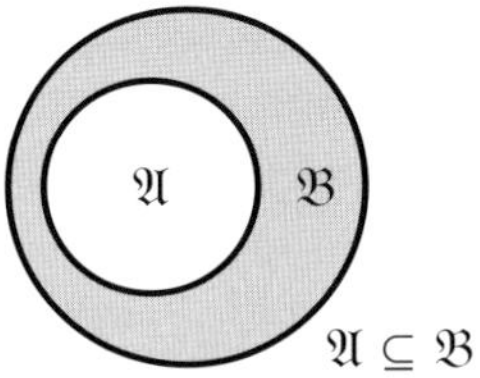 $\mathfrak{A}$ $\mathfrak{B}$ $\mathfrak{A} \subseteq \mathfrak{B}$	Bildung einer Teilmenge: Das Ereignis $\mathfrak{A}$ zieht das Ereignis $\mathfrak{B}$ nach sich, d. h. wenn das Ereignis $\mathfrak{A}$ eintritt, tritt stets auch das Ereignis $\mathfrak{B}$ mit ein.
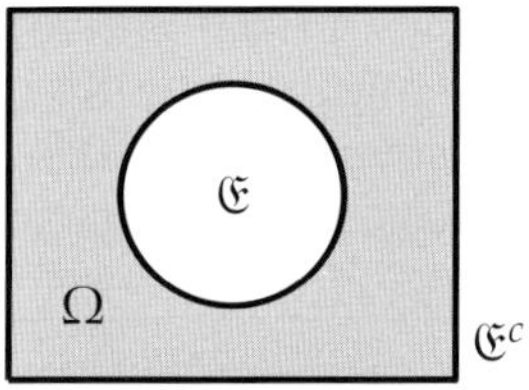 $\mathfrak{E}$ Ω $\mathfrak{E}^c$	Komplement einer Menge: $\mathfrak{E}^c$ ist das zu $\mathfrak{E}$ komplementäre Ereignis, d. h. das Ereignis $\mathfrak{E}$ tritt nicht ein.
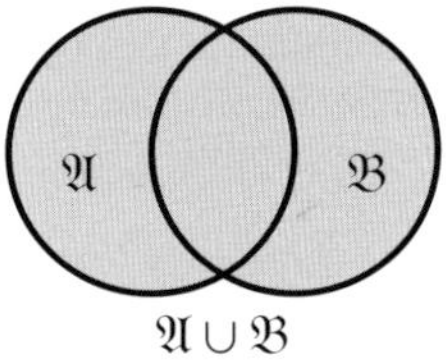 $\mathfrak{A}$ $\mathfrak{B}$ $\mathfrak{A} \cup \mathfrak{B}$	Vereinigung zweier Mengen: Mindestens eines der Ereignisse $\mathfrak{A}$ und $\mathfrak{B}$ tritt ein, sie können auch gemeinsam eintreten.
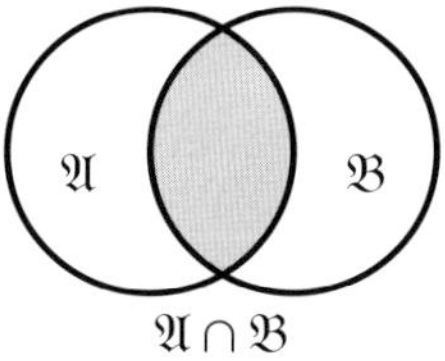 $\mathfrak{A}$ $\mathfrak{B}$ $\mathfrak{A} \cap \mathfrak{B}$	Durchschnitt zweier Mengen: Die Ereignisse $\mathfrak{A}$ und $\mathfrak{B}$ treten gemeinsam ein.
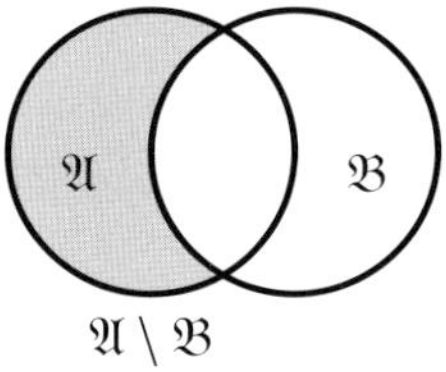 $\mathfrak{A}$ $\mathfrak{B}$ $\mathfrak{A} \setminus \mathfrak{B}$	Differenz zweier Mengen: Das Ereignis $\mathfrak{A}$ tritt ein, ohne dass das Ereignis $\mathfrak{B}$ eintritt.

Definition 4.14 (Disjunkte Zerlegung)
Für eine disjunkte Zerlegung eines Ereignisses $\mathfrak{C}$ in zwei Ereignisse $\mathfrak{A}$ und $\mathfrak{B}$ gilt:

$$\mathfrak{A} \cap \mathfrak{B} = \emptyset \qquad \text{und} \qquad \mathfrak{A} \cup \mathfrak{B} = \mathfrak{C}\,.$$

Wir wollen uns nun der Frage zuwenden, wie viele mögliche Ereignisse es bei einer vorgegebenen Ergebnismenge Ω geben kann. Wir sehen sofort, dass diese Frage nur für endliche Ergebnismengen sinnvoll sein kann, denn für abzählbar unendliche oder kontinuierliche Ergebnismengen gibt es ja allein schon unendlich viele Elementarereignisse.

Wir betrachten deshalb zunächst nur endliche Ergebnismengen. Wie wir bereits wissen, sind die Ereignisse Teilmengen der Ergebnismenge Ω, d. h. alle möglichen Ereignisse sind vollständig in der Potenzmenge[21] $\mathcal{P}(\Omega)$ enthalten. Wenn es N Ergebnisse in der Ergebnismenge Ω gibt, dann folgt aus der Kombinatorik, dass die Potenzmenge $\mathcal{P}(\Omega)$ insgesamt 2^N Teilmengen enthält, d. h. es gibt 2^N mögliche Ereignisse. Zur Verdeutlichung dieses Sachverhalts betrachten wir einige Beispiele:

Beispiel 4.16 (Potenzmengen)

a) Wenn es kein Ergebnis gibt, dann ist die Ereignismenge $\Omega = \emptyset$. Daraus ergibt sich die Potenzmenge $\mathcal{P}(\Omega) = \{\emptyset\}$. Sie enthält nur das unmögliche Ereignis. Dieser Fall ist für die Wahrscheinlichkeitsrechnung uninteressant.

b) Wenn es nur ein Ergebnis gibt, und wir dieses Ergebnis mit ω bezeichnen, dann ist die Ereignismenge $\Omega = \{\omega\}$ und die Potenzmenge $\mathcal{P}(\Omega) = \{\emptyset,\Omega\}$. Sie enthält nur zwei Ereignisse, nämlich das unmögliche und das sichere Ereignis. Auch dieser Fall ist für die Wahrscheinlichkeitsrechnung wenig interessant, denn das Ereignis tritt entweder ein oder es tritt nicht ein.

c) Der einfachste, für die Wahrscheinlichkeitsrechnung interessante Fall liegt vor, wenn es zwei Ergebnisse gibt, die wir mit ω_1 und ω_2 bezeichnen wollen. Die Ereignismenge ist in diesem Fall $\Omega = \{\omega_1,\omega_2\}$. Daraus ergibt sich die Potenzmenge $\mathcal{P}(\Omega) = \{\emptyset,\mathfrak{E}_1,\mathfrak{E}_2,\Omega\}$ mit $\mathfrak{E}_1 = \{\omega_1\}$ und $\mathfrak{E}_2 = \{\omega_2\}$. Die Ereignisse $\mathfrak{E}_1$ und $\mathfrak{E}_2$ sind zueinander komplementär, d. h. es gilt $\mathfrak{E}_1 = \mathfrak{E}_2^c$ bzw. $\mathfrak{E}_2 = \mathfrak{E}_1^c$, denn wenn das eine Ereignis eintritt, dann tritt das andere nicht ein. Es handelt sich hier um ein sogenanntes BERNOULLI-Experiment. Das Werfen einer Münze oder das Ziehen eines Loses sind z. B. BERNOULLI-Experimente.

[21] Die Potenzmenge $\mathcal{P}(\mathfrak{M})$ ist in der Mengenlehre als die Menge aller Teilmengen einer vorgegebenen Grundmenge $\mathfrak{M}$ definiert. Der Definition der Teilmenge entsprechend, die ja die Gleichheit von Mengen nicht ausschließt, ist die Grundmenge selbst immer in ihrer Potenzmenge enthalten. Auch die leere Menge ist stets darin enthalten.

d) Für drei Ergebnisse, die wir mit ω_1, ω_2 und ω_3 bezeichnen, ist die Ereignismenge $\Omega = \{\omega_1,\omega_2,\omega_3\}$, woraus sich die Potenzmenge $\mathcal{P}(\Omega) = \{\varnothing,\mathfrak{E}_1,\mathfrak{E}_2,\mathfrak{E}_3,\mathfrak{E}_4,\mathfrak{E}_5,\mathfrak{E}_6,\Omega\}$ mit den Ereignissen $\mathfrak{E}_1 = \{\omega_1\}$, $\mathfrak{E}_2 = \{\omega_2\}$, $\mathfrak{E}_3 = \{\omega_3\}$, $\mathfrak{E}_4 = \{\omega_1,\omega_2\}$, $\mathfrak{E}_5 = \{\omega_1,\omega_3\}$, $\mathfrak{E}_6 = \{\omega_2,\omega_3\}$ ergibt. Wir sehen, dass die Ereignisse $\mathfrak{E}_1$ und $\mathfrak{E}_6$, $\mathfrak{E}_2$ und $\mathfrak{E}_5$, sowie $\mathfrak{E}_3$ und $\mathfrak{E}_4$ jeweils zueinander komplementär sind, d. h. es tritt nur jeweils eines der entsprechenden Ereignisse ein.

Wir sehen an diesen Beispielen, dass jede für die Anwendung in der Wahrscheinlichkeitstheorie sinnvolle Potenzmenge — neben der Tatsache, dass sie stets das unmögliche und das sichere Ereignis enthält — auch die Eigenschaft hat, dass wenn sie irgendein beliebiges Ereignis $\mathfrak{E}$ enthält, sie auch stets das dazu komplementäre Ereignis $\mathfrak{E}^c$ enthält. Es lässt sich für Potenzmengen endlicher Mengen mithilfe der Kombinatorik nachweisen, dass dies grundsätzlich der Fall ist. Außerdem lässt sich zeigen, dass jede beliebige Vereinigung und jeder beliebige Durchschnitt von Ereignissen wieder ein Ereignis ist, d. h. ebenfalls ein Element der Potenzmenge.

Endliche Potenzmengen spielen bei der wahrscheinlichkeitstheoretischen Behandlung von Glücksspielen eine Rolle, sind aber für die Messtechnik praktisch uninteressant. Wir wollen uns daher der Möglichkeit zuwenden, dass die Ergebnismenge Ω nicht mehr endlich viele Elemente enthält. Im Beispiel 4.14 d) hatten wir z. B. den Fall $\Omega = \mathbb{N}$ vorliegen, d. h. alle natürlichen Zahlen sind mögliche Ergebnisse. Da $\mathbb{N}$ unendlich viele Elemente hat, gibt es unendlich viele Ergebnisse. Hier ergibt es keinen Sinn mehr, von der Anzahl der Elemente zu reden, sondern man spricht von der Mächtigkeit der Menge. Die Mächtigkeit kann als eine Art Verallgemeinerung für die Anzahl der Elemente einer Menge angesehen werden. Obwohl die Menge der natürlichen Zahlen nicht mehr endlich ist, sind ihre Elemente prinzipiell noch abzählbar. Für die Potenzmenge $\mathcal{P}(\mathbb{N})$ gilt dies aber nicht mehr. In der Mengenlehre wird gezeigt, dass die Potenzmenge der Menge der natürlichen Zahlen die gleiche Mächtigkeit hat, wie die Menge der reellen Zahlen $\mathbb{R}$, d. h. sie ist ein Kontinuum. Wir könnten demnach zwar prinzipiell jedem Ereignis eine reelle Zahl zuordnen, aber von einem Abzählen kann dabei nicht mehr die Rede sein.

Die Situation wird noch viel dramatischer, wenn wir den Fall $\Omega = \mathbb{R}$ betrachten, d. h. alle reellen Zahlen sind mögliche Ergebnisse. Dann hat die Potenzmenge eine größere Mächtigkeit als das Kontinuum, denn die Menge der reellen Zahlen selbst ist bereits das Kontinuum und die Potenzmenge einer Menge ist immer von größerer Mächtigkeit, als die Menge selbst. Alle in der Potenzmenge enthaltenen Teilmengen dann noch als Ereignisse aufzufassen, liegt bereits jenseits des menschlichen Vorstellungsvermögens.

Wir stellen also fest, dass in allen Fällen, in denen die Ergebnismenge nicht mehr endlich ist, die Potenzmenge zu mächtig ist, um noch als Menge der möglichen Ereignisse dienen zu können. Da diese Fälle aber in der Messtechnik häufig auftreten (Messergebnisse sind in der Regel reelle Zahlen), benötigen wir eine Ereignismenge, die für endliche Ergebnismengen mit der Potenzmenge dieser Ergebnismenge übereinstimmt, für nicht endliche Ergebnismengen dagegen weniger mächtig als ihre Potenzmenge ist, aber trotzdem ihre wesentlichen Eigenschaften besitzt. Eine derartige Ereignismenge lässt sich unter denjenigen Teilmengen der Potenzmenge finden, die σ-Algebra[22] genannt werden.

Definition 4.15 (σ-Algebra)
Eine σ-Algebra $\mathcal{A}$ auf einer festen Ergebnismenge Ω ist eine Teilmenge der Potenzmenge $\mathcal{P}(\Omega)$, die folgende Bedingungen erfüllt:

a) $\mathcal{A}$ enthält stets das sichere Ereignis Ω,

b) Wenn $\mathcal{A}$ irgendein Ereignis $\mathfrak{E}$ enthält, dann enthält sie auch stets das komplementäre Ereignis $\mathfrak{E}^c = \Omega \setminus \mathfrak{E}$ bezüglich Ω.

c) Jede Vereinigung einer beliebigen (nicht notwendigerweise endlichen) Anzahl von in $\mathcal{A}$ enthaltenen Ereignissen ist wieder ein in $\mathcal{A}$ enthaltenes Ereignis.

Zu dieser Definition ist noch anzumerken, dass jede σ-Algebra auch das unmögliche Ereignis enthält, ohne dass wir dies extra fordern müssen, denn das unmögliche Ereignis ist komplementär zum sicheren Ereignis und ist damit nach der Bedingung b) in der σ-Algebra enthalten.

Aus der Definition 4.15 folgt unmittelbar, dass für jede Ergebnismenge Ω die Potenzmenge $\mathcal{P}(\Omega)$ selbst eine σ-Algebra ist, denn bei der Definition der Teilmenge haben wir die Gleichheit der Mengen ausdrücklich zugelassen. Wenn die Ergebnismenge endlich ist, können wir also ihre Potenzmenge als Ereignismenge wählen. Ist die Ergebnismenge Ω dagegen nicht endlich, dann werden wir die kleinste echte Teilmenge von $\mathcal{P}(\Omega)$ wählen, welche die Bedingungen einer σ-Algebra noch erfüllt und alle uns interessierenden Ereignisse enthält.

Wir betrachten einige Beispiele für σ-Algebren:

Beispiel 4.17 (σ-Algebren)

a) Für jede beliebige Ergebnismenge Ω gibt es eine kleinste σ-Algebra, die durch $\mathcal{A} = \{\emptyset,\Omega\}$ gegeben ist.

b) Für jede endliche, nicht leere Ergebnismenge Ω gibt es eine größte σ-Algebra, die durch $\mathcal{A} = \mathcal{P}(\Omega)$ gegeben ist.

---

[22]Der Begriff „Algebra“ bedeutet hier *nicht* ein Teilgebiet der Mathematik.

c) Wenn Ω eine beliebige Ergebnismenge und $\mathfrak{E}$ irgendeine Teilmenge von Ω ist, dann ist $\mathcal{A} = \{\emptyset, \mathfrak{E}, \mathfrak{E}^c, \Omega\}$ eine σ-Algebra.

d) Für $\Omega = \mathbb{R}$ wählt man üblicherweise die sogenannte Borelsche σ-Algebra $\mathcal{B}(\mathbb{R})$, die alle reellen Intervalle enthält (E. Borel [Bor98]).

Die Borelsche σ-Algebra $\mathcal{B}(\mathbb{R})$ enthält nicht alle Teilmengen der reellen Zahlen $\mathbb{R}$. Es lässt sich aber nachweisen, dass $\mathcal{B}(\mathbb{R})$ die gleiche Mächtigkeit wie $\mathbb{R}$ hat, d. h. ebenfalls ein Kontinuum ist. Dagegen besitzt die Potenzmenge $\mathcal{P}(\mathbb{R})$ als Menge aller Teilmengen von $\mathbb{R}$ eine größere Mächtigkeit.

Wir fassen die wesentlichen Punkte dieses Abschnitts noch einmal zusammen. Alle möglichen Ergebnisse eines Experimentes sind in einer nicht notwendigerweise endlichen Ergebnismenge Ω enthalten. Die Teilmengen dieser Ergebnismenge sind die möglichen Ereignisse. Sie können zu einer Ereignismenge $\mathcal{A}$ (σ-Algebra auf Ω) zusammengefasst werden, die alle Ereignisse enthält, an denen wir interessiert sind, sowie die entsprechenden komplementären Ereignisse. Wenn nun ω irgendein Ergebnis aus Ω ist und $\mathfrak{E}$ ein beliebiges Ereignis aus $\mathcal{A}$, dann sagen wir, das Ereignis ist eingetreten, wenn das Ergebnis ω in der Menge $\mathfrak{E}$ enthalten ist und es ist nicht eingetreten, wenn das Ergebnis ω in der zu $\mathfrak{E}$ komplementären Menge $\mathfrak{E}^c$ enthalten ist (siehe Abbildung 4.4 als Beispiel).

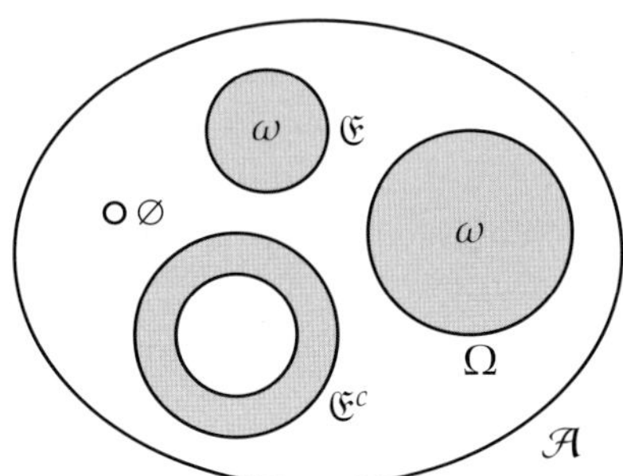

Abbildung 4.4 Das Ereignis $\mathfrak{E}$ tritt ein, wenn das Ergebnis ω vorliegt

Abschließend sei noch angemerkt, dass das geordnete Paar $(\Omega, \mathcal{A})$ der Ergebnismenge Ω und der σ-Algebra $\mathcal{A}$ auf ihr in der mathematischen Wahrscheinlichkeitstheorie „messbarer Raum" oder „Messraum" genannt wird. Es handelt sich dabei um einen in der Maß- und Integrationstheorie eingeführten Begriff. Die Maßtheorie ist ein Teilgebiet der Mathematik und bildet eine der Grundlagen der modernen Wahrscheinlichkeitstheorie.

4.3 Mathematische Wahrscheinlichkeit

Im vorhergehenden Abschnitt haben wir gezeigt, dass Ereignisse durch Mengen beschrieben werden können. In diesem Abschnitt wollen wir zeigen, wie den Ereignissen Wahrscheinlichkeiten zugeordnet werden können. Dabei handelt es sich um mathematische Wahrscheinlichkeiten, die von jeglicher Interpretation frei sind. Wir können sie also z. B. im Sinne des frequentistischen Wahrscheinlichkeitsbegriffs als relative Häufigkeit interpretieren oder auch im Sinne der subjektiven Wahrscheinlichkeitsauffassung als Grad der persönlichen Überzeugung, dass ein Ereignis eintritt oder eingetreten ist. Diese Feststellung ist notwendig, weil die Auffassung weit verbreitet ist, dass die moderne mathematische Wahrscheinlichkeitstheorie notwendig frequentistisch ist. Dies ist aber nicht der Fall, denn es handelt sich dabei um eine völlig abstrakte Maßtheorie, die keinen Bezug zur realen Welt hat. Diese Feststellung ist keineswegs neu, sondern findet sich bereits in der Arbeit von A. N. Kolmogoroff [Kol33], in der er seine Axiome der Wahrscheinlichkeitstheorie veröffentlicht hat.

Wir wollen uns zunächst darüber klar werden, was es bedeutet, einem Ereignis eine Wahrscheinlichkeit zuzuordnen. Wir haben bereits im vorhergehenden Abschnitt darüber gesprochen, dass Ereignisse durch Mengen dargestellt werden können, und wir hatten im Abschnitt 4.1 gesehen, dass Wahrscheinlichkeiten durch nichtnegative reelle Zahlen repräsentiert werden, die nicht größer als eins sind. Einem Ereignis eine Wahrscheinlichkeit zuzuordnen, ist also ein spezieller Fall des allgemeineren Problems, einer Menge eindeutig eine nichtnegative reelle Zahl zuzuordnen. Die Beschränkung auf das Intervall $[0,1]$ ist dabei lediglich eine Besonderheit der Wahrscheinlichkeitstheorie, die wir zunächst unbeachtet lassen wollen.

Wenn wir einer beliebigen Menge $\mathfrak{M}$ eine nichtnegative reelle Zahl $\mu(\mathfrak{M})$ zuordnen können, dann heißt die Menge $\mathfrak{M}$ messbar, und die Zahl $\mu(\mathfrak{M})$ heißt ihr Maß. Es zeigt sich aber, dass nicht jede Menge messbar ist, wie G. Vitali [Vit05] im Jahre 1905 als Erster nachgewiesen hat. Es lässt sich allerdings zeigen, dass die Mengen einer σ-Algebra, die wir im vorhergehenden Abschnitt definiert haben, stets messbar sind. Damit wird auch nachträglich klar, warum das geordnete Paar $(\Omega,\mathcal{A})$ der Ergebnismenge Ω und der σ-Algebra $\mathcal{A}$ auf ihr als „messbarer Raum“ bezeichnet wird. Das geordnete Tripel $(\Omega,\mathcal{A},\mu)$ mit irgendeinem Maß μ wird als „Maßraum“ bezeichnet.

Der Maßbegriff kann als abstrakte Verallgemeinerung der Länge, des Flächeninhalts oder des Volumens geometrischer Gebilde aufgefasst werden. Stellen wir uns z. B. vor, dass die von uns betrachteten Mengen ebene Figuren sind.

Ihr Flächeninhalt kann dann als Maß der Mengen angesehen werden, denn er ist eine nichtnegative reelle Zahl. Außerdem entspricht es unserer alltäglichen Erfahrung, dass der Flächeninhalt zweier sich nirgends überdeckender ebener Figuren (sie entsprechen einer Vereinigung disjunkten Mengen) gleich der Summe der Flächeninhalte der einzelnen Figuren ist. Diese Eigenschaften gelten aber nicht nur für den Flächeninhalt, sondern sie sind charakteristisch für jedes Maß. Wir erhalten somit folgende Maßaxiome:[23]

Definition 4.16 (Maßaxiome)
Sind $\mathfrak{A}$, $\mathfrak{B}$ und $\mathfrak{M}$ messbare Mengen, dann gelten für das Maß $\mu(\mathfrak{M})$ einer Menge $\mathfrak{M}$ folgende Axiome:

a) $\mu(\mathfrak{M}) \geq 0\,,$ (Nichtnegativität)

b) $\mu(\mathfrak{A} \cup \mathfrak{B}) = \mu(\mathfrak{A}) + \mu(\mathfrak{B})$, falls $\mathfrak{A} \cap \mathfrak{B} = \varnothing\,.$ (Additivität)

Ein Maß ist demnach ganz allgemein eine nichtnegative additive Größe, die als Abbildung einer beliebigen Menge auf die Menge der reellen Zahlen aufgefasst werden kann. Sie ist also eine Funktion, deren Bilder nichtnegative reelle Zahlen und deren Urbilder Mengen sind. Die Umkehrfunktion existiert dabei im Allgemeinen nicht, d. h. wir können von den Maßen nicht rückwärts auf die zugrunde liegenden Mengen schließen. Um diese Feststellung einzusehen, werfen wir wieder einen Blick auf das Beispiel des Flächeninhaltes ebener Figuren. Zwei verschiedene Figuren können selbstverständlich den gleichen Flächeninhalt haben. Übertragen auf die messbaren Mengen bedeutet dies, dass verschiedenen Mengen das gleiche Maß zugeordnet werden kann. Das Maß Null stellt dabei keine Besonderheit dar, denn es gibt ja auch ebene Geometrieelemente, wie z. B. Punkte, Geraden oder ebene Kurven, denen wir den Flächeninhalt null zuordnen müssen. Mengen dieser Art, denen das Maß Null zugeordnet wird, werden in der Maßtheorie als Nullmengen bezeichnet.

Aus der Definition 4.16 entnehmen wir, dass ein beliebiges Maß nur nach unten beschränkt ist (weil es keine negativen Werte annehmen kann), aber im Allgemeinen keine obere Schranke zu besitzen braucht. Für Maße wie Länge, Fläche, Masse usw. ist dies auch sinnvoll. Es gibt aber auch Fälle, in denen ein Maß mit einer oberen Schranke versehen werden soll. Man spricht in diesem Fall auch von einem „normierten Maß".

Nach diesen Vorüberlegungen können wir zur Definition der mathematischen Wahrscheinlichkeit übergehen, die wir als ein spezielles Maß ansehen

[23] Als Axiome bezeichnet man in der Mathematik Aussagen, deren Richtigkeit unmittelbar einsichtig ist und die daher nicht bewiesen werden müssen.

können, das der zusätzlichen Einschränkung unterliegt, dass die Bildmenge auf das Intervall [0,1] eingeschränkt ist, d. h. die mathematische Wahrscheinlichkeit ist ein normiertes Maß. Wir definieren deshalb:

Definition 4.17 (mathematische Wahrscheinlichkeit)
Die mathematische Wahrscheinlichkeit ist ein auf eins normiertes Maß.

Die mathematische Wahrscheinlichkeit irgendeines beliebigen Ereignisses $\mathfrak{E}$ werden wir mit $\mathsf{P}(\mathfrak{E})$ bezeichnen.

Durch die Normierung auf eins wird aus dem „Maßraum" ein „Wahrscheinlichkeitsraum" $(\Omega,\mathcal{A},\mathsf{P})$. In der Abbildung 4.5 wird an einem Beispiel verdeutlicht, wie wir uns die Zuordnung von Wahrscheinlichkeiten zu den Ereignissen einer Ereignismenge $\mathcal{A}$ auf einer Ergebnismenge Ω vorzustellen haben.

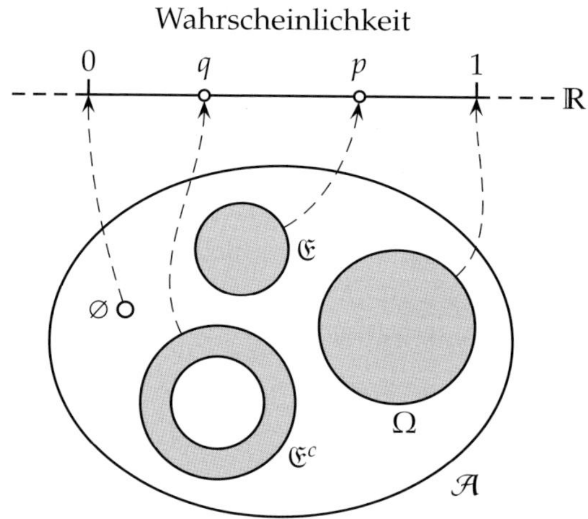

Abbildung 4.5 Veranschaulichung der Zuordnung von Wahrscheinlichkeiten zu den in der Ereignismenge $\mathcal{A} = \{\varnothing,\mathfrak{E},\mathfrak{E}^c,\Omega\}$ enthaltenen Ereignissen. Das Ereignis $\mathfrak{E}$ tritt mit der Wahrscheinlichkeit $\mathsf{P}(\mathfrak{E}) = p$ ein, das komplementäre Ereignis $\mathfrak{E}^c$ mit der Wahrscheinlichkeit $\mathsf{P}(\mathfrak{E}^c) = q$.

Aus den allgemeinen Maßaxiomen 4.16 und der zusätzlichen Forderung der Normierung des Maßes auf eins ergeben sich für die mathematische Wahrscheinlichkeit folgende Axiome, die erstmals von A. N. Kolmogoroff [Kol33] im Jahre 1933 angegeben wurden:

Definition 4.18 (Axiome von A. N. Kolmogoroff)
Es sei $\mathcal{A}$ eine Ereignismenge auf einer festen Ergebnismenge Ω und $\mathfrak{E}$, $\mathfrak{E}_1$ und $\mathfrak{E}_2$ Ereignisse aus $\mathcal{A}$, dann heißt das Maß $\mathsf{P}(\mathfrak{E})$ mathematische Wahrscheinlichkeit des Ereignisses $\mathfrak{E}$, wenn $\mathcal{A}$ eine σ-Algebra auf Ω ist und die folgenden Bedingungen erfüllt sind:

K1: $\mathsf{P}(\mathfrak{E}) \geq 0\,,$ (Nichtnegativität)

K2: $\mathsf{P}(\Omega) = 1\,,$ (Normierung)

K3: $\mathsf{P}(\mathfrak{E}_1 \cup \mathfrak{E}_2) = \mathsf{P}(\mathfrak{E}_1) + \mathsf{P}(\mathfrak{E}_2)$, falls $\mathfrak{E}_1 \cap \mathfrak{E}_2 = \varnothing\,.$ (Additivität)

Diese Axiome legen fest, dass die Wahrscheinlichkeit nichtnegativ ist, dass die Wahrscheinlichkeit des sicheren Ereignisses gleich eins ist und dass sich die Wahrscheinlichkeiten von einander ausschließenden Ereignissen addieren. Es gibt kein Axiom mit der Bedingung, dass die Wahrscheinlichkeit des unmöglichen Ereignisses gleich null ist. Dies ist nicht notwendig, denn diese Eigenschaft kann aus den Axiomen abgeleitet werden.

Satz 4.1 (Wahrscheinlichkeit des unmöglichen Ereignisses)
Das unmögliche Ereignis hat die Wahrscheinlichkeit null, d. h. es gilt

$$\mathsf{P}(\varnothing) = 0\,.$$

Durch die Kolmogoroffschen Axiome wird die mathematische Wahrscheinlichkeit noch nicht vollständig beschrieben, denn es fehlt noch der Begriff der bedingten Wahrscheinlichkeit. Diesen Wahrscheinlichkeitsbegriff hat A. N. Kolmogoroff nicht axiomatisch eingeführt, sondern durch eine zusätzliche Definition [Kol33]. Dies ist zwar eine zulässige Vorgehensweise, sie hat aber den Nachteil, dass die bedingte Wahrscheinlichkeit damit als Sonderfall anzusehen ist. Wir werden im nächsten Abschnitt zeigen, dass sich auch Axiome für die mathematische Wahrscheinlichkeit unter Einschluss der bedingten Wahrscheinlichkeit formulieren lassen. Die Kolmogoroffschen Axiome stellen sich dabei als ein spezieller Fall der allgemeineren Axiome heraus.

4.4 Bedingte Wahrscheinlichkeit

Wir hatten bereits im Abschnitt 4.1 bei der Diskussion der subjektiven Wahrscheinlichkeit und im Beispiel 4.13 den Begriff „bedingte Wahrscheinlichkeit" verwendet, ohne ihn dort zu erklären. Intuitiv war aber klar, dass wir dabei eine

Wahrscheinlichkeit gemeint haben, die einer zusätzlichen Bedingung unterliegt, die auf irgendeine Weise festgelegt worden ist.

Die bedingte Wahrscheinlichkeit spielt zwar bei der subjektiven Wahrscheinlichkeit eine wesentliche Rolle, sie ist aber nicht an diese Wahrscheinlichkeitsauffassung gebunden. Bedingte Wahrscheinlichkeiten lassen sich für jede Art von Wahrscheinlichkeit definieren.

Um ein besseres Verständnis für die Bedeutung der bedingten Wahrscheinlichkeit zu bekommen, betrachten wir zunächst einige Beispiele, die uns schrittweise zur Definition der bedingten Wahrscheinlichkeit führen werden.

Beispiel 4.18 (Ziehen von Karten)
Wir gehen von einem üblichen Kartenspiel mit 52 Karten aus und betrachten die folgenden beiden Fälle:

a) Wie groß ist die Wahrscheinlichkeit eine Kreuzkarte zu ziehen, wenn zuvor bereits eine Kreuzkarte gezogen wurde?

   Es gibt insgesamt 13 Kreuzkarten im Spiel. Nachdem bereits eine Kreuzkarte gezogen worden ist, gibt es nur noch zwölf Kreuzkarten unter den verbleibenden 51 Karten im Spiel. Daher ist die gesuchte Wahrscheinlichkeit $\mathsf{P}(\clubsuit \mid \clubsuit) = 12/51$.

b) Wie groß ist die Wahrscheinlichkeit eine Kreuzkarte zu ziehen, wenn zuvor eine Karokarte gezogen wurde?

   Es gibt insgesamt 13 Kreuzkarten im Spiel. Nachdem zuvor eine Karokarte (d. h. *keine* Kreuzkarte) gezogen worden ist, gibt es immer noch 13 Kreuzkarten unter den verbleibenden 51 Karten im Spiel. Daher ist die gesuchte Wahrscheinlichkeit $\mathsf{P}(\clubsuit \mid \diamond) = 13/51$.

Wir sehen, dass die Bedingung einen Einfluss auf den Zahlenwert der Wahrscheinlichkeit hat, d. h. für unterschiedliche Bedingungen ergeben sich im Allgemeinen verschiedene Wahrscheinlichkeiten.

Beispiel 4.19 (Zwei Würfe mit einem idealen Würfel)
Wir würfeln zweimal mit einem idealen Würfel und bilden die Summe der Augenzahlen. Eine einfache Überlegung zeigt, dass es dabei höchstens fünf Möglichkeiten gibt, eine Augensumme von sechs zu erhalten. Wir fragen uns nun, wie groß die Wahrscheinlichkeit ist, dass die Augensumme gleich sechs ist, unter der Bedingung, dass bei einem der beiden Würfe eine Vier gewürfelt wird.

Die folgende Tabelle zeigt alle 36 möglichen Augensummen, die bei zwei Würfen mit einem Würfel auftreten können.

		2. Wurf					
		1	2	3	4	5	6
1. Wurf	1	2	3	4	**5**	6	7
	2	3	4	5	**[6]**	7	8
	3	4	5	6	**7**	8	9
	4	**5**	**[6]**	**7**	8	**9**	**10**
	5	6	7	8	**9**	10	11
	6	7	8	9	**10**	11	12

Wir betrachten nun die folgenden beiden Ereignisse:

- $\mathfrak{A}$ bedeutet, dass die Augensumme beider Würfe gleich sechs ist.
- $\mathfrak{B}$ bedeutet, dass bei einem der beiden Würfe eine Vier auftritt.

Aus der Tabelle entnehmen wir, dass es für das Ereignis $\mathfrak{B}$, dass bei nur einem der beiden Würfe eine Vier auftritt, insgesamt zehn von 36 Möglichkeiten gibt (in der Tabelle sind diese zehn Möglichkeiten fett gedruckt), d. h. wir erhalten die Wahrscheinlichkeit $\mathsf{P}(\mathfrak{B}) = 10/36 = 5/18$.

Außerdem ist aus der Tabelle ersichtlich, dass es für das Ereignis $\mathfrak{A} \cap \mathfrak{B}$ — also dafür, dass sowohl die Augensumme beider Würfe gleich sechs ist als auch bei nur einem der beiden Würfe eine Vier auftritt — nur zwei von 36 Möglichkeiten gibt (in der Tabelle sind diese beiden Fälle eingerahmt), d. h. wir erhalten die Wahrscheinlichkeit $\mathsf{P}(\mathfrak{A} \cap \mathfrak{B}) = 2/36 = 1/18$.

Unter der Bedingung, dass bei einem der beiden Würfe eine Vier gewürfelt wird, gibt es aber statt 36 nur zehn mögliche Fälle, denn die anderen Fälle kommen von vornherein nicht in Betracht, weil sie die Bedingung nicht erfüllen. Von den verbleibenden zehn Fällen führen nur zwei zur Augensumme sechs, d. h. wir erhalten die bedingte Wahrscheinlichkeit $\mathsf{P}(\mathfrak{A} \mid \mathfrak{B}) = 2/10 = 1/5$.

Bei dem Beispiel zeigt sich, dass es einen Unterschied gibt zwischen der Wahrscheinlichkeit $\mathsf{P}(\mathfrak{A} \cap \mathfrak{B})$, dass die Ereignisse $\mathfrak{A}$ und $\mathfrak{B}$ gemeinsam eintreten, und der Wahrscheinlichkeit $\mathsf{P}(\mathfrak{A} \mid \mathfrak{B})$, dass das Ereignis $\mathfrak{A}$ eintritt, unter der fest vorgegebenen Bedingung des Eintretens des Ereignisses $\mathfrak{B}$. Der Grund dafür ist, dass wir im ersten Fall *alle* Augensummen als mögliche Ergebnisse zulassen, während wir im zweiten Fall nur die Augensummen als Ergebnisse zulassen, bei denen bei einem der beiden Würfe eine Vier auftritt.

Beispiel 4.20 (Zufallsexperiment)
Wir führen ein Zufallsexperiment insgesamt N-mal aus und bestimmen dabei durch einfaches Zählen die Anzahlen für das Eintreten der möglichen Ereignisse $\mathfrak{A}$ und $\mathfrak{B}$ sowie für das Ereignis $\mathfrak{A} \cap \mathfrak{B}$, dass $\mathfrak{A}$ und $\mathfrak{B}$ gemeinsam eintreten. Als Ergebnis der Zählung erhalten wir:

- das Ereignis $\mathfrak{B}$ ist $N_{\mathfrak{B}}$ mal eingetreten und
- das Ereignis $\mathfrak{A} \cap \mathfrak{B}$ ist $N_{\mathfrak{A} \cap \mathfrak{B}}$ mal eingetreten.

Wir fragen nun nach der Wahrscheinlichkeit, dass das Ereignis $\mathfrak{A}$ eintritt, unter der Bedingung, dass das Ereignis $\mathfrak{B}$ bereits eingetreten ist. Dabei gehen wir davon aus, dass die Anzahl der Versuche N ausreichend groß ist, um die Wahrscheinlichkeiten den entsprechenden relativen Häufigkeiten gleichsetzen zu dürfen. Für die Wahrscheinlichkeit des Ereignisses $\mathfrak{A} \cap \mathfrak{B}$ erhalten wir dann:

$$\mathsf{P}(\mathfrak{A} \cap \mathfrak{B}) = \frac{N_{\mathfrak{A} \cap \mathfrak{B}}}{N},$$

weil $N_{\mathfrak{A} \cap \mathfrak{B}}$ hier die Anzahl der günstigen und N die Anzahl der möglichen Fälle ist. Für die Berechnung der gesuchten bedingten Wahrscheinlichkeit trifft dies aber nicht mehr zu. Hier ist nur noch die Anzahl $N_{\mathfrak{B}}$ der Fälle wesentlich, in denen das Ereignis $\mathfrak{B}$ tatsächlich eingetreten ist, d. h. $N_{\mathfrak{B}}$ ist gleich der Anzahl der möglichen Fälle. Die Anzahl der günstigen Fälle ist dagegen weiterhin durch $N_{\mathfrak{A} \cap \mathfrak{B}}$ gegeben, weil von den Fällen, in denen das Ereignis $\mathfrak{A}$ eingetreten ist, nur diejenigen gezählt werden dürfen, in denen gleichzeitig auch das Ereignis $\mathfrak{B}$ eingetreten ist. Wir erhalten demnach

$$\mathsf{P}(\mathfrak{A} \mid \mathfrak{B}) = \frac{N_{\mathfrak{A} \cap \mathfrak{B}}}{N_{\mathfrak{B}}}.$$

Die Wahrscheinlichkeiten $\mathsf{P}(\mathfrak{A} \cap \mathfrak{B})$ und $\mathsf{P}(\mathfrak{A} \mid \mathfrak{B})$ unterscheiden sich also nur durch ihre unterschiedliche Normierung.

Wir stellen also fest, dass es für die bedingte Wahrscheinlichkeit $\mathsf{P}(\mathfrak{A} \mid \mathfrak{B})$ nicht mehr sinnvoll ist, alle in der ursprünglichen Ergebnismenge Ω enthaltenen Ergebnisse zuzulassen, sondern wir müssen uns auf die in $\mathfrak{B}$ enthaltenen Ergebnisse beschränken, denn wir fordern ja, dass das Ereignis $\mathfrak{B}$ sicher eintritt. Dies bedeutet letztlich, dass wir statt des ursprünglichen Wahrscheinlichkeitsraumes $(\Omega, \mathcal{A}, \mathsf{P})$ den Wahrscheinlichkeitsraum $(\mathfrak{B}, \mathcal{A}', \mathsf{P}')$ betrachten müssen, wobei $\mathcal{A}'$ nur noch die Ereignisse enthält, die Teilmengen von $\mathfrak{B}$ sind, und P' die Wahrscheinlichkeit des neuen Wahrscheinlichkeitsraumes ist. Diese Wahrscheinlichkeit ist gerade die bedingte Wahrscheinlichkeit unter der durch das Eintreten des Ereignisses $\mathfrak{B}$ gegebenen Bedingung, d. h. für ein beliebiges Ereignis $\mathfrak{E}$ aus der Menge der möglichen Ereignisse $\mathcal{A}'$ gilt $\mathsf{P}'(\mathfrak{E}) = \mathsf{P}(\mathfrak{E} \mid \mathfrak{B})$.

Da das Ereignis $\mathfrak{B}$ im Wahrscheinlichkeitsraum $(\mathfrak{B}, \mathcal{A}', \mathsf{P}')$ die gleiche Rolle spielt, wie das Ereignis Ω im Wahrscheinlichkeitsraum $(\Omega, \mathcal{A}, \mathsf{P})$ — beide Ereignisse sind nämlich in ihrem jeweiligen Wahrscheinlichkeitsraum die sicheren Ereignisse — und die Wahrscheinlichkeit $\mathsf{P}'(\mathfrak{A}) = \mathsf{P}(\mathfrak{A} \mid \mathfrak{B})$ proportional zur Wahrscheinlichkeit $\mathsf{P}(\mathfrak{A} \cap \mathfrak{B})$ sein sollte, weil erstere lediglich durch eine neue

Normierung aus der letzteren erhalten wird, ergeben sich die folgenden beiden Forderungen an die bedingte Wahrscheinlichkeit:

$$\mathsf{P}(\mathfrak{B} \mid \mathfrak{B}) = 1\,, \tag{4.1}$$

und

$$\mathsf{P}(\mathfrak{A} \mid \mathfrak{B}) = c(\mathfrak{B})\mathsf{P}(\mathfrak{A} \cap \mathfrak{B})\,, \text{ falls } \mathsf{P}(\mathfrak{B}) > 0\,, \tag{4.2}$$

mit einer nur von $\mathfrak{B}$ abhängigen reellen Konstante $c(\mathfrak{B})$, wobei die Forderung $\mathsf{P}(\mathfrak{B}) > 0$ in der Beziehung (4.2) gestellt wird, weil es keinen Sinn ergibt, eine Bedingung zu betrachten, deren Eintrittswahrscheinlichkeit gleich null ist. Setzen wir in der Forderung (4.2) $\mathfrak{A} = \mathfrak{B}$, dann erhalten wir zunächst das Ergebnis $\mathsf{P}(\mathfrak{B} \mid \mathfrak{B}) = c(\mathfrak{B})\mathsf{P}(\mathfrak{B})$, falls $\mathsf{P}(\mathfrak{B}) > 0$ ist. Daraus ergibt sich unter Verwendung der Forderung (4.1) unmittelbar $c(\mathfrak{B}) = 1/\mathsf{P}(\mathfrak{B})$, falls $\mathsf{P}(\mathfrak{B}) > 0$ ist, womit die Konstante $c(\mathfrak{B})$ eindeutig bestimmt ist. Setzen wir diese Konstante in die Forderung (4.2) ein, dann erhalten wir die Definition:

Definition 4.19 (Bedingte Wahrscheinlichkeit)
Es sei $(\Omega,\mathcal{A},\mathsf{P})$ ein Wahrscheinlichkeitsraum und $\mathfrak{A}$ bzw. $\mathfrak{B}$ Ereignisse in $\mathcal{A}$, dann ist die bedingte Wahrscheinlichkeit für das Eintreten von $\mathfrak{A}$, gegeben $\mathfrak{B}$,

$$\mathsf{P}(\mathfrak{A} \mid \mathfrak{B}) = \frac{\mathsf{P}(\mathfrak{A} \cap \mathfrak{B})}{\mathsf{P}(\mathfrak{B})}\,, \text{ falls } \mathsf{P}(\mathfrak{B}) > 0\,. \tag{4.3}$$

Es zeigt sich, dass die bedingte Wahrscheinlichkeit $\mathsf{P}(\mathfrak{A} \mid \mathfrak{B})$ undefiniert ist, wenn $\mathsf{P}(\mathfrak{B}) = 0$ ist. Wir müssen also stets fordern, dass die Bedingung $\mathfrak{B}$ eine von null verschiedene Wahrscheinlichkeit hat.

Setzen wir in der Gleichung (4.3) $\mathfrak{B} = \Omega$, dann erhalten wir unter Verwendung des Axioms K2

$$\mathsf{P}(\mathfrak{A} \mid \Omega) = \frac{\mathsf{P}(\mathfrak{A} \cap \Omega)}{\mathsf{P}(\Omega)} = \frac{\mathsf{P}(\mathfrak{A})}{1} = \mathsf{P}(\mathfrak{A})\,, \tag{4.4}$$

wobei die Zusatzbedingung $\mathsf{P}(\Omega) > 0$ hier selbstverständlich erfüllt ist. Dieses Ergebnis zeigt, dass sich jede absolute Wahrscheinlichkeit $\mathsf{P}(\mathfrak{A})$ als eine bedingte Wahrscheinlichkeit $\mathsf{P}(\mathfrak{A} \mid \Omega)$ ansehen lässt, d. h. es gibt faktisch nur bedingte Wahrscheinlichkeiten, denn Ω stellt nur eine spezielle Bedingung dar.

Wir können nun vermuten, dass die Kolmogoroffschen Axiome auch für beliebige bedingte Wahrscheinlichkeiten gelten sollten. Dies ist tatsächlich der Fall, wie sich leicht zeigen lässt:

- Die Nichtnegativität der bedingten Wahrscheinlichkeit $\mathsf{P}(\mathfrak{A} \mid \mathfrak{B})$ ergibt sich unmittelbar aus ihrer Definitionsgleichung (4.3) und der Nichtnegativität der absoluten Wahrscheinlichkeiten $\mathsf{P}(\mathfrak{A} \cap \mathfrak{B})$ und $\mathsf{P}(\mathfrak{B})$, die durch das Axiom K1 garantiert ist.

- Die Normierung $\mathsf{P}(\mathfrak{B} \mid \mathfrak{B}) = 1$ der bedingten Wahrscheinlichkeit folgt ebenfalls aus ihrer Definitionsgleichung (4.3), wenn wir $\mathfrak{A} = \mathfrak{B}$ setzen, denn es gilt $\mathfrak{B} \cap \mathfrak{B} = \mathfrak{B}$.

- Um die Additivität der bedingten Wahrscheinlichkeit nachzuweisen, setzen wir in der Definitionsgleichung (4.3) $\mathfrak{A} = \mathfrak{E}_1 \cup \mathfrak{E}_2$, wobei wir $\mathfrak{E}_1 \cap \mathfrak{E}_2 = \varnothing$ voraussetzen. Wir erhalten dann

$$\mathsf{P}(\mathfrak{E}_1 \cup \mathfrak{E}_2 \mid \mathfrak{B}) = \frac{\mathsf{P}\big((\mathfrak{E}_1 \cup \mathfrak{E}_2) \cap \mathfrak{B}\big)}{\mathsf{P}(\mathfrak{B})}\,, \text{ falls } \mathsf{P}(\mathfrak{B}) > 0 \text{ und } \mathfrak{E}_1 \cap \mathfrak{E}_2 = \varnothing\,.$$

Diese Gleichung geht unter Verwendung des Distributivgesetzes der Mengenlehre über in

$$\mathsf{P}(\mathfrak{E}_1 \cup \mathfrak{E}_2 \mid \mathfrak{B}) = \frac{\mathsf{P}\big((\mathfrak{E}_1 \cap \mathfrak{B}) \cup (\mathfrak{E}_2 \cap \mathfrak{B})\big)}{\mathsf{P}(\mathfrak{B})}\,, \text{ falls } \mathsf{P}(\mathfrak{B}) > 0 \text{ und } \mathfrak{E}_1 \cap \mathfrak{E}_2 = \varnothing\,.$$

Wenden wir darauf das Axiom K3 an und verwenden wieder die Definitionsgleichung (4.3), dann erhalten wir schließlich

$$\mathsf{P}(\mathfrak{E}_1 \cup \mathfrak{E}_2 \mid \mathfrak{B}) = \mathsf{P}(\mathfrak{E}_1 \mid \mathfrak{B}) + \mathsf{P}(\mathfrak{E}_2 \mid \mathfrak{B})\,, \text{ falls } \mathsf{P}(\mathfrak{B}) > 0 \text{ und } \mathfrak{E}_1 \cap \mathfrak{E}_2 = \varnothing\,,$$

womit die Additivität der bedingten Wahrscheinlichkeit ebenfalls nachgewiesen ist.

Aus der Gleichung (4.3) erhalten wir durch Umformung den Satz

Satz 4.2 (Multiplikationssatz)
Es sei $\mathcal{A}$ eine Ereignismenge auf einer festen Ergebnismenge Ω und $\mathfrak{A}$ und $\mathfrak{B}$ Ereignisse aus $\mathcal{A}$, dann gilt

$$\mathsf{P}(\mathfrak{A} \cap \mathfrak{B}) = \mathsf{P}(\mathfrak{A} \mid \mathfrak{B})\mathsf{P}(\mathfrak{B})\,, \text{ falls } \mathsf{P}(\mathfrak{B}) > 0\,. \tag{4.5}$$

Wir weisen ausdrücklich darauf hin, dass der Multiplikationssatz nur unter der Bedingung $\mathsf{P}(\mathfrak{B}) > 0$ gültig ist.

Häufig wird argumentiert, dass die zusätzliche Bedingung $\mathsf{P}(\mathfrak{B}) > 0$ für den Multiplikationssatz nicht unbedingt nötig sei, denn wenn $\mathsf{P}(\mathfrak{B}) = 0$ ist, dann muss ja auch $\mathsf{P}(\mathfrak{A} \cap \mathfrak{B}) = 0$ sein.

Dazu können wir zunächst feststellen, dass die Behauptung „Aus $\mathsf{P}(\mathfrak{B}) = 0$ folgt $\mathsf{P}(\mathfrak{A} \cap \mathfrak{B}) = 0$“ korrekt ist. Wir können uns den Sachverhalt an einem geometrischen Beispiel veranschaulichen, indem wir annehmen, dass $\mathfrak{B}$ eine beliebige Kurve in der Ebene repräsentiert, die selbstverständlich keinen Flächeninhalt hat, während $\mathfrak{A}$ irgendeine ausgedehnte ebene Fläche darstellt. Dann repräsentiert $\mathfrak{A} \cap \mathfrak{B}$ offensichtlich das innerhalb der betrachteten Fläche liegende Stück der Kurve, das ebenfalls keinen Flächeninhalt hat.

Trotz dieses Sachverhalts können wir aber auf die Bedingung $\mathsf{P}(\mathfrak{B}) > 0$ nicht verzichten, denn für $\mathsf{P}(\mathfrak{B}) = 0$ ist die bedingte Wahrscheinlichkeit $\mathsf{P}(\mathfrak{A} \mid \mathfrak{B})$ nicht definiert, wie wir bereits oben festgestellt haben, d. h. die Gleichung (4.5) ist in diesem Fall sinnlos und der Multiplikationssatz ungültig.

Wir können die Ergebnisse dieses Abschnitts zusammenfassen und sie in Form von Axiomen für die bedingte Wahrscheinlichkeit schreiben.

Definition 4.20 (Axiome der bedingten Wahrscheinlichkeit)
Es sei $\mathcal{A}$ eine Ereignismenge auf einer festen Ergebnismenge Ω und $\mathfrak{B}$, $\mathfrak{E}$, $\mathfrak{E}_1$ und $\mathfrak{E}_2$ Ereignisse aus $\mathcal{A}$, dann heißt das Maß $\mathsf{P}(\mathfrak{E} \mid \mathfrak{B})$ bedingte mathematische Wahrscheinlichkeit des Ereignisses $\mathfrak{E}$ für ein gegebenes Ereignis $\mathfrak{B}$ unter der zusätzlichen Bedingung $\mathsf{P}(\mathfrak{B}) > 0$, wenn $\mathcal{A}$ eine σ-Algebra auf Ω ist und die folgenden Bedingungen erfüllt sind:

A1: $\mathsf{P}(\mathfrak{E} \mid \mathfrak{B}) \geq 0\,,$ (Nichtnegativität)

A2: $\mathsf{P}(\mathfrak{B} \mid \mathfrak{B}) = 1\,,$ (Normierung)

A3: $\mathsf{P}(\mathfrak{E}_1 \cup \mathfrak{E}_2 \mid \mathfrak{B}) = \mathsf{P}(\mathfrak{E}_1 \mid \mathfrak{B}) + \mathsf{P}(\mathfrak{E}_2 \mid \mathfrak{B})\,,$ falls $\mathfrak{E}_1 \cap \mathfrak{E}_2 = \varnothing\,,$ (Additivität)

A4: $\mathsf{P}(\mathfrak{E} \cap \mathfrak{B}) = \mathsf{P}(\mathfrak{E} \mid \mathfrak{B})\mathsf{P}(\mathfrak{B})\,.$ (Multiplikativität)

Die zusätzliche Bedingung $\mathsf{P}(\mathfrak{B}) > 0$ ist für diese Axiome eine notwendige Voraussetzung, da anderenfalls die bedingte Wahrscheinlichkeit undefiniert ist und die Axiome somit sinnlos wären.

Die Axiome A1 bis A3 gehen für $\mathfrak{B} = \Omega$ und unter Verwendung der Gleichung (4.4) in die im Abschnitt 4.3 angegebenen Kolmogoroffschen Axiome K1 bis K3 über, während wir für das Axiom A4 mithilfe des Axioms K2 und der Gleichung (4.4) eine Identität erhalten. Damit ist nachgewiesen, dass die Axiome von Kolmogoroff lediglich einen Spezialfall der Axiome der bedingten Wahrscheinlichkeit darstellen.

4.5 Rechnen mit Wahrscheinlichkeiten

In diesem Abschnitt wollen wir einige Schlussfolgerungen aus den im vorhergehenden Abschnitt angegebenen Axiomen der bedingten mathematischen Wahrscheinlichkeit ziehen. Auf diese Weise erhalten wir die Regeln für das Rechnen mit Wahrscheinlichkeiten.

Wir beginnen mit einem Satz über die bedingte Wahrscheinlichkeit des unmöglichen Ereignisses:

Satz 4.3 (Bedingte Wahrscheinlichkeit des unmöglichen Ereignisses)
Das unmögliche Ereignis hat die bedingte Wahrscheinlichkeit null, d. h. es gilt

$$\mathsf{P}(\varnothing \mid \mathfrak{B}) = 0\,,$$

falls $\mathsf{P}(\mathfrak{B}) > 0$ ist.

Diese Eigenschaft der bedingten mathematischen Wahrscheinlichkeit folgt bereits aus ihren Axiomen und muss deshalb nicht zusätzlich gefordert werden. Eine entsprechende Schlussfolgerung für die unbedingte Wahrscheinlichkeit konnten wir bereits aus den Kolmogoroffschen Axiomen ziehen.

Für die bedingte Wahrscheinlichkeit des komplementären Ereignisses zu einem Ereignis, dessen bedingte Wahrscheinlichkeit bereits bekannt ist, gilt

Satz 4.4 (Bedingte Wahrscheinlichkeit des komplementären Ereignisses)
Es sei $\mathfrak{E}$ ein beliebiges Ereignis und $\mathfrak{E}^c$ das zu ihm komplementäre Ereignis. Dann gilt:

$$\mathsf{P}(\mathfrak{E}^c \mid \mathfrak{B}) = 1 - \mathsf{P}(\mathfrak{E} \mid \mathfrak{B})\,,$$

falls $\mathsf{P}(\mathfrak{B}) > 0$ ist.

Wir geben einige einfache Beispiele für die Anwendung des Satzes 4.4:

Beispiel 4.21 (Komplementäre Ereignisse)

a) Die Wahrscheinlichkeit, beim Würfeln mit einem idealen Würfel eine Sechs zu erhalten, ist gleich 1/6, die Wahrscheinlichkeit, *keine* Sechs zu würfeln, ist demnach gleich 5/6.

b) Die Wahrscheinlichkeit, beim Wurf einer fairen Münze „Zahl" zu erhalten, ist 1/2, die Wahrscheinlichkeit, *nicht* „Zahl" zu erhalten, ist ebenfalls 1/2.

c) In der Abbildung 4.5 im Abschnitt 4.3 ist $q = 1 - p$.

Wenn zwei Ereignisse $\mathfrak{E}_1$ und $\mathfrak{E}_2$ gemeinsam eintreten, d. h. wenn das Ereignis $\mathfrak{E}_1 \cap \mathfrak{E}_2$ eintritt, dann zieht dieses gemeinsame Ereignis sowohl das Ereignis

$\mathfrak{E}_1$ als auch das Ereignis $\mathfrak{E}_2$ nach sich, d. h. es gilt $\mathfrak{E}_1 \cap \mathfrak{E}_2 \subseteq \mathfrak{E}_1$ und $\mathfrak{E}_1 \cap \mathfrak{E}_2 \subseteq \mathfrak{E}_2$ (siehe dazu auch die Tabelle 4.1 im Abschnitt 4.2). Hängen die beiden Ereignisse $\mathfrak{E}_1$ und $\mathfrak{E}_2$ von derselben Bedingung $\mathfrak{B}$ ab, dann gilt

Satz 4.5 (Bedingte Wahrscheinlichkeit gemeinsamer Ereignisse)
Sind $\mathfrak{E}_1$ und $\mathfrak{E}_2$ zwei gemeinsam auftretende Ereignisse, die von derselben Bedingung $\mathfrak{B}$ abhängen, dann gilt sowohl

$$\mathsf{P}(\mathfrak{E}_1 \cap \mathfrak{E}_2 \mid \mathfrak{B}) \leq \mathsf{P}(\mathfrak{E}_1 \mid \mathfrak{B}),$$

als auch

$$\mathsf{P}(\mathfrak{E}_1 \cap \mathfrak{E}_2 \mid \mathfrak{B}) \leq \mathsf{P}(\mathfrak{E}_2 \mid \mathfrak{B}),$$

falls $\mathsf{P}(\mathfrak{B}) > 0$ ist.

Zur Verdeutlichung des Satzes 4.5 betrachten wir folgendes Beispiel:

Beispiel 4.22 (Entnahme farbiger Objekte)
In einem Behälter befinden sich farbige geometrische Objekte (Kugeln, Würfel, Tetraeder usw.). Unter der Voraussetzung, dass uns $\mathfrak{B}$ bereits bekannt ist, fragen wir nach den bedingten Wahrscheinlichkeiten $\mathsf{P}(\mathfrak{E}_1 \mid \mathfrak{B})$, $\mathsf{P}(\mathfrak{E}_2 \mid \mathfrak{B})$ und $\mathsf{P}(\mathfrak{E}_1 \cap \mathfrak{E}_2 \mid \mathfrak{B})$, wenn wir zufällig eines der Objekte herausnehmen, wobei

- $\mathfrak{B}$ die Information „der Behälter enthält Objekte mit unterschiedlicher Geometrie und Farbe“,
- $\mathfrak{E}_1$ das Ereignis „das Objekt ist eine Kugel“,
- $\mathfrak{E}_2$ das Ereignis „das Objekt ist rot“ und
- $\mathfrak{E}_1 \cap \mathfrak{E}_2$ das Ereignis „das Objekt ist eine rote Kugel“

repräsentiert. Offensichtlich ist die Wahrscheinlichkeit eine rote Kugel zu ergreifen, geringer, als die Wahrscheinlichkeit eine beliebig gefärbte Kugel (z. B. eine grüne Kugel) oder irgendein anderes rotes Objekt (z. B. einen roten Würfel) zu ergreifen. Das wäre allerdings dann nicht der Fall, wenn $\mathfrak{B}$ die Information „der Behälter enthält nur rote Kugeln“ oder „der Behälter enthält überhaupt keine roten Kugeln“ repräsentiert, denn dann sind die Wahrscheinlichkeiten der Ereignisse $\mathfrak{E}_1$, $\mathfrak{E}_2$ und $\mathfrak{E}_1 \cap \mathfrak{E}_2$ gleich.

Der folgende Satz lässt sich unmittelbar aus dem Satz 4.5 gewinnen.

Satz 4.6 (Monotonie der bedingten Wahrscheinlichkeit)
Wenn das Ereignis $\mathfrak{E}_2$ das Ereignis $\mathfrak{E}_1$ nach sich zieht, d. h. wenn $\mathfrak{E}_2 \subseteq \mathfrak{E}_1$ ist, dann gilt für die bedingte Wahrscheinlichkeit die Monotonierelation

$$\mathsf{P}(\mathfrak{E}_2 \mid \mathfrak{B}) \leq \mathsf{P}(\mathfrak{E}_1 \mid \mathfrak{B}),$$

falls $\mathsf{P}(\mathfrak{B}) > 0$ ist.

Dieser Satz bedeutet, dass ein Ereignis, das ein weiteres nach sich zieht (siehe die Tabelle 4.1 im Abschnitt 4.2), keine größere Wahrscheinlichkeit als das Ereignis haben kann, das mit ihm gemeinsam eintritt. Um uns diese Aussage zu veranschaulichen, betrachten wir folgendes Beispiel:

Beispiel 4.23 (Schiffbrüchiger auf einer Insel)
Ein Schiffbrüchiger kann sich auf eine Insel retten. Unter der Voraussetzung, dass $\mathfrak{B}$ bereits bekannt ist, fragen wir nach den bedingten Wahrscheinlichkeiten $\mathsf{P}(\mathfrak{E}_1 \mid \mathfrak{B})$ und $\mathsf{P}(\mathfrak{E}_2 \mid \mathfrak{B})$, wobei

- $\mathfrak{B}$ die Information „die Insel ist bewohnt“,
- $\mathfrak{E}_1$ das Ereignis „der Schiffbrüchige trifft einen Menschen“,
- $\mathfrak{E}_2$ das Ereignis „der Schiffbrüchige trifft einen Mann“,

repräsentiert. Offensichtlich ist die Wahrscheinlichkeit geringer, dass der Schiffbrüchige auf der Insel einen Mann trifft, als die Wahrscheinlichkeit, dass er irgendeinen Menschen trifft. Das wäre allerdings dann nicht der Fall, wenn $\mathfrak{B}$ die Information „die Insel wird nur von Männern bewohnt“ oder „die Insel ist unbewohnt“ repräsentiert, denn dann sind die Wahrscheinlichkeiten der Ereignisse $\mathfrak{E}_1$ und $\mathfrak{E}_2$ gleich.

Der nächste Satz ist eine unmittelbare Folge des Satzes 4.6.

Satz 4.7 (Beschränktheit der bedingten Wahrscheinlichkeit)
Für die bedingte Wahrscheinlichkeit eines Ereignisses $\mathfrak{E}$ unter der Bedingung $\mathfrak{B}$ gilt stets

$$0 \leq \mathsf{P}(\mathfrak{E} \mid \mathfrak{B}) \leq 1\,,$$

falls $\mathsf{P}(\mathfrak{B}) > 0$ ist.

Die untere Grenze in dieser Beziehung wird für $\mathfrak{E} = \emptyset$ angenommen, d. h. für das unmögliche Ereignis. Dies folgt aus Satz 4.3. Die obere Grenze wird für $\mathfrak{E} = \mathfrak{B}$ angenommen. Dies ergibt sich aus dem Axiom A2.

Der Satz 4.6 zeigt, dass die Wahrscheinlichkeit stets einen Wert zwischen null und eins (einschließlich dieser Werte) annimmt. Diese Eigenschaft ist also in den Axiomen bereits implizit enthalten und muss nicht extra gefordert werden.

Wir kommen nun noch einmal auf das Axiom A3 in der Definition 4.20 zurück. Dieses Axiom beschreibt ausschließlich die Additivität der Wahrscheinlichkeiten von einander ausschließenden Ereignissen. Wir benötigen aber ein allgemeineres Additionstheorem für bedingte Wahrscheinlichkeiten. Dieses lässt sich aus den Axiomen ableiten. Wir geben es hier ohne Beweis an.

Satz 4.8 (Additionstheorem für bedingte Wahrscheinlichkeiten)
Wenn $\mathfrak{E}_1$ und $\mathfrak{E}_2$ zwei beliebige Ereignisse sind, die sich nicht notwendigerweise gegenseitig ausschließen, dann gilt:

$$\mathsf{P}(\mathfrak{E}_1 \cup \mathfrak{E}_2 \mid \mathfrak{B}) = \mathsf{P}(\mathfrak{E}_1 \mid \mathfrak{B}) + \mathsf{P}(\mathfrak{E}_2 \mid \mathfrak{B}) - \mathsf{P}(\mathfrak{E}_1 \cap \mathfrak{E}_2 \mid \mathfrak{B}),$$

falls $\mathsf{P}(\mathfrak{B}) > 0$ ist.

Wir zeigen die Anwendung des Additionstheorems für bedingte Wahrscheinlichkeiten an einem einfachen Beispiel:

Beispiel 4.24 (Zwei Münzwürfe)
Eine faire Münze wird zweimal geworfen. Wie groß ist die Wahrscheinlichkeit, dass bei mindestens einem Wurf das Ergebnis „Zahl" auftritt?

Die Ergebnismenge dieses Zufallsexperiments ist $\Omega = \{(K,K),(K,Z),(Z,K),(Z,Z)\}$. Dabei bedeutet der Ausdruck (ω_1,ω_2), dass beim ersten Wurf das Ergebnis ω_1 und beim zweiten Wurf das Ergebnis ω_2 erhalten wird. Die Buchstaben K und Z kodieren die Ergebnisse „Kopf" bzw. „Zahl". Wenn wir festlegen, dass

- $\mathfrak{B}$ die Information, „die Münze ist fair",
- $\mathfrak{E}_1 = \{(Z,K),(Z,Z)\}$ das Ereignis, „beim ersten Wurf wird das Ergebnis „Zahl" erhalten",
- $\mathfrak{E}_2 = \{(K,Z),(Z,Z)\}$ das Ereignis, „beim zweiten Wurf wird das Ergebnis „Zahl" erhalten",
- $\mathfrak{E}_1 \cap \mathfrak{E}_2 = \{(Z,Z)\}$ das Ereignis, „bei beiden Würfen wird das Ergebnis „Zahl" erhalten" und
- $\mathfrak{E}_1 \cup \mathfrak{E}_2 = \{(Z,K),(K,Z),(Z,Z)\}$ das Ereignis, „bei mindestens einem Wurf wird das Ergebnis „Zahl" erhalten",

repräsentiert, dann ergibt sich aus dem Additionstheorem 4.8

$$\mathsf{P}(\mathfrak{E}_1 \cup \mathfrak{E}_2 \mid \mathfrak{B}) = \mathsf{P}(\mathfrak{E}_1 \mid \mathfrak{B}) + \mathsf{P}(\mathfrak{E}_2 \mid \mathfrak{B}) - \mathsf{P}(\mathfrak{E}_1 \cap \mathfrak{E}_2 \mid \mathfrak{B}) = \frac{1}{2} + \frac{1}{2} - \frac{1}{4} = \frac{3}{4}.$$

Eine direkte Berechnung der bedingten Wahrscheinlichkeit $\mathsf{P}(\mathfrak{E}_1 \cup \mathfrak{E}_2 \mid \mathfrak{B})$ würde natürlich das gleiche Ergebnis liefern.

Die Information $\mathfrak{B}$, „die Münze ist fair", ist hier wesentlich, denn nur damit ist es möglich, im Sinne der klassischen Wahrscheinlichkeitsauffassung die Kombinatorik zur Berechnung der einzelnen Wahrscheinlichkeiten heranzuziehen.

Das Axiom A4 verknüpft die unbedingte mit der bedingten Wahrscheinlichkeit. Es lässt sich aber so verallgemeinern, dass es nur bedingte Wahrscheinlichkeiten verwendet. Wir erhalten dann den Satz

Satz 4.9 (Multiplikationstheorem für bedingte Wahrscheinlichkeiten)
Wenn $\mathfrak{E}_1$ und $\mathfrak{E}_2$ zwei beliebige Ereignisse sind, dann gilt:

$$\mathsf{P}(\mathfrak{E}_1 \cap \mathfrak{E}_2 \mid \mathfrak{B}) = \mathsf{P}(\mathfrak{E}_1 \mid \mathfrak{E}_2 \cap \mathfrak{B})\mathsf{P}(\mathfrak{E}_2 \mid \mathfrak{B}),$$

falls $\mathsf{P}(\mathfrak{E}_2 \cap \mathfrak{B}) > 0$ und $\mathsf{P}(\mathfrak{B}) > 0$ ist.

Für den folgenden Satz benötigen wir eine Verallgemeinerung der Definition 4.14 der disjunkten Zerlegung:

Definition 4.21 (Vollständige disjunkte Zerlegung)
Für die vollständige Zerlegung eines Ereignisses $\mathfrak{E}$ in n sich paarweise ausschließende Ereignisse $\mathfrak{E}_i$ $(i = 1, \ldots, n)$ gilt:

$$\mathfrak{E} = \mathfrak{E}_1 \cup \mathfrak{E}_2 \cup \cdots \cup \mathfrak{E}_{n-1} \cup \mathfrak{E}_n = \bigcup_{i=1}^{n} \mathfrak{E}_i\,, \text{ und } \mathfrak{E}_i \cap \mathfrak{E}_j = \varnothing \text{ für } i \neq j\,.$$

Ein typischer Anwendungsfall ist die häufig verwendete, vollständige disjunkte Zerlegung des sicheren Ereignisses Ω:

$$\Omega = \bigcup_{i=1}^{n} \mathfrak{E}_i\,, \text{ mit } \mathfrak{E}_i \cap \mathfrak{E}_j = \varnothing \text{ für } i \neq j\,.$$

Die Ereignisse $\mathfrak{E}_i$ $(i = 1, \ldots, n)$ müssen dabei nicht notwendigerweise die Elementarereignisse in Ω sein.

Beispiel 4.25 (Vollständige disjunkte Zerlegungen beim Würfeln)
Beim Würfelspiel mit einem einzelnen Würfel ist das sichere Ereignis durch die Menge Ω = {⚀,⚁,⚂,⚃,⚄,⚅} gegeben. Es sind z. B. folgende vollständige disjunkte Zerlegungen von Ω möglich:

a) Ω = {⚀} ∪ {⚁} ∪ {⚂} ∪ {⚃} ∪ {⚄} ∪ {⚅} (Zerlegung in Elementarereignisse),

b) Ω = {⚀,⚁,⚂,⚃,⚄} ∪ {⚅} (Zerlegung in komplementäre Ereignisse),

c) Ω = {⚀,⚂,⚄} ∪ {⚁,⚃,⚅} (Zerlegung in gerade und ungerade Zahlen).

Der Leser möge sich weitere mögliche disjunkte Zerlegungen überlegen.

Wir wenden uns nun einem Satz zu, der häufig bei der Berechnung bedingter Wahrscheinlichkeiten verwendet wird:

Satz 4.10 (Vollständige bedingte Wahrscheinlichkeit)
Wenn durch die Ereignisse $\mathfrak{E}_i$ $(i = 1, \ldots, n)$ eine disjunkte Zerlegung des Ereignisses $\mathfrak{E}$ gegeben ist, dann gilt

$$\mathsf{P}(\mathfrak{E} \mid \mathfrak{B}) = \sum_{i=1}^{n} \mathsf{P}(\mathfrak{E} \mid \mathfrak{E}_i \cap \mathfrak{B})\mathsf{P}(\mathfrak{E}_i \mid \mathfrak{B}), \tag{4.6}$$

falls $\mathsf{P}(\mathfrak{E}_i \cap \mathfrak{B}) > 0$ $(i = 1, \ldots, n)$ und $\mathsf{P}(\mathfrak{B}) > 0$.

Wir wenden den Satz 4.10 auf ein Beispiel an:

Beispiel 4.26 (Zuverlässigkeit von Produkten)
Ein Unternehmen bezieht von drei Zulieferfirmen gleichartige Bauteile, die es bei der Herstellung eines seiner Produkte benötigt. Über die Liefermengen und die Zuverlässigkeiten der Bauteile ist Folgendes bekannt:

a) Der Zulieferer 1 liefert 5000 Bauteile, von denen 99,9 % die Spezifikation erfüllen,

b) der Zulieferer 2 liefert 3000 Bauteile, von denen 99,5 % die Spezifikation erfüllen,

c) der Zulieferer 3 liefert 2000 Bauteile, von denen 99 % die Spezifikation erfüllen.

Die Zuverlässigkeit der gelieferten Bauteile wird in der Wareneingangskontrolle überprüft. Wir möchten wissen, wie groß die Wahrscheinlichkeit ist, dass ein zufällig herausgegriffenes Bauteil die Spezifikation erfüllt, unter der Bedingung, dass es in der Wareneingangskontrolle überprüft worden ist.

Wir betrachten dazu folgende Ereignisse:

- $\mathfrak{B}$ repräsentiert das Ereignis, „das Bauteil wurde in der Wareneingangskontrolle überprüft“,
- $\mathfrak{E}_i$ repräsentiert das Ereignis, „das Bauteil stammt vom Zulieferer *i*“, und
- $\mathfrak{E}$ repräsentiert das Ereignis, „das Bauteil erfüllt die Spezifikation“.

Für die Wahrscheinlichkeiten, dass das Bauteil vom Zulieferer *i* stammt, unter der Bedingung, dass es in der Wareneingangskontrolle überprüft worden ist, erhalten wir die bedingten Wahrscheinlichkeiten

$$\mathsf{P}(\mathfrak{E}_1 \mid \mathfrak{B}) = \frac{5000}{5000 + 3000 + 2000} = 0{,}5\,,$$

$$\mathsf{P}(\mathfrak{E}_2 \mid \mathfrak{B}) = \frac{3000}{5000 + 3000 + 2000} = 0{,}3\,,$$

$$\mathsf{P}(\mathfrak{E}_3 \mid \mathfrak{B}) = \frac{2000}{5000 + 3000 + 2000} = 0{,}2\,.$$

Für die Wahrscheinlichkeiten, dass das Bauteil die Spezifikation erfüllt, unter der Bedingung, dass es vom Zulieferer i stammt und in der Wareneingangskontrolle überprüft worden ist, erhalten wir die bedingten Wahrscheinlichkeiten

$$\mathsf{P}(\mathfrak{E} \mid \mathfrak{E}_1 \cap \mathfrak{B}) = 0{,}999\,,$$

$$\mathsf{P}(\mathfrak{E} \mid \mathfrak{E}_2 \cap \mathfrak{B}) = 0{,}995\,,$$

$$\mathsf{P}(\mathfrak{E} \mid \mathfrak{E}_3 \cap \mathfrak{B}) = 0{,}990\,.$$

Mit diesen Werten berechnen wir nach Satz 4.10 die Wahrscheinlichkeit, dass das Bauteil die Spezifikation erfüllt, unter der Bedingung, dass es in der Wareneingangskontrolle überprüft worden ist. Wir erhalten

$$\mathsf{P}(\mathfrak{E} \mid \mathfrak{B}) = 0{,}5 \cdot 0{,}999 + 0{,}3 \cdot 0{,}995 + 0{,}2 \cdot 0{,}99 = 0{,}996\,.$$

Die Bedingung $\mathfrak{B}$, dass jedes Bauteil in der Wareneingangskontrolle überprüft worden ist, ist für das Endergebnis wesentlich, denn nur dadurch lassen sich mit statistischen Methoden die Wahrscheinlichkeiten verifizieren, mit denen die angelieferten Bauteile die Spezifikationen erfüllen.

4.6 Das Theorem von Bayes und Laplace

Bei der Berechnung bedingter Ereignisse kommt es häufig vor, dass wir eigentlich an der Wahrscheinlichkeit eines Ereignisses $\mathfrak{E}_2$ unter der Bedingung interessiert sind, dass das Ereignis $\mathfrak{E}_1$ eingetreten ist, aber nur die Wahrscheinlichkeit des Ereignisses $\mathfrak{E}_1$ unter der Bedingung kennen, dass das Ereignis $\mathfrak{E}_2$ eingetreten ist, d. h. wir stehen vor dem Problem, die bedingte Wahrscheinlichkeit $\mathsf{P}(\mathfrak{E}_2 \mid \mathfrak{E}_1 \cap \mathfrak{B})$ aus der bedingten Wahrscheinlichkeit $\mathsf{P}(\mathfrak{E}_1 \mid \mathfrak{E}_2 \cap \mathfrak{B})$ ermitteln zu müssen, wobei $\mathfrak{B}$ irgendeine zusätzliche Bedingung oder Information repräsentiert (z. B. in der Messtechnik das Modell der Auswertung). Die Lösung dieses Problems wurde erstmals von T. Bayes [Bay63] angegeben und wenig später unabhängig von ihm auch von P. S. Laplace [Lap74] gefunden, der ihr die mathematische Form gab, die wir heute als Theorem von Bayes-Laplace kennen. Von diesem Theorem gibt es mehrere Versionen.

Satz 4.11 (Theorem von Bayes-Laplace, Version 1)
Für zwei Ereignisse $\mathfrak{E}_1$ und $\mathfrak{E}_2$, gegeben $\mathfrak{B}$, gilt

$$\mathsf{P}(\mathfrak{E}_2 \mid \mathfrak{E}_1 \cap \mathfrak{B}) = \mathsf{P}(\mathfrak{E}_1 \mid \mathfrak{E}_2 \cap \mathfrak{B}) \frac{\mathsf{P}(\mathfrak{E}_2 \mid \mathfrak{B})}{\mathsf{P}(\mathfrak{E}_1 \mid \mathfrak{B})}\,, \tag{4.7}$$

falls $\mathsf{P}(\mathfrak{B}) > 0$, $\mathsf{P}(\mathfrak{E}_1 \cap \mathfrak{B}) > 0$, $\mathsf{P}(\mathfrak{E}_2 \cap \mathfrak{B}) > 0$ und $\mathsf{P}(\mathfrak{E}_2 \mid \mathfrak{B}) > 0$ ist.

Dem Theorem von BAYES-LAPLACE können wir sofort entnehmen, dass die bedingten Wahrscheinlichkeiten $\mathsf{P}(\mathfrak{E}_2 \mid \mathfrak{E}_1 \cap \mathfrak{B})$ und $\mathsf{P}(\mathfrak{E}_1 \mid \mathfrak{E}_2 \cap \mathfrak{B})$ im Allgemeinen nicht gleich sein werden, denn dies kann nur dann der Fall sein, wenn auch die Wahrscheinlichkeiten $\mathsf{P}(\mathfrak{E}_1 \mid \mathfrak{B})$ und $\mathsf{P}(\mathfrak{E}_2 \mid \mathfrak{B})$ gleich sind. Diese Tatsache wird leider häufig nicht beachtet.

Wir können dem Theorems von BAYES-LAPLACE auch noch eine andere Form geben. Setzen wir nämlich in der Gleichung (4.7) $\mathfrak{E}_1 = \mathfrak{E}$ und $\mathfrak{E}_2 = \mathfrak{E}_i$, dann erhalten wir zunächst

$$\mathsf{P}(\mathfrak{E}_i \mid \mathfrak{E} \cap \mathfrak{B}) = \mathsf{P}(\mathfrak{E} \mid \mathfrak{E}_i \cap \mathfrak{B}) \frac{\mathsf{P}(\mathfrak{E}_i \mid \mathfrak{B})}{\mathsf{P}(\mathfrak{E} \mid \mathfrak{B})} . \tag{4.8}$$

Nehmen wir nun an, dass die Ereignisse $\mathfrak{E}_i$ $(i = 1, \ldots, n)$ eine vollständige disjunkte Zerlegung des Ereignisses $\mathfrak{E}$ entsprechend der Beziehung (4.6) bilden, dann folgt aus der Gleichung (4.8) unmittelbar

Satz 4.12 (Theorem von BAYES-LAPLACE, Version 2)
Wenn die Ereignisse $\mathfrak{E}_i$ $(i = 1, \ldots, n)$ eine vollständige disjunkte Zerlegung des Ereignisses $\mathfrak{E}$ bilden, dann gilt

$$\mathsf{P}(\mathfrak{E}_i \mid \mathfrak{E} \cap \mathfrak{B}) = \frac{\mathsf{P}(\mathfrak{E} \mid \mathfrak{E}_i \cap \mathfrak{B})\mathsf{P}(\mathfrak{E}_i \mid \mathfrak{B})}{\sum\limits_{i=1}^{n} \mathsf{P}(\mathfrak{E} \mid \mathfrak{E}_i \cap \mathfrak{B})\mathsf{P}(\mathfrak{E}_i \mid \mathfrak{B})} , \qquad i = 1, \ldots, n , \tag{4.9}$$

falls $\mathsf{P}(\mathfrak{B}) > 0$, $\mathsf{P}(\mathfrak{E} \cap \mathfrak{B}) > 0$ und $\mathsf{P}(\mathfrak{E}_i \cap \mathfrak{B}) > 0$, $\mathsf{P}(\mathfrak{E}_i \mid \mathfrak{B}) > 0$ $(i = 1, \ldots, n)$ ist.

Ein typisches Beispiel für die Anwendung dieser Version des Theorems von BAYES-LAPLACE ist die medizinische Diagnostik. Viele Menschen glauben, dass ein positives[24] Untersuchungsergebnis bedeutet, dass sie tatsächlich erkrankt sind. Kritischere Patienten werden den Arzt vielleicht nach der Sensitivität[25] und der Spezifität[26] des Tests fragen, weil sie glauben oder gehört haben, dass diese Werte etwas über die Zuverlässigkeit des verwendeten Testverfahrens aussagen. Dies ist aber nicht der Fall. Selbst wenn ein Test mit relativ großer Sensitivität und Spezifität verwendet wird, kann die Nachweiswahrscheinlichkeit für eine

---

[24] Ein positives Untersuchungsergebnis bedeutet in der medizinischen Diagnostik, dass der Untersuchte als krank einzustufen ist.

[25] Die Sensitivität bei einer medizinischen Diagnose entspricht dem Anteil der tatsächlich Erkrankten, bei denen die Krankheit auch erkannt wurde.

[26] Die Spezifität bei einer medizinischen Diagnose entspricht dem Anteil der tatsächlich Gesunden, die im Test auch als gesund erkannt werden.

Erkrankung sehr klein sein, wenn ihre Prävalenz[27] nur sehr klein ist. Wir wollen uns das an einem Beispiel verdeutlichen.

Beispiel 4.27 (TBC-Reihenuntersuchungen)
Bis zum Jahre 1997 wurden in Deutschland Reihenuntersuchungen zur präventiven Diagnose von Tuberkulose durchgeführt. Dabei wurde der Tuberkulintest nach F. Mendel und C. Mantoux verwendet. Wir wollen begründen, warum diese Reihenuntersuchungen heute nicht mehr sinnvoll wären, indem wir die Wahrscheinlichkeit dafür berechnen, dass ein Untersuchter erkrankt ist, wenn das Untersuchungsergebnis positiv ist.

Folgende Informationen stehen zur Verfügung:

a) Die Sensitivität des Mendel-Mantoux-Tests wird mit etwa 80–97 % angegeben (S. Pottumarthy, V. C. Wells, A. J. Morris, A Comparison of Seven Tests for Serological Diagnosis of Tuberculosis, Journ. Clinical Microbiology **38** (2000), S. 2227–2231).

b) Die Spezifität des Mendel-Mantoux-Tests wird mit 92 % angegeben (Deutsches Zentralkomitee zur Bekämpfung der Tuberkulose).

c) Im Jahre 2009 gab es in Deutschland 4 444 Tuberkuloseerkrankungen, davon konnten 683 nicht erfolgreich behandelt werden, einschließlich der 154 Todesfälle (Robert-Koch-Institut, Bericht zur Epidemiologie der Tuberkulose in Deutschland für 2009, Berlin 2011); die Behandlungsdauer beträgt etwa 9–12 Monate.

d) Im Jahre 2009 gab es in Deutschland 81 802 257 Einwohner (GENESIS-Datenbank der Statistischen Ämter des Bundes und der Länder).

Wir betrachten die folgenden Ereignisse:

- $\mathfrak{B}$ repräsentiert die Hintergrundinformation (z. B. medizinisches Expertenwissen über die Erkrankung),
- $\mathfrak{E}$ repräsentiert das Ereignis „das Untersuchungsergebnis ist positiv“,
- $\mathfrak{E}_1$ repräsentiert das Ereignis „der Untersuchte ist gesund“,
- $\mathfrak{E}_2$ repräsentiert das Ereignis „der Untersuchte ist an Tuberkulose erkrankt“.

Diesen Ereignissen ordnen wir folgende Wahrscheinlichkeiten zu:

- $\mathsf{P}(\mathfrak{E} \mid \mathfrak{E}_2 \cap \mathfrak{B})$ ist die Wahrscheinlichkeit dafür, dass bei der gegebenen Hintergrundinformation das Untersuchungsergebnis positiv ist, wenn ein Untersuchter erkrankt ist. Diese Wahrscheinlichkeit setzen wir gleich der maximalen Sensitivität. Aus den unter a) angegebenen Daten erhalten wir dann

$$\mathsf{P}(\mathfrak{E} \mid \mathfrak{E}_2 \cap \mathfrak{B}) = 0{,}97 .$$

[27] Die Prävalenz einer Krankheit ist der Anteil der erkrankten Menschen einer bestimmten Gruppe (Bevölkerung).

- $\mathsf{P}(\mathfrak{E} \mid \mathfrak{E}_1 \cap \mathfrak{B})$ ist die Wahrscheinlichkeit dafür, dass bei der gegebenen Hintergrundinformation das Untersuchungsergebnis positiv ist, wenn ein Untersuchter gesund ist. Diese Wahrscheinlichkeit berechnen wir aus der Spezifität. Diese ist durch die Wahrscheinlichkeit $\mathsf{P}(\mathfrak{E}^c \mid \mathfrak{E}_1 \cap \mathfrak{B})$ gegeben. Aus den unter b) angegebenen Daten erhalten wir also

$$\mathsf{P}(\mathfrak{E} \mid \mathfrak{E}_1 \cap \mathfrak{B}) = 1 - \mathsf{P}(\mathfrak{E}^c \mid \mathfrak{E}_1 \cap \mathfrak{B}) = 1 - 0{,}92 = 0{,}08\,.$$

- $\mathsf{P}(\mathfrak{E}_2 \mid \mathfrak{B})$ ist die Wahrscheinlichkeit dafür, dass bei der gegebenen Hintergrundinformation der Untersuchte erkrankt ist. Wir setzen diese Wahrscheinlichkeit mit der Prävalenz gleich, die wir aus den oben unter c) und d) angegebenen Daten abschätzen können. Wir erhalten

$$\mathsf{P}(\mathfrak{E}_2 \mid \mathfrak{B}) = 6{,}4 \cdot 10^{-5}\,.$$

- $\mathsf{P}(\mathfrak{E}_1 \mid \mathfrak{B})$ ist die Wahrscheinlichkeit dafür, dass bei der gegebenen Hintergrundinformation der Untersuchte gesund ist. Wir berechnen diese Wahrscheinlichkeit aus der Prävalenz und erhalten

$$\mathsf{P}(\mathfrak{E}_1 \mid \mathfrak{B}) = 1 - \mathsf{P}(\mathfrak{E}_2 \mid \mathfrak{B}) = 1 - 6{,}4 \cdot 10^{-5} \approx 1\,.$$

- $\mathsf{P}(\mathfrak{E}_2 \mid \mathfrak{E} \cap \mathfrak{B})$ ist die Wahrscheinlichkeit dafür, dass bei der gegebenen Hintergrundinformation ein Untersuchter erkrankt ist, wenn das Untersuchungsergebnis positiv ist. Das ist die gesuchte Wahrscheinlichkeit. Aus Gleichung (4.9) ergibt sich für $n = 2$ und $i = 2$:

$$\mathsf{P}(\mathfrak{E}_2 \mid \mathfrak{E} \cap \mathfrak{B}) = \frac{\mathsf{P}(\mathfrak{E} \mid \mathfrak{E}_2 \cap \mathfrak{B})\mathsf{P}(\mathfrak{E}_2 \mid \mathfrak{B})}{\mathsf{P}(\mathfrak{E} \mid \mathfrak{E}_1 \cap \mathfrak{B})\mathsf{P}(\mathfrak{E}_1 \mid \mathfrak{B}) + \mathsf{P}(\mathfrak{E} \mid \mathfrak{E}_2 \cap \mathfrak{B})\mathsf{P}(\mathfrak{E}_2 \mid \mathfrak{B})}\,.$$

  Setzen wir darin die bereits bekannten Werte ein, dann erhalten wir

$$\mathsf{P}(\mathfrak{E}_2 \mid \mathfrak{E} \cap \mathfrak{B}) = \frac{0{,}97 \cdot 6{,}4 \cdot 10^{-5}}{0{,}08 \cdot 1 + 0{,}97 \cdot 6{,}4 \cdot 10^{-5}} = 7{,}8 \cdot 10^{-4}\,.$$

Wir erhalten also nur eine sehr kleine Wahrscheinlichkeit dafür, dass ein Untersuchter tatsächlich erkrankt ist, wenn das Untersuchungsergebnis positiv ist. Dieses Ergebnis erklärt, warum in Deutschland Reihenuntersuchungen zur präventiven Diagnose von Tuberkulose heute nicht mehr sinnvoll sind.

Selbstverständlich lässt sich dieses Ergebnis nicht verallgemeinern, denn in anderen Regionen der Erde ist es durchaus sinnvoll, Reihenuntersuchungen zur Prävention von Tuberkulose durchzuführen. Der Unterschied gegenüber Deutschland besteht in der dort sehr viel höheren Prävalenz. So beträgt z. B. in den Staaten der ehemaligen Sowjetunion die Prävalenz der multiresistenten Tuberkulose[28] bis zu 28 % (World

[28] Im Falle einer multiresistenten Tuberkulose sind mindestens die beiden wichtigsten Medikamente der Tuberkulosebehandlung (Isoniazid und Rifampicin) unwirksam.

Health Organisation (WHO), *Global Tuberculosis Control. A short update to the 2009 report*, WHO/HTM/TB/2009.426). Der Leser möge zur Übung für diese Prävalenz die Wahrscheinlichkeit berechnen, dass bei der gegebenen Hintergrundinformation ein Untersuchter erkrankt ist, wenn das Untersuchungsergebnis positiv ist.

Durch Summierung der Gleichung (4.9) über alle Indizes $i = 1, \ldots, n$ erhalten wir unmittelbar

$$\sum_{i=1}^{n} \mathsf{P}(\mathfrak{E}_i \mid \mathfrak{E} \cap \mathfrak{B}) = 1 ,$$

d. h. der Nenner in der Gleichung (4.9) ist lediglich eine Normierungskonstante. Wir können diese Gleichung also auch in der Form der Proportionalität

$$\mathsf{P}(\mathfrak{E}_i \mid \mathfrak{E} \cap \mathfrak{B}) \propto \mathsf{P}(\mathfrak{E} \mid \mathfrak{E}_i \cap \mathfrak{B})\mathsf{P}(\mathfrak{E}_i \mid \mathfrak{B}) , \qquad i = 1, \ldots, n ,$$

schreiben. Von dieser Form werden wir später noch Gebrauch machen.

In der Bayes-Statistik wird die Wahrscheinlichkeit $\mathsf{P}(\mathfrak{E}_i \mid \mathfrak{B})$ des Ereignisses $\mathfrak{E}_i$ bevor das Ereignis $\mathfrak{E}$ aufgetreten ist, üblicherweise *a priori* Wahrscheinlichkeit genannt und die Wahrscheinlichkeit $\mathsf{P}(\mathfrak{E}_i \mid \mathfrak{E} \cap \mathfrak{B})$, nachdem das Ereignis $\mathfrak{E}$ aufgetreten ist, *a posteriori* Wahrscheinlichkeit. Der Faktor $\mathsf{P}(\mathfrak{E} \mid \mathfrak{E}_i \cap \mathfrak{B})$ drückt den Grad unserer Überzeugung aus, dass das Ereignis $\mathfrak{E}$ eintreten wird, wenn das Ereignis $\mathfrak{E}_i$ bereits eingetreten ist.

4.7 Stochastische Unabhängigkeit

Die Tatsache, dass es zwischen zwei Ereignissen eine Abhängigkeit geben kann, ist uns aus dem alltäglichen Leben wohl vertraut. Wir sind z. B. davon überzeugt, dass zwischen Blitz und Donner ein Zusammenhang besteht. Wie kommen wir zu dieser Überzeugung? Wir beobachten, dass es sehr häufig donnert, wenn es zuvor geblitzt hat. Daraus schließen wir, dass vermutlich der Blitz die Ursache des Donners ist. Die Wissenschaft geht beim Nachweis eines sogenannten Ursache-Wirkung-Zusammenhanges prinzipiell genauso vor, indem sie die Methoden der Stochastik[29] einsetzt. Wir betrachten dazu ein Beispiel.

Beispiel 4.28 (Lungenkrebs durch Rauchen)
Seit den sechziger Jahren des vorigen Jahrhunderts kann es als gesichert gelten, dass das Zigarettenrauchen mit an Sicherheit grenzender Wahrscheinlichkeit auf die Ausbildung von Lungenkrebs fördernd wirkt [Abe61]. Diese Aussage stützt sich sowohl

[29] Der Begriff „Stochastik" ist von dem altgriechischen Wort στοχάζεσθαι (vermuten) abgeleitet.

auf retrospektive[30], als auch auf prospektive[31] epidemiologische Studien. Nach den retrospektiven Untersuchungen ist die bedingte Wahrscheinlichkeit größer als 85%, dass eine Person zu den Rauchern gehört, wenn sie Lungenkrebs hat. Außerdem ist nach den prospektiven Untersuchungen die bedingte Wahrscheinlichkeit, dass eine Person an Lungenkrebs stirbt, 20 bis 64 mal größer wenn sie zu den Rauchern gehört, als wenn sie zu den Nichtrauchern gehört und diese Wahrscheinlichkeit wächst stetig mit der Menge an konsumierten Tabakprodukten.

Dieses Beispiel zeigt, dass wir immer dann bereit sind, einen Ursache-Wirkung-Zusammenhang zwischen zwei Ereignissen $\mathfrak{E}_1$ und $\mathfrak{E}_2$ als sehr wahrscheinlich anzusehen, wenn die bedingte Wahrscheinlichkeit $\mathsf{P}(\mathfrak{E}_1 \mid \mathfrak{E}_2 \cap \mathfrak{B})$, dass das Ereignis $\mathfrak{E}_1$ eintritt, und wir bereits wissen, dass das Ereignis $\mathfrak{E}_2$ eingetreten ist, besonders groß gegenüber der bedingten Wahrscheinlichkeit $\mathsf{P}(\mathfrak{E}_1 \mid \mathfrak{E}_2^c \cap \mathfrak{B})$ ist, dass das Ereignis $\mathfrak{E}_1$ eintritt, und wir bereits wissen, dass das Ereignis $\mathfrak{E}_2$ *nicht* eingetreten ist. Dabei sehen wir das Ereignis $\mathfrak{E}_1$ als Wirkung und das Ereignis $\mathfrak{E}_2$ als Ursache an. Dieser induktive Schluss von der Wirkung auf die Ursache ist allerdings nicht zwingend für einen kausalen Zusammenhang zwischen den betrachteten Ereignissen, weil auch eine andere (noch unbekannte) Ursache zur gleichen Wirkung führen könnte oder mehr als eine Ursache wirksam gewesen sein könnte, wir aber nicht in der Lage sind zu entscheiden, welche davon tatsächlich wirksam war. Eine *stochastische* Abhängigkeit bedeutet nicht notwendigerweise einen *kausalen* Zusammenhang.

Wenn es aber zwischen zwei Ereignissen $\mathfrak{E}_1$ und $\mathfrak{E}_2$ *keinen* kausalen Zusammenhang gibt, dann erwarten wir im Allgemeinen, dass die bedingten Wahrscheinlichkeiten $\mathsf{P}(\mathfrak{E}_1 \mid \mathfrak{E}_2 \cap \mathfrak{B})$ und $\mathsf{P}(\mathfrak{E}_1 \mid \mathfrak{E}_2^c \cap \mathfrak{B})$ näherungsweise gleich sind. In unserem Beispiel 4.28 würden wir z. B. erwarten, dass genauso viele Raucher wie Nichtraucher an Lungenkrebs erkranken, wenn Rauchen *keine* der Ursachen für diese Krankheit ist. Wir sagen in diesem Fall, dass die beiden betrachteten Ereignisse stochastisch unabhängig sind. Dies führt uns unmittelbar zur Definition der stochastischen Unabhängigkeit:

Definition 4.22 (Stochastische Unabhängigkeit)
Zwei Ereignisse $\mathfrak{E}_1$ und $\mathfrak{E}_2$, gegeben $\mathfrak{B}$ sind stochastisch unabhängig, wenn

$$\mathsf{P}(\mathfrak{E}_1 \mid \mathfrak{E}_2 \cap \mathfrak{B}) = \mathsf{P}(\mathfrak{E}_1 \mid \mathfrak{E}_2^c \cap \mathfrak{B})$$

ist, falls $\mathsf{P}(\mathfrak{E}_2 \cap \mathfrak{B}) > 0$ und $\mathsf{P}(\mathfrak{E}_2^c \cap \mathfrak{B}) > 0$ ist.

[30]Betrachtung des Zusammenhangs zwischen festgestellter Krankheit und früheren Gegebenheiten.

[31]Betrachtung des Zusammenhangs zwischen festgestellten Gegebenheiten und auftretender späterer Erkrankung.

In den Lehrbüchern der Wahrscheinlichkeitsrechnung und Statistik findet man häufig noch andere Definitionen für die stochastische Unabhängigkeit. Diese sind aber alle zu der hier angegebenen Definition äquivalent, wie in dem folgenden Satz festgestellt wird.

Satz 4.13 (Stochastische Unabhängigkeit)
Wenn zwei Ereignisse $\mathfrak{E}_1$ und $\mathfrak{E}_2$, gegeben $\mathfrak{B}$, stochastisch unabhängig sind, dann sind die folgenden Beziehungen äquivalent:

$$\mathsf{P}(\mathfrak{E}_1 \mid \mathfrak{E}_2 \cap \mathfrak{B}) = \mathsf{P}(\mathfrak{E}_1 \mid \mathfrak{E}_2^c \cap \mathfrak{B}),$$

falls $\mathsf{P}(\mathfrak{E}_2 \cap \mathfrak{B}) > 0$ und $\mathsf{P}(\mathfrak{E}_2^c \cap \mathfrak{B}) > 0$ ist,

$$\mathsf{P}(\mathfrak{E}_1 \mid \mathfrak{E}_2 \cap \mathfrak{B}) = \mathsf{P}(\mathfrak{E}_1 \mid \mathfrak{B}),$$

falls $\mathsf{P}(\mathfrak{E}_2 \cap \mathfrak{B}) > 0$ und $\mathsf{P}(\mathfrak{B}) > 0$ ist,

$$\mathsf{P}(\mathfrak{E}_1 \cap \mathfrak{E}_2 \mid \mathfrak{B}) = \mathsf{P}(\mathfrak{E}_1 \mid \mathfrak{B})\,\mathsf{P}(\mathfrak{E}_2 \mid \mathfrak{B}), \tag{4.10}$$

falls $\mathsf{P}(\mathfrak{B}) > 0$ ist.

Dieser Satz ist umkehrbar, d. h. wenn eine der angegebenen Beziehungen gilt, dann sind die betrachteten Ereignisse stochastisch unabhängig.

Es lassen sich noch weitere Beziehungen für die stochastische Unabhängigkeit herleiten, wie z. B. $\mathsf{P}(\mathfrak{E}_2 \mid \mathfrak{E}_1 \cap \mathfrak{B}) = \mathsf{P}(\mathfrak{E}_2 \mid \mathfrak{E}_1^c \cap \mathfrak{B})$, d. h. die stochastische Unabhängigkeit zwischen zwei Ereignissen besteht immer wechselseitig. Diese Symmetrie ist auch sehr gut an der letzten Beziehung (4.10) zu erkennen.

Wir geben noch einen weiteren wichtigen Satz an:

Satz 4.14 (Stochastische Unabhängigkeit komplementärer Ereignisse)
Wenn zwei Ereignisse $\mathfrak{E}_1$ und $\mathfrak{E}_2$ stochastisch unabhängig sind, dann gilt dies auch für die Ereignispaarungen $\mathfrak{E}_1^c$ und $\mathfrak{E}_2^c$, $\mathfrak{E}_1$ und $\mathfrak{E}_2^c$, sowie $\mathfrak{E}_1^c$ und $\mathfrak{E}_2$.

Manchmal hört man von in der Wahrscheinlichkeitsrechnung nicht geschulten Personen die Meinung, dass die stochastische Unabhängigkeit zweier Ereignisse gleichbedeutend damit ist, dass diese Ereignisse sich gegenseitig ausschließen. Das ist aber falsch. Es gilt vielmehr:

Satz 4.15 (Stochastische Abhängigkeit disjunkter Ereignisse)
Zwei Ereignisse, die sich gegenseitig ausschließen (disjunkte Ereignisse), sind immer stochastisch abhängig.

Wir betrachten ein Beispiel, das erklärt, warum sich gegenseitig ausschließende Ereignisse stets stochastisch abhängig sind.

Beispiel 4.29 (Stochastische Abhängigkeit beim Roulette)
Beim klassischen französischen Roulettespiel können insgesamt 37 Elementarereignisse eintreten, denn die Kugel kann auf eine der Zahlen 1 bis 36 oder auf die Zahl 0 fallen. Bei einem fairen Spiel kann davon ausgegangen werden, dass jedes Elementarereignis gleich wahrscheinlich ist, nämlich gleich 1/37.

Wenn wir bei einem Spiel mit $\mathfrak{E}_1$ das Ereignis bezeichnen, dass die Kugel auf die 0 fällt, und mit $\mathfrak{E}_2$ das Ereignis, dass die Kugel auf irgendeine der anderen Zahlen fällt, dann gilt $\mathfrak{E}_1 \cap \mathfrak{E}_2 = \varnothing$, denn die beiden Ereignisse schließen einander aus. Daraus folgt für die Wahrscheinlichkeit $\mathsf{P}(\mathfrak{E}_1 \cap \mathfrak{E}_2) = 0$. Es ist aber $\mathsf{P}(\mathfrak{E}_1) = \mathsf{P}(\mathfrak{E}_2) = 1/37$, sodass wir $\mathsf{P}(\mathfrak{E}_1 \cap \mathfrak{E}_2) \neq \mathsf{P}(\mathfrak{E}_1)\mathsf{P}(\mathfrak{E}_2)$ erhalten. Die beiden Ereignisse sind also stochastisch abhängig und schließen sich gegenseitig aus.

Der Grund für die stochastische Abhängigkeit ist hier offenbar, dass für zwei sich gegenseitig ausschließende Ereignisse $\mathfrak{E}_1$ und $\mathfrak{E}_2$ stets $\mathsf{P}(\mathfrak{E}_1 \cap \mathfrak{E}_2) = 0$ ist.

Die stochastische Unabhängigkeit von *zwei* Ereignissen ist im Einklang mit unserer alltäglichen Erfahrung. Wenn wir unsere Überlegungen aber auf die stochastische Unabhängigkeit von *mehr als zwei* Ereignissen ausdehnen, dann ist es möglich, dass wir auf eine Situation stoßen, die uns paradox erscheint. Es kann nämlich der Fall eintreten, dass bei mehreren Ereignissen eine stochastische Unabhängigkeit zwischen allen möglichen Paaren $\mathfrak{E}_i$ und $\mathfrak{E}_j$ $(i \neq j)$ von Ereignissen besteht, sodass zwar die Beziehungen $\mathsf{P}(\mathfrak{E}_i \cap \mathfrak{E}_j) = \mathsf{P}(\mathfrak{E}_i)\mathsf{P}(\mathfrak{E}_j)$ $(i \neq j)$ gültig sind, mehr als zwei Ereignisse aber trotzdem nicht notwendigerweise stochastisch unabhängig sein müssen. Darauf hat erstmals S. N. Bernstein [Ber27] aufmerksam gemacht. Wir wollen uns ein derartiges Beispiel einmal ansehen.

Beispiel 4.30 (Werfen zweier Münzen)
Wir werfen zwei Münzen, die wir als fair ansehen wollen. Die Ergebnismenge ist in diesem Fall $\Omega = \{(K,K),(K,Z),(Z,K),(Z,Z)\}$, wobei K und Z hier die Bedeutung haben, dass die jeweilige Münze nach dem Wurf Kopf bzw. Zahl zeigt, sodass z. B. das Paar (Z,K) das Ergebnis „die erste Münze zeigt Zahl, die zweite Münze zeigt Kopf" bezeichnet. Es gibt also vier verschiedene mögliche Ergebnisse.

Wir betrachten nun die folgenden drei Ereignisse:

a) $\mathfrak{E}_1$ bezeichnet das Ereignis $\{(K,K),(K,Z)\}$, d. h. dass die erste Münze Kopf zeigt, und es ist daher $\mathsf{P}(\mathfrak{E}_1) = 1/2$.

b) $\mathfrak{E}_2$ bezeichnet das Ereignis $\{(K,K),(Z,K)\}$, d. h. dass die zweite Münze Kopf zeigt, und es ist daher $\mathsf{P}(\mathfrak{E}_2) = 1/2$.

c) $\mathfrak{E}_3$ bezeichnet das Ereignis $\{(Z,K),(K,Z)\}$, d. h. dass nur *eine* der beiden Münzen Kopf zeigt, und es ist daher $\mathsf{P}(\mathfrak{E}_3) = 1/2$.

Wir erhalten also $\mathfrak{E}_1 \cap \mathfrak{E}_2 = \{(K,K)\}$, $\mathfrak{E}_1 \cap \mathfrak{E}_3 = \{(K,Z)\}$ und $\mathfrak{E}_2 \cap \mathfrak{E}_3 = \{(Z,K)\}$ d. h. es ist $\mathsf{P}(\mathfrak{E}_1 \cap \mathfrak{E}_2) = \mathsf{P}(\mathfrak{E}_1)\mathsf{P}(\mathfrak{E}_2) = 1/4$, $\mathsf{P}(\mathfrak{E}_1 \cap \mathfrak{E}_3) = \mathsf{P}(\mathfrak{E}_1)\mathsf{P}(\mathfrak{E}_3) = 1/4$ und $\mathsf{P}(\mathfrak{E}_2 \cap \mathfrak{E}_3) = \mathsf{P}(\mathfrak{E}_2)\mathsf{P}(\mathfrak{E}_3) = 1/4$. Die Ereignisse sind also paarweise stochastisch unabhängig. Trotzdem ist aber jedes der Ereignisse $\mathfrak{E}_1$, $\mathfrak{E}_2$ und $\mathfrak{E}_3$ jeweils durch die anderen beiden Ereignisse bestimmt, denn es tritt nur dann ein, wenn genau eines der beiden anderen Ereignisse ebenfalls eintritt. Die drei Ereignisse sind also nicht vollständig stochastisch unabhängig. Dies zeigt auch die Rechnung, denn es ist einerseits $\mathfrak{E}_1 \cap \mathfrak{E}_2 \cap \mathfrak{E}_3 = \emptyset$ und daher $\mathsf{P}(\mathfrak{E}_1 \cap \mathfrak{E}_2 \cap \mathfrak{E}_3) = 0$, während andererseits $\mathsf{P}(\mathfrak{E}_1)\mathsf{P}(\mathfrak{E}_2)\mathsf{P}(\mathfrak{E}_3) = 1/8$ ist.

Das Beispiel zeigt, dass bei mehr als zwei Ereignissen trotz der stochastischen Unabhängigkeit aller möglichen Paarungen von Ereignissen noch keine vollständige stochastische Unabhängigkeit aller Ereignisse vorhanden sein muss.

Die vollständige stochastische Unabhängigkeit wird definiert durch:

Definition 4.23 (Vollständige stochastische Unabhängigkeit)
Zwei oder mehr verschiedene Ereignisse $\mathfrak{E}_i$ $(i = 1, \ldots, n)$ sind vollständig stochastisch unabhängig, wenn die Wahrscheinlichkeit jedes von ihnen nicht von den anderen Ereignissen abhängig ist.

Es lässt sich zeigen, dass für den Nachweis des Bestehens der vollständigen stochastischen Unabhängigkeit von n Ereignissen insgesamt $2^n - n - 1$ Gleichungen untersucht werden müssen. Die Anzahl der zu untersuchenden Gleichungen nimmt demnach exponentiell zu.

4.8 Zufallsgrößen

Im Abschnitt 4.3 hatten wir den abstrakten Wahrscheinlichkeitsraum $(\Omega, \mathcal{A}, \mathsf{P})$ eingeführt, wobei Ω die Ergebnismenge bezeichnet, d. h. die Elemente dieser Menge sind die möglichen Ergebnisse. Um die Wahrscheinlichkeitstheorie für die Auswertung von Messergebnissen nutzen zu können, müssen wir einen Zusammenhang zwischen den Elementen von Ω und den Messergebnissen herstellen. Dazu führen wir eine Funktion $X(\omega)$ ein, die jedem Element ω von Ω genau ein mögliches Messergebnis zuordnet. Da Messergebnisse im Allgemeinen reelle Zahlen sind, müssen die Werte der Funktion $X(\omega)$ reelle Zahlen sein. Die auf diese Weise eingeführte reellwertige Funktion nennen wir „Zufallsgröße“[32].

[32] Die Benennung „Zufallsgröße“ wurde von A. N. Kolmogoroff eingeführt, der seine grundlegenden Arbeiten in deutscher Sprache veröffentlicht hat. In der angelsächsischen Literatur wurde später stattdessen die Benennung *random variable* verwendet. Das hat unglücklicherweise dazu ge-

Definition 4.24 (Zufallsgröße)
Eine Funktion $X(\omega)$, die jedem Element ω der Ergebnismenge Ω eine reelle Zahl x zuordnet, heißt Zufallsgröße, wenn die Menge

$$\{\omega \in \Omega \,|\, X(\omega) \leq x, x \in \mathbb{R}\}$$

ein Ereignis in der Ereignismenge $\mathcal{A}$ ist.

Es sei an dieser Stelle ergänzend darauf hingewiesen, dass sich Zufallsgrößen auch als Funktionen definieren lassen, die jedem Element der Ergebnismenge eine *komplexe* Zahl zuordnen. Derartige Zufallsgrößen lassen sich aber auch durch zwei reelle Zufallsgrößen für den Realteil und den Imaginärteil ersetzen.

Zufallsgrößen bezeichnen wir im Folgenden mit Großbuchstaben, ihre Werte mit den entsprechenden Kleinbuchstaben. Wir können also z. B. $X(\omega) \leq x$ oder $Y(\omega) \leq y$ schreiben.

Jede Funktion besitzt einen Definitionsbereich und einen Wertebereich. Dies gilt selbstverständlich auch für eine Zufallsgröße $X(\omega)$. Der Definitionsbereich ist hier die Ergebnismenge Ω, und der Wertebereich ist

$$\mathfrak{W}_X = \{x \in \mathbb{R} \,|\, X(\omega) \leq x, \omega \in \Omega\}\,,$$

d. h. die Menge der reellen Zahlen x, die durch die Funktion $X(\omega)$ den Elementen der Ergebnismenge Ω zugeordnet sind.

Um den Begriff „Zufallsgröße“ zu veranschaulichen, betrachten wir einige einfache Beispiele.

Beispiel 4.31 (Würfeln mit einem idealen Würfel)
Wir würfeln mit einem als ideal vorausgesetzten Würfel. Die Ergebnismenge ist in diesem Fall durch $\Omega = \{\omega_1, \omega_2, \omega_3, \omega_4, \omega_5, \omega_6\}$ gegeben, wobei ω_i $(i = 1, \ldots, 6)$ das Ergebnis bezeichnet, dass nach dem Wurf i Augen oben liegen.

Wir können hier z. B. die Zufallsgröße durch die Vorschrift $X(\omega_i) = i$ festlegen. Als Wertebereich ergibt sich dann die Menge $\mathfrak{W}_X = \{1,2,3,4,5,6\}$.

Eine andere Möglichkeit wäre die Vorschrift

$$X(\omega_i) = \begin{cases} 1 & \text{wenn } i = 6 \\ 0 & \text{sonst} \end{cases}\,.$$

---

führt, dass heute auch viele deutsche Autoren (fälschlicherweise) die Benennung „Zufallsvariable“ verwenden. Dies sollte vermieden werden, denn es handelt sich bei dem genannten Begriff um keine Variable, sondern um eine Funktion.

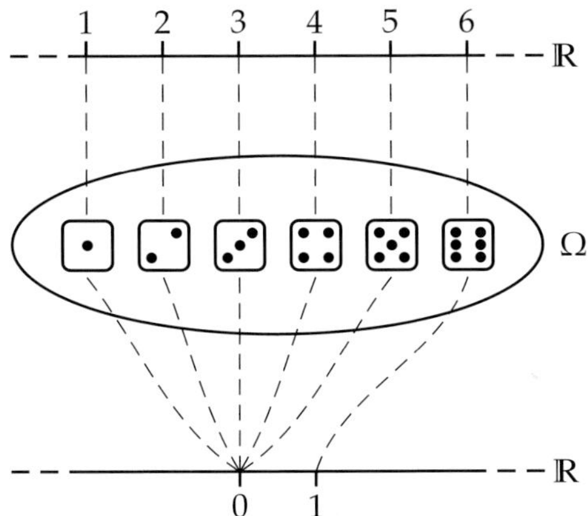

Abbildung 4.6 Mögliche Zufallsgrößen beim Würfeln

Diese Zufallsgröße würden wir wählen, wenn wir nur daran interessiert wären, ob eine Sechs gewürfelt wird oder nicht. Als Wertebereich ergibt sich in diesem Fall die Menge $\mathfrak{W}_X = \{0,1\}$.

Beispiel 4.32 (Mehrfaches Werfen einer fairen Münze)
Eine faire Münze werde mehrfach geworfen. Die Wahrscheinlichkeit, dass bei einem Wurf „Kopf" erscheint, ist genauso groß wie die Wahrscheinlichkeit, dass „Zahl" erscheint. Trotzdem kommt es beim mehrfachen Werfen einer Münze vor, dass viele Male nacheinander „Zahl" oben zu liegen kommt[33]. Die ungarischen Mathematiker P. Erdős und A. Rényi haben gezeigt, dass es beim n-fachen Werfen einer fairen Münze durchaus möglich ist, dass $(\log_2 n)$-mal ununterbrochen nacheinander „Zahl" (oder „Kopf") auftreten kann [ER70], d. h. bei 100 Würfen wäre es keineswegs ungewöhnlich, wenn bis zu siebenmal nacheinander „Zahl" auftreten würde.

Wenn wir — ohne die Gesamtanzahl der Würfe vorher festzulegen — nach der Anzahl der Fälle fragen, in denen nacheinander ohne Unterbrechung „Zahl" erscheint, wobei wir die Zählung beginnen, wenn das erste Mal „Zahl" erscheint, dann ist die Ergebnismenge durch $\Omega = \{Z, ZZ, ZZZ, \ldots\}$ gegeben, wobei Z die Bedeutung „Zahl erscheint" hat.

Als Zufallsgröße wählen wir die Anzahl der ohne Unterbrechung aufeinander folgenden Ereignisse „Zahl erscheint". Der Wert der Zufallsgröße ist also in diesem

[33] Dies scheint paradox zu sein, erklärt sich aber einfach daraus, dass eine Münze kein Gedächtnis hat. Für jeden Münzwurf ist bei einer fairen Münze die Wahrscheinlichkeit dafür, dass „Zahl" erscheint, stets gleich 1/2, unabhängig davon, wie oft bereits „Zahl" vorher aufgetreten ist.

Fall eine natürliche Zahl[34]. Da es theoretisch unendlich lange dauern kann, bis das Ereignis „Zahl erscheint“ nicht mehr auftritt, ist der Wertebereich in diesem Fall gleich der Menge der natürlichen Zahlen $\mathbb{N}$.

Beispiel 4.33 (Rollen einer Kugel)
Eine Kugel wird durch einen Stoß in Bewegung gesetzt. Nach einer gewissen Zeit kommt sie aufgrund der Reibung wieder zum Stillstand. Wir fragen, nach welcher Zeit die Kugel wieder zur Ruhe kommt. Diese Zeit ist eine Zufallsgröße, und der Wertebereich ist durch die Menge der nichtnegativen reellen Zahlen gegeben. Ergebnismenge und Wertebereich sind in diesem Fall identisch.

Wir könnten auch nach dem von der Kugel während der Bewegung zurückgelegten Weg fragen. Dann würden wir eine weitere Zufallsgröße erhalten, deren Wertebereich durch die Menge der nichtnegativen reellen Zahlen gegeben ist.

Diese Beispiele zeigen, dass der Wertebereich einer Zufallsgröße endlich viele (Beispiel 4.31), abzählbar unendlich viele (Beispiel 4.32) oder auch überabzählbar unendlich viele (Beispiel 4.33) Elemente haben kann.

Die Zufallsgrößen werden nach der Kardinalität[35] ihres Wertebereiches in zwei verschiedene Klassen eingeteilt:

Definition 4.25 (Diskrete Zufallsgröße)
Eine Zufallsgröße, deren Wertebereich endlich viele oder abzählbar unendlich viele Elemente enthält, wird als diskrete Zufallsgröße bezeichnet.

Definition 4.26 (Stetige Zufallsgröße)
Eine Zufallsgröße, deren Wertebereich ein Kontinuum ist — d. h. überabzählbar unendlich viele Elemente enthält —, wird als stetige Zufallsgröße bezeichnet.

Die Einteilung der Zufallsgrößen in diskrete und stetige Zufallsgrößen hängt *nicht* davon ab, ob die jeweilige Ergebnismenge ein Kontinuum ist oder nicht. Das folgende Beispiel zeigt, dass es sinnvoll sein kann, eine diskrete Zufallsgröße zu betrachten, obwohl die Ergebnismenge ein Kontinuum ist.

Beispiel 4.34 (Lebensdauer von Glühlampen)
Ein Hersteller untersucht im Rahmen der Qualitätssicherung die Lebensdauer der von ihm produzierten Glühlampen. Dazu wird aus der Produktion eine Stichprobe entnommen und für jede Glühlampe dieser Stichprobe die Zeit bis zu ihrem Ausfall

---

[34] Die natürlichen Zahlen sind bekanntlich eine Teilmenge der reellen Zahlen.

[35] Die Kardinalität card $\mathfrak{M}$ einer Menge $\mathfrak{M}$ gibt ihren Umfang an. Für eine endliche Menge $\mathfrak{M}$ mit n Elementen ist card $\mathfrak{M} = n$, für eine abzählbar unendliche Menge $\mathfrak{M}$ ist card $\mathfrak{M} = \text{card}\,\mathbb{N} = \aleph_0$, und für eine überabzählbare Menge $\mathfrak{M}$ ist card $\mathfrak{M} > \aleph_0$.

(d. h. ihre Lebensdauer) gemessen. Das Untersuchungsergebnis wird anschließend in Form eines Histogramms dargestellt.

Die Ergebnismenge ist hier ein Kontinuum, weil die Lebensdauer jeder der Glühlampen reelle Werte annimmt. Für die Darstellung als Histogramm wird das Intervall zwischen dem kleinsten und dem größten Wert der Lebensdauer in gleiche Teile geteilt und für jedes der Teilintervalle gezählt, wie viele Glühlampen eine Lebensdauer erreicht haben, die in das jeweilige Teilintervall fällt. Die Anzahl der Glühlampen, die einem bestimmten Teilintervall zugeordnet sind, ist hier eine diskrete Zufallsgröße.

Es ist kein Versehen, dass wir für Größen (siehe Abschnitt 2.1) und Zufallsgrößen die gleichen Bezeichnungen — nämlich Großbuchstaben — verwenden. Der Grund dafür ist, dass wir Größen als Zufallsgrößen auffassen können, denn die zu einer Größe gehörenden Messwerte lassen sich genauso wenig vorhersagen, wie die Werte einer Zufallsgröße. Wir werden deshalb im Folgenden keinen Unterschied zwischen Größen und Zufallsgrößen machen, sondern die gemessenen Werte einer Größe als Werte einer Zufallsgröße ansehen.

Da häufig nicht genau verstanden wird, auf welche Art und Weise der Zufall bei einer Zufallsgröße wirksam wird, sei hier ausdrücklich darauf hingewiesen, dass die Zuordnungsvorschrift (Funktion), die jedem Element der Ergebnismenge eine reelle Zahl zuordnet, niemals zufällig ist, sondern wohlbestimmt und ein für alle mal festgelegt. Zufällig sind lediglich die Ergebnisse des jeweils betrachteten Experiments und damit auch die Werte (in der Wahrscheinlichkeitstheorie Realisierungen genannt), die von der Funktion angenommen werden. Wenn wir z. B. beim mehrfachen Werfen einer Münze den Ergebnissen „Kopf“ und „Zahl“ die Zahlen +1 und −1 zuordnen, dann ist dies eine unveränderliche Zuordnungsvorschrift. Die Werte der entsprechenden Zufallsgröße können aber in zufälliger Weise +1 oder −1 sein, je nachdem, welche Seite der Münze nach dem Wurf jeweils oben liegt, denn das Ergebnis jedes Wurfes ist zufällig.

Die in der Definition 4.24 der Zufallsgröße enthaltene Forderung

$$\mathfrak{E}_X = \{\omega \in \Omega \,|\, X(\omega) \leq x, x \in \mathbb{R}\}\,, \qquad \mathfrak{E}_X \in \mathcal{A}\,,$$

heißt Regularitätsbedingung oder Messbarkeitsbedingung. Eine Funktion $X(\omega)$ ist also nur dann eine Zufallsgröße, wenn $\mathfrak{E}_X$ ein Ereignis in der Ereignismenge $\mathcal{A}$ ist. Das Ereignis $\mathfrak{E}_X$ ist hier, dass der Wert der Zufallsgröße $X(\omega)$ nicht größer als eine bestimmte reelle Zahl x ist. Häufig wird — insbesondere in der praktischen Anwendung — für dieses Ereignis abkürzend nur $(X \leq x)$ geschrieben und damit der Bezug auf den zugrunde liegenden abstrakten Wahrscheinlichkeitsraum $(\Omega,\mathcal{A},\mathsf{P})$ weggelassen.

Zum Schluss dieses Abschnitts wollen wir noch an einem Beispiel demonstrieren, wie die Einhaltung der Regularitätsbedingung überprüft werden kann, die ja eine Voraussetzung dafür ist, dass eine Zuordnungsvorschrift (Funktion) als Zufallsgröße aufgefasst werden darf.

Beispiel 4.35 (Augensumme beim Würfeln mit zwei idealen Würfeln)
Wir knüpfen an das Beispiel 4.6 im Abschnitt 4.1 an. Wir würfeln gleichzeitig mit zwei als ideal vorausgesetzten Würfeln — einem weißen und einem schwarzen — und bilden die Summe der jeweils oben liegenden Augenzahlen. Die Ergebnismenge Ω ist in diesem Fall die Menge der geordneten Paare (ω_i,ω_j) $(i,j = 1,\ldots,6)$, wobei ω_i das Ergebnis, „beim weißen Würfel liegen i Augen oben" und ω_j das Ergebnis, „beim schwarzen Würfel liegen j Augen oben", bezeichnen.

Da die Ergebnismenge Ω nur endlich viele Elemente enthält (es sind genau 36), können wir die Ereignismenge gleich der Potenzmenge der Ergebnismenge setzen (siehe dazu die Ausführungen im Abschnitt 4.2), d. h. es ist $\mathcal{A} = \mathcal{P}(\Omega)$. Diese Ereignismenge $\mathcal{A}$ enthält insgesamt $2^{36} = 68.719.476.736$ verschiedene Ereignisse. Wir sind aber nur an den elf Ereignissen $\mathfrak{E}_k$ $(k = 2,\ldots,12)$ interessiert, für welche die Augensumme der beiden Würfel jeweils gleich k ist.

Wir führen nun durch die Zuordnungsvorschrift

$$X[(\omega_i,\omega_j)] = i + j\,, \qquad i,j = 1,\ldots,6\,,$$

die Augensumme X der beiden Würfel als Zufallsgröße ein. Die auf diese Weise eingeführte Zufallsgröße erfüllt die Regularitätsbedingung. Um dies nachzuweisen, betrachten wir die Mengen $\mathfrak{S}_k = \{(\omega_i,\omega_j) \in \Omega \mid X[(\omega_i,\omega_j)] \le k, k \in \mathbb{R}\}$ $(k = 2,\ldots,12)$, die als Vereinigung der Ereignisse $\mathfrak{E}_k$ $(k = 2,\ldots,12)$ erhalten werden können, denn es gilt

$$\mathfrak{S}_k = \bigcup_{i=2}^{k} \mathfrak{E}_k\,, \qquad k = 2,\ldots,12\,. \tag{4.11}$$

Von den Ereignissen $\mathfrak{E}_k$ $(k = 2,\ldots,12)$ wissen wir aber bereits, dass sie der Ereignismenge $\mathcal{A}$ angehören. Da $\mathcal{A}$ eine σ-Algebra ist, folgt aus der Definition 4.15 der σ-Algebra schließlich $\mathfrak{S}_k \in \mathcal{A}$.

Es lässt sich zeigen, dass für diskrete Zufallsgrößen die Regularitätsbedingung immer erfüllt ist, wenn $\mathcal{A} = \mathcal{P}(\Omega)$ ist, d. h. wenn die Ereignismenge gleich der Potenzmenge der Ergebnismenge ist. Die Regularitätsbedingung ist demnach im Wesentlichen für stetige Zufallsgrößen von Bedeutung.

4.9 Wahrscheinlichkeitsverteilungsfunktionen

Im Abschnitt 4.3 hatten wir das Wahrscheinlichkeitsmaß P betrachtet, durch das den in der Ereignismenge $\mathcal{A}$ enthaltenen möglichen Ereignissen Wahrscheinlichkeiten zugeordnet werden. Dabei sind die Elemente von $\mathcal{A}$ Teilmengen der Ergebnismenge Ω, in der alle möglichen Ergebnisse eines Experiments zusammengefasst sind. Im vorhergehenden Abschnitt hatten wir zusätzlich die Zufallsgrößen $X(\omega)$ als Funktionen eingeführt, die den Elementen ω der Ergebnismenge Ω reelle Zahlen zuordnen. Wir hatten dabei auch festgestellt, dass die Zufallsgrößen $X(\omega)$ die Regularitätsbedingung

$$\mathfrak{E}_X = \{\omega \in \Omega \,|\, X(\omega) \leq x, x \in \mathbb{R}\}\,, \qquad \mathfrak{E}_X \in \mathcal{A}\,, \tag{4.12}$$

erfüllen müssen, d. h. das Ereignis $\mathfrak{E}_X$ muss stets ein mögliches Ereignis der Ereignismenge $\mathcal{A}$ sein.

Wir können nun nach der Wahrscheinlichkeit $\mathsf{P}(\mathfrak{E}_X)$ des durch die Beziehung (4.12) gegebenen Ereignisses $\mathfrak{E}_X$ fragen. Diese Wahrscheinlichkeit ist identisch mit der Wahrscheinlichkeit $\mathsf{P}(X \leq x)$, dass der Wert der Zufallsgröße $X(\omega)$ den Wert x nicht überschreitet. Sie ist eine Funktion von x und wird Wahrscheinlichkeitsverteilungsfunktion (abgekürzt auch Verteilungsfunktion oder Wahrscheinlichkeitsverteilung) genannt und mit $G_X(x)$ bezeichnet.[36]

Definition 4.27 (Wahrscheinlichkeitsverteilungsfunktion)
Es sei Ω eine Ergebnismenge, dann heißt die reellwertige Funktion

$$G_X(x) = \mathsf{P}(\{\omega \in \Omega \,|\, X(\omega) \leq x\}) = \mathsf{P}(X \leq x)\,, \qquad x \in \mathbb{R}\,,$$

Wahrscheinlichkeitsverteilungsfunktion der Zufallsgröße X.

Diese Definition ist sowohl für diskrete, als auch für stetige Zufallsgrößen gültig. Um sie leichter nachvollziehen zu können, betrachten wir zunächst ein einfaches Beispiel für eine diskrete Zufallsgröße:

Beispiel 4.36 (Augensumme beim Würfeln mit zwei idealen Würfeln)
Wir setzen das Beispiel 4.35 fort. Wenn wir wie zuvor mit der Zufallsgröße X die Augensumme bezeichnen, dann ergibt sich die in der Abbildung 4.7 graphisch dargestellte Wahrscheinlichkeitsverteilungsfunktion

[36] Abweichend von der in der Wahrscheinlichkeitstheorie üblichen Bezeichnung $F_X(x)$ verwenden wir durchgängig die Bezeichnung $G_X(x)$, wie sie auch im Supplement 1 zum GUM [GUM-1] verwendet wird, um eine Verwechslung mit den Modellfunktionen zu vermeiden.

$$G_X(x) = \begin{cases} 0 & \text{wenn} \quad x < 2 \\ \frac{1}{36} & \text{wenn} \quad 2 \leq x < 3 \\ \frac{3}{36} & \text{wenn} \quad 3 \leq x < 4 \\ \frac{6}{36} & \text{wenn} \quad 4 \leq x < 5 \\ \frac{10}{36} & \text{wenn} \quad 5 \leq x < 6 \\ \frac{15}{36} & \text{wenn} \quad 6 \leq x < 7 \\ \frac{21}{36} & \text{wenn} \quad 7 \leq x < 8 \\ \frac{26}{36} & \text{wenn} \quad 8 \leq x < 9 \\ \frac{30}{36} & \text{wenn} \quad 9 \leq x < 10 \\ \frac{33}{36} & \text{wenn} \quad 10 \leq x < 11 \\ \frac{35}{36} & \text{wenn} \quad 11 \leq x < 12 \\ 1 & \text{wenn} \quad 12 \leq x \end{cases} . \tag{4.13}$$

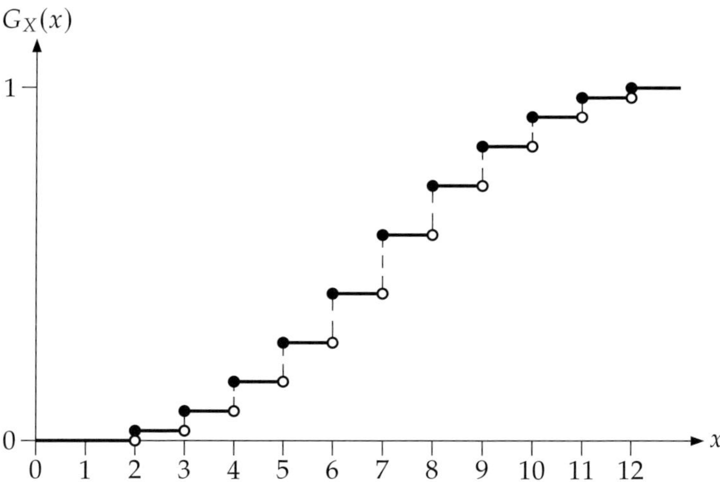

Abbildung 4.7 Graph der Wahrscheinlichkeitsverteilungsfunktion der Augensumme beim Würfeln mit zwei idealen Würfeln

Um diese Wahrscheinlichkeitsverteilungsfunktion zu erhalten, haben wir folgende Überlegungen angestellt: Beim Würfeln mit zwei Würfeln enthält die Ergebnismenge Ω insgesamt 36 Ergebnisse — sechs für jeden der Würfel — die alle gleichwahrscheinlich sind. Wir haben diese Ergebnisse in elf Gruppen zusammengefasst, nämlich zu den Ereignissen $\mathfrak{E}_k$ ($k = 2,\ldots,12$), dass die Augensumme der beiden Würfel gleich k ist. Aus diesen Ereignissen können wir nun durch Vereinigung die Ereignisse $\mathfrak{S}_k$ ($k = 2,\ldots,12$) bilden (siehe Gleichung (4.11)), dass die Augensumme kleiner oder gleich k ist. Die Anzahl der in den Mengen $\mathfrak{S}_k$ ($k = 2,\ldots,12$) jeweils enthaltenen Ergebnisse gibt die Vielfachheit an, mit der die Wahrscheinlichkeit $1/36$ eines Elementarereignisses multipliziert werden muss, um die Wahrscheinlichkeit des jeweiligen Ereignisses $\mathfrak{S}_k$ ($k = 2,\ldots,12$) zu erhalten. Diese Wahrscheinlichkeiten sind aber gerade die in der Gleichung (4.13) für die verschiedenen Fälle der Wahrscheinlichkeitsverteilungsfunktion angegebenen Werte.

Eine andere Möglichkeit die Wahrscheinlichkeitsverteilungsfunktion zu erhalten, ist die folgende. Wir bestimmen zunächst die Wahrscheinlichkeiten

$$\mathsf{P}(X = k) = \mathsf{P}(\mathfrak{E}_k)\,, \qquad k = 2,\ldots,12\,,$$

der uns interessierenden Ereignisse $\mathfrak{E}_k$ ($k = 2,\ldots,12$). Diese Wahrscheinlichkeiten sind in der folgenden Tabelle zusammengestellt.

Tabelle 4.2 Wahrscheinlichkeiten der Ereignisse $\mathfrak{E}_k$

$\mathfrak{E}_2$	$\mathfrak{E}_3$	$\mathfrak{E}_4$	$\mathfrak{E}_5$	$\mathfrak{E}_6$	$\mathfrak{E}_7$	$\mathfrak{E}_8$	$\mathfrak{E}_9$	$\mathfrak{E}_{10}$	$\mathfrak{E}_{11}$	$\mathfrak{E}_{12}$
$\frac{1}{36}$	$\frac{2}{36}$	$\frac{3}{36}$	$\frac{4}{36}$	$\frac{5}{36}$	$\frac{6}{36}$	$\frac{5}{36}$	$\frac{4}{36}$	$\frac{3}{36}$	$\frac{2}{36}$	$\frac{1}{36}$

Aus den Werten in der Tabelle berechnen wir durch Summation die kumulierten Wahrscheinlichkeiten

$$p_i = \sum_{k=2}^{i} \mathsf{P}(X = k)\,.$$

Die Wahrscheinlichkeitsverteilungsfunktion ist dann durch die Gleichung

$$G_X(x) = \begin{cases} 0 & \text{if} \quad x < 2 \\ p_k & \text{if} \quad k \le x < k+1\,, \qquad i = 2,\ldots,11\,, \\ 1 & \text{if} \quad 12 \le x \end{cases}$$

gegeben, die offensichtlich die in der Abbildung 4.7 dargestellte Treppenfunktion mit Sprungstellen bei $x = k$ ($k = 2,\ldots,12$) beschreibt.

Wir sehen an diesem Beispiel sehr gut, woher die Benennung „Wahrscheinlichkeitsverteilungsfunktion" kommt. Die gesamte Wahrscheinlichkeit der 36 möglichen gleichwahrscheinlichen Elementarereignisse wird auf die elf uns interessierenden Ereignisse entsprechend der in ihnen jeweils enthaltenen Anzahl von Elementarereignissen verteilt.

Die Abbildung 4.7 ist typisch für den Graph der Wahrscheinlichkeitsverteilungsfunktion einer diskreten Zufallsgröße, denn diese Funktionen sind stets Treppenfunktionen. Es gibt endlich viele Sprungstellen, nämlich für jedes der möglichen Ereignisse genau eine, wobei die Sprunghöhe gleich der Wahrscheinlichkeit des jeweiligen Ereignisses ist. Da die Wahrscheinlichkeit nicht negativ ist, kann der Wert der Wahrscheinlichkeitsverteilungsfunktion an den Sprungstellen niemals abnehmen[37] und bleibt zwischen ihnen konstant. Es handelt sich also um eine monoton wachsende Funktion.

Die im Beispiel 4.36 gezeigte Vorgehensweise zur Konstruktion einer diskreten Wahrscheinlichkeitsverteilungsfunktion lässt sich verallgemeinern. Wenn von einer diskreten Zufallsgröße X bekannt ist, dass sie Werte x_k $(k = 1, \ldots, n)$ mit den Wahrscheinlichkeiten $\mathsf{P}(X = x_k)$ $(k = 1, \ldots, n)$ annimmt, dann können wir mithilfe der Gleichungen

$$p_i = \sum_{k=1}^{i} \mathsf{P}(X = x_k)\,, \qquad i = 1, \ldots, n-1\,,$$

die kumulierten Wahrscheinlichkeiten berechnen. Damit erhalten wir dann die Wahrscheinlichkeitsverteilungsfunktion

$$G_X(x) = \begin{cases} 0 & \text{wenn} \quad x < x_1 \\ p_k & \text{wenn} \quad x_k \leq x < x_{k+1} \quad k = 1, \ldots, n-1\,. \\ 1 & \text{wenn} \quad x_n \leq x \end{cases} \tag{4.14}$$

Es ergibt sich demnach eine monoton wachsende Treppenfunktion mit den Stufenhöhen 0, p_k $(k = 1, \ldots, n-1)$ und 1.

Wir können diese Treppenfunktion noch in einer etwas eleganteren Form schreiben. Zu diesem Zweck führen wir zunächst die Heavisidesche Sprungfunktion[38] ein. Diese Funktion ist gewissermaßen die elementarste Treppenfunktion.

---

[37] Dieses kumulative Verhalten der Wahrscheinlichkeitsverteilungsfunktion ist der Grund für die englischsprachige Benennung "cumulative distribution function", abgekürzt CDF.

[38] Die Einheitssprungfunktion wurden nach O. Heaviside benannt, weil dieser ihre mathematischen Eigenschaften im Zusammenhang mit der Berechnung des Übertragungsverhaltens von Überseekabeln erstmals eingehend untersucht hat [Hea99].

Sie ist durch die Beziehung

$$\Theta(x - x_0) = \begin{cases} 0 & \text{wenn} \quad x < x_0 \\ 1 & \text{wenn} \quad x_0 \leq x \end{cases} \tag{4.15}$$

definiert, die in der Abbildung 4.8 dargestellt ist.

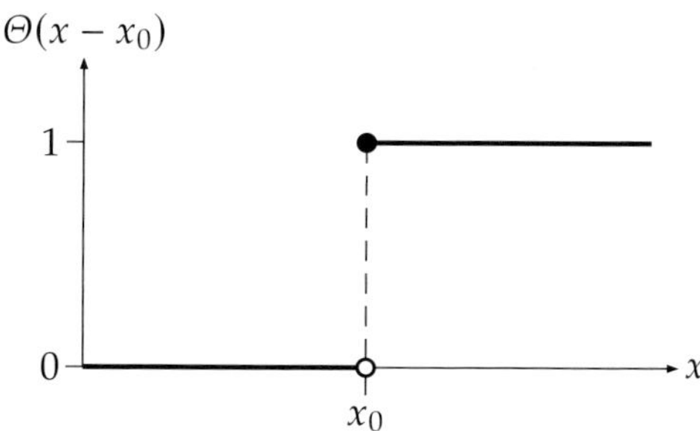

Abbildung 4.8 Heavisidesche Sprungfunktion

Unter Verwendung der Heavisideschen Sprungfunktion können wir die Gleichung (4.14) umformen zu

$$G_X(x) = \sum_{k=1}^{n} \mathsf{P}(X = x_k)\Theta(x - x_k)\,, \tag{4.16}$$

wie sich leicht nachweisen lässt. Dieser Darstellung können wir leichter ansehen, dass die diskrete Wahrscheinlichkeitsverteilungsfunktion $G_X(x)$ insgesamt n Stufen der Höhe $\mathsf{P}(X = x_k)$ $(k = 1, \ldots, n)$ hat. Für $x > x_n$ ergibt sich aus der Gleichung (4.16) die Normierungsbedingung

$$\sum_{k=1}^{n} \mathsf{P}(X = x_k) = 1$$

für diskrete Wahrscheinlichkeitsverteilungsfunktionen.

Es sei an dieser Stelle noch darauf hingewiesen, dass in der Statistik in ähnlicher Weise vorgegangen wird, wie wir es hier getan haben, um die sogenannte „empirische Wahrscheinlichkeitsverteilungsfunktion" zu erhalten. Dabei werden allerdings nicht die (unbekannten) Wahrscheinlichkeiten $\mathsf{P}(X = x_k)$ $(k = 1, \ldots, n)$ verwendet, sondern die entsprechenden relativen Häufigkeiten für das Auftreten der jeweiligen Werte der betrachteten Zufallsgröße. Die auf diese Weise erhaltene empirische Wahrscheinlichkeitsverteilungsfunktion kann unter bestimmten Voraussetzungen als eine ausreichend gute Näherung für die tatsächlich vorliegende Wahrscheinlichkeitsverteilungsfunktion der betrachteten Zufallsgröße angesehen werden.

Wir wollen auch noch ein Beispiel für eine stetige Wahrscheinlichkeitsverteilungsfunktion angeben.

Beispiel 4.37 (Riss eines Fadens unter Last)
Wir betrachten einen senkrecht herabhängenden Faden, der an seinem unteren Ende mit einem Gewicht belastet wird, dessen Masse so groß ist, dass der Faden aufgrund der wirksamen Schwerkraft reißt. Die Rissstelle tritt irgendwo zufällig entlang der vollen Länge L des Fadens auf. Wir können demnach den Abstand der Rissstelle vom Befestigungspunkt des Fadens als eine Zufallsgröße auffassen. Diese Zufallsgröße bezeichnen wir mit X.

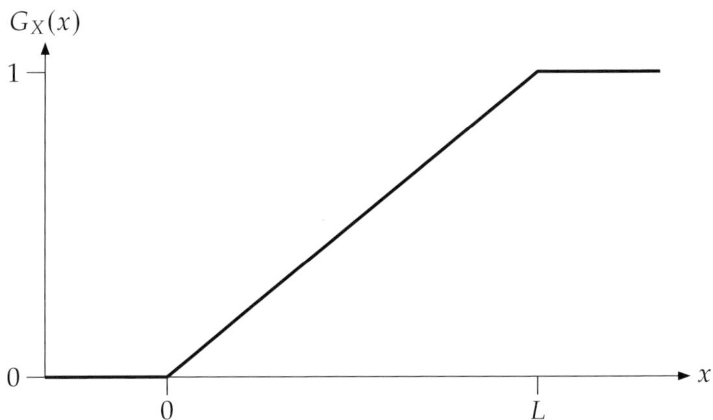

Abbildung 4.9 Wahrscheinlichkeitsverteilungsfunktion $G_X(x)$ der stetigen Zufallsgröße X (Abstand der Rissstelle eines dünnen, homogenen Fadens vom Befestigungspunkt bei Belastung)

Um unser Modell möglichst einfach zu halten, denken wir uns den Faden aus einem homogenen Material mit konstantem Querschnitt gefertigt. Außerdem nehmen wir an, dass er so dünn ist, dass wir seine Masse gegenüber der Masse des angehängten Gewichtes vernachlässigen können. Dann können wir davon ausgehen, dass jeder Punkt im Intervall $[0,L]$ mit gleicher Wahrscheinlichkeit als Rissstelle in Frage kommt. Die Wahrscheinlichkeit, dass der Riss im Intervall $[0,x]$ auftritt, sollte demnach proportional zum Verhältnis x/L sein, d. h. wir können die Wahrscheinlichkeitsverteilungsfunktion

$$G_X(x) = \begin{cases} 0 & \text{wenn} \quad x < 0 \\ \dfrac{x}{L} & \text{wenn} \quad 0 \le x < L \\ 1 & \text{wenn} \quad L \le x \end{cases} \tag{4.17}$$

verwenden. Diese Funktion ist in der Abbildung 4.9 dargestellt.

Wir haben in diesem Beispiel eine stetige Zufallsgröße und ihre Wahrscheinlichkeitsverteilungsfunktion eingeführt, ohne etwas über die ihr zugrunde liegende Ergebnismenge Ω zu sagen. Es ist klar, dass diese Menge ein Kontinuum sein muss, d. h. dass ihre Potenzmenge zu mächtig ist, um als Menge der möglichen Ereignisse $\mathcal{A}$ dienen zu können (siehe dazu die Überlegungen, die wir im im Abschnitt 4.2 angestellt haben). Indem wir hier die Wahrscheinlichkeitsverteilungsfunktion eingeführt haben, ohne etwas über den zugehörigen Wahrscheinlichkeitsraum $(\Omega,\mathcal{A},\mathsf{P})$ zu sagen, haben wir uns stillschweigend um das sogenannte Inhalts- und Maßproblem (zu Einzelheiten siehe z. B. J. Elstrodt [Els96]) herumgedrückt. Diese Vorgehensweise ist zulässig, wenn sichergestellt ist, dass der entsprechende Wahrscheinlichkeitsraum existiert.

Wir stellen jetzt die wesentlichen Eigenschaften einer Wahrscheinlichkeitsverteilungsfunktion zusammen:

Satz 4.16 (Eigenschaften einer Wahrscheinlichkeitsverteilungsfunktion)
Für die Wahrscheinlichkeitsverteilungsfunktion $G_X(x)$ der Zufallsgröße X gilt:

a) $G_X(x)$ ist eine monoton wachsende Funktion,

b) $G_X(x)$ ist eine rechtsstetige Funktion,

c)
$$\lim_{x\to-\infty} G_X(x) = 0\,,$$

d)
$$\lim_{x\to+\infty} G_X(x) = 1\,,$$

e)
$$\lim_{\varepsilon\to0} [G_X(x) - G_X(x-\varepsilon)] = \mathsf{P}(X = x)\,, \qquad \varepsilon > 0\,.$$

Die in diesem Satz zusammengestellten Eigenschaften gelten sowohl für diskrete, als auch für stetige Zufallsgrößen. Damit sie einfacher zu verstehen sind, geben wir einige Erläuterungen. Die Eigenschaft a) bedeutet, dass die Wahrscheinlichkeitsverteilungsfunktion für zunehmende Werte von x nur zunehmen oder konstant bleiben kann, d. h. wenn x_1 kleiner als x_2 ist, dann ist $G_X(x_1)$ kleiner oder höchstens gleich $G_X(x_2)$. Um die Eigenschaft b) zu verstehen, denken wir uns — abweichend von der sonst üblichen Vorgehensweise — den Graphen der Wahrscheinlichkeitsverteilungsfunktion von rechts nach links gezeichnet. Wenn wir dann beim Zeichnen den Zeichenstift an einer Sprungstelle absetzen müssen, dann gehört der letzte gezeichnete Punkt (in der Abbildung 4.7 durch einen ausgefüllten Kreis dargestellt) noch zur Funktion, d. h. der Funktionswert an einer Sprungstelle ist immer der obere Wert der Treppenstufe. Derartige Funktionen werden rechtsseitig stetig oder rechtsstetig genannt. Die Eigenschaft c) besagt, dass die Zufallsgröße den Wert $-\infty$ niemals annehmen kann ($X = -\infty$ ist unmöglich). Die Eigenschaft d) besagt, dass die Zufallsgröße jeden beliebigen reellen Wert annehmen kann ($X < +\infty$ ist das sichere Ereignis[39]). Die Eigenschaft e) schließlich bedeutet, dass sich die Wahrscheinlichkeitsverteilungsfunktion an einer Sprungstelle um den Wert $\mathsf{P}(X = x)$ ändert, sodass der Funktionswert unmittelbar links von der Sprungstelle kleiner als an der Sprungstelle selbst ist. Zusätzlich bedeutet diese Eigenschaft noch, dass die Wahrscheinlichkeit $\mathsf{P}(X = x)$, dass die Zufallsgröße X den Wert x annimmt, gleich null sein muss, wenn sich an der Stelle x *keine* Sprungstelle befindet.

Die Eigenschaft e) ist insbesondere für stetige Wahrscheinlichkeitsverteilungsfunktionen bedeutsam, denn diese besitzen *per definitionem* keine Sprungstellen. Daraus folgt unmittelbar, dass $\mathsf{P}(X = x) = 0$ für jeden beliebigen Wert x einer stetigen Zufallsgröße X gilt, d. h. die Wahrscheinlichkeit für das Auftreten eines ganz bestimmten Wertes ist gleich null. Umgekehrt bedeutet das auch, dass wenn eine Zufallsgröße einen bestimmten Wert mit einer von null verschiedenen Wahrscheinlichkeit annimmt, dann hat die Wahrscheinlichkeitsverteilungsfunktion dort notwendigerweise eine Sprungstelle.

Die Tatsache, dass die Wahrscheinlichkeit $\mathsf{P}(X = x)$ für jeden Wert x einer stetigen Zufallsgröße X gleich null ist, führt häufig zu einem Missverständnis. Fälschlicherweise wird nämlich angenommen, dass es sich um das unmögliche Ereignis handelt, wenn die Wahrscheinlichkeit gleich null ist. Dies ist aber keineswegs der Fall, denn es gibt nur *ein* unmögliches Ereignis, und dieses wird ausschließlich durch die *leere* Menge dargestellt (siehe dazu die Definition 4.10). In dem hier vorliegenden Fall müssen wir dagegen dem Ereignis $(X = x)$ die Wahrscheinlichkeit null zuordnen, ähnlich wie wir einem Punkt auf einer Linie die Länge null zuordnen müssen (oder einer Kurve den Flächeninhalt null). Wir

[39] An dieser Stelle verwenden wir nicht den Ausdruck $X \leq +\infty$, denn weder $+\infty$ noch $-\infty$ gehören *per definitionem* zu den reellen Zahlen.

haben es also mit einer Nullmenge zu tun (siehe dazu die Ausführungen im Abschnitt 4.3). Aus der Kenntnis, dass ein Ereignis die Wahrscheinlichkeit null besitzt, zu folgern, dass es sich um das unmögliche Ereignis handelt wäre genauso absurd, wie aus dem Wissen, dass ein Punkt die Länge null hat, zu folgern, dass dieser Punkt nicht existiert.

Der Leser wird sich vielleicht fragen, ob es nicht paradox ist, dass z. B. im Beispiel 4.37 die Wahrscheinlichkeit, dass die Rissstelle im Intervall $[0,L]$ liegt, gleich eins ist, obwohl doch die Wahrscheinlichkeit, dass die Rissstelle genau an der Stelle x liegt, für jeden Wert x gleich null ist. Die Antwort darauf ist: Nein, dies ist genauso wenig paradox, wie die Tatsache, dass die Länge des Intervalls $[0,L]$ gleich L ist, obwohl es aus unendlich vielen Punkten besteht, die alle die Länge null haben. Wir haben hier einen typischen Fall vorliegen, in dem die Anschauung versagt, und wir unserer Intuition nicht mehr vertrauen dürfen, wie dies häufig der Fall ist, wenn das Unendliche mit im Spiel ist. Dann bewahrt uns nur die strenge Anwendung mathematischer Gesetze vor falschen Schlussfolgerungen. Die meisten Paradoxien in der Wahrscheinlichkeitstheorie beruhen auf der Missachtung dieser Empfehlung.

Um mit Wahrscheinlichkeitsverteilungsfunktionen rechnen zu können, benötigen wir einige Rechenregeln. Die wichtigsten dieser Regeln haben wir in dem folgenden Satz zusammengefasst:

Satz 4.17 (Rechnen mit Wahrscheinlichkeitsverteilungsfunktionen)
Für die Wahrscheinlichkeitsverteilungsfunktion $G_X(x)$ einer Zufallsgröße X gelten folgende Rechenregeln:

$$\mathsf{P}(X \le x) = G_X(x)\,, \tag{4.18}$$

$$\mathsf{P}(X < x) = G_X(x) - \mathsf{P}(X = x)\,, \tag{4.19}$$

$$\mathsf{P}(X > x) = 1 - G_X(x)\,, \tag{4.20}$$

$$\mathsf{P}(X \ge x) = 1 - G_X(x) + \mathsf{P}(X = x)\,, \tag{4.21}$$

$$\mathsf{P}(a < X \le b) = G_X(b) - G_X(a)\,, \tag{4.22}$$

$$\mathsf{P}(a \le X \le b) = G_X(b) - G_X(a) + \mathsf{P}(X = a)\,, \tag{4.23}$$

$$\mathsf{P}(a \le X < b) = G_X(b) - G_X(a) + \mathsf{P}(X = a) - \mathsf{P}(X = b)\,, \tag{4.24}$$

$$\mathsf{P}(a < X < b) = G_X(b) - G_X(a) - \mathsf{P}(X = b)\,. \tag{4.25}$$

Diese Regeln können wir dadurch erhalten, dass wir eine disjunkte Zerlegung des sicheren Ereignisses vornehmen, auf das Ergebnis die Kolmogoroffschen Axiome K2 und K3 anwenden und anschließend nach der gesuchten Wahrscheinlichkeit auflösen. Wir empfehlen dem Leser diese Rechnung zur Übung selbst durchzuführen.

Wir geben zwei Beispiele für die Anwendung des Satzes 4.17.

Beispiel 4.38 (Fortsetzung von Beispiel 4.36)
Wir interessieren uns für die Wahrscheinlichkeiten, dass

a) die Augensumme größer als 6 ist,

b) die Augensumme zwischen 3 und 7 liegt.

Aus den Gleichungen (4.20) und (4.13) ergibt sich

$$\mathsf{P}(X > 6) = 1 - G_X(6) = 1 - \frac{15}{36} = \frac{7}{12}\,.$$

Aus den Gleichungen (4.23) und (4.13) ergibt sich

$$\mathsf{P}(2 \le X \le 7) = G_X(7) - G_X(3) + \mathsf{P}(X = 3) = \frac{21}{36} - \frac{3}{36} + \frac{2}{36} = \frac{5}{9}\,.$$

Hierbei wurde zur Ermittlung von $\mathsf{P}(X = 3)$ ausgenutzt, dass das Ereignis „die Augensumme ist gleich 3“ in zwei von 36 Fällen auftritt.

Beispiel 4.39 (Fortsetzung von Beispiel 4.37)
Wir interessieren uns für die Wahrscheinlichkeit, dass die Rissstelle im Intervall $[a,b]$ liegt, wobei $0 \le a < b \le L$ gilt.

Aus den Gleichungen (4.23) und (4.17) ergibt sich

$$\mathsf{P}(a \le X \le b) = G_X(b) - G_X(a) + \mathsf{P}(X = a) = \frac{b}{L} - \frac{a}{L} + 0 = \frac{b-a}{L}\,.$$

Hierbei wurde zur Ermittlung von $\mathsf{P}(X = a)$ ausgenutzt, dass die Wahrscheinlichkeitsverteilungsfunktion stetig ist, also keine Sprungstellen aufweist.

In bestimmten Fällen interessiert uns die Wahrscheinlichkeit, dass eine Zufallsgröße $X(\omega)$ den Wert x nicht überschreitet, unter der Voraussetzung, dass zusätzlich eine vorgegebene Bedingung $\mathfrak{B}$ erfüllt ist, d. h. die Wahrscheinlichkeit $\mathsf{P}(X \le x \mid \mathfrak{B})$. Dies führt uns mithilfe des Multiplikationssatzes 4.2 zur bedingten Wahrscheinlichkeitsverteilungsfunktion.

Definition 4.28 (Bedingte Wahrscheinlichkeitsverteilungsfunktion)
Die reellwertige Funktion

$$G_X(x \mid \mathfrak{B}) = \mathsf{P}(X \le x \mid \mathfrak{B}) = \frac{\mathsf{P}(\{X \le x\} \cap \mathfrak{B})}{\mathsf{P}(\mathfrak{B})}\,, \text{ falls } \mathsf{P}(\mathfrak{B}) > 0\,,$$

heißt bedingte Wahrscheinlichkeitsverteilungsfunktion der Zufallsgröße X unter der Bedingung $\mathfrak{B}$.

Das folgende Beispiel zeigt eine typische Anwendung für die bedingte Wahrscheinlichkeitsverteilungsfunktion.

Beispiel 4.40 (Ausfallwahrscheinlichkeit eines Systems)
Wir nehmen an, dass die Ausfallwahrscheinlichkeit eines Systems durch die Wahrscheinlichkeitsverteilungsfunktion $G_T(t)$ beschrieben wird, wobei die Zufallsgröße T die Zeit bezeichnet, die bis zum Systemausfall vergeht. Wir fragen nach der Wahrscheinlichkeit, dass das System im Zeitintervall $(t,t + \Delta t]$ ausfällt, wenn es zum Zeitpunkt t noch funktioniert hat. Diese Wahrscheinlichkeit ist durch die bedingte Wahrscheinlichkeitsverteilungsfunktion

$$G_T(T \leq t + \Delta t \mid T > t) = \frac{\mathsf{P}(\{t < T \leq t + \Delta t\} \cap \{T > t\})}{\mathsf{P}(T > t)} \tag{4.26}$$

gegeben. Da

$$\{t < T \leq t + \Delta t\} \cap \{T > t\} = \{t < T \leq t + \Delta t\}$$

ist, geht die Gleichung (4.26) über in

$$G_T(T \leq t + \Delta t \mid T > t) = \frac{\mathsf{P}(t < T \leq t + \Delta t)}{\mathsf{P}(T > t)}$$

und unter Verwendung der Gleichungen (4.20) und (4.22) schließlich in

$$G_T(T \leq t + \Delta t \mid T > t) = \frac{G_T(t + \Delta t) - G_T(t)}{1 - G_T(t)}\,.$$

Dies ist eine bekannte Beziehung in der Zuverlässigkeitstheorie.

Die Zuverlässigkeitstheorie ist ein Zweig der Wahrscheinlichkeitstheorie mit einem starkem Bezug zur Messtechnik, bei dem die Zuverlässigkeit technischer Systeme innerhalb einer bestimmten Zeitspanne und unter vorgegebenen Anforderungen im Mittelpunkt des Interesses steht.

Zum Schluss dieses Abschnitts kommen wir noch einmal auf die HEAVISIDEsche Sprungfunktion zurück. Diese Funktion besitzt alle im Satz 4.16 zusammengefassten Eigenschaften. Dies legt die Vermutung nahe, dass die HEAVISIDEsche Sprungfunktion als eine Wahrscheinlichkeitsverteilungsfunktion angesehen werden kann. Es handelt sich tatsächlich um die einfachste diskrete Wahrscheinlichkeitsverteilungsfunktion, denn die HEAVISIDEsche Sprungfunktion ist die einfachste Treppenfunktion. Sie besitzt nur eine einzige Stufe, an der sie von der Wahrscheinlichkeit null auf die Wahrscheinlichkeit eins springt. In der Wahrscheinlichkeitstheorie nennt man diese Wahrscheinlichkeitsverteilungsfunktion „Einpunktverteilung". Durch sie wird der Fall beschrieben, dass es nur ein einziges Ereignis gibt, das sicher eintritt. Die Beziehung $G_X(x) = \Theta(x - x_0)$ drückt also den Sachverhalt aus, dass die Zufallsgröße X den Wert x_0 mit Sicherheit annimmt und alle anderen Werte ausgeschlossen sind.

4.10 Wahrscheinlichkeitsdichtefunktionen

Wir hatten im vorhergehenden Abschnitt gesehen, dass die Wahrscheinlichkeit $\mathsf{P}(X = x)$, dass die Zufallsgröße X genau den Wert x annimmt, nur für diskrete Wahrscheinlichkeitsverteilungsfunktionen von null verschieden ist. Für stetige Wahrscheinlichkeitsverteilungsfunktionen ist diese Wahrscheinlichkeit stets null. Aus diesem Grunde können wir stetige Wahrscheinlichkeitsverteilungsfunktionen nicht durch Summieren der Wahrscheinlichkeiten der möglichen Ereignisse erhalten, wie dies für diskrete Wahrscheinlichkeitsverteilungsfunktionen möglich ist. Wir können aber wegen der nun vorausgesetzten Stetigkeit der Wahrscheinlichkeitsverteilungsfunktion einen anderen Weg beschreiten.

Wir betrachten die Zufallsgröße X und fragen nach der Wahrscheinlichkeit, dass ihr Wert in einem bestimmten Intervall[40] $[a,b]$ liegt. Diese Wahrscheinlichkeit ist nach der Gleichung (4.22) durch

$$\mathsf{P}(a \leq X \leq b) = G_X(b) - G_X(a) \tag{4.27}$$

gegeben, wobei wir bereits ausgenutzt haben, dass wegen der Stetigkeit der Wahrscheinlichkeitsverteilungsfunktion $\mathsf{P}(X = a) = 0$ ist. Setzen wir nun noch zusätzlich voraus, dass $G_X(x)$ in dem betrachteten Intervall $[a,b]$ auch differenzierbar ist, dann können wir den Mittelwertsatz der Differentialrechnung verwenden, um die Gleichung (4.27) in der Form

$$\mathsf{P}(a \leq X \leq b) = G'_X(\xi)(b - a) \tag{4.28}$$

zu schreiben, wobei ξ ein Wert im Inneren des Intervalls $[a,b]$ ist und $G'_X(x)$ die Ableitung der Wahrscheinlichkeitsverteilungsfunktion $G_X(x)$ bezeichnet. Die auf diese Weise eingeführte Ableitung wird Wahrscheinlichkeitsdichtefunktion (abgekürzt auch Dichtefunktion oder Wahrscheinlichkeitsdichte) genannt und im Folgenden mit[41] $g_X(x)$ bezeichnet. Statt die Wahrscheinlichkeitsdichtefunktion als Ableitung der Wahrscheinlichkeitsverteilungsfunktion einzuführen, können wir auch die folgende äquivalente Definition verwenden:

---

[40] Wir wählen hier das abgeschlossene Intervall $[a,b]$, aber wir könnten auch das offene Intervall (a,b) oder eines der halboffenen Intervalle $(a,b]$ bzw. $[a,b)$ wählen, ohne dass sich am Ergebnis etwas ändern würde, denn wegen der vorausgesetzten Stetigkeit der Wahrscheinlichkeitsverteilungsfunktion ist die Wahrscheinlichkeit, dass die Zufallsgröße die Werte a bzw. b annimmt, gleich null.

[41] Abweichend von der in der Wahrscheinlichkeitstheorie üblichen Bezeichnung $f_X(x)$ verwenden wir durchgängig die Bezeichnung $g_X(x)$, wie sie auch im Supplement 1 zum GUM [GUM-1] verwendet wird. Diese Bezeichnung ist im Einklang mit der Bezeichnung der entsprechenden Wahrscheinlichkeitsverteilungsfunktion.

Definition 4.29 (Wahrscheinlichkeitsdichtefunktion)
Die reellwertige Funktion $g_X(x)$ heißt Wahrscheinlichkeitsdichtefunktion der Zufallsgröße X, wenn

$$G_X(x) = \int_{-\infty}^{x} g_X(\xi) \mathrm{d}\xi \tag{4.29}$$

die Wahrscheinlichkeitsverteilungsfunktion dieser Zufallsgröße ist.

Das Integral in dieser Definition der Wahrscheinlichkeitsdichtefunktion ist im Allgemeinen ein LEBESGUE-Integral.

Wir geben ein besonders einfaches Beispiel für die Wahrscheinlichkeitsdichtefunktion einer stetigen Zufallsgröße an:

Beispiel 4.41 (Fortsetzung des Beispiels 4.37)
Wir bilden die Wahrscheinlichkeitsdichtefunktion durch formales Ableiten der durch die Gleichung (4.17) gegebenen Wahrscheinlichkeitsverteilungsfunktion nach x. Dadurch erhalten wir

$$g_X(x) = \begin{cases} 0 & \text{wenn} \quad x < 0 \\ \dfrac{1}{L} & \text{wenn} \quad 0 \leq x < L \\ 0 & \text{wenn} \quad L \leq x \end{cases} . \tag{4.30}$$

Diese Wahrscheinlichkeitsdichtefunktion ist in der Abbildung 4.10 dargestellt.

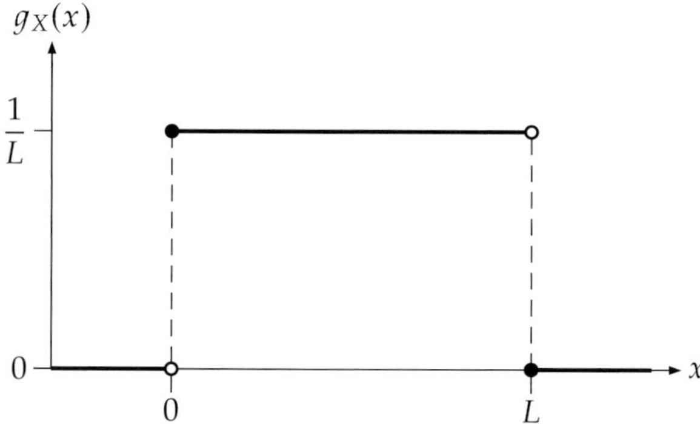

Abbildung 4.10 Wahrscheinlichkeitsdichtefunktion $g_X(x)$ der stetigen Zufallsgröße X (Abstand der Rissstelle vom Befestigungspunkt)

Die Wahrscheinlichkeitsdichtefunktion ist in diesem Beispiel eine Gleichverteilung (Rechteckverteilung) über dem Intervall $(0,L)$, d. h. jeder Punkt innerhalb dieses

Intervalls hat die gleiche Wahrscheinlichkeitsdichte[42] und jeder andere Punkt die Wahrscheinlichkeitsdichte null.[43]

Wenn wir die Gleichung (4.30) in die Gleichung (4.29) einsetzen, dann erhalten wir erwartungsgemäß die durch die Gleichung (4.17) gegebene Wahrscheinlichkeitsverteilungsfunktion zurück.

Durch die Definition 4.29 wird die Wahrscheinlichkeitsverteilungsfunktion auf ihre Wahrscheinlichkeitsdichtefunktion zurückgeführt, vorausgesetzt, dass eine solche Dichtefunktion existiert. Dies ist nach einem Satz von H. Lebesgue [Leb04] aber garantiert, der besagt, dass jede stetige und monotone Funktion eine endliche Ableitung in jedem ihrer Punkte besitzt, mit Ausnahme endlich vieler Punkte. Da die Wahrscheinlichkeitsverteilungsfunktion $G_X(x)$ die Voraussetzung dieses Satzes erfüllt, ist sie fast überall differenzierbar und damit existiert ihre Wahrscheinlichkeitsdichtefunktion $g_X(x)$. An den abzählbar vielen Stellen, an denen $G_X(x)$ zwar stetig aber nicht differenzierbar ist, dürfen wir für die Wahrscheinlichkeitsdichtefunktion beliebige Werte wählen, ohne dass dadurch die Wahrscheinlichkeitsverteilungsfunktion verändert wird, denn sie ist nur bis auf eine Nullmenge (siehe dazu Abschnitt 4.3) bestimmt. Würden wir z. B. im Beispiel 4.41 die Werte für die Wahrscheinlichkeitsdichte in den Endpunkten des Intervalls $[0,L]$ beliebig verändern, dann würden wir immer noch dieselbe Wahrscheinlichkeitsverteilungsfunktion erhalten.

Die an eine Wahrscheinlichkeitsdichtefunktion zu stellenden Bedingungen ergeben sich aus den Eigenschaften der Wahrscheinlichkeitsverteilungsfunktion.

Satz 4.18 (Bedingungen an eine Wahrscheinlichkeitsdichtefunktion)
Die Wahrscheinlichkeitsdichtefunktion $g_X(x)$ einer Zufallsgröße X muss folgende Bedingungen erfüllen:

a) $g_X(x)$ ist eine nichtnegative Funktion,

b) $g_X(x)$ erfüllt die Normierungsbedingung

$$\int_{-\infty}^{+\infty} g_X(\xi)\mathrm{d}\xi = 1\,. \tag{4.31}$$

[42] Häufig hört man die Aussage „Jeder Punkt ... hat die gleiche Wahrscheinlichkeit“. Diese Aussage ist aber nicht korrekt, denn die Wahrscheinlichkeitsdichtefunktion kann Werte annehmen, die größer als eins sind. Ihre Werte sind *keine* Wahrscheinlichkeiten!

[43] An den Stellen $x = 0$ und $x = L$ ist die Wahrscheinlichkeitsverteilungsfunktion nicht differenzierbar. Die Wahl der Werte an diesen Stellen entspricht der Konvention.

Die Bedingung a) ergibt sich aus der Eigenschaft, dass $G_X(x)$ eine monoton wachsende Funktion ist. Daraus folgt für $b \geq a$ mit der Gleichung (4.27) unmittelbar $\mathsf{P}(a \leq X \leq b) \geq 0$ — wie es auch sein muss — und damit aus der Gleichung (4.28) schließlich $g_X(x) \geq 0$, d. h. jede Wahrscheinlichkeitsdichtefunktion muss nichtnegativ sein. Die Normierungsbedingung ergibt sich aus der Eigenschaft d) im Satz 4.16 und der Beziehung (4.29). Eine weitere Bedingung, nämlich dass die Wahrscheinlichkeitsdichtefunktion im Unendlichen gleich null sein muss — d. h. es muss $g_X(-\infty) = 0$ und $g_X(+\infty) = 0$ sein — ist bereits implizit in der Normierungsbedingung enthalten.

Die Definition 4.29 der Wahrscheinlichkeitsdichtefunktion gilt zunächst unter der Bedingung, dass die Wahrscheinlichkeitsverteilungsfunktion stetig ist. Wir wollen nun zeigen, dass wir diese Beschränkung fallenlassen können, indem wir nachweisen, dass sich auch für eine diskrete Wahrscheinlichkeitsverteilungsfunktion eine Wahrscheinlichkeitsdichtefunktion angeben lässt. Dazu gehen wir von der Beziehung

$$\Theta(x - x_0) = \int_{-\infty}^{x} \delta(\xi - x_0)\mathrm{d}\xi \tag{4.32}$$

aus, wobei $\delta(\xi - x_0)$ die Diracsche δ-Funktion[44] bezeichnet und $\Theta(x - x_0)$ wieder die durch die Gleichung (4.15) gegebene Heavisidesche Sprungfunktion. Die Beziehung (4.32) ergibt aber aufgrund der Definition 4.29 für uns nur dann einen Sinn, wenn wir $\Theta(x)$ als eine Wahrscheinlichkeitsverteilungsfunktion ansehen können und $\delta(x)$ als eine Wahrscheinlichkeitsdichtefunktion. Die erste Forderung ist erfüllt, wie wir bereits am Ende des vorangegangenen Abschnitts nachgewiesen haben. Der Nachweis, dass auch die zweite Forderung erfüllt ist, gelingt mithilfe der Theorie der Distributionen.

Die durch die Gleichung (4.32) gegebene Darstellung der Einheitssprungfunktion durch eine Dichtefunktion ist nur ein Spezialfall der allgemeineren Beziehung,

$$f(x_0)\Theta(x - x_0) = \int_{-\infty}^{x} f(\xi)\delta(\xi - x_0)\mathrm{d}\xi\,, \tag{4.33}$$

die als Definition der Diracschen δ-Funktion angesehen werden kann.

[44] Diese „Funktion" — tatsächlich handelt es sich hierbei nicht um eine Funktion im eigentlichen Sinne — ist nach P. Dirac benannt, der sie erstmals im Zusammenhang mit seiner mathematischen Behandlung der Quantenmechanik eingeführt hat [Dir27], ohne aber eine mathematisch präzise Definition dafür anzugeben. Dies wurde erst nachträglich durch die von L. Schwartz entwickelte Theorie der Distributionen [Sch45] möglich.

Aus der Gleichung (4.32) ergibt sich nach den Regeln der Analysis, dass die DIRACsche δ-Funktion die Ableitung der HEAVISIDEschen Sprungfunktion sein muss. Aus der Definitionsgleichung (4.15) der HEAVISIDEschen Sprungfunktion finden wir durch Bilden der Ableitung, dass die DIRACsche δ-Funktion überall gleich null sein muss, bis auf die Sprungstelle, an der sie den „Wert" unendlich[45] annehmen muss. Natürlich verhält sich keine „vernünftige" Funktion in dieser Weise. Deshalb ergibt die Anwendung der DIRACschen δ-Funktion nur im Zusammenhang mit der Definition (4.33) einen Sinn. In der Praxis dient sie nur als eine Art abgekürzte Schreibweise für einen komplizierteren mathematischen Formalismus.

Wir fügen noch eine Anmerkung zur zeichnerischen Darstellung hinzu. Da die DIRACsche δ-Funktion keine Funktion im eigentlichen Sinne ist, besitzt sie auch keinen Graphen. Trotzdem möchten wir sie in manchen Fällen graphisch darstellen können. Die übliche Konvention ist es, eine senkrechte Linie mit einem oben angebrachten Pfeil an der Stelle zu zeichnen, an der die DIRACsche δ-Funktion singulär ist. Die Länge der Linie wird gleich dem Wert des Faktors gewählt, mit dem die DIRACsche δ-Funktion multipliziert wird.

Nach dieser kurzen Erläuterung der für uns wesentlichen Eigenschaften der DIRACschen δ-Funktion wenden wir uns nun wieder unserem Ziel zu, eine Wahrscheinlichkeitsdichtefunktion für eine diskrete Zufallsgröße zu finden. Setzen wir in der Gleichung (4.33) $x_0 = x_k$, $f(x_0) = \mathsf{P}(X = x_k)$ bzw. $f(\xi) = \mathsf{P}(X = \xi)$ und summieren anschließend über $k = 1, \ldots, n$, dann erhalten wir unter Verwendung der Gleichung (4.16) für die Wahrscheinlichkeitsverteilungsfunktion einer diskreten Zufallsgröße X die Darstellung

$$G_X(x) = \int_{-\infty}^{x} \sum_{k=1}^{n} \mathsf{P}(X = \xi)\delta(\xi - x_k)\mathrm{d}\xi \,.$$

Der Vergleich dieser Beziehung mit der Gleichung (4.29) zeigt, dass eine diskrete Zufallsgröße X ebenfalls eine Wahrscheinlichkeitsdichtefunktion in einem erweiterten Sinn besitzt, die durch

$$g_X(x) = \sum_{k=1}^{n} \mathsf{P}(X = x)\delta(x - x_k) \tag{4.34}$$

dargestellt werden kann. Die Definition 4.29 der Wahrscheinlichkeitsdichtefunktion gilt demnach ohne Einschränkungen für jede beliebige reelle Zufallsgröße X. Dies ist das gewünschte Ergebnis.

---

[45]Man spricht hier von einer singulären Stelle oder einer „Singularität"

Wir geben ein Beispiel für die Wahrscheinlichkeitsdichtefunktion einer diskreten Zufallsgröße an:

Beispiel 4.42 (Fortsetzung des Beispiels 4.36)
Wenn wir die Beziehung (4.34) auf die Augensumme beim Würfeln mit zwei idealen Würfeln anwenden, dann erhalten wir die in der Abbildung 4.11 gezeigte Darstellung der Wahrscheinlichkeitsdichtefunktion, wobei wir die in der Tabelle 4.2 angegebenen Wahrscheinlichkeitswerte verwendet haben.

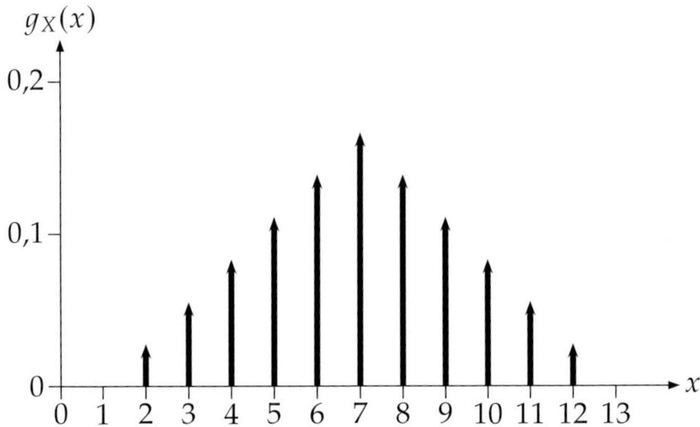

Abbildung 4.11 Wahrscheinlichkeitsdichtefunktion für die Augensumme beim Würfeln mit zwei idealen Würfeln

Analog zur Wahrscheinlichkeitsdichtefunktion $g_X(x)$ können wir den Definitionen 4.28 und 4.29 entsprechend auch eine bedingte Wahrscheinlichkeitsdichtefunktion definieren.

Definition 4.30 (Bedingte Wahrscheinlichkeitsdichtefunktion)
Die reellwertige Funktion $g_X(x \mid \mathfrak{B})$ nennen wir bedingte Wahrscheinlichkeitsdichtefunktion der Zufallsgröße X, wenn

$$G_X(x \mid \mathfrak{B}) = \int_{-\infty}^{x} g_X(\xi \mid \mathfrak{B}) \mathrm{d}\xi$$

die Wahrscheinlichkeitsverteilungsfunktion der Zufallsgröße X ist.

Die bedingte Wahrscheinlichkeitsdichtefunktion erfüllt selbstverständlich die im Satz 4.18 angegebenen Bedingungen, d. h. sie ist eine nichtnegative, auf eins normierte reellwertige Funktion.

4.11 Transformationen von Zufallsgrößen

Im Abschnitt 4.8 hatten wir bereits erwähnt, dass wir Messgrößen als Zufallsgrößen ansehen wollen. Wenn wir das tun, dann müssen wir konsequenterweise jede Größengleichung, und damit auch jede Modellgleichung, als einen funktionalen Zusammenhang zwischen Zufallsgrößen ansehen. Damit stellt sich sofort die Frage, welche Bedingungen an die Transformation von Zufallsgrößen zu stellen sind. Darauf werden wir im Folgenden eingehen.

Formal können wir eine vorgegebene Zufallsgröße X durch eine Funktion f in eine andere Zufallsgröße Y transformieren. Die Bedeutung dieser Transformation wird durch die Abbildung 4.12 verdeutlicht.

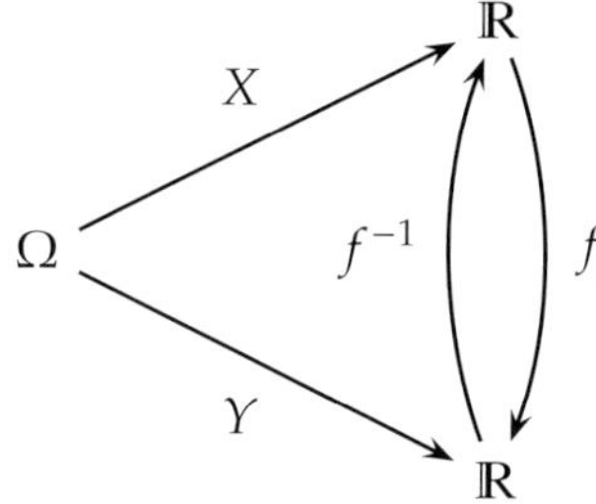

Abbildung 4.12 Kommutatives Diagramm der Transformation einer Zufallsgröße X in eine Zufallsgröße $Y = f(X)$

Diese Abbildung zeigt, in Form eines kommutativen Diagramms, dass die Zufallsgrößen X und Y Funktionen sind, die jedem Ergebnis ω der Ergebnismenge Ω jeweils eine reelle Zahl zuordnen. Zwischen diesen beiden auf diese Weise erzeugten Mengen reeller Zahlen — die natürlich im Allgemeinen voneinander verschieden sein werden —, wirkt die Funktion f, die das Bild der Abbildung $X(\omega)$ in das Bild der Abbildung $Y(\omega)$ transformiert. Die Funktion f^{-1} transformiert umgekehrt das Bild der Abbildung $Y(\omega)$ in das Bild der Abbildung $X(\omega)$. Da wir nicht fordern, dass f eindeutig umkehrbar sein muss, wird f^{-1} im Allgemeinen aus mehreren verschiedenen Zweigen bestehen[46] (wir werden noch sehen, welche Auswirkungen dieser Sachverhalt hat).

[46]Wenn z. B. $f(X) = X^2$ ist, dann hat die Umkehrfunktion die beiden Zweige $f^{-1}(X) = +\sqrt{X}$ und $f^{-1}(X) = -\sqrt{X}$.

Wir müssen an die Funktion $f(X)$ bestimmte Anforderungen stellen, damit es sich tatsächlich um eine Transformation von Zufallsgrößen handelt. Dies wird unmittelbar klar, wenn wir bedenken, dass Y — in gleicher Weise wie X — der Definition 4.24 genügen muss, d. h. insbesondere die Regularitätsbedingung (Messbarkeitsbedingung) erfüllen muss, die sicherstellt, dass jede durch $Y(\omega)$ erzeugte Teilmenge reeller Zahlen dem Ereignis $\mathfrak{E}_Y$ (d. h. dem Ereignis $Y \leq y$) aus der Ereignismenge $\mathcal{A}$ entspricht. Diese Regularitätsbedingung ist aber wegen des vorausgesetzten funktionalen Zusammenhanges $Y = f(X)$ gleichbedeutend mit der Messbarkeitsbedingung

$$\{\omega \in \Omega \,|\, f[X(\omega)] \leq y, y \in \mathbb{R}\} \in \mathcal{A}\,,$$

die an die Funktion f zu stellen ist, welche die Transformation der Zufallsgröße X in die Zufallsgröße Y beschreibt. Man sagt auch kurz, die Funktion f muss messbar sein. Dies bedeutet nichts anderes, als dass es möglich sein muss, jedem Ereignis $\{Y \leq y\}$ eine Wahrscheinlichkeit zuzuordnen, wie wir dies auch für jedes Ereignis $\{X \leq x\}$ gefordert haben. Damit werden die beiden Zufallsgrößen X und Y gewissermaßen gleichgestellt.

Eine weitere Forderung an die Transformationsfunktion f ist, dass ihr Definitionsbereich den Wertebereich von X enthalten muss, damit durch die Verkettung $(X \circ f)(\omega) = f[X(\omega)]$ der Funktionen $X(\omega)$ und $f(X)$ jedes Ergebnis ω der Ergebnismenge Ω auch tatsächlich auf dieselben reellen Zahlen abgebildet wird, wie durch die Funktion $Y(\omega)$ (siehe dazu die Abbildung 4.12).

Durch die Transformation der Zufallsgröße X in die Zufallsgröße Y transformiert sich auch die Wahrscheinlichkeitsdichtefunktion. Wir geben den entsprechenden Transformationssatz hier ohne Beweis an.

Satz 4.19 (Transformation einer Wahrscheinlichkeitsdichtefunktion)
Es sei X eine reelle Zufallsgröße, deren Wahrscheinlichkeitsdichtefunktion $g_X(x)$ gegeben ist. Diese Zufallsgröße werde durch eine reelle, stetige und differenzierbare Transformationsfunktion $f(X)$ in die Zufallsgröße Y transformiert. Dann gilt für die Wahrscheinlichkeitsdichtefunktion der Zufallsgröße Y

$$g_Y(y) = \sum_{i=1}^{n+1} \left(\frac{g_X(x)}{|f'(x)|} \right)_{x=f_i^{-1}(y)}\,, \tag{4.35}$$

wobei x_i $(i = 1, \ldots, n)$ die Nullstellen der Ableitung $f'(X)$ der Transformationsfunktion und $f_i^{-1}(Y)$ die Umkehrfunktionen der auf die Intervalle $(x_{i-1}, x_i]$ eingeschränkten Transformationsfunktion bezeichnen.

Um die Anwendung des Satzes 4.19 zu demonstrieren, geben wir drei für die praktische Anwendung wichtige Beispiele an.

Beispiel 4.43 (Lineare Transformation einer stetigen Zufallsgröße)
Wir betrachten eine stetige Zufallsgröße X, die auf dem Intervall $(-\infty,+\infty)$ definiert ist und deren Wahrscheinlichkeitsdichtefunktion $g_X(x)$ bekannt ist. Diese Zufallsgröße werde durch die lineare Transformation $f(X) = aX+b$, mit $a \neq 0$, in die Zufallsgröße Y transformiert. Wir interessieren uns für die Wahrscheinlichkeitsdichtefunktion $g_Y(y)$ der transformierten Zufallsgröße.

Aus der Ableitung der Transformationsfunktion ergibt sich $f'(x) = a$, d. h. $f'(X)$ ist eine konstante Funktion und es gibt keine Nullstelle der Gleichung $f'(X) = 0$. Daraus folgt, dass es eine eindeutige Umkehrfunktion gibt, die wir durch Auflösen der Gleichung $f(x) = y$ erhalten. Wir finden

$$f_1^{-1}(y) = \frac{y-b}{a}, \qquad -\infty < y < +\infty .$$

Wenn wir dieses Ergebnis in die Gleichung (4.35) einsetzen, erhalten wir für die Wahrscheinlichkeitsdichtefunktion der transformierten Zufallsgröße Y

$$g_Y(y) = \frac{1}{|a|} g_X\left(\frac{y-b}{a}\right), \qquad -\infty < y < +\infty . \tag{4.36}$$

Dies ist ein in der Literatur bekanntes Ergebnis.

Beispiel 4.44 (Quadratische Transformation einer stetigen Zufallsgröße)
Wir betrachten eine stetige Zufallsgröße X, die auf dem Intervall $(-\infty, +\infty)$ definiert ist und deren Wahrscheinlichkeitsdichtefunktion $g_X(x)$ bekannt ist. Diese Zufallsgröße werde durch die quadratische Transformation $f(X) = aX^2 + bX + c$, mit $a \neq 0$, in die Zufallsgröße Y transformiert. Wir interessieren uns für die Wahrscheinlichkeitsdichtefunktion $g_Y(y)$ der transformierten Zufallsgröße.

Wir berechnen zunächst die Ableitung der Transformationsfunktion. Dafür ergibt sich $f'(X) = 2aX + b$. Da $f'(X) = 0$ eine lineare Gleichung ist, erhalten wir nur die eine Nullstelle

$$x_1 = -\frac{b}{2a},$$

d. h. das Intervall $(-\infty, +\infty)$ zerfällt in die beiden disjunkten Teilintervalle $(-\infty,x_1]$ und $(x_1, +\infty)$. Für jedes dieser beiden Intervalle gibt es eine Umkehrfunktion, die wir durch Auflösen der Gleichung $f(x) = y$ erhalten. Wir finden

$$f_1^{-1}(y) = -\frac{b + \sqrt{4a(y-c) + b^2}}{2a}, \qquad y \geq c - \frac{b^2}{4a},$$

und

$$f_2^{-1}(y) = -\frac{b - \sqrt{4a(y-c) + b^2}}{2a}, \qquad y \geq c - \frac{b^2}{4a}.$$

Damit erhalten wir

$$\left|f'(x)\right|_{f_1^{-1}(y)} = \left|f'(x)\right|_{f_2^{-1}(y)} = \sqrt{4a(y-c)+b^2}\,, \qquad y > c - \frac{b^2}{4a}\,.$$

Wenn wir diese Ergebnisse in die Gleichung (4.35) einsetzen, ergibt sich für die Wahrscheinlichkeitsdichtefunktion der transformierten Zufallsgröße Y

$$g_Y(y) = \begin{cases} \dfrac{1}{2aw}\left[g_X\left(-\dfrac{b}{2a} - w\right) + g_X\left(-\dfrac{b}{2a} + w\right)\right] & \text{falls } y > c - \dfrac{b^2}{4a} \\ 0 & \text{falls } y \leq c - \dfrac{b^2}{4a} \end{cases},$$

mit der Abkürzung

$$w = \sqrt{\frac{y-c}{a} + \frac{b^2}{4a^2}}\,.$$

Für den Fall $a = 1$, $b = 0$ und $c = 0$ ergibt sich daraus die Lösung

$$g_Y(y) = \begin{cases} \dfrac{1}{2\sqrt{y}}\left[g_X\left(-\sqrt{y}\right) + g_X\left(+\sqrt{y}\right)\right] & \text{falls } y > 0 \\ 0 & \text{falls } y \leq 0 \end{cases}. \tag{4.37}$$

Auch dies ist ein in der Literatur bekanntes Ergebnis.

Beispiel 4.45 (Logarithmische Transformation einer stetigen Zufallsgröße)
Wir betrachten eine stetige Zufallsgröße X, die auf dem Intervall $(0,\infty)$ definiert ist und deren Wahrscheinlichkeitsdichtefunktion $g_X(x)$ bekannt ist. Diese Zufallsgröße werde durch die logarithmische Transformation $f(X) = \log(aX)$, mit $a > 0$, in die Zufallsgröße Y transformiert. Wir interessieren uns für die Wahrscheinlichkeitsdichtefunktion $g_Y(y)$ der transformierten Zufallsgröße.

Aus der Ableitung der Transformationsfunktion ergibt sich $f'(x) = 1/x$, d. h. $f(X)$ ist im Intervall $(0,\infty)$ eine positive Funktion und es gibt dort keine Nullstelle der Gleichung $f'(X) = 0$. Daraus folgt, dass es eine eindeutige Umkehrfunktion gibt, die wir durch Auflösen der Gleichung $f(x) = y$ erhalten. Wir finden

$$f_1^{-1}(y) = \frac{\mathrm{e}^y}{a}\,, \qquad 0 < y < \infty\,.$$

Wenn wir dieses Ergebnis in die Gleichung (4.35) einsetzen, erhalten wir für die Wahrscheinlichkeitsdichtefunktion der transformierten Zufallsgröße Y

$$g_Y(y) = \frac{\mathrm{e}^y}{a} g_X\left(\frac{\mathrm{e}^y}{a}\right), \qquad 0 < y < \infty\,.$$

Dies ist das gesuchte Ergebnis.

Es lässt sich zeigen, dass der Satz 4.19 auch für diskrete Zufallsgrößen gilt. Wir zeigen dies hier nur für den Fall einer linearen Transformation. Wenden wir die Gleichung (4.36) auf die Wahrscheinlichkeitsdichtefunktion (4.34) einer diskreten Zufallsgröße an, dann ergibt sich

$$g_Y(y) = \frac{1}{|a|}\sum_{k=1}^{n} \mathsf{P}\left(X = \frac{y-b}{a}\right)\delta\left(\frac{y-b}{a} - x_k\right).$$

Für die Diracsche δ-Funktion gilt $|c|\delta(cx) = \delta(x)$ (siehe dazu z. B. [Stö99]), d. h. in unserem Fall

$$\frac{1}{|a|}\delta\left(\frac{y-b}{a} - x_k\right) = \delta(y - ax_k - b).$$

Damit erhalten wir unter Verwendung der Eigenschaft $f(y)\delta(y-c) = f(c)$ der Diracschen δ-Funktion

$$g_Y(y) = \sum_{k=1}^{n} \mathsf{P}(X = x_k)\delta(y - ax_k - b)$$

als Wahrscheinlichkeitsdichtefunktion der transformierten Zufallsgröße Y.

4.12 Erwartungswerte

Die Betrachtung von Erwartungswerten geht bereits auf die Zeit zurück, als die Wahrscheinlichkeitsrechnung noch in ihren Anfängen steckte und im Wesentlichen dazu benutzt wurde, die Gewinnerwartung bei Glücksspielen aller Art auszurechnen. Eine der ersten Anleitungen dazu stammt von C. Huygens [Huy57]. Sie wurde von J. Bernoulli [Ber13] kommentiert und erweitert, der den Begriff Erwartung (lat. *expectatio*) bereits in seiner heutigen Bedeutung verwendete und zur Erläuterung das folgende Beispiel anführte:

Beispiel 4.46 (Erwartung, J. Bernoulli [Ber13])
Jemand hält in der einen Hand drei (oder allgemein a) und in der anderen sieben (oder b) Kugeln; er stellt mir frei, die Kugeln, welche er in der einen Hand, und einem Anderen die, welche er in der andern Hand hält, zu nehmen. Demnach erhalten wir beide zusammen unbedingt sicher und haben also zu erwarten die Kugeln, welche er in beiden Händen hält, das sind zehn (oder allgemein $a + b$) Kugeln. Jeder von uns beiden hat aber den gleichen Anspruch auf das, was wir erwarten; folglich muss die ganze Erwartung in zwei gleiche Teile geteilt und jedem die halbe Erwartung, d. h. fünf (oder $(a+b)/2$) Kugeln zugebilligt werden.

Dieses Beispiel zeigt uns, dass der Erwartungswert für den Fall, dass ausschließlich Ereignisse mit gleicher Wahrscheinlichkeit auftreten, mit dem arithmetischen Mittelwert übereinstimmt. Auch der allgemeinere Fall, nämlich dass die betrachteten Ereignisse nicht die gleiche Wahrscheinlichkeit haben, wurde von J. Bernoulli bereits betrachtet. Seine Überlegungen führen uns unmittelbar zur Definition des Erwartungswertes für eine diskrete Zufallsgröße.

Definition 4.31 (Erwartungswert einer diskreten Zufallsgröße)
Gegeben sei eine diskrete Zufallsgröße X, welche die n Werte x_k mit den Wahrscheinlichkeiten $\mathsf{P}(X = x_k)$ annimmt. Dann ist der Erwartungswert dieser Zufallsgröße gegeben durch die Gleichung

$$\mathsf{E}(X) = \sum_{k=1}^{n} x_k \mathsf{P}(X = x_k)\,. \tag{4.38}$$

Aus dieser Definition ergibt sich, dass der Erwartungswert einer diskreten Zufallsgröße für den Fall, dass alle ihre Werte mit der gleichen Wahrscheinlichkeit $\mathsf{P}(X = x_k) = 1/n$ auftreten, gleich

$$\mathsf{E}(X) = \overline{x} = \frac{1}{n} \sum_{k=1}^{n} x_k \tag{4.39}$$

ist, d. h. der Erwartungswert ist in diesem Fall gleich dem arithmetischen Mittelwert $\overline{x}$. Wir können demnach den Erwartungswert als eine Verallgemeinerung des arithmetischen Mittelwertes auffassen.

Wir wollen an zwei einfachen Beispielen die Berechnung des Erwartungswertes für eine diskrete Zufallsgröße zeigen.

Beispiel 4.47 (Würfeln mit einem idealen Würfel)
Beim Würfeln mit einem idealen Würfel ist die Wahrscheinlichkeit für das Auftreten jeder der sechs möglichen Augenzahlen gleich, d. h. wir dürfen den Erwartungswert gleich dem arithmetischen Mittelwert setzen und die Gleichung (4.39) anwenden. Wenn wir die Zufallsgröße „Augenzahl" mit X bezeichnen, dann erhalten wir das Ergebnis $\mathsf{E}(X) = 3{,}5$.

Beispiel 4.48 (Fortsetzung des Beispiels 4.36)
Die Wahrscheinlichkeiten für die Summenwerte der Augenzahlen beim Würfeln mit zwei idealen Würfeln sind in der Tabelle 4.2 aufgelistet. Da die Wahrscheinlichkeiten in diesem Fall nicht gleich sind, dürfen wir den Erwartungswert *nicht* gleich dem arithmetischen Mittelwert setzen, sondern müssen diesmal die Gleichung (4.38) anwenden. Wenn wir die Zufallsgröße „Summe der Augenzahlen" mit X bezeichnen,

dann erhalten wir für den Erwartungswert

$$\mathsf{E}(X) = 2 \cdot \frac{1}{36} + 3 \cdot \frac{2}{36} + 4 \cdot \frac{3}{36} + 5 \cdot \frac{4}{36} + 6 \cdot \frac{5}{36} + 7 \cdot \frac{6}{36} + 8 \cdot \frac{5}{36} + 9 \cdot \frac{4}{36} + 10 \cdot \frac{3}{36} + 11 \cdot \frac{2}{36} + 12 \cdot \frac{1}{36}$$

also das Ergebnis $\mathsf{E}(X) = 7$.

Wir sehen an diesen beiden Beispielen, dass der Erwartungswert der betrachteten diskreten Zufallsgröße mit einem ihrer möglichen Ergebniswerte übereinstimmen kann, dass dies aber nicht notwendigerweise der Fall sein muss. Im Beispiel 4.47 ist der Erwartungswert 3,5 z. B. keine mögliche Augenzahl beim Würfeln, während im Beispiel 4.48 der Erwartungswert 7 mit einer der möglichen Augensummen übereinstimmt.

Von mit der Wahrscheinlichkeitstheorie weniger vertrauten Personen wird oft der Fehler begangen, den Erwartungswert mit dem arithmetischen Mittelwert zu verwechseln.[47] Diese beiden Werte können zwar gleich sein (z. B. bei einer symmetrischen Verteilung, wie im Beispiel 4.36), sie haben aber eine unterschiedliche Bedeutung.

Um den Unterschied zwischen dem Erwartungswert und dem arithmetischen Mittelwert zu verdeutlichen, behandeln wir noch den Fall einer Zufallsgröße, die abzählbar unendlich viele Werte annehmen kann. Ein derartiger Fall liegt bei dem folgenden Beispiel vor.

Beispiel 4.49 (Würfeln einer Sechs beim k-ten Wurf)
Wir würfeln mit einem als ideal vorausgesetzten Würfel und fragen uns nach der Wahrscheinlichkeit, dass beim k-ten Wurf eine Sechs gewürfelt wird. Wir können hier die Anzahl der Würfe bis zum Auftreten einer Sechs als eine diskrete Zufallsgröße ansehen, die wir mit X bezeichnen wollen.

Die Wahrscheinlichkeit, eine Sechs zu würfeln, ist gleich $1/6$, die Wahrscheinlichkeit, keine Sechs zu würfeln, also gleich $5/6$. Alle Würfe sind stochastisch unabhängig. Demnach ist die Wahrscheinlichkeit, dass bei $(k-1)$ Würfen keine Sechs aufgetreten ist und beim k-ten Wurf eine Sechs gewürfelt wird, gleich

$$\mathsf{P}(X = k) = \left(\frac{5}{6}\right)^{k-1} \cdot \frac{1}{6} = \frac{5^{k-1}}{6^k} .$$

[47] Bedauerlicherweise findet man auch in vielen Fachbüchern keine klare Unterscheidung zwischen Erwartungswert (engl. *expectation*) und Mittelwert (engl. *mean*).

Da diese Wahrscheinlichkeit für jeden beliebigen Wert $k \geq 1$ von null verschieden ist, kann es prinzipiell unendlich lange dauern, bis eine Sechs auftritt. Allerdings wird dieses Ereignis mit zunehmender Anzahl von Würfen immer unwahrscheinlicher, denn die Wahrscheinlichkeit $\mathsf{P}(X = k)$ nimmt monoton ab und strebt für unendlich viele Würfe dem Grenzwert null zu. Es zeigt sich, dass hier eine geometrische Wahrscheinlichkeitsverteilungsfunktion[48] vorliegt.

Die Einzelwahrscheinlichkeiten einer geometrischen Wahrscheinlichkeitsverteilungsfunktion mit dem Parameter p sind durch

$$\mathsf{P}(X = k) = p(1-p)^{k-1}\,, \qquad 0 \leq p \leq 1\,, \qquad k \geq 1\,, \tag{4.40}$$

gegeben, wobei in dem hier vorliegenden Fall $p = 1/6$ ist. Für den Erwartungswert der geometrischen Wahrscheinlichkeitsverteilung erhalten wir aus den Gleichungen (4.38) und (4.40) für $n \longrightarrow \infty$

$$\mathsf{E}(X) = \sum_{k=1}^{\infty} kp(1-p)^{k-1} = -p\frac{\mathrm{d}}{\mathrm{d}p}\sum_{k=1}^{\infty}(1-p)^k = -p\frac{\mathrm{d}}{\mathrm{d}p}\frac{1}{p} = \frac{1}{p}$$

d. h. für den hier vorliegenden Fall $\mathsf{E}(X) = 6$.

Dieses Beispiel zeigt, dass wir trotz der abzählbar unendlichen vielen möglichen Werte der hier betrachteten Zufallsgröße einen endlichen Erwartungswert erhalten können. Der Grund dafür ist, dass die Einzelwahrscheinlichkeiten $\mathsf{P}(X = k)$ der zugrunde liegenden Wahrscheinlichkeitsverteilungsfunktion mit zunehmendem Wert von k monoton abnehmen. Wenn wir dagegen trotz der abzählbar unendlich vielen möglichen Werte der hier betrachteten Zufallsgröße eine Gleichverteilung hätten zugrunde legen müssen, dann wäre der Erwartungswert nach der Gleichung (4.39) durch den arithmetischen Mittelwert gegeben, der aber für unendlich viele gleiche Werte nicht existiert, weil sich für $n \longrightarrow \infty$ eine divergente Reihe ergibt (siehe dazu z. B. K. Knopp [Kno64]). Wir können also zusammenfassend feststellen, dass sich der arithmetische Mittelwert ausschließlich für endlich viele Werte einer diskreten Zufallsgröße berechnen lässt, während der Erwartungswert auch für eine diskrete Zufallsgröße existieren kann, die abzählbar unendlich viele mögliche Werte besitzt.

Unsere Überlegungen haben gezeigt, dass ein endlicher Erwartungswert einer diskreten Zufallsgröße mit abzählbar unendlich vielen möglichen Werten nur dann existieren kann, wenn die Gleichung (4.38) für $n \longrightarrow \infty$ auf eine absolut konvergente Reihe (siehe dazu z. B. K. Knopp [Kno64]) führt. Diese Forderung ist wesentlich, denn selbst wenn *keine* Gleichverteilung der Werte vorliegt, kann

[48] Ihr stetiges Gegenstück ist die Exponentialverteilung.

sich für bestimmte diskrete Wahrscheinlichkeitsverteilungsfunktionen eine divergente Reihe ergeben.

Die Definition 4.31 für den Erwartungswert einer diskreten Zufallsgröße lässt sich für stetige Zufallsgrößen verallgemeinern:

Definition 4.32 (Erwartungswert einer stetigen Zufallsgröße)
Der Erwartungswert einer Zufallsgröße X mit der Wahrscheinlichkeitsdichtefunktion $g_X(x)$ ist gegeben durch die Gleichung

$$\mathsf{E}(X) = \int_{-\infty}^{+\infty} x \, g_X(x) \mathrm{d}x \,, \tag{4.41}$$

vorausgesetzt, dass dieses Integral absolut konvergent ist.

Die Forderung nach der absoluten Konvergenz des Integrals in dieser Definition ist für die Existenz des Erwartungswertes wesentlich, denn es gibt Wahrscheinlichkeitsdichtefunktionen, für die sich aus der Gleichung (4.41) kein endlicher Erwartungswert ergibt.

Es lässt sich leicht nachweisen, dass die Definition 4.32 des Erwartungswertes nicht nur für stetige, sondern auch für diskrete Zufallsgrößen gilt. Setzen wir nämlich in die Definitionsgleichung (4.41) des Erwartungswertes die Wahrscheinlichkeitsdichtefunktion $g_X(x)$ einer diskreten Zufallsgröße nach der Gleichung (4.34) ein, dann erhalten wir unter Verwendung der Beziehung (4.33) für die Diracsche δ-Funktion wieder die Definitionsgleichung (4.38) für den Erwartungswert einer diskreten Zufallsgröße. Die Forderung nach der absoluten Konvergenz des Integrals geht dabei in die Forderung nach der absoluten Konvergenz der sich gegebenenfalls ergebenden Reihe über. Wir können daher die Definition 4.32 als allgemeingültig ansehen.

Wir wollen die Berechnung des Erwartungswertes noch für eine stetige Zufallsgröße an einem Beispiel zeigen:

Beispiel 4.50 (Fortsetzung des Beispiels 4.37)
Wenn wir die durch die Gleichung (4.30) gegebene Wahrscheinlichkeitsdichtefunktion $g_X(x)$ in die Definitionsgleichung (4.41) des Erwartungswertes einsetzen, dann erhalten wir

$$\mathsf{E}(X) = \frac{1}{L} \int_0^L x \mathrm{d}x = \frac{L}{2} \,, \tag{4.42}$$

d. h. die zu erwartende Rissstelle liegt genau in der Mitte des Fadens.

Wir wenden uns jetzt der Frage zu, wie der Erwartungswert $\mathsf{E}(Y)$ einer transformierten Zufallsgröße Y zu berechnen ist, wenn diese Zufallsgröße durch eine Transformation $f(X)$ aus einer Zufallsgröße X erhalten wird. Dabei ist für uns insbesondere von Interesse, ob die Integrale

$$\mathsf{E}\left[f(X)\right] = \int\limits_{-\infty}^{+\infty} f(x) g_X(x) \mathrm{d}x \tag{4.43}$$

und

$$\mathsf{E}(Y) = \int\limits_{-\infty}^{+\infty} y g_Y(y) \mathrm{d}y \,. \tag{4.44}$$

zu gleichen Ergebnissen führen, d. h. ob stets $\mathsf{E}(Y) = \mathsf{E}\left[f(X)\right]$ ist. Wenn dies der Fall ist, dann wird die Berechnung des Erwartungswertes einer transformierten Zufallsgröße im Allgemeinen stark vereinfacht, denn die direkte Berechnung von $\mathsf{E}\left[f(X)\right]$ ist oft mit weniger Aufwand verbunden, als die Berechnung von $\mathsf{E}(Y)$. Dazu betrachten wir zunächst ein einfaches Beispiel.

Beispiel 4.51 (Erwartungswert einer nichtlinearen Funktion)
Wir gehen von einer stetigen Zufallsgröße X aus, die auf dem Intervall $(-\infty, +\infty)$ definiert ist. Die Wahrscheinlichkeitsdichtefunktion ist durch

$$g_X(x) = \begin{cases} \dfrac{1}{3} & \text{falls } -1 \leq x \leq 2 \\ 0 & \text{sonst} \end{cases}$$

gegeben. Die Zufallsgröße X werde durch die nichtlineare Transformation $f(X) = X^2$ in die Zufallsgröße Y transformiert. Wir interessieren uns für die beiden Erwartungswerte $\mathsf{E}(Y)$ und $\mathsf{E}\left[f(X)\right]$.

Wir beginnen mit der Berechnung des Erwartungswerts $\mathsf{E}\left[f(X)\right]$. Durch Einsetzen der Wahrscheinlichkeitsdichtefunktion $g_X(x)$ und der Transformationsfunktion $f(x) = x^2$ in die Gleichung (4.43) erhalten wir

$$\mathsf{E}\left[f(X)\right] = \frac{1}{3} \int\limits_{-1}^{2} x^2 \mathrm{d}x = 1 \,.$$

Wir sind hier sehr schnell zum Ergebnis gekommen. Die Berechnung des Erwartungswerts $\mathsf{E}(Y)$ stellt sich dagegen als etwas aufwändiger heraus.

Für die transformierte Wahrscheinlichkeitsdichtefunktion berechnen wir unter Verwendung der Gleichung (4.37)

$$g_Y(y) = \begin{cases} 0 & \text{falls } -\infty < y \leq 0 \\ \dfrac{1}{3\sqrt{y}} & \text{falls } 0 < y \leq 1 \\ \dfrac{1}{6\sqrt{y}} & \text{falls } 1 < y \leq 4 \\ 0 & \text{falls } 4 < y < +\infty \end{cases} .$$

Setzen wir diese Wahrscheinlichkeitsdichtefunktion in die Gleichung (4.44) ein, dann ergibt sich

$$\mathsf{E}(Y) = \frac{1}{3}\int_0^1 \sqrt{y}\,\mathrm{d}y + \frac{1}{6}\int_1^4 \sqrt{y}\,\mathrm{d}y = 1\,.$$

Das in diesem Beispiel gefundene Ergebnis $\mathsf{E}(Y) = \mathsf{E}\left[f(X)\right]$ gilt allgemein. Dieser Sachverhalt erlaubt es uns, den Erwartungswert einer transformierten Zufallsgröße unmittelbar zu berechnen, ohne dass wir zuvor ihre Wahrscheinlichkeitsdichtefunktion nach dem Transformationssatz 4.19 ermitteln müssen. Es ist daher sinnvoll, zusätzlich zur Definition 4.32, den Erwartungswert einer Funktion einer Zufallsgröße einzuführen.

Definition 4.33 (Erwartungswert einer Funktion einer Zufallsgröße)
Der Erwartungswert einer Funktion $f(X)$ der Zufallsgröße X mit der Wahrscheinlichkeitsdichtefunktion $g_X(x)$ ist gegeben durch die Gleichung

$$\mathsf{E}\left[f(X)\right] = \int_{-\infty}^{+\infty} f(x)g_X(x)\mathrm{d}x\,,$$

vorausgesetzt, dass dieses Integral absolut konvergent ist.

Wir können das als die eigentliche Definition des Erwartungswertes ansehen, wie es in vielen Lehrbüchern der Wahrscheinlichkeitstheorie heute auch getan wird. Die Definition 4.32 ist dann nur ein Spezialfall, falls $f(X) = X$ ist.

Da der Erwartungswert durch ein Integral dargestellt wird, „erbt" er gewissermaßen die Eigenschaften der Integration. Eine dieser Eigenschaften ist die Linearität. Für zwei beliebige reelle Funktionen $f_1(X)$ und $f_2(X)$ und zwei reelle

Konstanten a und b gilt

$$\mathsf{E}\left[af_1(X) + bf_2(X)\right] = \int_{-\infty}^{+\infty} \left[af_1(x) + bf_2(x)\right] g_X(x)\mathrm{d}x =$$

$$a\int_{-\infty}^{+\infty} f_1(x)g_X(x)\mathrm{d}x + b\int_{-\infty}^{+\infty} f_2(x)g_X(x)\mathrm{d}x = a\,\mathsf{E}\left[f_1(X)\right] + b\,\mathsf{E}\left[f_2(X)\right] .$$

Die Bildung des Erwartungswertes einer Zufallsgröße ist demzufolge eine lineare Operation, denn die Linearität der Integration überträgt sich unmittelbar auf den Erwartungswert.

Satz 4.20 (Linearität des Erwartungswertes)
Es sei X eine Zufallsgröße. Dann gilt für die reellen Funktionen $f_1(X)$ und $f_2(X)$ und die reellen Konstanten a und b

$$\mathsf{E}\left[af_1(X) + bf_2(X)\right] = a\,\mathsf{E}\left[f_1(X)\right] + b\,\mathsf{E}\left[f_2(X)\right] ,$$

vorausgesetzt, die Erwartungswerte $\mathsf{E}\left[f_1(X)\right]$ und $\mathsf{E}\left[f_2(X)\right]$ existieren.

Spezielle Folgerungen aus diesem Satz sind die Beziehungen

$$\mathsf{E}(a) = a ,$$

d. h. der Erwartungswert einer Konstanten ist die Konstante selbst, und

$$\mathsf{E}(aX + b) = a\,\mathsf{E}(X) + b ,$$

d. h. eine Verschiebung und Skalierung einer Zufallsgröße führt zu einer entsprechenden Verschiebung und Skalierung ihres Erwartungswertes. Eine Verallgemeinerung des Satzes 4.20 ist

$$\mathsf{E}\left[\sum_{i=1}^{n} c_i f_i(X)\right] = \sum_{i=1}^{n} c_i \mathsf{E}\left[f_i(X)\right] ,$$

wie sich leicht zeigen lässt. Die Anwendung aller dieser Regeln erleichtert häufig die Berechnung von Erwartungswerten.

Eine weitere Eigenschaft des Erwartungswertes ist seine Monotonie, die sich aus dem Mittelwertsatz der Integralrechnung ergibt. Danach gilt unter Verwendung der Normierungsbedingung (4.31)

$$\mathsf{E}\left[f_2(X) - f_1(X)\right] = \int\limits_{-\infty}^{+\infty} \left[f_2(x) - f_1(x)\right] g_X(x)\mathrm{d}x =$$

$$\left[f_2(\xi) - f_1(\xi)\right] \int\limits_{-\infty}^{+\infty} g_X(x)\mathrm{d}x = f_2(\xi) - f_1(\xi)\,,$$

wobei ξ eine reelle Zahl ist, für welche diese Gleichung erfüllt ist. Wenn wir nun $f_1(X) \leq f_2(X)$ voraussetzen, dann erhalten wir auf der rechten Seite dieser Gleichung den Ausdruck $f_2(\xi) - f_1(\xi) \geq 0$ und auf der linken Seite wegen der Linearität des Erwartungswertes nach Satz 4.20 das Ergebnis $\mathsf{E}\left[f_2(X)\right] - \mathsf{E}\left[f_1(X)\right]$. Damit ergibt sich folgender Satz:

Satz 4.21 (Monotonie des Erwartungswertes)
Es sei X eine Zufallsgröße. Dann gilt für die Funktionen $f_1(X)$ und $f_2(X)$ dieser Zufallsgröße

$$\mathsf{E}\left[f_1(X)\right] \leq \mathsf{E}\left[f_2(X)\right]\,, \qquad \text{falls} \qquad f_1(X) \leq f_2(X)\,,$$

vorausgesetzt, die Erwartungswerte $\mathsf{E}\left[f_1(X)\right]$ und $\mathsf{E}\left[f_2(X)\right]$ existieren.

Die Linearität und Monotonie sind wesentliche Eigenschaften, wenn wir den Erwartungswert einer Zufallsgröße — die wir ja mit der Messgröße gleichsetzen können — als den Wert der Messgröße ansehen.

4.13 Varianzen und Standardabweichungen

Um die Streuung (Dispersion) der Werte einer Zufallsgröße zu bewerten, können unterschiedliche Streumaße herangezogen werden, wie z. B. die Spannweite (d. h. die Differenz zwischen dem größten und dem kleinsten Wert der Zufallsgröße), die mittlere absolute Abweichung von einem Bezugswert (d. h. der Erwartungswert des Betrags der Differenz des Wertes der Zufallsgröße vom Bezugswert), der Median der absoluten Abweichung von einem Bezugswert (d. h. der mittlere Wert zwischen dem größten und dem kleinsten Betrag der Abweichung des Wertes der Zufallsgröße vom Bezugswert), die mittlere quadratische Abweichung von einem Bezugswert (d. h. der Erwartungswert des Quadrats der Differenz des Wertes der Zufallsgröße vom Bezugswert) usw. Diese Aufzählung ist nicht erschöpfend.

Die unterschiedlichen Streumaße wurden und werden aus den verschiedensten Gründen bevorzugt oder abgelehnt. Wir wollen uns hier nur mit dem Streumaß beschäftigen, das auf der mittleren quadratischen Abweichung von einem Bezugswert beruht. Dieses Streumaß wurde von C. F. GAUSS [Gau09] eingeführt[49] und der Kehrwert dieses Maßes dient entsprechend der heute üblichen Konvention zur Beurteilung der Messpräzision.

Die Mehrzahl aller in der Vergangenheit vorgeschlagenen Streumaße beschreibt die Streuung bezüglich eines festen Bezugswertes der ganz willkürlich gewählt sein kann. Wenn wir dies tun, können wir die Dispersion

$$\mathsf{D}(X;\xi) = \mathsf{E}\left[(X-\xi)^2\right] \tag{4.45}$$

als Maß für die Streuung der Werte der Zufallsgröße X um den Bezugswert ξ einführen. Da ξ hierbei noch beliebig ist, stellt sich die Frage, ob es ein Kriterium für eine optimale Wahl dieses Bezugswertes gibt. Es wird sich zeigen, dass das tatsächlich der Fall ist. Um dies nachzuweisen, bringen wir die Gleichung (4.45) zunächst auf die äquivalente Form

$$\begin{aligned}\mathsf{D}(X;\xi) = \mathsf{E}\left[\left(X-\mathsf{E}(X)+\mathsf{E}(X)-\xi\right)^2\right] =& \\ \mathsf{E}\left[\left(X-\mathsf{E}(X)\right)^2 + 2\left(X-\mathsf{E}(X)\right)\left(\mathsf{E}(X)-\xi\right) + \left(\mathsf{E}(X)-\xi\right)^2\right].&\end{aligned}$$

Wenn wir nun die Linearität des Erwartungswertes nach dem Satz 4.20 ausnutzen, dann ist $\mathsf{E}\left(X-\mathsf{E}(X)\right) = 0$, d. h. das zweite Glied in dem Ausdruck nach dem zweiten Gleichheitszeichen fällt weg und wir erhalten die Beziehung[50]

$$\mathsf{D}(X;\xi) = \mathsf{E}\left[\left(X-\mathsf{E}(X)\right)^2\right] + \left(\mathsf{E}(X)-\xi\right)^2.$$

Die Dispersion setzt sich also aus zwei Anteilen zusammen. Der erste Anteil ist ein Maß für die mittlere quadratische Abweichung vom Erwartungswert

[49] Im Gegensatz zu C. F. GAUSS hatte P. S. LAPLACE [Lap74] zunächst ein Streumaß bevorzugt, das auf der mittleren absoluten Abweichung von einem Bezugswert beruhte, später aber ebenfalls das von C. F. GAUSS favorisierte Streumaß verwendet.

[50] Einige Autoren nennen diese Beziehung auch *Satz von Steiner*. Diese Benennung beruht wohl auf einer Analogie mit der Mechanik starrer Körper, aus der dieser Satz eigentlich stammt. Betrachtet man nämlich die Werte einer Zufallsgröße als die Koordinaten der Massepunkte eines Körpers, dann entspricht der Erwartungswert dem Schwerpunkt, der erste Anteil der Dispersion dem Trägheitsmoment bezüglich einer Drehachse durch den Schwerpunkt und der zweite Anteil dem Trägheitsmoment bezüglich einer Drehachse, die parallel zur Drehachse durch den Schwerpunkt ist. Obwohl die Verwendung von Analogien als Merkregeln wünschenswert sein kann, sollte die Benennung mathematischer Sätze im korrekten Kontext erfolgen.

und wird Varianz genannt. Wir können also die Varianz durch die folgende Definition festlegen, die unabhängig davon ist, ob eine diskrete oder eine stetige Zufallsgröße betrachtet wird.

Definition 4.34 (Varianz einer Zufallsgröße)
Es sei X eine Zufallsgröße, dann heißt

$$\mathsf{Var}(X) = \mathsf{E}\left[\left(X - \mathsf{E}(X)\right)^2\right]$$

Varianz dieser Zufallsgröße.

Die Varianz wurde in früheren Lehrbüchern der Wahrscheinlichkeitstheorie noch häufig als Dispersion bezeichnet. Wir verwenden diesen Begriff hier aber nur in dem oben angegebenen allgemeineren Sinn, d. h. als Maß für die Streuung der Werte einer Zufallsgröße um einen *beliebigen* Bezugswert, der nicht gleich dem Erwartungswert sein muss. Die Unterscheidung zwischen der „Dispersion" als dem allgemeineren Begriff und der „Varianz" als Unterbegriff wird sich bei der Betrachtung der Messunsicherheit als nützlich erweisen.

Nachdem wir festgestellt haben, dass der erste Anteil der Dispersion die Varianz ist, betrachten wir noch den zweiten Anteil. Dieser Anteil ist das Quadrat der systematischen Abweichung vom Erwartungswert[51] und nimmt daher stets einen nichtnegativen Wert an. Es ist demnach

$$\mathsf{D}(X;\xi) \geq \mathsf{Var}(X)\,,$$

wobei das Gleichheitszeichen genau dann gilt, wenn $\xi = \mathsf{E}(X)$ ist. Wenn wir also den Erwartungswert als Bezugswert für die Berechnung der Streuung verwenden, dann erhalten wir den kleinsten Wert der Dispersion,[52] und dieser Wert ist gleich der Varianz. Die Varianz ist demzufolge dem Erwartungswert eindeutig beigeordnet. Dies macht die besondere Bedeutung des Erwartungswertes und der Varianz in der Wahrscheinlichkeitsrechnung deutlich.

Da die Varianz als Erwartungswert eines Quadrates immer einen nichtnegativen Wert annimmt, ist die positive Quadratwurzel der Varianz stets wohldefiniert. Dies führt uns zur Definition der Standardabweichung, die ein weiteres

[51] In der Stochastik wird die systematische Abweichung vom Erwartungswert Bias genannt, während in der Metrologie der *Schätzwert einer systematischen Messabweichung* Bias (der Messung) genannt wird (VIM, 2.18 [VIM]). Wegen dieser Mehrdeutigkeit werden wir es vermeiden, den Begriff Bias zu benutzen.

[52] Diese Tatsache, die schon C. F. Gauss bekannt war [Gau09], macht man sich bei der Ermittlung bester Schätzwerte nach der Methode der kleinsten Quadrate [Gau21] zunutze.

Maß für die Streuung der Werte einer Zufallsgröße um ihren Erwartungswert ist und die gleiche Dimension wie dieser besitzt.

Definition 4.35 (Standardabweichung einer Zufallsgröße)
Es sei X eine Zufallsgröße, dann heißt

$$\sigma(X) = \sqrt{\mathsf{Var}(X)}$$

Standardabweichung und, wenn $\mathsf{E}(X) \neq 0$,

$$\sigma_{\mathrm{r}}(X) = \frac{\sigma(X)}{\mathsf{E}(X)} \tag{4.46}$$

relative Standardabweichung (Variationskoeffizient) dieser Zufallsgröße.

Die relative Standardabweichung ist als Quotient zweier Größen gleicher Dimension stets eine reine Zahl, d. h. sie hat die Dimension Zahl.

Es sei noch angemerkt, dass häufig nur σ und σ_{r} anstelle von $\sigma(X)$ bzw. $\sigma_{\mathrm{r}}(X)$ als Bezeichnungen für die Standardabweichung bzw. die relative Standardabweichung verwendet werden, wenn sich aus dem Zusammenhang eindeutig ergibt, welche Zufallsgröße gemeint ist.

Auch die Standardabweichung nimmt als positive Quadratwurzel aus der Varianz stets nichtnegative Werte an und ist dem Erwartungswert der entsprechenden Zufallsgröße in gleicher Weise beigeordnet. Wir werden bei der Betrachtung der Messunsicherheit darauf zurückkommen.

Wir wollen uns nun mit den wichtigsten Eigenschaften der Varianz beschäftigen. Wir konzentrieren uns dabei im Wesentlichen auf Regeln, welche die Berechnung der Varianz erleichtern.

Aus der Definition 4.34 der Varianz und den Eigenschaften des Erwartungswertes ergibt sich, vorausgesetzt, dass die Varianz existiert,

$$\mathsf{Var}(X) = \mathsf{E}\left[(X - \mathsf{E}(X))^2\right] = \mathsf{E}\left[X^2 - 2X\mathsf{E}(X) + (\mathsf{E}(X))^2\right] =$$
$$\mathsf{E}\left(X^2\right) - 2\mathsf{E}(X)\mathsf{E}(X) + (\mathsf{E}(X))^2 = \mathsf{E}\left(X^2\right) - (\mathsf{E}(X))^2 .$$

Aus dieser Beziehung[53] ergibt sich wegen der bereits nachgewiesenen Eigenschaft $\mathsf{Var}(X) \geq 0$ unmittelbar

$$|\mathsf{E}(X)| \leq \sqrt{\mathsf{E}\left(X^2\right)},$$

[53]Diese Beziehung wird in manchen Lehrbüchern der Statistik *Verschiebungssatz* genannt.

wobei das Gleichheitszeichen nur gilt, wenn $\mathsf{Var}(X) = 0$ ist.

Im vorhergehenden Abschnitt hatten wir gesehen, wie sich eine lineare Transformation auf den Erwartungswert auswirkt. Hier betrachten wir nun die Änderung der Varianz bei einer linearen Transformation. Unter Verwendung der Definition der Varianz 4.34 und der Eigenschaften des Erwartungswertes erhalten wir

$$\mathsf{Var}(aX + b) = \mathsf{E}\left[\left(aX + b - \mathsf{E}(aX + b)\right)^2\right] =$$
$$\mathsf{E}\left[\left(aX + b - a\mathsf{E}(X) - b\right)^2\right] = \mathsf{E}\left[a^2\left(X - \mathsf{E}(X)\right)^2\right] =$$
$$a^2\mathsf{E}\left[\left(X - \mathsf{E}(X)\right)^2\right] = a^2\mathsf{Var}(X)\,.$$

Daraus folgt für die Standardabweichung einer linear transformierten Zufallsgröße

$$\sigma(aX + b) = |a|\,\sigma(X)\,.$$

Die Varianz bzw. die Standardabweichung werden also bei einer linearen Transformation der Zufallsgröße lediglich neu skaliert, sind aber invariant gegenüber einer Verschiebung. Die Konsequenz dieser Eigenschaft für die messtechnische Praxis ist, dass eine beliebig große systematische Abweichung keinerlei Einfluss auf die Varianz bzw. die Standardabweichung hat, d. h. diese Maße können nur zur Bewertung zufälliger Abweichungen verwendet werden.

Wir fassen die wichtigsten Eigenschaften der Varianz und der Standardabweichung zusammen:

Satz 4.22 (Eigenschaften der Varianz und der Standardabweichung)
Es sei X eine Zufallsgröße und a und b zwei beliebige reelle Zahlen, dann gilt für die Varianz

a)
$$\mathsf{Var}(X) = \mathsf{E}\left(X^2\right) - \left(\mathsf{E}(X)\right)^2, \tag{4.47}$$

b)
$$\mathsf{Var}(aX + b) = a^2\mathsf{Var}(X)\,,$$

und für die Standardabweichung

$$\sigma(aX + b) = |a|\,\sigma(X)\,.$$

Um zu zeigen, wie die Varianz bzw. die Standardabweichung unter Verwendung der Beziehung (4.47) berechnet werden können, geben wir je ein Beispiel für eine diskrete und eine stetige Zufallsgröße an.

Beispiel 4.52 (Fortsetzung des Beispiels 4.48)
Wir verwenden die in der Tabelle 4.2 aufgelisteten Wahrscheinlichkeiten für die Summenwerte der Augenzahlen beim Würfeln mit zwei idealen Würfeln zur Berechnung des Erwartungswertes $\mathsf{E}\left(X^2\right)$. Damit ergibt sich

$$\mathsf{E}\left(X^2\right) = 2^2 \cdot \frac{1}{36} + 3^2 \cdot \frac{2}{36} + 4^2 \cdot \frac{3}{36} + 5^2 \cdot \frac{4}{36} + 6^2 \cdot \frac{5}{36} + 7^2 \cdot \frac{6}{36} + 8^2 \cdot \frac{5}{36} + 9^2 \cdot \frac{4}{36} + 10^2 \cdot \frac{3}{36} + 11^2 \cdot \frac{2}{36} + 12^2 \cdot \frac{1}{36} = \frac{329}{6} .$$

Setzen wir dieses Ergebnis und den im Beispiel 4.48 bereits berechneten Erwartungswert $\mathsf{E}(X) = 7$ in die Beziehung (4.47) ein, dann erhalten wir für die Varianz

$$\mathsf{Var}(X) = \frac{329}{6} - 49 = 35/6$$

und für die Standardabweichung nach der Definition 4.35

$$\sigma(X) = \sqrt{35/6} .$$

Die Standardabweichung beträgt also etwa 34,5 % des Erwartungswertes.

Beispiel 4.53 (Fortsetzung des Beispiels 4.50)
Wenn wir die durch die Gleichung (4.30) gegebene Wahrscheinlichkeitsdichtefunktion $g_X(x)$ zur Berechnung des Erwartungswertes $\mathsf{E}\left(X^2\right)$ verwenden, dann erhalten wir

$$\mathsf{E}\left(X^2\right) = \frac{1}{L} \int_0^L x^2 \mathrm{d}x = \frac{L^2}{3} .$$

Setzen wir dieses Ergebnis und den Erwartungswert aus der Gleichung (4.42) in die Beziehung (4.47) ein, dann erhalten wir für die Varianz

$$\mathsf{Var}(X) = \frac{L^2}{3} - \frac{L^2}{4} = \frac{L^2}{12}$$

und für die Standardabweichung nach der Definition 4.35

$$\sigma(X) = \frac{L}{2\sqrt{3}} .$$

Die relative Standardabweichung ist hier gleich $1/\sqrt{3}$.

Wenn eine Zufallsgröße als Messgröße aufgefasst wird, dann wird ihr numerischer Wert im Allgemeinen vom Nullpunkt und von der gewählten Maßeinheit abhängen. Eine Änderung des Wertes der Messgröße durch eine Änderung dieser beiden Werte wird durch eine lineare Transformation $f(X) = aX + b$ beschrieben. Wenn zusätzlich $a > 0$ ist, dann wird diese Transformation auch „Skalentransformation" genannt. Ein typischer Anwendungsfall für die Skalentransformation ist die Transformation von Temperaturskalen.

Beispiel 4.54 (Transformation von Temperaturskalen)

a) Die Umrechnung der numerischen Werte von der thermodynamischen Temperaturskala (Kelvin-Skala) in die Celsius-Skala erfolgt durch die Gleichung

$$Y = X - 273{,}15\,.$$

In diesem Fall ist $\mathsf{Var}(Y) = \mathsf{Var}(X)$ bzw. $\sigma(Y) = \sigma(X)$.

b) Die Umrechnung der numerischen Werte von der Celsius-Skala in die Fahrenheit-Skala erfolgt durch die Gleichung

$$Y = \frac{9}{5}X + 32\,.$$

In diesem Fall ist $\mathsf{Var}(Y) \neq \mathsf{Var}(X)$ bzw. $\sigma(Y) \neq \sigma(X)$.

Ein weiterer wichtiger Anwendungsfall einer Skalentransformation ist die Einführung standardisierter und reduzierter Größen.

Beispiel 4.55 (Standardisierte und reduzierte Größen)

a) Die Standardisierung einer Zufallsgröße erfolgt durch die lineare Transformation

$$Y = \frac{X - \mathsf{E}(X)}{\sigma(X)}\,.$$

Dadurch wird erreicht, dass $\mathsf{E}(Y) = 0$ und $\mathsf{Var}(Y) = 1$ ist.

b) Reduzierte Größen werden z. B. in der theoretischen Physik oder in der physikalischen Chemie verwendet. Sie werden berechnet, indem die jeweiligen Größen durch die entsprechenden Bezugsgrößen dividiert werden. Auf diese Weise erhält man Größen der Dimension Zahl, wie z. B. in der Thermodynamik den reduzierten Druck oder das reduzierte Molvolumen. Durch die Verwendung reduzierter Größen wird die Vergleichbarkeit von Stoffeigenschaften erleichtert.

Durch eine Skalentransformation wird also der Erwartungswert und im Allgemeinen auch der Wert der Varianz bzw. der Standardabweichung geändert. Im Falle der Transformation auf standardisierte Größen ist das gerade der Zweck der Skalentransformation.

4.14 Mehrdimensionale Zufallsgrößen

Eine Zufallsgröße ist entsprechend der Definition 4.24 zunächst lediglich ein Skalar. Vektoren oder Tensoren, deren Komponenten Zufallsgrößen sind, können jedoch ebenfalls als Zufallsgrößen angesehen werden. Eine derartige Vereinbarung macht die Verwendung von Begriffen wie „Zufallsvektor“ oder „Zufallstensor“ im Prinzip entbehrlich.

Wir werden alle Zufallsgrößen, die keine Skalare sind, mehrdimensionale Zufallsgrößen nennen und sie unabhängig von der jeweiligen Bedeutung ihrer Komponenten stets in der Form $\boldsymbol{X} = (X_1, \ldots, X_n)^\mathsf{T}$ als Spaltenvektoren schreiben. Die auf diese Weise zusammengefassten n skalaren Zufallsgrößen $X_1, \ldots, X_n$ können dabei zu gleichartigen oder zu unterschiedlichen Größenarten gehören. Daraus ergibt sich, dass die Dimensionen der einzelnen Komponenten eines solchen Spaltenvektors nicht notwendigerweise gleich sind, d. h. die betrachtete mehrdimensionale Zufallsgröße $\boldsymbol{X}$ ist nicht immer ein echter Vektor.

Genau genommen müssen wir den Begriff der „mehrdimensionalen Zufallsgröße“ sogar noch allgemeiner fassen, denn wir können nicht voraussetzen, dass ihre einzelnen Komponenten durch eine Zuordnung reeller Zahlen zu den Ergebnissen der *gleichen* Ergebnismenge Ω erhalten worden sind, sondern wir müssen auch zulassen, dass sie durch eine Zuordnung reeller Zahlen zu den Ergebnissen *verschiedener* Ergebnismengen erhalten worden sind, z. B. weil wir verschiedene Zufallsexperimente betrachten müssen. Diese beiden Grenzfälle sind in der Abbildung 4.13 schematisch für die beiden Komponenten einer zweidimensionalen Zufallsgröße beispielhaft dargestellt. Dabei sind die Elemente der Ergebnismenge Ω geordnete Paare (ω_1, ω_2), während die Elemente der Ergebnismengen Ω_1 und Ω_2 einzelne Elemente ω_1 bzw. ω_2 sind.

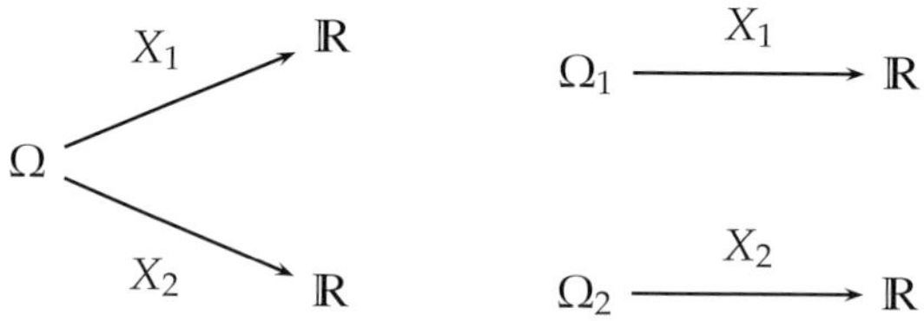

Abbildung 4.13 Erzeugung einer zweidimensionalen Zufallsgröße

Für mehrdimensionale Zufallsgrößen mit mehr als zwei Komponenten werden die Verhältnisse mit wachsender Anzahl der möglichen Zuordnungen sehr schnell unübersichtlich. Da es in der praktischen Anwendung ohnehin fraglich ist, ob wir tatsächlich immer zwischen den einzelnen möglichen Fällen unterscheiden können, ist es sinnvoller, nur von einer Ergebnismenge Ω auszugehen, deren Elemente geordnete n-Tupel (d. h. geordnete Paare, Tripel, Quadrupel usw.) sind, wobei n die Anzahl der Komponenten der jeweils betrachteten Zufallsgröße bezeichnet. Dabei lassen wir offen, ob die Komponenten der geordneten n-Tupel alle einem einzigen oder aber mehreren verschiedenen Zufallsexperimenten zugeordnet sind.

Wir betrachten als Beispiele für mehrdimensionale Zufallsgrößen zwei in der Praxis häufig auftretende Fälle.

Beispiel 4.56 (Position eines Objekts)
Wir sind an der Position eines Objekts im Raum interessiert. Da wir diese Position niemals genau messen können, müssen wir sie als ein zufälliges Ereignis ansehen. Die Ergebnismenge Ω besteht hier also aus den möglichen Positionen. Jeder dieser Positionen können wir ein Tripel reeller Zahlen zuordnen, das wir als Koordinaten der jeweiligen Position des betrachteten Objekts interpretieren. Wir erhalten dadurch die dreidimensionale Zufallsgröße $\boldsymbol{X} = (X_1,X_2,X_3)^\mathsf{T}$, die wir „Position" nennen können. Der Vektor $\boldsymbol{x} = (x_1,x_2,x_3)^\mathsf{T}$ stellt dann eine Realisierung dieser Zufallsgröße dar, die wir z. B. als Ergebnis unserer Messung erhalten.

Beispiel 4.57 (Komplexe Größe)
Komplexe Größen werden häufig in der elektrischen Messtechnik verwendet, z. B. als komplexe Spannungen, Ströme, Widerstände oder Leistungen. Wenn eine komplexe Größe als Messgröße auftritt, dann lässt sie sich durch eine zweidimensionale Zufallsgröße $\boldsymbol{X} = (X_1,X_2)^\mathsf{T}$ darstellen, wobei die Komponente X_1 den Realteil und die Komponente X_2 den Imaginärteil repräsentiert. Die komplexe Zahl $x = x_1 + \mathrm{i}x_2$ stellt dann eine Realisierung dieser Zufallsgröße dar. Dabei ist zu beachten, dass x nicht identisch mit $\boldsymbol{x} = (x_1,x_2)^\mathsf{T}$ ist!

Aus unseren Überlegungen ergibt sich, dass wir eine mehrdimensionale Zufallsgröße durch eine Verallgemeinerung der skalaren Zufallsgröße entsprechend der Definition 4.24 erhalten können.

Definition 4.36 (Mehrdimensionale Zufallsgröße)
Eine Vektorfunktion $\boldsymbol{X}(\omega) = (X_1(\omega),\ldots,X_n(\omega))^\mathsf{T}$, die jedem Element ω der Ergebnismenge Ω einen Vektor reeller Zahlen $\boldsymbol{x} = (x_1,\ldots,x_n)^\mathsf{T}$ zuordnet, heißt mehrdimensionale Zufallsgröße, wenn die Menge

$$\{\omega \in \Omega \mid X_1(\omega) \leq x_1,\ldots,X_n(\omega) \leq x_n, \boldsymbol{x} \in \mathbb{R}^n\}$$

ein Ereignis in der Ereignismenge $\mathcal{A}$ ist.

Die in dieser Definition vorkommende Forderung

$$\mathfrak{E}_{\boldsymbol{X}} = \{\omega \in \Omega \,|\, X_1(\omega) \leq x_1, \ldots, X_n(\omega) \leq x_n, \boldsymbol{x} \in \mathbb{R}^n\}, \qquad \mathfrak{E}_{\boldsymbol{X}} \in \mathcal{A},$$

ist wieder die uns bereits aus dem Abschnitt 4.8 vertraute Regularitätsbedingung (Messbarkeitsbedingung). Eine Vektorfunktion $\boldsymbol{X}(\omega)$ ist also nur dann eine mehrdimensionale Zufallsgröße, wenn $\mathfrak{E}_{\boldsymbol{X}}$ ein Ereignis in der Ereignismenge $\mathcal{A}$ ist. Das Ereignis $\mathfrak{E}_{\boldsymbol{X}}$ ist hier, dass die Werte der Zufallsgrößen $X_i(\omega)$ — also der Komponenten der mehrdimensionalen Zufallsgröße $\boldsymbol{X}(\omega)$ — nicht größer als bestimmte reelle Zahlen x_i sind. Häufig wird — insbesondere in der praktischen Anwendung — für dieses Ereignis auch abkürzend $(\boldsymbol{X} \leq \boldsymbol{x})$ geschrieben.

Bei mehrdimensionalen Zufallsgrößen ist es nicht immer möglich oder sinnvoll, zwischen rein diskreten und rein stetigen mehrdimensionalen Zufallsgrößen zu unterscheiden. Wenn alle Komponenten einer mehrdimensionalen Zufallsgröße diskret sind, können wir sicherlich von einer diskreten mehrdimensionalen Zufallsgröße sprechen.

Beispiel 4.58 (Augensumme beim Würfeln mit zwei idealen Würfeln)
Wir knüpfen wieder an das Beispiel 4.6 im Abschnitt 4.1 an. Wir würfeln gleichzeitig mit zwei als ideal vorausgesetzten Würfeln, einem weißen und einem schwarzen. Der Augenzahl des weißen Würfels ordnen wir die Zufallsgröße X_1 zu und der Augenzahl des schwarzen Würfels die Zufallsgröße X_2. Aus diesen beiden diskreten Zufallsgrößen bilden wir die zweidimensionale Zufallsgröße $\boldsymbol{X} = (X_1, X_2)^\mathsf{T}$. Dadurch erhalten wir eine diskrete mehrdimensionale Zufallsgröße.

Ebenso können wir von einer stetigen mehrdimensionalen Zufallsgröße sprechen, wenn alle ihre Komponenten stetig sind.

Beispiel 4.59 (Messung einer Strom-Spannungs-Kennlinie)
Bei der Messung einer Strom-Spannungs-Kennlinie wird der elektrische Strom als Funktion der elektrischen Spannung registriert. Wir ordnen der Spannung die Zufallsgröße X_1 zu und dem Strom die Zufallsgröße X_2. Aus diesen beiden stetigen Zufallsgrößen bilden wir die zweidimensionale Zufallsgröße $\boldsymbol{X} = (X_1, X_2)^\mathsf{T}$. Dies ist eine stetige mehrdimensionale Zufallsgröße.

Wenn aber der Fall vorliegt, dass eine mehrdimensionale Zufallsgröße diskrete und stetige Komponenten besitzt, dann versagt die übliche Klassifizierung. Wir könnten dann von einer „gemischten" Zufallsgröße sprechen.

Beispiel 4.60 (Messung von Neutronenspektren)
Bei der Messung von Spektren thermischer Neutronen mit Proportionalzählrohren wird ihre Anzahl pro Zeiteinheit und ihre Energie registriert. Der Anzahl können wir die diskrete Zufallsgröße X_1 zuordnen und der Energie die stetige Zufallsgröße X_2. Bilden wir nun die zweidimensionale Zufallsgröße $\boldsymbol{X} = (X_1, X_2)^\mathsf{T}$, dann ergibt sich eine „gemischte" mehrdimensionale Zufallsgröße.

4.15 Multivariate Verteilungsfunktionen

Um eine Wahrscheinlichkeitsverteilungsfunktion für eine mehrdimensionale Zufallsgröße $\boldsymbol{X}(\omega)$ zu erhalten, können wir in genau derselben Weise vorgehen, wie wir dies im Abschnitt 4.9 bei der Einführung der Wahrscheinlichkeitsverteilungsfunktion einer skalaren Zufallsgröße getan haben.

Bei der Definition der mehrdimensionalen Zufallsgröße im vorhergehenden Abschnitt hatten wir festgestellt, dass $\boldsymbol{X}(\omega)$ die Regularitätsbedingung

$$\mathfrak{E}_{\boldsymbol{X}} = \{\omega \in \Omega \,|\, X_1(\omega) \leq x_1, \ldots, X_n(\omega) \leq x_n, \boldsymbol{x} \in \mathbb{R}^n\}\,, \qquad \mathfrak{E}_{\boldsymbol{X}} \in \mathcal{A}\,, \tag{4.48}$$

erfüllen muss, d. h. das Ereignis $\mathfrak{E}_{\boldsymbol{X}}$ muss ein mögliches Ereignis der Ereignismenge $\mathcal{A}$ sein.

Wir fragen nun nach der Wahrscheinlichkeit $\mathsf{P}(\mathfrak{E}_{\boldsymbol{X}})$ des durch die Beziehung (4.48) gegebenen Ereignisses $\mathfrak{E}_{\boldsymbol{X}}$. Diese ist identisch mit der Wahrscheinlichkeit

$$\mathsf{P}\left(\bigcap_{i=1}^{n}\{X_i \leq x_i\}\right) = \mathsf{P}\left(\{X_1 \leq x_1\} \cap \cdots \cap \{X_n \leq x_n\}\right)\,,$$

dass die Werte der Zufallsgrößen $X_i(\omega)$ die Werte x_i nicht überschreiten. Diese Wahrscheinlichkeit ist eine Funktion von $\boldsymbol{x} = (x_1, \ldots, x_n)^\mathsf{T}$ und wird multivariate Wahrscheinlichkeitsverteilungsfunktion (abgekürzt auch multivariate Verteilungsfunktion oder multivariate Wahrscheinlichkeitsverteilung) genannt[54] und mit $G_{X_1,\ldots,X_n}(x_1, \ldots, x_n)$ bezeichnet. Häufig wird dafür auch die Abkürzung $G_{\boldsymbol{X}}(\boldsymbol{x})$ verwendet. Es handelt sich dabei offenbar um die gemeinsame Wahrscheinlichkeitsverteilungsfunktion der Zufallsgrößen $X_1(\omega), \ldots, X_n(\omega)$. Wir erhalten somit folgende Definition:

Definition 4.37 (Multivariate Wahrscheinlichkeitsverteilungsfunktion)
Es sei Ω eine Ergebnismenge, dann heißt die reellwertige Funktion

$$G_{\boldsymbol{X}}(\boldsymbol{x}) = G_{X_1,\ldots,X_n}(x_1, \ldots, x_n) = \mathsf{P}(\{\omega \in \Omega \,|\, X_1(\omega) \leq x_1, \ldots, X_n(\omega) \leq x_n\}) =$$
$$\mathsf{P}\left(\bigcap_{i=1}^{n}\{X_i \leq x_i\}\right) = \mathsf{P}\left(\{X_1 \leq x_1\} \cap \cdots \cap \{X_n \leq x_n\}\right)\,, \quad (x_1, \ldots, x_n)^\mathsf{T} \in \mathbb{R}^n\,,$$

multivariate (gemeinsame) Wahrscheinlichkeitsverteilungsfunktion der mehrdimensionalen Zufallsgröße $\boldsymbol{X} = (X_1, \ldots, X_n)^\mathsf{T}$.

---

[54] Dementsprechend wird die Wahrscheinlichkeitsverteilungsfunktion $G_X(x)$ einer skalaren Zufallsgröße X auch „univariate Wahrscheinlichkeitsverteilungsfunktion" genannt.

Für stochastisch unabhängige Zufallsgrößen $X_1, \ldots, X_n$ können wir die multivariate Wahrscheinlichkeitsverteilungsfunktion $G_{X_1,\ldots,X_n}(x_1, \ldots, x_n)$ besonders einfach berechnen. Aus dem Satz 4.13 über die stochastische Unabhängigkeit, der Gleichung (4.10) und der Definition 4.27 der Wahrscheinlichkeitsverteilungsfunktion einer univariaten Zufallsgröße folgt nämlich

$$\mathsf{P}\left(\bigcap_{i=1}^{n}\{X_i \leq x_i\}\right) = \prod_{i=1}^{n} \mathsf{P}(X_i \leq x_i) = \prod_{i=1}^{n} G_{X_i}(x_i)\,.$$

Damit erhalten wir aus der Definition 4.37 den Satz:

Satz 4.23 (Verteilungsfunktion stochastisch unabhängiger Zufallsgrößen)
Für die gemeinsame Wahrscheinlichkeitsverteilungsfunktion stochastisch unabhängiger Zufallsgrößen $X_1, \ldots, X_n$ gilt

$$G_{X_1,\ldots,X_n}(x_1, \ldots, x_n) = \prod_{i=1}^{n} G_{X_i}(x_i)\,, \tag{4.49}$$

wobei die Funktionen $G_{X_i}(x_i)$ $(i = 1, \ldots, n)$ die univariaten Wahrscheinlichkeitsverteilungsfunktionen der Zufallsgrößen X_i $(i = 1, \ldots, n)$ bezeichnen.

Es gilt auch die Umkehrung dieses Satzes, d. h. wenn sich die gemeinsame Wahrscheinlichkeitsverteilungsfunktion der Zufallsgrößen $X_1, \ldots, X_n$ durch die Beziehung (4.49) darstellen lässt, dann sind diese Zufallsgrößen stochastisch unabhängig.

Wir geben für die Anwendung dieses Satzes zwei Beispiele.

Beispiel 4.61 (Verteilungsfunktion beim Würfeln mit zwei idealen Würfeln)
Wir würfeln gleichzeitig mit zwei unterscheidbaren und als ideal vorausgesetzten Würfeln. Der Augenzahl des einen Würfels ordnen wir die Zufallsgröße X_1 zu und der des anderen die Zufallsgröße X_2. Beide Zufallsgrößen sind — wie wir bereits wissen — diskret und gleichverteilt.

Wir interessieren uns für die gemeinsame Wahrscheinlichkeitsverteilungsfunktion $G_{X_1,X_2}(x_1,x_2)$ der Zufallsgrößen X_1 und X_2. Um diese zu erhalten, nutzen wir aus, dass diese Zufallsgrößen stochastisch unabhängig sind, denn das Ergebnis des einen Würfels wird durch das des anderen nicht beeinflusst. Wir können also den Satz 4.23 anwenden. Damit erhalten wir für die multivariate Wahrscheinlichkeitsverteilungsfunktion der Augenzahlen X_1 und X_2 beim Würfeln mit zwei idealen Würfeln

$$G_{X_1,X_2}(x_1,x_2) = G_{X_1}(x_1)G_{X_2}(x_2)\,.$$

Da für einen Würfel die Wahrscheinlichkeit für jede der möglichen Augenzahlen gleich 1/6 ist, ergibt sich nach der Gleichung (4.16) für die diskrete Wahrscheinlichkeitsverteilungsfunktion

$$G_X(x) = \frac{1}{6} \sum_{k=1}^{6} \Theta(x-k) .$$

Die gesuchte multivariate Wahrscheinlichkeitsverteilungsfunktion der Augenzahlen ist demnach durch

$$G_{X_1,X_2}(x_1,x_2) = \frac{1}{36} \sum_{i=1}^{6} \sum_{j=1}^{6} \Theta(x_1 - i)\Theta(x_2 - j) \tag{4.50}$$

gegeben. Es handelt sich um eine diskrete multivariate Wahrscheinlichkeitsverteilungsfunktion.

Beispiel 4.62 (Positionierpräzision)
Bei der Untersuchung der Positioniereinrichtung eines Bestückungsautomaten wurde festgestellt, dass 99 % der angefahrenen Positionen innerhalb der Toleranz lagen. Gesucht ist die Positionierpräzision der Positioniereinrichtung.

Folgende Information steht zur Verfügung:

- Die Toleranz ist durch einen Kreis mit dem Durchmesser $T = 1\,\mu\text{m}$ um die Sollposition gegeben.
- Die Richtungsabweichung und die radiale Abweichung von der Sollposition sind stochastisch unabhängig.
- Die Richtungsabweichung ist gleichverteilt und wird durch die Wahrscheinlichkeitsverteilungsfunktion

  $$G_{X_1}(x_1) = \frac{x_1}{2\pi} , \qquad 0 \le x_1 \le 2\pi ,$$

  beschrieben, wobei X_1 der Azimutwinkel ist.
- Die radiale Abweichung X_2 wird durch die Wahrscheinlichkeitsverteilungsfunktion

  $$G_{X_2}(x_2) = 1 - \exp\left(-\frac{x_2^2}{2\sigma^2}\right) , \qquad 0 \le x_2 < \infty ,$$

  beschrieben, wobei σ die Standardabweichung bezeichnet, welche die Positionierpräzision beschreibt.

Durch Anwendung des Satzes 4.23 erhalten wir für die Wahrscheinlichkeitsverteilungsfunktion der zweidimensionalen Zufallsgröße $\boldsymbol{X} = (X_1,X_2)^\mathsf{T}$

$$G_{X_1,X_2}(x_1,x_2) = \frac{x_1}{2\pi} \left[1 - \exp\left(-\frac{x_2^2}{2\sigma^2}\right)\right] , \qquad 0 \le x_1 \le 2\pi , \qquad 0 \le x_2 < \infty . \tag{4.51}$$

Diese Wahrscheinlichkeitsverteilungsfunktion beschreibt die Wahrscheinlichkeit einer Abweichung von der Sollposition.

Die Wahrscheinlichkeit, dass eine Position innerhalb der Toleranz liegt, ist durch

$$\mathsf{P}\left(X_1 \leq 2\pi, X_2 \leq \frac{T}{2}\right) = G_{X_1,X_2}\left(2\pi, \frac{T}{2}\right) = 1 - \exp\left(-\frac{T^2}{8\sigma^2}\right)$$

gegeben. Diese Wahrscheinlichkeit ist aufgrund der erhaltenen Messergebnisse gleich 0,99. Für die gegebene Toleranz $T = 1\,\mu\text{m}$ errechnet sich demnach eine Positionierpräzision von $\sigma = 0{,}16\,\mu\text{m}$.

Wir stellen jetzt die wesentlichen Eigenschaften einer multivariaten Wahrscheinlichkeitsverteilungsfunktion zusammen:

Satz 4.24 (Eigenschaften multivariater Wahrscheinlichkeitsverteilungen)
Für die multivariate Wahrscheinlichkeitsverteilungsfunktion $G_{X_1,\dots,X_n}(x_1,\dots,x_n)$ einer mehrdimensionalen Zufallsgröße $\boldsymbol{X} = (X_1,\dots,X_n)^\mathsf{T}$ gilt:

a) $G_{X_1,\dots,X_n}(x_1,\dots,x_n)$ ist eine monoton wachsende Funktion,

b) $G_{X_1,\dots,X_n}(x_1,\dots,x_n)$ ist eine rechtsstetige Funktion,

c)
$$\lim_{x_k\to-\infty} G_{X_1,\dots,X_k,\dots,X_n}(x_1,\dots,x_k,\dots,x_n) = 0 \qquad k = 1,\dots,n\,,$$

d)
$$\lim_{x_1\to+\infty,\dots,x_n\to+\infty} G_{X_1,\dots,X_n}(x_1,\dots,x_n) = 1\,,$$

e)
$$\lim_{\varepsilon_1\to0,\dots,\varepsilon_n\to0} \left[G_{X_1,\dots,X_n}(x_1,\dots,x_n) - G_{X_1,\dots,X_n}(x_1-\varepsilon_1,\dots,x_n-\varepsilon_n)\right] =$$
$$\mathsf{P}(X_1 = x_1,\dots,X_n = x_n)\,, \qquad \varepsilon_1 > 0,\dots,\varepsilon_n > 0\,.$$

Zum Verständnis dieses Satzes geben wir folgende Erläuterungen: a) bedeutet, dass die Funktion für zunehmende Werte jedes ihrer Argumente $x_1,\dots,x_n$ nur zunehmen oder konstant bleiben kann, d. h. wenn das Funktionsargument x_k die Werte u bzw. v annehmen kann und u kleiner als v ist, dann ist die Funktion $G_{X_1,\dots,X_k,\dots,X_n}(x_1,\dots,x_{k-1},u,x_{k+1},\dots,x_n)$ nicht größer als die Funktion $G_{X_1,\dots,X_k,\dots,X_n}(x_1,\dots,x_{k-1},v,x_{k+1},\dots,x_n)$; b) bedeutet, dass der Funktionswert an einer Sprungstelle immer der obere Wert ist; c) besagt, dass keine Komponente der Zufallsgröße $\boldsymbol{X}$ den Wert $-\infty$ annehmen kann ($X_k = -\infty$ ist unmöglich für $k = 1,\dots,n$); d) besagt, dass jede Komponente von $\boldsymbol{X}$ jeden beliebigen reellen Wert annehmen kann ($X_1 < +\infty, \ldots, X_n < +\infty$ ist das sichere Ereignis[55]); e) bedeutet, dass sich die Wahrscheinlichkeitsverteilungsfunktion an einer Sprungstelle um den Wert $\mathsf{P}(X_1 = x_1, \ldots, X_n = x_n)$ ändert. Die Eigenschaft e) bedeutet zusätzlich, dass $\mathsf{P}(X_1 = x_1, \ldots, X_n = x_n) = 0$ ist, wenn sich an der Stelle $\boldsymbol{x} = (x_1, \ldots, x_n)^\mathsf{T}$ *keine* Sprungstelle befindet. Daraus folgt unmittelbar, dass $\mathsf{P}(\boldsymbol{X} = \boldsymbol{x}) = 0$ für jeden Wert $\boldsymbol{x}$ einer stetigen mehrdimensionalen Zufallsgröße $\boldsymbol{X}$ gilt, d. h. die Wahrscheinlichkeit für das Auftreten ganz bestimmter Werte ihrer Komponenten ist gleich null. Umgekehrt bedeutet dies, dass wenn eine mehrdimensionale Zufallsgröße $\boldsymbol{X}$ einen bestimmten Wert $\boldsymbol{x}$ mit einer von null verschiedenen Wahrscheinlichkeit annimmt, dann hat die Wahrscheinlichkeitsverteilungsfunktion notwendigerweise eine Sprungstelle.

4.16 Multivariate Dichtefunktionen

Die Wahrscheinlichkeitsdichtefunktion für eine mehrdimensionale Zufallsgröße $\boldsymbol{X}(\omega)$ können wir durch eine Verallgemeinerung der Definition 4.29 einer univariaten Wahrscheinlichkeitsdichtefunktion erhalten, indem wir von der eindimensionalen zur mehrdimensionalen Integration über alle Komponenten der mehrdimensionalen Zufallsgröße übergehen.

Definition 4.38 (Multivariate Wahrscheinlichkeitsdichtefunktion)
Die reellwertige Funktion $g_{X_1,\ldots,X_n}(x_1, \ldots, x_n)$ heißt multivariate Wahrscheinlichkeitsdichtefunktion der mehrdimensionalen Zufallsgröße $\boldsymbol{X} = (X_1, \ldots, X_n)^\mathsf{T}$, wenn

$$G_{X_1,\ldots,X_n}(x_1, \ldots, x_n) = \int_{-\infty}^{x_1} \cdots \int_{-\infty}^{x_n} g_{X_1,\ldots,X_n}(\xi_1, \ldots, \xi_n)\, \mathrm{d}\xi_1 \cdots \mathrm{d}\xi_n \tag{4.52}$$

die multivariate (gemeinsame) Wahrscheinlichkeitsverteilungsfunktion dieser Zufallsgröße ist.

Die multivariate Wahrscheinlichkeitsdichtefunktion[56] — wir werden sie auch mit $g_{\boldsymbol{X}}(\boldsymbol{x})$ bezeichnen — wird abgekürzt auch multivariate Dichtefunktion oder

[55] An dieser Stelle verwenden wir nicht die Ausdrücke $X_k \leq +\infty$ ($k = 1, \ldots, n$), weil weder $+\infty$ noch $-\infty$ *per definitionem* zu den reellen Zahlen gehören.

[56] Abweichend von der in der Wahrscheinlichkeitstheorie im Allgemeinen üblichen Bezeichnung $f_{X_1,\ldots,X_n}(x_1, \ldots, x_n)$ für die multivariate Wahrscheinlichkeitsdichtefunktion verwenden wir durchgängig die Bezeichnung $g_{X_1,\ldots,X_n}(x_1, \ldots, x_n)$, wie sie auch im Supplement 1 zum GUM [GUM-1] verwendet wird. Diese Bezeichnung ist im Einklang mit der Bezeichnung der entsprechenden multivariaten Wahrscheinlichkeitsverteilungsfunktion.

multivariate Wahrscheinlichkeitsdichte genannt.

Durch die Definition 4.38 wird eine multivariate Wahrscheinlichkeitsverteilungsfunktion auf ihre Wahrscheinlichkeitsdichtefunktion zurückgeführt, vorausgesetzt, dass eine solche Dichtefunktion existiert. Dies ist aber nach einem Satz von H. LEBESGUE [Leb10] garantiert, der besagt, dass jede stetige und monotone Funktion eine endliche Ableitung in jedem ihrer Punkte besitzt, mit Ausnahme endlich vieler Punkte. Eine multivariate Wahrscheinlichkeitsverteilungsfunktion erfüllt im Allgemeinen die Voraussetzung dieses Satzes, d. h. sie ist stetig und fast überall differenzierbar. An den abzählbar vielen Stellen, an denen sie zwar stetig, aber nicht differenzierbar ist, dürfen wir für die Wahrscheinlichkeitsdichtefunktion beliebige Werte wählen, ohne dass dadurch die Wahrscheinlichkeitsverteilungsfunktion verändert wird, denn sie ist durch die Wahrscheinlichkeitsdichtefunktion nicht vollständig, sondern nur bis auf eine Nullmenge (siehe dazu Abschnitt 4.3) bestimmt.

Wenn wir auf die Definition 4.38 der multivariaten Wahrscheinlichkeitsdichtefunktion den aus der Analysis bekannten Fundamentalsatz von NEWTON-LEIBNIZ anwenden, dann erhalten wir

$$g_{X_1,\ldots,X_n}(x_1,\ldots,x_n) = \frac{\partial^n G_{X_1,\ldots,X_n}(x_1,\ldots,x_n)}{\partial x_1 \partial x_2 \cdots \partial x_n}\,. \tag{4.53}$$

Wir können demnach die multivariate Wahrscheinlichkeitsdichtefunktion auch aus einer vorgegebenen multivariaten Wahrscheinlichkeitsverteilungsfunktion durch partielle Differentiation berechnen, vorausgesetzt, die Wahrscheinlichkeitsverteilungsfunktion ist differenzierbar. Wir geben ein Beispiel für die Anwendung der Gleichung (4.53) an:

Beispiel 4.63 (Fortsetzung des Beispiels 4.62)
Wir bilden die multivariate Wahrscheinlichkeitsdichtefunktion durch Ableiten der durch die Gleichung (4.51) gegebenen multivariaten Wahrscheinlichkeitsverteilungsfunktion nach x_1 und x_2. Dadurch erhalten wir

$$g_{X_1,X_2}(x_1,x_2) = \frac{x_2}{2\pi\sigma^2}\exp\left(-\frac{x_2^2}{2\sigma^2}\right) \qquad 0 \le x_1 \le 2\pi\,, \qquad 0 \le x_2 < \infty\,. \tag{4.54}$$

Diese Wahrscheinlichkeitsdichtefunktion ist also bezüglich X_1 eine Gleichverteilung (Rechteckverteilung) über dem Intervall $[0,2\pi]$ und bezüglich X_2 eine sogenannte RAYLEIGH-Verteilung über dem halboffenen Intervall $[0,\infty)$. Für jeden anderen Punkt ist die Wahrscheinlichkeitsdichte null.

Wenn wir die Gleichung (4.54) in die Gleichung (4.52) einsetzen, dann erhalten wir wieder die durch die Gleichung (4.51) gegebene Wahrscheinlichkeitsverteilungsfunktion zurück, wie es auch sein muss.

Nicht jede mehrdimensionale reelle Funktion ist als multivariate Wahrscheinlichkeitsdichtefunktion geeignet. Die an sie zu stellenden Bedingungen ergeben sich unmittelbar aus den Eigenschaften der multivariaten Wahrscheinlichkeitsverteilungsfunktion:

Satz 4.25 (Bedingungen an eine multivariate Dichtefunktion)
Die multivariate Wahrscheinlichkeitsdichtefunktion $g_{X_1,\ldots,X_n}(x_1,\ldots,x_n)$ einer mehrdimensionalen Zufallsgröße $\boldsymbol{X} = (X_1,\ldots,X_n)^{\mathsf{T}}$ muss die folgenden Bedingungen erfüllen:

a) $g_{X_1,\ldots,X_n}(x_1,\ldots,x_n)$ ist eine nichtnegative Funktion,

b) $g_{X_1,\ldots,X_n}(x_1,\ldots,x_n)$ erfüllt die Normierungsbedingung

$$\int_{-\infty}^{+\infty}\cdots\int_{-\infty}^{+\infty} g_{X_1,\ldots,X_n}(x_1,\ldots,x_n)\mathrm{d}x_1\cdots\mathrm{d}x_n = 1\,.$$

Die Bedingung a) der Nichtnegativität ergibt sich aus der Eigenschaft, dass jede Wahrscheinlichkeitsverteilungsfunktion eine monoton wachsende Funktion ist. Die Normierungsbedingung b) ergibt sich aus der Eigenschaft d) im Satz 4.24 und der Beziehung (4.52). Eine weitere Bedingung, nämlich dass die Wahrscheinlichkeitsdichtefunktion im Unendlichen gleich null sein muss, ist bereits implizit in der Normierungsbedingung enthalten und braucht deshalb nicht zusätzlich aufgeführt zu werden.

Die Definition 4.38 der multivariaten Wahrscheinlichkeitsdichtefunktion gilt zunächst unter der Bedingung, dass die Wahrscheinlichkeitsverteilungsfunktion stetig ist. Es lässt sich aber zeigen, dass wir diese Beschränkung fallen lassen können, wenn wir auch Wahrscheinlichkeitsdichtefunktionen zulassen, welche die Diracsche δ-Funktion verwenden. Der Beweis erfolgt in ähnlicher Weise, wie im Abschnitt 4.10 gezeigt. Auf diese Weise wird erreicht, dass auch multivariate Wahrscheinlichkeitsdichtefunktionen für mehrdimensionale Zufallsgrößen, die eine oder mehrere diskrete Komponenten haben, über die Beziehung (4.52) eingeführt werden können.

Wenn wir die diskreten Komponenten einer multivariaten Wahrscheinlichkeitsverteilungsfunktion mithilfe der Heavisideschen Sprungfunktion darstellen, dann können wir daraus die zugehörige multivariate Wahrscheinlichkeitsdichtefunktion durch Differentiation entsprechend der Gleichung (4.54) berechnen, wobei wir implizit von der Beziehung (4.32) Gebrauch machen. Wir zeigen diese Vorgehensweise an einem Beispiel:

Beispiel 4.64 (Fortsetzung des Beispiels 4.61)
Durch Differentiation der Gleichung (4.50) nach x_1 und x_2 erhalten wir

$$g_{X_1,X_2}(x_1,x_2) = \frac{1}{36}\sum_{i=1}^{6}\sum_{j=1}^{6}\delta(x_1-i)\delta(x_2-j) = \left(\frac{1}{6}\sum_{i=1}^{6}\delta(x_1-i)\right)\left(\frac{1}{6}\sum_{j=1}^{6}\delta(x_2-j)\right).$$

Die Wahrscheinlichkeitsdichtefunktion ist also durch 36 gleich hohe δ-Funktionen gegeben, d. h. wir erhalten erwartungsgemäß eine diskrete Gleichverteilung.

Wir sehen an diesem Beispiel, dass sich die multivariate Wahrscheinlichkeitsdichtefunktion stochastisch unabhängiger Zufallsgrößen als Produkt der jeweiligen univariaten Wahrscheinlichkeitsdichtefunktionen schreiben lässt. Es lässt sich leicht nachweisen, dass diese Aussage allgemeingültig ist. Wenn wir nämlich die Gleichung (4.53) auf die Gleichung (4.49) aus Satz 4.23 anwenden, dann erhalten wir den Satz:

Satz 4.26 (Dichtefunktion stochastisch unabhängiger Zufallsgrößen)
Für die gemeinsame Wahrscheinlichkeitsdichtefunktion stochastisch unabhängiger Zufallsgrößen $X_1,\ldots,X_n$ gilt

$$g_{X_1,\ldots,X_n}(x_1,\ldots,x_n) = \prod_{i=1}^{n} g_{X_i}(x_i)\,, \tag{4.55}$$

wobei die Funktionen $g_{X_i}(x_i)$ $(i = 1,\ldots,n)$ die univariaten Wahrscheinlichkeitsdichtefunktionen der Zufallsgrößen X_i $(i = 1,\ldots,n)$ bezeichnen.

Es gilt auch die Umkehrung dieses Satzes, d. h. wenn sich die gemeinsame Wahrscheinlichkeitsdichtefunktion der Zufallsgrößen $X_1,\ldots,X_n$ durch die Beziehung (4.55) darstellen lässt, dann sind diese Zufallsgrößen stochastisch unabhängig.

Der Nutzen dieses Satzes wird sich besonders im nächsten Kapitel bei seiner Anwendung zur Schätzung von Größenwerten zeigen.

Im Abschnitt 4.11 hatten wir uns mit der Transformation univariater Zufallsgrößen beschäftigt. Wir können auch multivariate Zufallsgrößen transformieren, d. h. von einer Zufallsgröße $\boldsymbol{X} = (X_1,\ldots,X_n)^\mathsf{T}$ zu einer anderen Zufallsgröße $\boldsymbol{Y} = (Y_1,\ldots,Y_m)^\mathsf{T}$ übergehen, indem wir die m Transformationsgleichungen

$$Y_i = f_i(X_1,\ldots,X_n)\,, \qquad i = 1,\ldots,m\,, \tag{4.56}$$

verwenden. Von den Transformationsfunktionen $f_i(X_1,\ldots,X_n)$ $(i = 1,\ldots,m)$ fordern wir, dass sie reell, stetig und differenzierbar sind. Dagegen verlangen wir im Allgemeinen nicht, dass $m = n$ ist, d. h. dass die Anzahl der Komponenten der Zufallsgrößen $\boldsymbol{X}$ und $\boldsymbol{Y}$ gleich sind und dass das Gleichungssystem (4.56) eindeutig umkehrbar ist. Das ist nämlich nur dann der Fall, wenn $m = n$ ist und die Determinante der JACOBI-Matrix [Jac41] des Gleichungssystems von null verschieden ist. Sind diese Voraussetzungen erfüllt, dann gilt der folgende Satz:

Satz 4.27 (Transformationssatz für Wahrscheinlichkeitsdichtefunktionen)
Es seien n reelle Zufallsgrößen $X_1, \ldots, X_n$ gegeben, deren gemeinsame Wahrscheinlichkeitsdichtefunktion $g_{X_1,\ldots,X_n}(x_1, \ldots, x_n)$ ist. Diese Zufallsgrößen werden umkehrbar eindeutig durch reelle, stetige und differenzierbare Transformationsfunktionen $f_1(X_1, \ldots, X_n), \ldots, f_n(X_1, \ldots, X_n)$ in die Zufallsgrößen $Y_1, \ldots, Y_n$ transformiert. Dann gilt für die Wahrscheinlichkeitsdichtefunktion der transformierten Zufallsgrößen $Y_1, \ldots, Y_n$

$$g_{Y_1,\ldots,Y_n}(y_1, \ldots, y_n) = |\det \mathbf{J}|\, g_{X_1,\ldots,X_n}(x_1, \ldots, x_n)\,, \tag{4.57}$$

mit

$$x_i = f_i^{-1}(y_1, \ldots, y_n)\,, \qquad i = 1, \ldots n\,, \tag{4.58}$$

und der Funktionaldeterminante (Determinante der JACOBI-Matrix $\mathbf{J}$)

$$\det \mathbf{J} = \begin{vmatrix} \dfrac{\partial f_1^{-1}(y_1, \ldots, y_n)}{\partial y_1} & \cdots & \dfrac{\partial f_1^{-1}(y_1, \ldots, y_n)}{\partial y_n} \\ \vdots & \ddots & \vdots \\ \dfrac{\partial f_n^{-1}(y_1, \ldots, y_n)}{\partial y_1} & \cdots & \dfrac{\partial f_n^{-1}(y_1, \ldots, y_n)}{\partial y_n} \end{vmatrix}.$$

Die Funktionen $f_i^{-1}(y_1, \ldots, y_n)$ sind dabei die Umkehrfunktionen der Transformationsfunktionen $f_i(x_1, \ldots, x_n)$.

Für den ebenfalls häufiger vorkommenden, allgemeineren Fall $m \neq n$ können wir die Anwendbarkeit dieses Satzes ermöglichen, indem wir noch zusätzliche Zufallsgrößen künstlich einführen und damit $m = n$ erzwingen. Diese zusätzlichen Zufallsgrößen müssen wir natürlich im Endergebnis wieder eliminieren. Wie dabei vorzugehen ist, können wir erst im nächsten Abschnitt zeigen, denn hier fehlen uns dazu noch einige Voraussetzungen.

Für viele praktisch interessante multivariate Transformationen sind die Bedingungen für die Anwendbarkeit des Satzes 4.27 in der Regel erfüllt. Wir geben dafür einige für die Praxis wichtige Beispiele an.

Beispiel 4.65 (Transformation auf ebene Polarkoordinaten)
Für die Transformation von ebenen kartesischen Koordinaten (X,Y) auf ebenen Po-

larkoordinaten (R,Φ) gelten folgende Beziehungen:

$$X = R\cos\Phi\,, \qquad Y = R\sin\Phi\,. \tag{4.59}$$

Diese Transformation ist eindeutig umkehrbar, und die Anzahl der Komponenten der transformierten und der nicht transformierten Zufallsgrößen sind gleich. Der Satz 4.27 ist also anwendbar.

Für die Jacobi-Determinante erhalten wir

$$|\det \mathbf{J}| = \begin{vmatrix} \cos\phi & -r\sin\phi \\ \sin\phi & r\cos\phi \end{vmatrix} = r\,.$$

Setzen wir dieses Ergebnis in die Gleichung (4.57) ein und verwenden die Gleichungen (4.58) und (4.59), dann erhalten wir

$$g_{R,\Phi}(r,\phi) = r\, g_{X,Y}(r\cos\phi, r\sin\phi)$$

für die transformierte Wahrscheinlichkeitsdichtefunktion.

Beispiel 4.66 (Transformation auf Kugelkoordinaten)
Für die Transformation von kartesischen Koordinaten (X,Y,Z) auf Kugelkoordinaten (R,Θ,Φ) gelten folgende Beziehungen:

$$X = R\sin\Theta\cos\Phi\,, \qquad Y = R\sin\Theta\sin\Phi\,. \qquad Z = R\cos\Theta\,. \tag{4.60}$$

Diese Transformation ist eindeutig umkehrbar, und die Anzahl der Komponenten der transformierten und der nicht transformierten Zufallsgrößen sind gleich. Der Satz 4.27 ist also anwendbar.

Für die Jacobi-Determinante erhalten wir

$$|\det \mathbf{J}| = \begin{vmatrix} \sin\theta\cos\phi & r\cos\theta\cos\phi & -r\sin\theta\sin\phi \\ \sin\theta\sin\phi & r\cos\theta\sin\phi & r\sin\theta\cos\phi \\ \cos\theta & -r\sin\theta & 0 \end{vmatrix} = r^2\sin\theta\,.$$

Setzen wir dieses Ergebnis in die Gleichung (4.57) ein und verwenden die Gleichungen (4.58) und (4.60), dann erhalten wir

$$g_{R,\Theta,\Phi}(r,\theta,\phi) = r^2\sin\theta\, g_{X,Y,Z}(r\sin\theta\cos\phi, r\sin\theta\sin\phi, r\cos\theta)$$

für die transformierte Wahrscheinlichkeitsdichtefunktion.

Beispiel 4.67 (Transformation auf Zylinderkoordinaten)
Für die Transformation von kartesischen Koordinaten (X,Y,Z) auf Zylinderkoordinaten (R,Φ,Z) gelten folgende Beziehungen:

$$X = R\cos\Phi\,, \qquad Y = R\sin\Phi\,. \qquad Z = Z\,. \tag{4.61}$$

Diese Transformation ist eindeutig umkehrbar, und die Anzahl der Komponenten der transformierten und der nicht transformierten Zufallsgrößen sind gleich. Der Satz 4.27 ist also anwendbar.

Für die Jacobi-Determinante erhalten wir

$$|\det \mathbf{J}| = \begin{vmatrix} \cos\phi & -r\sin\phi & 0 \\ \sin\phi & r\cos\phi & 0 \\ 0 & 0 & 1 \end{vmatrix} = r\,.$$

Setzen wir dieses Ergebnis in die Gleichung (4.57) ein und verwenden die Gleichungen (4.58) und (4.61), dann erhalten wir

$$g_{R,\Phi,Z}(r,\phi,z) = r\,g_{X,Y,Z}(r\cos\phi, r\sin\phi, z)$$

für die transformierte Wahrscheinlichkeitsdichtefunktion.

Beispiel 4.68 (Allgemeine lineare Transformation)
Wir betrachten die allgemeine lineare (affine) Transformation

$$\boldsymbol{Y} = \mathbf{A}\boldsymbol{X} + \boldsymbol{b} \qquad \text{bzw.} \qquad \boldsymbol{X} = \mathbf{A}^{-1}(\boldsymbol{Y} - \boldsymbol{b}) \tag{4.62}$$

der mehrdimensionalen Zufallsgrößen $\boldsymbol{X}$ und $\boldsymbol{Y}$ mit der reellen quadratischen Matrix $\mathbf{A}$. Wenn wir voraussetzen, dass die Transformation umkehrbar ist, d. h. die inverse Matrix $\mathbf{A}^{-1}$ existiert, dann ist der Satz 4.27 anwendbar.

Für die Jacobi-Determinante erhalten wir

$$|\det \mathbf{J}| = \left|\det \mathbf{A}^{-1}\right| = \frac{1}{|\det \mathbf{A}|}\,.$$

Setzen wir dieses Ergebnis in die Gleichung (4.57) ein und verwenden die Gleichungen (4.58) und (4.62), dann erhalten wir

$$g_{\boldsymbol{Y}}(\boldsymbol{y}) = \frac{1}{|\det \mathbf{A}|} g_{\boldsymbol{X}}\left(\mathbf{A}^{-1}(\boldsymbol{Y} - \boldsymbol{b})\right) \tag{4.63}$$

für die transformierte Wahrscheinlichkeitsdichtefunktion.

Die Beziehung (4.63) ist eine Verallgemeinerung der Beziehung (4.36) auf mehrdimensionale Zufallsgrößen.

4.17 Marginalisierung und Randverteilungen

Wir hatten im Abschnitt 4.15 gesehen, dass sich eine multivariate Wahrscheinlichkeitsverteilungsfunktion im Allgemeinen nicht aus univariaten Wahrscheinlichkeitsverteilungsfunktionen berechnen lässt. Dies ist nur dann möglich, wenn die jeweiligen skalaren Zufallsgrößen stochastisch unabhängig sind und wir daher den Satz 4.23 anwenden dürfen. Für die entsprechenden Wahrscheinlichkeitsdichtefunktionen gelten ähnliche Aussagen, wie wir im vorhergehenden Abschnitt gesehen haben. Auch hier setzt die Anwendbarkeit des Satzes 4.26 die stochastische Unabhängigkeit der beteiligten skalaren Zufallsgrößen voraus, um die multivariate Wahrscheinlichkeitsdichtefunktion als Produkt der entsprechenden univariaten Wahrscheinlichkeitsdichtefunktionen berechnen zu können. Dagegen ist es aber immer möglich, eine multivariate Wahrscheinlichkeitsverteilungsfunktion auf eine Wahrscheinlichkeitsverteilungsfunktion mit einer niedrigeren Dimension zu reduzieren. Diese Feststellung gilt auch für Wahrscheinlichkeitsdichtefunktionen. Die sich dabei ergebenden Wahrscheinlichkeitsverteilungsfunktionen bzw. Wahrscheinlichkeitsdichtefunktionen werden Randverteilungen bzw. Randdichten genannt.

Das mathematische Verfahren, um die Randverteilungen bzw. die Randdichten aus den zugehörigen multivariaten Wahrscheinlichkeitsverteilungsfunktionen bzw. Wahrscheinlichkeitsdichtefunktionen zu berechnen, wird als Marginalisierung bezeichnet. Die Marginalisierung gehört neben dem Theorem von Bayes-Laplace zu den wichtigsten Werkzeugen der Bayes-Statistik.

Für multivariate Wahrscheinlichkeitsverteilungsfunktionen lässt sich die Marginalisierung besonders einfach durchführen. Aufgrund der Definition 4.37 und der Tatsache, dass $\{X_k < \infty\}$ für die Zufallsgröße X_k das sichere Ereignis darstellt, gilt nämlich

$$\begin{aligned}
&G_{X_1,\ldots,X_{k-1},X_k,X_{k+1},\ldots,X_n}(x_1,\ldots,x_{k-1},\infty,x_{k+1},\ldots,x_n) = \\
&\qquad \mathsf{P}(\{X_1 \le x_1\} \cap \cdots \cap \{X_k \le \infty\} \cap \cdots \cap \{X_n \le x_n\}) = \\
&\mathsf{P}(\{X_1 \le x_1\} \cap \cdots \cap \{X_{k-1} \le x_{k-1}\} \cap \{X_{k+1} \le x_{k+1}\} \cap \cdots \cap \{X_n \le x_n\}) = \\
&\qquad\qquad G_{X_1,\ldots,X_{k-1},X_{k+1},\ldots,X_n}(x_1,\ldots,x_{k-1},x_{k+1},\ldots,x_n)\,,
\end{aligned}$$

d. h. wir erhalten aus der n-dimensionalen Wahrscheinlichkeitsverteilungsfunktion eine $(n-1)$-dimensionale Randverteilung, in der die Zufallsgröße X_k nicht mehr vorkommt. Wir können also unerwünschte Zufallsgrößen aus einer multivariaten Wahrscheinlichkeitsverteilungsfunktion in einfacher Weise entfernen, indem wir ihren Wert formal gleich ∞ setzen.

Satz 4.28 (Marginalisierung von Wahrscheinlichkeitsverteilungen)
Die Randverteilungen einer multivariaten Wahrscheinlichkeitsverteilungsfunktion der Zufallsgrößen $X_1, \ldots, X_n$ erhält man durch ein- oder mehrmalige Anwendung der Marginalisierung

$$G_{X_1,\ldots,X_{k-1},X_{k+1},\ldots,X_n}(x_1,\ldots,x_{k-1},x_{k+1},\ldots,x_n) = \\ G_{X_1,\ldots,X_{k-1},X_k,X_{k+1},\ldots,X_n}(x_1,\ldots,x_{k-1},\infty,x_{k+1},\ldots,x_n) \tag{4.64}$$

zur Eliminierung einer beliebigen Zufallsgröße X_k.

Wir wenden uns nun der Marginalisierung multivariater Wahrscheinlichkeitsdichtefunktionen zu. Zur Einstimmung betrachten wir ein Beispiel.

Beispiel 4.69 (Randdichte einer zweidimensionalen Wahrscheinlichkeitsdichte)
Es sei die Wahrscheinlichkeitsdichtefunktion $g_{X_1,X_2}(x_1,x_2)$ einer zweidimensionalen Zufallsgröße gegeben. Um die Randdichte $g_{X_1}(x_1)$ zu berechnen, können wir folgende Überlegungen anstellen.

Aus der Definition 4.38 der multivariaten Wahrscheinlichkeitsdichtefunktion erhalten wir durch Marginalisierung

$$G_{X_1,X_2}(x_1,\infty) = \int_{-\infty}^{x_1}\int_{-\infty}^{+\infty} g_{X_1,X_2}(x_1,x_2)\,\mathrm{d}x_1\mathrm{d}x_2\,.$$

Außerdem ergibt sich aus der Definition 4.29 der univariaten Wahrscheinlichkeitsdichtefunktion

$$G_{X_1}(x_1) = \int_{-\infty}^{x_1} g_{X_1}(x_1)\,\mathrm{d}x_1\,.$$

Setzen wir diese beiden Gleichungen gleich, dann folgt für $n = 2$ aus der Gleichung (4.64) im Satz 4.28

$$\int_{-\infty}^{x_1} g_{X_1}(x_1)\,\mathrm{d}x_1 = \int_{-\infty}^{x_1}\left(\int_{-\infty}^{+\infty} g_{X_1,X_2}(x_1,x_2)\,\mathrm{d}x_2\right)\mathrm{d}x_1$$

und daraus schließlich

$$g_{X_1}(x_1) = \int_{-\infty}^{+\infty} g_{X_1,X_2}(x_1,x_2)\,\mathrm{d}x_2\,.$$

In diesem Beispiel haben wir die gesuchte Randdichte erhalten, indem wir über die Werte der unerwünschten Zufallsgröße integriert haben. Diese Vorgehensweise lässt sich verallgemeinern und führt uns zu dem folgenden Satz:

Satz 4.29 (Marginalisierung von Wahrscheinlichkeitsdichtefunktionen)
Die Randdichten einer multivariaten Wahrscheinlichkeitsdichtefunktion der Zufallsgrößen $X_1, \ldots, X_n$ ergeben sich durch Anwendung der Marginalisierung

$$g_{X_1,\ldots,X_{k-1},X_{k+1},\ldots,X_n}(x_1, \ldots, x_{k-1}, x_{k+1}, \ldots, x_n) = \int_{-\infty}^{+\infty} g_{X_1,\ldots,X_n}(x_1, \ldots, x_{k-1}, \xi_k, x_{k+1}, \ldots, x_n)\,\mathrm{d}\xi_k\,, \tag{4.65}$$

zur Eliminierung einer beliebigen Zufallsgröße X_k.

Wir wollen die Anwendung dieses Satzes bei der Transformation von Wahrscheinlichkeitsdichtefunktionen für den im vorhergehenden Abschnitt zurückgestellten Fall zeigen, dass die Anzahlen der zu transformierenden und der transformierten Zufallsgrößen nicht gleich sind.

Beispiel 4.70 (Summe und Differenz von Zufallsgrößen)
Es sei die gemeinsame Wahrscheinlichkeitsdichtefunktion $g_{X_1,X_2}(x_1,x_2)$ der Zufallsgrößen X_1 und X_2 gegeben. Wir suchen die Wahrscheinlichkeitsdichtefunktion der Zufallsgröße $Y = X_1 \pm X_2$.

Dazu betrachten wir die folgenden Transformationsgleichungen

$$X_1 = Y \mp Z\,, \qquad X_2 = Z\,. \tag{4.66}$$

Dabei haben wir die Zufallsgröße Z zusätzlich eingeführt, um die Anzahlen der zu transformierenden und der transformierten Zufallsgrößen gleich zu machen. Dadurch wird der Satz 4.27 anwendbar.

Für die Jacobi-Determinante erhalten wir

$$\det \mathbf{J} = \begin{vmatrix} 1 & \mp 1 \\ 0 & 1 \end{vmatrix} = 1\,.$$

Setzen wir dieses Ergebnis in die Gleichung (4.57) ein und verwenden die Gleichungen (4.58) und (4.66), dann erhalten wir

$$g_{Y,Z}(y,z) = g_{X_1,X_2}(y \mp z, z)$$

und daraus durch Marginalisierung nach der Gleichung (4.65) im Satz 4.29 schließlich

$$g_Y(y) = \int_{-\infty}^{+\infty} g_{X_1,X_2}(y \mp z, z)\,\mathrm{d}z\,. \tag{4.67}$$

Beispiel 4.71 (Produkt von Zufallsgrößen)
Es sei die gemeinsame Wahrscheinlichkeitsdichtefunktion $g_{X_1,X_2}(x_1,x_2)$ der Zufallsgrößen X_1 und X_2 gegeben. Wir suchen die Wahrscheinlichkeitsdichtefunktion der Zufallsgröße $Y = X_1 X_2$.

Dazu betrachten wir die folgenden Transformationsgleichungen

$$X_1 = \frac{Y}{Z}\,, \qquad X_2 = Z\,. \tag{4.68}$$

Dabei haben wir die Zufallsgröße Z zusätzlich eingeführt, um die Anzahlen der zu transformierenden und der transformierten Zufallsgrößen gleich zu machen. Dadurch wird der Satz 4.27 anwendbar.

Für die Jacobi-Determinante erhalten wir

$$\det \mathbf{J} = \begin{vmatrix} \dfrac{1}{Z} & -\dfrac{Y}{Z^2} \\ 0 & 1 \end{vmatrix} = \frac{1}{Z}\,.$$

Setzen wir dieses Ergebnis in die Gleichung (4.57) ein und verwenden die Gleichungen (4.58) und (4.68), dann erhalten wir

$$g_{Y,Z}(y,z) = \frac{1}{|z|} g_{X_1,X_2}\left(\frac{y}{z},z\right)$$

und daraus durch Marginalisierung nach der Gleichung (4.65) im Satz 4.29 schließlich

$$g_Y(y) = \int\limits_{-\infty}^{+\infty} \frac{1}{z} g_{X_1,X_2}\left(\frac{y}{z},z\right) \mathrm{d}z\,.$$

Beispiel 4.72 (Quotient von Zufallsgrößen)
Es sei die gemeinsame Wahrscheinlichkeitsdichtefunktion $g_{X_1,X_2}(x_1,x_2)$ der Zufallsgrößen X_1 und X_2 gegeben. Wir suchen die Wahrscheinlichkeitsdichtefunktion der Zufallsgröße $Y = X_1/X_2$.

Dazu betrachten wir die folgenden Transformationsgleichungen

$$X_1 = Y Z\,, \qquad X_2 = Z\,. \tag{4.69}$$

Dabei haben wir die Zufallsgröße Z zusätzlich eingeführt, um die Anzahlen der zu transformierenden und der transformierten Zufallsgrößen gleich zu machen. Dadurch wird der Satz 4.27 anwendbar.

Für die Jacobi-Determinante erhalten wir

$$\det \mathbf{J} = \begin{vmatrix} Z & Y \\ 0 & 1 \end{vmatrix} = Z\,.$$

Setzen wir dieses Ergebnis in die Gleichung (4.57) ein und verwenden die Gleichungen (4.58) und (4.69), dann erhalten wir

$$g_{Y,Z}(y,z) = |z| \, g_{X_1,X_2}(yz,z)$$

und daraus durch Marginalisierung nach der Gleichung (4.65) im Satz 4.29 schließlich

$$g_Y(y) = \int_{-\infty}^{+\infty} z \, g_{X_1,X_2}(yz,z) \, \mathrm{d}z \, .$$

Abschließend betrachten wir noch den für die statistische Anwendung wichtigen Fall der Summe stochastisch unabhängiger Zufallsgrößen. Dafür können wir die Gleichung (4.67) unter Verwendung des Satzes 4.26 auch schreiben als

$$g_Y(y) = \int_{-\infty}^{+\infty} g_{X_1}(y-z) \, g_{X_2}(z) \, \mathrm{d}z \, .$$

Integrale dieser Art werden Faltungen genannt. Für die Faltung von Wahrscheinlichkeitsdichtefunktionen erhalten wir also folgenden Satz:

Satz 4.30 (Faltung von Wahrscheinlichkeitsdichtefunktionen)
Wenn die Wahrscheinlichkeitsdichtefunktionen $g_X(x)$ und $g_Y(y)$ zweier stochastisch unabhängiger Zufallsgrößen X und Y bekannt sind, dann ist die Wahrscheinlichkeitsdichtefunktion der Zufallsgröße $Z = X + Y$ durch die Faltung

$$g_Z(z) = (g_X * g_Y)(z) = \int_{-\infty}^{+\infty} g_X(z-\xi) \, g_Y(\xi) \, \mathrm{d}\xi$$

der Wahrscheinlichkeitsdichtefunktionen $g_X(x)$ und $g_Y(y)$ gegeben.

Zu diesem Satz machen wir noch folgende Anmerkungen:

a) Die Faltung ist eine kommutative Operation, d. h. für zwei Funktionen f_1 und f_2 gilt $f_1 * f_2 = f_2 * f_1$.

b) Die beteiligten Funktionen müssen nicht vom gleichen Typ sein.

c) Sind die beteiligten Funktionen vom gleichen Typ, dann führt die Faltung nicht notwendigerweise wieder zum gleichen Funktionstyp.

Wir zeigen die Anwendung des Satzes 4.30 an einem Beispiel.

Beispiel 4.73 (Faltung von Normalverteilungen)
Es seien die Wahrscheinlichkeitsdichtefunktionen

$$g_{X_i}(x_i) = \frac{1}{\sigma_i\sqrt{2\pi}} \exp\left(-\frac{(x_i - \mu_i)^2}{2\,\sigma_i^2}\right), \qquad i = 1{,}2\,,$$

von zwei stochastisch unabhängigen, normalverteilten Zufallsgrößen X_1 und X_2 gegeben, wobei μ_1 und μ_2 die Mittelwerte und σ_2 und σ_2 die Standardabweichungen der jeweiligen Normalverteilung bezeichnen.

Für die Wahrscheinlichkeitsdichtefunktion der Zufallsgröße $Y = X_1 + X_2$ erhalten wir durch Anwendung des Satzes 4.30 zunächst

$$g_Y(y) = \frac{1}{2\pi\sigma_1\sigma_2} \int\limits_{-\infty}^{+\infty} \exp\left(-\frac{(y - \xi - \mu_1)^2}{2\,\sigma_1^2} - \frac{(\xi - \mu_2)^2}{2\,\sigma_2^2}\right) \mathrm{d}\xi$$

Es gilt aber

$$\frac{(y - \xi - \mu_1)^2}{\sigma_1^2} + \frac{(\xi - \mu_2)^2}{\sigma_2^2} = \frac{(y - \mu_1 - \mu_2)^2}{\sigma_1^2 + \sigma_2^2} + \frac{\sigma_1^2 + \sigma_2^2}{\sigma_1^2\sigma_2^2}\left(\xi - \frac{\sigma_2^2(y - \mu_1) + \sigma_1^2\mu_2}{\sigma_1^2 + \sigma_2^2}\right)^2$$

Wenn wir diesen Ausdruck in den Integranden einsetzen, dann ergibt sich mit der Substitution

$$\xi = \frac{\sigma_1\sigma_2}{\sqrt{\sigma_1^2 + \sigma_2^2}}\,t + \frac{\sigma_2^2(y - \mu_1) + \sigma_1^2\mu_2}{\sigma_1^2 + \sigma_2^2}$$

die Wahrscheinlichkeitsdichtefunktion

$$g_Y(y) = \frac{1}{2\pi\sqrt{\sigma_1^2 + \sigma_2^2}} \exp\left(-\frac{(y - \mu_1 - \mu_2)^2}{2(\sigma_1^2 + \sigma_2^2)}\right) \int\limits_{-\infty}^{+\infty} \mathrm{e}^{-t^2/2}\mathrm{d}t\,.$$

Das Integral hat den Wert $\sqrt{2\pi}$ (siehe z. B. [BS91]), sodass sich schließlich die Wahrscheinlichkeitsdichtefunktion

$$g_Y(y) = \frac{1}{\sigma\sqrt{2\pi}} \exp\left(-\frac{(y - \mu)^2}{2\,\sigma^2}\right),$$

mit

$$\mu = \mu_1 + \mu_2 \qquad \text{und} \qquad \sigma = \sqrt{\sigma_1^2 + \sigma_2^2}$$

ergibt. Wir erhalten also wieder die Wahrscheinlichkeitsdichtefunktion einer Normalverteilung, d. h. die Summe von zwei stochastisch unabhängigen, normalverteilten Zufallsgrößen ist wieder normalverteilt.

Für die Summe von mehr als zwei stochastisch unabhängigen Zufallsgrößen können wir das Verfahren iterativ fortsetzen. Daher erhalten wir für die Zufallsgröße „arithmetischer Mittelwert“, d. h. für

$$Y = \overline{X} = \frac{1}{n} \sum_{i=1}^{n} X_i ,$$

die Wahrscheinlichkeitsdichtefunktion

$$g_Y(y) = \frac{1}{\overline{\sigma}\sqrt{2\pi}} \exp\left(-\frac{(y-\overline{x})^2}{2\,\overline{\sigma}^2}\right) ,$$

mit

$$\overline{x} = \frac{1}{n} \sum_{i=1}^{n} \mu_i \qquad \text{und} \qquad \overline{\sigma} = \sqrt{\frac{1}{n^2} \sum_{i=1}^{n} \sigma_i^2} \, .$$

Der arithmetische Mittelwert von stochastisch unabhängigen, normalverteilten Zufallsgrößen ist also wieder normalverteilt mit dem Mittelwert $\overline{x}$ und der Standardabweichung $\overline{\sigma}$. Dabei ist zu beachten, dass in der Gleichung zur Berechnung der Standardabweichung $\overline{\sigma}$ die Summe unter der Wurzel *nicht* durch $n(n-1)$ dividiert wird, sondern durch n^2, weil hier die Parameter μ_i und σ_i $(i = 1, \ldots, n)$ der einzelnen Wahrscheinlichkeitsdichtefunktionen alle bekannt sind.

Für den Fall, dass alle Zufallsgrößen X_i auch noch identisch verteilt sind, d. h. $\mu_i = \mu$ und $\sigma_i = \sigma$ ist, erhalten wir das Ergebnis

$$\overline{x} = \mu \qquad \text{und} \qquad \overline{\sigma} = \frac{\sigma}{\sqrt{n}} \, .$$

Das ist das bekannte „$1/\sqrt{n}$-Gesetz“. Die Mittelwertbildung verringert also die Streuung, ohne den Mittelwert zu verändern.

4.18 Mehrdimensionale Erwartungswerte

In diesem Abschnitt werden wir die Berechnung von Erwartungswerten auf mehrdimensionale Zufallsgrößen erweitern. Dabei wird sich zeigen, dass es nach den Vorbereitungen durch die Abschnitte 4.12 und 4.17 verhältnismäßig einfach ist, diese Aufgabe zu lösen.

Offensichtlich können wir den Erwartungswert einer mehrdimensionalen Zufallsgröße nicht nach der Gleichung (4.41) in der Definition 4.32 berechnen. Es liegt ja eine multivariate Wahrscheinlichkeitsdichtefunktion vor, d. h. wir müssen den Erwartungswert auch mit dieser Funktion berechnen. Wir können aber eine Verallgemeinerung der Gleichung (4.41) vornehmen, indem wir dort formal die Zufallsgröße X durch die mehrdimensionale Zufallsgröße $\boldsymbol{X}$ ersetzen. Wir erhalten dann die formale Gleichung

$$\mathsf{E}(\boldsymbol{X}) = \int\limits_{-\infty}^{+\infty} \boldsymbol{x}\, g_{\boldsymbol{X}}(\boldsymbol{x})\, \mathrm{d}\boldsymbol{x}\,.$$

Diese Gleichung ist im eindimensionalen Fall in Übereinstimmung mit der Definition 4.32 und damit für unsere Zwecke geeignet. Um zu verstehen, was sie genau bedeutet, schreiben wir sie in der ausführlicheren Form

$$\mathsf{E}(X_i) = \int\limits_{-\infty}^{+\infty} \cdots \int\limits_{-\infty}^{+\infty} x_i\, g_{X_1,\ldots,X_n}(x_1,\ldots,x_n)\, \mathrm{d}x_1 \cdots \mathrm{d}x_n\,, \qquad i = 1,\ldots,n\,, \tag{4.70}$$

d. h. als ein System von n Gleichungen. In dieser Form wird sichtbar, dass wir den Erwartungswert der n-dimensionalen Zufallsgröße $\boldsymbol{X}$ tatsächlich aus ihrer multivariaten Wahrscheinlichkeitsdichtefunktion berechnen, und dass wir dies komponentenweise tun, d. h. es gilt

$$\mathsf{E}(\boldsymbol{X}) = \begin{pmatrix} \mathsf{E}(X_1) \\ \vdots \\ \mathsf{E}(X_n) \end{pmatrix}.$$

Weiterhin fällt bei näherer Betrachtung der Gleichung (4.70) auf, dass wir sie noch vereinfachen können. Dazu formen wir sie zunächst um zu

$$\mathsf{E}(X_i) = \int\limits_{-\infty}^{+\infty} x_i \left(\int\limits_{-\infty}^{+\infty} \cdots \int\limits_{-\infty}^{+\infty} g_{X_1,\ldots,X_n}(x_1,\ldots,x_n)\, \mathrm{d}x_1 \cdots \mathrm{d}x_{i-1}\mathrm{d}x_{i+1} \cdots \mathrm{d}x_n \right) \mathrm{d}x_i\,.$$

Das Mehrfachintegral in der Klammer erstreckt sich dabei über alle Indizes $i = 1,\ldots,n$, bis auf den Index i, der ausgenommen ist. Der Vergleich mit der Gleichung (4.65) im Satz 4.29 zeigt, dass der eingeklammerte Ausdruck alle Komponenten der Zufallsgröße aus der multivariaten Wahrscheinlichkeitsdichtefunktion durch Marginalisierung eliminiert, mit Ausnahme der Komponente X_i, d. h. er ergibt gerade die Randdichte

$$g_{X_i}(x_i) = \int\limits_{-\infty}^{+\infty} \cdots \int\limits_{-\infty}^{+\infty} g_{X_1,\ldots,X_n}(x_1,\ldots,x_n)\, \mathrm{d}x_1 \cdots \mathrm{d}x_{i-1}\mathrm{d}x_{i+1} \cdots \mathrm{d}x_n$$

zu dieser ausgenommenen Komponente. Unsere Überlegungen führen also schließlich zu der folgenden Definition für den Erwartungswert einer mehrdimensionalen Zufallsgröße:

Definition 4.39 (Erwartungswert einer mehrdimensionalen Zufallsgröße)
Für die Erwartungswerte der Komponenten einer mehrdimensionalen Zufallsgröße $\boldsymbol{X} = (X_1, \ldots, X_n)^\mathsf{T}$ mit der multivariaten Wahrscheinlichkeitsdichtefunktion $g_{X_1,\ldots,X_n}(x_1, \ldots, x_n)$ gilt die Gleichung

$$\mathsf{E}(X_i) = \int\limits_{-\infty}^{+\infty} x_i \, g_{X_i}(x_i) \mathrm{d}x_i \,, \qquad i = 1, \ldots, n \,, \tag{4.71}$$

wobei $g_{X_i}(x_i)$ die Randdichte der Komponente X_i bezeichnet, vorausgesetzt, dass dieses Integral absolut konvergent ist.

Die Gleichung in dieser Definition stimmt formal mit der Gleichung (4.41) in der Definition 4.32 überein. Diese formale Übereinstimmung scheint uns dazu zu berechtigen, alle im Abschnitt 4.12 angegebenen Regeln zur Berechnung des Erwartungswertes auf die Komponenten einer beliebigen mehrdimensionalen Zufallsgröße — und damit auch auf die Zufallsgröße selbst — zu übertragen. Wenn wir aber die Definition 4.33 zur Berechnung des Erwartungswertes einer Funktion einer Zufallsgröße auf den multivariaten Fall übertragen wollen, stellen wir fest, dass wir damit scheitern. Für den Erwartungswert einer Funktion einer mehrdimensionalen Zufallsgröße müssen wir nämlich festlegen:

Definition 4.40 (Erwartungswert einer Funktion)
Der Erwartungswert einer Funktion $f(X_1, \ldots, X_n)$ einer mehrdimensionalen Zufallsgröße $\boldsymbol{X} = (X_1, \ldots, X_n)^\mathsf{T}$ mit der multivariaten Wahrscheinlichkeitsdichtefunktion $g_{X_1,\ldots,X_n}(x_1, \ldots, x_n)$ ist gegeben durch die Gleichung

$$\mathsf{E}\left[f(X_1, \ldots, X_n)\right] = \int\limits_{-\infty}^{+\infty} \cdots \int\limits_{-\infty}^{+\infty} f(x_1, \ldots, x_n) \, g_{X_1,\ldots,X_n}(x_1, \ldots, x_n) \, \mathrm{d}x_1 \cdots \mathrm{d}x_n \,, \tag{4.72}$$

vorausgesetzt, dass dieses Integral absolut konvergent ist.

Wir dürfen also die im Abschnitt 4.12 gewonnenen Erkenntnisse nicht ungeprüft auf mehrdimensionale Zufallsgrößen übertragen. Im Falle des Erwartungswertes einer Funktion einer mehrdimensionalen Zufallsgröße sehen wir, dass die Gleichung (4.71) in der Definition 4.39 ein Spezialfall der Gleichung

(4.72) in der Definition 4.40 ist, bei dem die Marginalisierung aufgrund der Einfachheit der Funktion unmittelbar möglich war.

Da die Bildung des Erwartungswertes auch im multivariaten Fall eine lineare Operation ist, gilt folgende Verallgemeinerung des Satzes 4.20:

Satz 4.31 (Linearität des Erwartungswertes)
Es sei $\boldsymbol{X} = (X_1, \ldots, X_n)^{\mathsf{T}}$ eine mehrdimensionale Zufallsgröße. Dann gilt für die m reellen Funktionen $f_i(X_1, \ldots, X_n)$ $(i = 1, \ldots, m)$ und die m reellen Konstanten a_i $(i = 1, \ldots, m)$ die Gleichung

$$\mathsf{E}\left[\sum_{i=1}^{m} a_i f_i(X_1, \ldots, X_n)\right] = \sum_{i=1}^{m} a_i \mathsf{E}\left[f_i(X_1, \ldots, X_n)\right], \tag{4.73}$$

vorausgesetzt, die Erwartungswerte $\mathsf{E}\left[f_i(\boldsymbol{X})\right]$ $(i = 1, \ldots, m)$ existieren.

Eine unmittelbare Folgerung aus diesem Satz ist die lineare Beziehung

$$\mathsf{E}\left(\mathbf{A}\boldsymbol{X} + \boldsymbol{b}\right) = \mathbf{A}\mathsf{E}(\boldsymbol{X}) + \boldsymbol{b},$$

mit der mehrdimensionalen Zufallsgröße $\boldsymbol{X}$, der reellen Matrix $\mathbf{A}$ und dem reellen Vektor $\boldsymbol{b}$. Bei der Anwendung dieser Gleichung ist zu beachten, dass die Matrix $\mathbf{A}$ und der Vektor $\boldsymbol{b}$ *keine* Zufallsgrößen sind.

Einen weiteren wichtigen Spezialfall des Satzes 4.31 erhalten wir, wenn wir in der Gleichung (4.73) $a_i = 1$ und $f_i(\boldsymbol{X}) = X_i$ $(i = 1, \ldots, n)$ setzen. Dann ergibt sich die Beziehung

$$\mathsf{E}\left(\sum_{i=1}^{n} X_i\right) = \sum_{i=1}^{n} \mathsf{E}(X_i), \tag{4.74}$$

d. h. der Erwartungswert einer Summe von Zufallsgrößen ist gleich der Summe der Erwartungswerte dieser Zufallsgrößen. Diese Aussage gilt unabhängig von der jeweils zugrunde liegenden Wahrscheinlichkeitsdichtefunktion.

Wenn wir statt des Erwartungswertes einer Summe von Zufallsgrößen den Erwartungswert eines Produkts von Zufallsgrößen betrachten, stellen wir fest, dass im Allgemeinen

$$\mathsf{E}\left(\prod_{i=1}^{n} X_i\right) \neq \prod_{i=1}^{n} \mathsf{E}(X_i) \tag{4.75}$$

ist. Wenn die Zufallsgrößen aber stochastisch unabhängig sind, dann gilt in der Beziehung (4.75) das Gleichheitszeichen, denn aus dem Satz 4.26 und der

Definition 4.39 folgt

$$\mathsf{E}\left(\prod_{i=1}^{n} X_i\right) = \int_{-\infty}^{+\infty} \cdots \int_{-\infty}^{+\infty} \left(\prod_{i=1}^{n} x_i\right) g_{X_1,\ldots,X_n}(x_1,\ldots,x_n)\,\mathrm{d}x_1 \ldots \mathrm{d}x_n =$$

$$\int_{-\infty}^{+\infty} \cdots \int_{-\infty}^{+\infty} \left(\prod_{i=1}^{n} x_i\, g_{X_i}(x_i)\right) \mathrm{d}x_1 \ldots \mathrm{d}x_n = \prod_{i=1}^{n} \left(\int_{-\infty}^{+\infty} x_i\, g_{X_i}(x_i)\,\mathrm{d}x_i\right) = \prod_{i=1}^{n} \mathsf{E}(X_i)\,.$$

Wir erhalten demnach folgenden Satz:

Satz 4.32 (Erwartungswert eines Produkts unabhängiger Zufallsgrößen)
Für stochastisch unabhängige Zufallsgrößen X_i $(i = 1,\ldots,n)$ gilt

$$\mathsf{E}\left(\prod_{i=1}^{n} X_i\right) = \prod_{i=1}^{n} \mathsf{E}(X_i)\,,$$

d. h. der Erwartungswert eines Produkts *stochastisch unabhängiger* Zufallsgrößen ist gleich dem Produkt der Erwartungswerte dieser Zufallsgrößen.

Wir wollen nun ein etwas ausführlicheres Beispiel von einiger praktischer Bedeutung zur Anwendung der angegebenen Sätze betrachten.

Beispiel 4.74 (Schwankende Zufallsgröße)
Der Wert einer Zufallsgröße Y (z. B. die Temperatur in einem Messraum) schwankt um den Wert der Zufallsgröße X nach der Gesetzmäßigkeit

$$Y = X + A\cos\Phi + B\sin\Phi\,, \tag{4.76}$$

wobei die Größen X, A, B und Φ Zufallsgrößen sind. Es sei bekannt, dass diese Zufallsgrößen stochastisch unabhängig sind, d. h. die gemeinsame Wahrscheinlichkeitsdichtefunktion ist nach dem Satz 4.26 gegeben durch

$$g_{X,A,B,\Phi}(x,a,b,\phi) = g_X(x)\,g_A(a)\,g_B(b)\,g_\Phi(\phi)\,. \tag{4.77}$$

Wir interessieren uns für den Erwartungswert und die Varianz der Zufallsgröße Y.

Nach der Gleichung (4.72) erhalten wir aus den Beziehungen (4.76) und (4.77) für den gesuchten Erwartungswert

$$\mathsf{E}(Y) = \int_{-\infty}^{+\infty}\int_{-\infty}^{+\infty}\int_{-\infty}^{+\infty}\int_{-\infty}^{+\infty} (x + a\cos\phi + b\sin\phi)\, g_X(x)\,g_A(a)\,g_B(b)\,g_\Phi(\phi)\,\mathrm{d}x\,\mathrm{d}a\,\mathrm{d}b\,\mathrm{d}\phi\,.$$

Wir machen nun zusätzlich die Annahme, dass die Phase Φ zwischen den Werten 0 und 2π gleichverteilt ist, d. h. es gilt

$$g_\Phi(\phi) = \begin{cases} \dfrac{1}{2\pi} & \text{falls} \quad 0 \leq \phi \leq 2\pi \\ 0 & \text{sonst}\,. \end{cases} \tag{4.78}$$

Die Gleichung für den Erwartungswert $\mathsf{E}(Y)$ lässt sich dann unter Verwendung der Gleichung (4.78), der Normierungsbedingung für Wahrscheinlichkeitsdichtefunktionen und der Definition 4.32 des Erwartungswertes auf die Form

$$\mathsf{E}(Y) = \mathsf{E}(X) + \frac{\mathsf{E}(A)}{2\pi} \int_0^{2\pi} \cos\phi \, \mathrm{d}\phi + \frac{\mathsf{E}(B)}{2\pi} \int_0^{2\pi} \sin\phi \, \mathrm{d}\phi$$

bringen. Da die beiden Integrale den Wert null annehmen, ergibt sich schließlich für den gesuchten Erwartungswert $\mathsf{E}(Y) = \mathsf{E}(X)$, d. h. die Schwankung trägt nicht zum Erwartungswert von Y bei. Dieses Ergebnis würden wir auch intuitiv erwarten.

Um die Varianz der Zufallsgröße Y zu berechnen, können wir ebenfalls die Gleichung (4.72) verwenden. Nach der Definition 4.34 der Varianz erhalten wir aus den Beziehungen (4.76) und (4.77) mit $\mathsf{E}(Y) = \mathsf{E}(X)$

$$\mathsf{Var}(Y) = \int_{-\infty}^{+\infty}\int_{-\infty}^{+\infty}\int_{-\infty}^{+\infty}\int_{-\infty}^{+\infty} f(x,a,b,\phi)\, g_X(x)\, g_A(a)\, g_B(b)\, g_\Phi(\phi)\, \mathrm{d}x\, \mathrm{d}a\, \mathrm{d}b\, \mathrm{d}\phi\,,$$

mit

$$f(x,a,b,\phi) = \Big(x - \mathsf{E}(X) + a\cos\phi + b\sin\phi\Big)^2 .$$

Diese Gleichung lässt sich unter Verwendung der Gleichung (4.78), der Normierungsbedingung für Wahrscheinlichkeitsdichtefunktionen, der Definition 4.34 der Varianz und der Definition 4.32 des Erwartungswertes auf die Form

$$\mathsf{Var}(Y) = \mathsf{Var}[X] + \frac{\mathsf{E}\left(A^2\right)}{2\pi} \int_0^{2\pi} \cos^2\phi \, \mathrm{d}\phi + \frac{\mathsf{E}\left(B^2\right)}{2\pi} \int_0^{2\pi} \sin^2\phi \, \mathrm{d}\phi + \frac{\mathsf{E}(A)\mathsf{E}(B)}{\pi} \int_0^{2\pi} \sin\phi\cos\phi \, \mathrm{d}\phi$$

bringen. Daraus ergibt sich nach der Berechnung der Integrale über ϕ

$$\mathsf{Var}(Y) = \mathsf{Var}(X) + \frac{\mathsf{E}\left(A^2\right) + \mathsf{E}\left(B^2\right)}{2}\,. \tag{4.79}$$

Die Varianz von Y setzt sich also additiv aus der Varianz von X und einem zusätzlichen Anteil zusammen, der aufgrund der Schwankung zustande kommt. Dieser zweite Anteil ist der quadratische Mittelwert der Schwankung.

Die Beziehung (4.79) lässt sich mithilfe der Gleichung (4.47) noch weiter umformen. Wir erhalten dann

$$\mathsf{Var}(Y) = \mathsf{Var}(X) + \frac{\mathsf{Var}(A) + \mathsf{Var}(B)}{2} + \frac{\left[\mathsf{E}(A)\right]^2 + \left[\mathsf{E}(B)\right]^2}{2} .$$

Der Erwartungswert der Amplitude der Schwankung liefert also zusätzlich zu ihrer Varianz und der Varianz von X einen wesentlichen Beitrag zur Varianz von Y.

Wir sehen an diesem Beispiel, dass es nicht immer notwendig ist, die Wahrscheinlichkeitsdichtefunktion vollständig zu kennen, um Aussagen über den Erwartungswert und die Varianz einer von mehreren Einflussgrößen abhängigen Zufallsgröße machen zu können. Häufig reichen Teilkenntnisse bereits aus, wie in dem Beispiel das Wissen über die stochastische Unabhängigkeit der Einflussgrößen. Es empfiehlt sich deshalb, die Rechnungen stets so vorzunehmen, dass notwendige Annahmen über die beteiligten Wahrscheinlichkeitsdichtefunktionen erst dann eingeführt werden, wenn sie auch tatsächlich benötigt werden. Auf diese Weise wird vermieden, dass von vornherein Annahmen gemacht werden, die möglicherweise nicht gut begründbar sind, obwohl sie für das eigentlich angestrebte Ergebnis nicht relevant sind.

4.19 Kovarianzen und Korrelationen

In diesem Abschnitt beschäftigen wir uns mit Begriffen, die nur bei mehrdimensionalen Zufallsgrößen sinnvoll sind. Als Einstieg in die Thematik betrachten wir ein einfaches Beispiel.

Beispiel 4.75 (Linearkombination zweier stochastisch abhängiger Zufallsgrößen) Wir gehen von zwei Zufallsgrößen X_1 und X_2 mit einer gemeinsamen Wahrscheinlichkeitsdichtefunktion aus, wobei wir die Möglichkeit nicht ausschließen wollen, dass diese beiden Zufallsgrößen stochastisch abhängig sind. Aus diesen Zufallsgrößen bilden wir mit den reellen Zahlen u und v die Linearkombination

$$Y = uX_1 + vX_2 . \tag{4.80}$$

Wir interessieren uns für den Erwartungswert und die Varianz dieser Zufallsgröße.

Aufgrund der Linearität des Erwartungswertes erhalten wir aus der Gleichung (4.80) mithilfe der Gleichung (4.74) den Erwartungswert von Y zu

$$\mathsf{E}(Y) = u\mathsf{E}(X_1) + v\mathsf{E}(X_2) . \tag{4.81}$$

Die Varianz von Y ergibt sich aus den Gleichungen (4.80) und (4.81) zu

$$\begin{aligned}\mathsf{Var}(Y) = \mathsf{E}\left[\left(Y - \mathsf{E}(Y)\right)^2\right] = \mathsf{E}\left[\left(uX_1 - \mathsf{E}(uX_1) + vX_2 - \mathsf{E}(vX_2)\right)^2\right] = \\ \mathsf{E}\left[u^2\left(X_1 - \mathsf{E}(X_1)\right)^2 + v^2\left(X_2 - \mathsf{E}(X_2)\right)^2 + 2uv\left(X_1 - \mathsf{E}(X_1)\right)\left(X_2 - \mathsf{E}(X_2)\right)\right] = \\ u^2\mathsf{Var}(X_1) + v^2\mathsf{Var}(X_2) + 2uv\,\mathsf{E}\left[\left(X_1 - \mathsf{E}(X_1)\right)\left(X_2 - \mathsf{E}(X_2)\right)\right],\end{aligned} \tag{4.82}$$

wobei wir die Definition 4.34 der Varianz und die Linearität des Erwartungswertes verwendet haben.

Da wir die stochastische Unabhängigkeit der Zufallsgrößen X_1 und X_2 nicht vorausgesetzt haben, können wir den Satz 4.32 nicht anwenden, um die Gleichung (4.82) weiter zu vereinfachen. Die Varianz der Zufallsgröße Y ergibt sich demnach nicht nur aus den Varianzen der Zufallsgrößen X_1 und X_2, sondern wir erhalten noch einen weiteren Term, der im Allgemeinen von Null verschieden ist.

Der in diesem Beispiel bei der Berechnung der Varianz einer Linearkombination von Zufallsgrößen auftretende Zusatzterm wird Kovarianz genannt.

Definition 4.41 (Kovarianz zweier Zufallsgrößen)
Es seien X_1 und X_2 zwei Zufallsgrößen mit einer gemeinsamen Wahrscheinlichkeitsdichtefunktion, dann heißt

$$\mathsf{Cov}(X_1,X_2) = \mathsf{E}\left[\left(X_1 - \mathsf{E}(X_1)\right)\left(X_2 - \mathsf{E}(X_2)\right)\right]$$

Kovarianz dieser Zufallsgrößen, vorausgesetzt, die Erwartungswerte $\mathsf{E}(X_1)$, $\mathsf{E}(X_2)$ und $\mathsf{E}(X_1X_2)$ existieren.

Die Kovarianz beschreibt, ob und in welcher Weise sich die Werte zweier Zufallsgrößen gemeinsam verändern, wobei aber nicht notwendigerweise ein kausaler Zusammenhang (Ursache-Wirkung-Zusammenhang) vorliegen muss. Wenn die Kovarianz gleich null ist, dann werden die beteiligten Zufallsgrößen als unkorreliert bezeichnet.

Definition 4.42 (Unkorrelierte Zufallsgrößen)
Zwei Zufallsgrößen X_1 und X_2 heißen unkorreliert, wenn

$$\mathsf{Cov}(X_1,X_2) = 0\,,$$

d. h. wenn ihre Kovarianz gleich null ist.

Wir geben die wichtigsten Eigenschaften der Kovarianz an, konzentrieren uns dabei aber auf Regeln, welche die Berechnung der Kovarianz erleichtern.

Satz 4.33 (Eigenschaften der Kovarianz)
Es seien X_1, X_2 und X_3 beliebige Zufallsgrößen und a_1, a_2, b_1 und b_2 beliebige reelle Zahlen, dann gilt für die Kovarianz

a)
$$\mathsf{Cov}(X_1,X_2) = \mathsf{Cov}(X_2,X_1)\,, \tag{4.83}$$

b)
$$\mathsf{Cov}(X_1,X_2) = \mathsf{E}(X_1X_2) - \mathsf{E}(X_1)\mathsf{E}(X_2)\,, \tag{4.84}$$

c)
$$\mathsf{Cov}(a_1X_1 + b_1, a_2X_2 + b_2) = a_1a_2\mathsf{Cov}(X_1,X_2)\,, \tag{4.85}$$

d)
$$\mathsf{Cov}(X_1 + X_2,X_3) = \mathsf{Cov}(X_1,X_3) + \mathsf{Cov}(X_2,X_3)\,. \tag{4.86}$$

Wir merken noch zusätzlich an, dass die Varianz als Spezialfall der Kovarianz aufgefasst werden kann, denn aus den Definitionen der Varianz und der Kovarianz folgt $\mathsf{Cov}(X,X) = \mathsf{Var}(X)$.

Aus der Eigenschaft b) der Kovarianz wird im Nachhinein verständlich, warum wir bei ihrer Definition die Existenz der Erwartungswerte $\mathsf{E}(X_1)$, $\mathsf{E}(X_2)$ und $\mathsf{E}(X_1X_2)$ fordern mussten.

Aus der Eigenschaft c) der Kovarianz folgt, dass sie — genauso wie die Varianz — bei einer linearen Transformation der beteiligten Zufallsgrößen nur invariant gegenüber einer reinen Verschiebung ist, aber nicht invariant gegenüber einer Skalierung der Zufallsgrößen. Um eine gegenüber Skalierungen invariante Größe zu erhalten, könnten wir analog zum Variationskoeffizienten (4.46) die Kovarianz durch die Erwartungswerte der beteiligten Zufallsgrößen dividieren und dadurch eine relative Kovarianz erhalten. Diese Vorgehensweise hat sich aber nicht durchgesetzt, sondern es wird üblicherweise der Korrelationskoeffizient nach Bravais-Pearson verwendet, der folgendermaßen definiert ist:

Definition 4.43 (Korrelationskoeffizient)
Es seien X_1 und X_2 zwei Zufallsgrößen mit einer gemeinsamen Wahrscheinlichkeitsdichtefunktion, dann heißt

$$\varrho(X_1,X_2) = \frac{\mathsf{Cov}(X_1,X_2)}{\sqrt{\mathsf{Var}(X_1)\mathsf{Var}(X_2)}} \tag{4.87}$$

Korrelationskoeffizient dieser Zufallsgrößen. Dieser Korrelationskoeffizient ist nur definiert, wenn $\mathsf{Var}(X_1) > 0$ und $\mathsf{Var}(X_2) > 0$ ist.

Der Korrelationskoeffizient hat folgende Eigenschaften:

Satz 4.34 (Eigenschaften des Korrelationskoeffizienten)
Es seien X_1 und X_2 zwei beliebige Zufallsgrößen und a_1, a_2, b_1 und b_2 beliebige reelle Zahlen, dann gilt für den Korrelationskoeffizienten

a)
$$\varrho(X_1,X_2) = \varrho(X_2,X_1)\,,$$

b)
$$\varrho(a_1X_1 + b_1, a_2X_2 + b_2) = \varrho(X_1,X_2)\,\mathrm{sgn}\,a_1\,\mathrm{sgn}\,a_2\,.$$

Der Korrelationskoeffizient nimmt nur Werte aus dem Intervall $[-1,1]$ an. Um dies nachzuweisen, bringen wir die Gleichung (4.82) auf die Form

$$\mathsf{Var}(Y) = u^2\mathsf{Var}(X_1) + 2uv\mathsf{Cov}(X_1,X_2) + v^2\mathsf{Var}(X_2)\,,$$

wobei wir die Definition 4.41 der Kovarianz verwendet haben. Da $\mathsf{Var}(Y) \geq 0$ ist, ist die rechte Seite dieser Gleichung eine positiv semidefinite, binäre quadratische Form in den reellen Variablen u und v. Aus der Theorie der quadratischen Formen folgt, dass die Diskriminante[57] dieser quadratischen Form nicht positiv sein kann, d. h. es gilt

$$[\mathsf{Cov}(X_1,X_2)]^2 \leq \mathsf{Var}(X_1)\mathsf{Var}(X_2)\,.$$

Daraus ergibt sich durch Ziehen der Quadratwurzel und unter Verwendung der Definition 4.43 für den Korrelationskoeffizienten

$$-1 \leq \varrho(X_1,X_2) \leq 1\,,$$

womit der geforderte Nachweis erbracht ist.

Um zu erkennen, was es bedeutet, wenn $\varrho(X_1,X_2) = -1$ oder $\varrho(X_1,X_2) = 1$ ist, betrachten wir den linearen Zusammenhang $X_2 = aX_1 + b$ zwischen den Zufallsgrößen X_1 und X_2. Dafür erhalten wir zunächst

$$\mathsf{Var}(X_2) = a^2\mathsf{Var}(X_1)$$

und

$$\begin{aligned}\mathsf{Cov}(X_1,X_2) = \mathsf{E}\left[\left(X_1 - \mathsf{E}(X_1)\right)\left(X_2 - \mathsf{E}(X_2)\right)\right] &= \\ \mathsf{E}\left[\left(X_1 - \mathsf{E}(X_1)\right)\left(aX_1 + b - \mathsf{E}(aX_1 + b)\right)\right] &= \\ a\mathsf{E}\left[\left(X_1 - \mathsf{E}(X_1)\right)\left(X_1 - \mathsf{E}(X_1)\right)\right] &= a\mathsf{Var}(X_1)\,.\end{aligned}$$

[57]Die Diskriminante der quadratischen Form $au^2 + buv + cv^2$ ist definiert als $D = b^2 - 4ac$.

Daraus ergibt sich schließlich nach der Gleichung (4.87)

$$\varrho(X_1,X_2) = \frac{a \operatorname{Var}(X_1)}{|a| \operatorname{Var}(X_1)} = \operatorname{sgn} a \,,$$

d. h. der Wert des Korrelationskoeffizienten ist identisch mit dem Vorzeichen der Größe a. Ein Korrelationskoeffizient $\varrho(X_1,X_2) = -1$ bzw. $\varrho(X_1,X_2) = +1$ gibt also das Vorzeichen der Steigung des linearen Zusammenhangs $X_2 = aX_1 + b$ an.

Der Korrelationskoeffizient kann lediglich eine Information über die *Richtung* eines möglicherweise bestehenden linearen Zusammenhanges zwischen zwei Zufallsgrößen geben. Er erlaubt aber keine Aussage darüber, wie groß die Änderung der einen Größe bei einer Änderung der anderen Größe ist.

Aus den Definitionen 4.42 und 4.43 folgt für zwei unkorrelierte Zufallsgrößen X_1 und X_2 unmittelbar $\varrho(X_1,X_2) = 0$. Das gleiche Ergebnis erhalten wir auch, wenn wir in der Beziehung $X_2 = aX_1 + b$ die Steigung a gleich null setzen, d. h. wenn kein linearer Zusammenhang zwischen den Zufallsgrößen X_1 und X_2 besteht. Dies schließt aber nicht aus, dass es einen nichtlinearen Zusammenhang zwischen ihnen geben kann. Die Aussage, dass zwei Zufallsgrößen unkorreliert sind, bedeutet also keineswegs, dass zwischen ihnen überhaupt kein Zusammenhang besteht, sondern nur, dass es keinen *linearen* Zusammenhang zwischen ihnen gibt. Dieser Sachverhalt wird auch durch den folgenden Satz ausgedrückt:

Satz 4.35 (Korrelation und statistische Abhängigkeit)
Wenn zwei Zufallsgrößen stochastisch unabhängig sind, dann sind sie stets unkorreliert. Das Gegenteil dieser Implikation gilt nicht, d. h. wenn zwei Zufallsgrößen unkorreliert sind, dann können sie noch stochastisch abhängig sein.

Die erste Aussage dieses Satzes ist leicht zu beweisen. Aus dem Satz 4.32 folgt nämlich für zwei stochastisch unabhängige Zufallsgrößen X_1 und X_2 die Beziehung $\operatorname{E}(X_1X_2) = \operatorname{E}(X_1)\operatorname{E}(X_2)$. Damit ergibt sich aus der Gleichung (4.84) $\operatorname{Cov}(X_1X_2) = 0$, bzw. aus der Gleichung (4.87) $\varrho(X_1X_2) = 0$. Um die zweite Aussage des Satzes 4.35 zu beweisen, reicht es aus, ein Beispiel für zwei unkorrelierte Zufallsgrößen anzugeben, die stochastisch abhängig sind.

Beispiel 4.76 (Unkorrelierte, stochastisch abhängige Zufallsgrößen)
Wir betrachten die Zufallsgrößen X_1 und X_2 mit der gemeinsamen Wahrscheinlichkeitsdichtefunktion

$$g_{X_1,X_2}(x_1,x_2) = \frac{1}{2\pi} \exp\left(-\sqrt{x_1^2 + x_2^2}\right) .$$

Diese Funktion lässt sich nicht in der Form $g_{X_1,X_2}(x_1,x_2) = g_{X_1}(x_1)\, g_{X_2}(x_2)$ schreiben, d. h. die Zufallsgrößen X_1 und X_2 können nicht stochastisch unabhängig sein.

Durch die Transformation

$$X_1 = R\cos\Phi \qquad \text{und} \qquad X_2 = R\sin\Phi$$

(siehe dazu das Beispiel 4.65) erhalten wir für die Erwartungswerte

$$\mathsf{E}(X_1) = \int_{-\infty}^{+\infty}\int_{-\infty}^{+\infty} x_1\, g_{X_1,X_2}(x_1,x_2)\mathrm{d}x_1\mathrm{d}x_2 = \frac{1}{2\pi}\int_0^{\infty}\int_0^{2\pi} r^2\cos\varphi\,\mathrm{e}^{-r}\mathrm{d}r\,\mathrm{d}\varphi = 0\,,$$

$$\mathsf{E}(X_2) = \int_{-\infty}^{+\infty}\int_{-\infty}^{+\infty} x_2\, g_{X_1,X_2}(x_1,x_2)\mathrm{d}x_1\mathrm{d}x_2 = \frac{1}{2\pi}\int_0^{\infty}\int_0^{2\pi} r^2\sin\varphi\,\mathrm{e}^{-r}\mathrm{d}r\,\mathrm{d}\varphi = 0$$

und

$$\mathsf{E}(X_1X_2) = \int_{-\infty}^{+\infty}\int_{-\infty}^{+\infty} x_1x_2\, g_{X_1,X_2}(x_1,x_2)\mathrm{d}x_1\mathrm{d}x_2 =$$

$$\frac{1}{2\pi}\int_0^{\infty}\int_0^{2\pi} r^3\sin\varphi\cos\varphi\,\mathrm{e}^{-r}\mathrm{d}r\,\mathrm{d}\varphi = 0\,,$$

weil die Integrale über φ alle gleich null sind. Setzen wir diese Ergebnisse in die Gleichung (4.84) ein, dann erhalten wir $\mathsf{Cov}(X_1,X_2) = 0$. Die Zufallsgrößen X_1 und X_2 sind also unkorreliert.

Bisher haben wir nur zwei Zufallsgrößen betrachtet. Die gefundenen Ergebnisse lassen sich aber auf mehr als zwei Zufallsgrößen verallgemeinern. Dazu betrachten wir zunächst wieder ein Beispiel.

Beispiel 4.77 (Varianz einer Linearkombination mehrerer Zufallsgrößen)
Wir gehen von n Zufallsgrößen X_i $(i = 1,\ldots,n)$ mit einer gemeinsamen Verteilung aus und bilden die Linearkombination

$$Y = \sum_{i=1}^{n} a_i X_i\,,$$

wobei die Koeffizienten a_i $(i = 1,\ldots,n)$ beliebige reelle Zahlen sind. Wir interessieren uns für den Erwartungswert und die Varianz der Zufallsgröße Y.

Für den Erwartungswert erhalten wir

$$\mathsf{E}(Y) = \sum_{i=1}^{n} a_i \mathsf{E}(X)_i\,.$$

Damit ergibt sich für die Varianz

$$\begin{aligned}\mathsf{Var}(Y) = \mathsf{E}\left[(Y-\mathsf{E}(Y))^2\right] = \mathsf{E}\left[\left(\sum_{i=1}^{n} a_i\big(X_i-\mathsf{E}(X)_i\big)\right)^2\right] &= \\ \mathsf{E}\left[\sum_{i=1}^{n}\sum_{k=1}^{n} a_i a_k \big(X_i-\mathsf{E}(X)_i\big)\big(X_k-\mathsf{E}(X)_k\big)\right] &= \\ \sum_{i=1}^{n}\sum_{k=1}^{n} a_i a_k \mathsf{E}\left[\big(X_i-\mathsf{E}(X)_i\big)\big(X_k-\mathsf{E}(X)_k\big)\right] &= \\ \sum_{i=1}^{n} a_i^2 \mathsf{E}\left[\big(X_i-\mathsf{E}(X)_i\big)^2\right] + 2\sum_{i=1}^{n}\sum_{k=1}^{i-1} a_i a_k \mathsf{E}\left[\big(X_i-\mathsf{E}(X)_i\big)\big(X_k-\mathsf{E}(X)_k\big)\right] &= \\ \sum_{i=1}^{n} a_i^2 \mathsf{Var}(X_i) + 2\sum_{i=1}^{n}\sum_{k=1}^{i-1} a_i a_k \mathsf{Cov}(X_i,X_k)\,.\end{aligned}$$

Wir erhalten also folgenden Satz:

Satz 4.36 (Varianz einer Linearkombination von Zufallsgrößen)
Gegeben seien die Zufallsgrößen X_i $(i = 1, \ldots, n)$ mit einer gemeinsamen Verteilung und die reellen Zahlen a_i $(i = 1, \ldots, n)$, dann gilt

$$\mathsf{Var}\left[\sum_{i=1}^{n} a_i X_i\right] = \sum_{i=1}^{n} a_i^2 \mathsf{Var}(X_i) + 2\sum_{i=1}^{n}\sum_{k=1}^{i-1} a_i a_k \mathsf{Cov}(X_i,X_k)\,. \tag{4.88}$$

Wenn *alle* Zufallsgrößen unkorreliert sind, gilt

$$\mathsf{Var}\left[\sum_{i=1}^{n} a_i X_i\right] = \sum_{i=1}^{n} a_i^2 \mathsf{Var}(X_i)\,. \tag{4.89}$$

Wenn für alle Koeffizienten $a_i = 1$ gilt, dann wird die Gleichung (4.89) auch Formel von Bienaymé genannt.

Wir können die Gleichung (4.88) auch in der Form

$$\mathsf{Var}(\boldsymbol{a}^{\mathsf{T}}\boldsymbol{X}) = \boldsymbol{a}^{\mathsf{T}}\mathbf{C}\boldsymbol{a} \tag{4.90}$$

schreiben, wobei wir neben der mehrdimensionalen Zufallsgröße $\boldsymbol{X}$ den Vektor $\boldsymbol{a} = (a_1, \ldots, a_n)^\mathsf{T}$ und die Matrix

$$\mathbf{C}(\boldsymbol{X}) = \begin{pmatrix} \mathsf{Var}(X_1) & \mathsf{Cov}(X_1,X_2) & \ldots & \mathsf{Cov}(X_1,X_{n-1}) & \mathsf{Cov}(X_1,X_n) \\ \mathsf{Cov}(X_2,X_1) & \mathsf{Var}(X_2) & \ldots & \mathsf{Cov}(X_2,X_{n-1}) & \mathsf{Cov}(X_2,X_n) \\ \vdots & \vdots & \ddots & \vdots & \vdots \\ \mathsf{Cov}(X_{n-1},X_1) & \mathsf{Cov}(X_{n-1},X_2) & \ldots & \mathsf{Var}(X_{n-1}) & \mathsf{Cov}(X_{n-1},X_n) \\ \mathsf{Cov}(X_n,X_1) & \mathsf{Cov}(X_n,X_2) & \ldots & \mathsf{Cov}(X_n,X_{n-1}) & \mathsf{Var}(X_n) \end{pmatrix}$$

verwendet haben. Die Matrix $\mathbf{C}$ heißt Kovarianzmatrix oder Varianz-Kovarianz-Matrix (in Publikationen über Messunsicherheit findet sich auch gelegentlich die Benennung Unsicherheitsmatrix).

Wegen der Eigenschaft a) im Satz 4.33 ist die Kovarianzmatrix symmetrisch. Außerdem können wir wegen $\mathsf{Var}(\boldsymbol{a}^\mathsf{T}\boldsymbol{X}) \geq 0$ aus der Gleichung (4.90) ableiten, dass sie positiv semidefinit ist. Daraus folgt, dass $\det \mathbf{C} \geq 0$ ist.

Wenn $\det \mathbf{C} = 0$ ist, dann gibt es einen linearen Zusammenhang zwischen den Komponenten von $\boldsymbol{X}$, d. h. es gibt einen Vektor $\boldsymbol{a} \neq \mathbf{0}$, sodass $\boldsymbol{a}^\mathsf{T}\boldsymbol{X}$ gleich einer Konstanten ist und damit $\mathsf{Var}(\boldsymbol{a}^\mathsf{T}\boldsymbol{X}) = 0$. Das bedeutet, dass sich mindestens eine der Zufallsgrößen X_i $(i = 1, \ldots, n)$ als Linearkombination der anderen darstellen lässt und somit überflüssig ist, weil die durch sie gegebene Information bereits vollständig in den anderen Zufallsgrößen enthalten ist.

Dividieren wir jede Zeile und jede Spalte der Kovarianzmatrix durch die positive Wurzel aus dem jeweiligen Diagonalelement, dann erhalten wir die Matrix

$$\mathbf{P} = \begin{pmatrix} 1 & \varrho(X_1,X_2) & \ldots & \varrho(X_1,X_{n-1}) & \varrho(X_1,X_n) \\ \varrho(X_2,X_1) & 1 & \ldots & \varrho(X_2,X_{n-1}) & \varrho(X_2,X_n) \\ \vdots & \vdots & \ddots & \vdots & \vdots \\ \varrho(X_{n-1},X_1) & \varrho(X_{n-1},X_2) & \ldots & 1 & \varrho(X_{n-1},X_n) \\ \varrho(X_n,X_1) & \varrho(X_n,X_2) & \ldots & \varrho(X_n,X_{n-1}) & 1 \end{pmatrix}.$$

Diese Matrix heißt Korrelationsmatrix. Die Korrelationsmatrix ist ebenfalls positiv semidefinit, d. h. es gilt $\det \mathbf{P} \geq 0$. Der Fall $\det \mathbf{P} = 0$ tritt genau dann ein, wenn $\det \mathbf{C} = 0$ ist, d. h. wenn es eine lineare Abhängigkeit zwischen den Komponenten von $\boldsymbol{X}$ gibt.

Bei numerischen Rechnungen kann aufgrund von Rundungsfehlern der Fall eintreten, dass die Korrelationsmatrix nicht positiv definit ist, obwohl bekannt ist, dass keine lineare Abhängigkeit zwischen den Komponenten von $\boldsymbol{X}$ besteht.

Um dieses Problem zu vermeiden, muss die Rechnung gegebenenfalls mit einer höheren Genauigkeit durchgeführt werden.

Die Korrelationsmatrix erlaubt auch eine Aussage darüber, ob alle Komponenten von $\boldsymbol{X}$ paarweise unkorreliert sind. Ist dies der Fall, dann ist die Korrelationsmatrix gleich der Einheitsmatrix. Gleichzeitig ist die Kovarianzmatrix dann eine Diagonalmatrix mit den Varianzen als Diagonalelemente.

4.20 Abschätzungen

Manchmal ist die Wahrscheinlichkeitsverteilungsfunktion einer Zufallsgröße unbekannt. Trotzdem möchten wir aber Aussagen über ihren Erwartungswert oder ihre Varianz machen können. In diesem Abschnitt wird gezeigt, welche Abschätzungen dafür geeignet sind.

Wir beginnen mit der Abschätzung einer oberen Schranke für die Wahrscheinlichkeit, dass der Wert einer positiven reellen Funktion einer Zufallsgröße, deren Erwartungswert bekannt ist, einen vorgegebenen Wert überschreitet.

Satz 4.37 (Schranke für die Wahrscheinlichkeit eines Funktionswertes)
Es sei $f(X)$ eine positive reelle Funktion der Zufallsgröße X mit dem Erwartungswert $\mathsf{E}\left[f(X)\right]$, dann gilt für alle reellen Konstanten $c > 0$

$$\mathsf{P}\left(f(X) > c\right) \leq \frac{1}{c}\,\mathsf{E}\left[f(X)\right] . \tag{4.91}$$

Beweis Wir gehen von der Definition

$$\mathsf{E}\left[f(X)\right] = \int_{-\infty}^{\infty} f(x)\, g_X(x)\,\mathrm{d}x$$

des Erwartungswertes der Funktion $f(x)$ aus und zerlegen das Integral in zwei Anteile

$$\mathsf{E}\left[f(X)\right] = \int_{f(x)\leq c} f(x)\, g_X(x)\,\mathrm{d}x + \int_{f(x)>c} f(x)\, g_X(x)\,\mathrm{d}x\,,$$

die beide positiv sind, da $f(x)$ nach Voraussetzung positiv ist. Daraus ergibt sich schließlich

$$\mathsf{E}\left[f(X)\right] \geq \int_{f(x)>c} f(x)\, g_X(x)\,\mathrm{d}x \geq c\int_{f(x)>c} g_X(x)\,\mathrm{d}x = c\,\mathsf{P}\left(f(X) > c\right) ,$$

woraus nach Division durch c der Satz folgt. ■

Aus dem Satz 4.37 lassen sich zwei wichtige Ungleichungen der Wahrscheinlichkeitsrechnung ableiten. Für $f(X) = X$, wobei X eine positive Zufallsgröße ist, und $c = k\,\mathsf{E}(X)$ ergibt sich unmittelbar:

Satz 4.38 (Markow-Ungleichung)
Es sei X eine positive Zufallsgröße mit dem Erwartungswert $\mathsf{E}(X)$, dann gilt für alle reellen Konstanten $k \geq 1$

$$\mathsf{P}\big(X > k\,\mathsf{E}(X)\big) \leq \frac{1}{k}\,.$$

Mithilfe der Markow-Ungleichung können wir abschätzen, wie groß die Wahrscheinlichkeit ist, dass der Wert einer positiven Zufallsgröße größer als ein Vielfaches ihres Erwartungswertes ist, ohne dass wir die ihr zugrunde liegende Wahrscheinlichkeitsverteilungsfunktion kennen müssen. Diese Abschätzung ist allerdings sehr grob, wie das folgende Beispiel zeigt.

Beispiel 4.78 (Verspätung von Flügen)
Eine Fluggesellschaft muss ihren Passagieren bei einer Verspätung von drei oder mehr Stunden eine Entschädigung zahlen. Interne statistische Untersuchungen haben ergeben, dass die zu erwartende Verspätung bei neun Minuten liegt. Die Wahrscheinlichkeitsverteilungsfunktion für die Verspätungen ist unbekannt. Nach der Markow-Ungleichung ist die Wahrscheinlichkeit, dass die Fluggesellschaft eine Entschädigung zahlen muss kleiner als 5 %.

Üblicherweise kann aber davon ausgegangen werden, dass die Verspätung einer Exponentialverteilung

$$G_X(x) = 1 - \mathrm{e}^{-x/\mu}$$

mit dem Erwartungswert μ folgt, d. h. es gilt

$$\mathsf{P}\big(X > k\,\mathsf{E}(X)\big) = 1 - \mathsf{P}\big(X \leq k\,\mathsf{E}(X)\big) = 1 - G_X\big(k\mu\big) = \mathrm{e}^{-k}\,.$$

Da in diesem Beispiel $k = 20$ ist, ergibt sich eine Wahrscheinlichkeit von etwa $2{,}1\cdot 10^{-9}$, sodass die Zahlung einer Entschädigung wegen einer Verspätung des Fluges nur außerordentlich selten vorkommen wird.

Die zweite wichtige Ungleichung erhalten wir aus dem Satz 4.37 durch Einsetzen von $f(X) = |X - \mathsf{E}(X)|^2$ und $c = k^2\mathsf{Var}(X)$:

Satz 4.39 (Tschebyschow-Ungleichung)
Es sei X eine Zufallsgröße mit dem Erwartungswert $\mu = \mathsf{E}(X)$ und der endlichen Varianz $\sigma^2 = \mathsf{Var}(X)$. Dann gilt für alle reellen Konstanten $k \geq 1$

$$\mathsf{P}\left(\big|X - \mu\big| \leq k\sigma\right) \geq 1 - \frac{1}{k^2}\,.$$

Beweis Durch Einsetzen von $f(X) = |X - \mu|^2$ und $c = k^2\sigma^2$ in die Ungleichung (4.91) und unter Verwendung der Definition der Varianz $\sigma^2 = \mathsf{Var}(X) = \mathsf{E}\left[|X - \mu|^2\right]$ ergibt sich zunächst

$$\mathsf{P}\left(|X - \mu|^2 > k^2\sigma^2\right) \leq \frac{1}{k^2} .$$

Da $|X - \mu| > k\sigma$ aus $|X - \mu|^2 > k^2\sigma^2$ folgt, gilt auch

$$\mathsf{P}\left(|X - \mu| > k\sigma\right) \leq \frac{1}{k^2} .$$

Damit erhalten wir schließlich

$$\mathsf{P}\left(|X - \mu| \leq k\sigma\right) = 1 - \mathsf{P}\left(|X - \mu| > k\sigma\right) \geq 1 - \frac{1}{k^2} ,$$

womit der Satz bewiesen ist. ■

Die Tschebyschow-Ungleichung erlaubt die Abschätzung der Wahrscheinlichkeit, dass für eine Zufallsgröße die Abweichung von ihrem Erwartungswert ein Vielfaches ihrer Standardabweichung übertrifft. Ihr Vorteil ist, dass sie ohne Kenntnis der Wahrscheinlichkeitsverteilungsfunktion der Zufallsgröße angewendet werden kann. Diese Abschätzung ist allerdings sehr grob, wie wir uns an einem Beispiel klar machen wollen.

Beispiel 4.79 (Abschätzung der Konstante k)
Die Wahrscheinlichkeit p, dass der Wert der Zufallsgröße X innerhalb des Intervalls $[\mu - k\sigma \leq X \leq \mu + k\sigma]$ liegt, ist gleich

$$p = \mathsf{P}\left(|X - \mu| \leq k\sigma\right) .$$

Daraus ergibt sich mit der Tschebyschow-Ungleichung

$$k \leq \frac{1}{\sqrt{1-p}} ,$$

d. h. für $p = 95\,\%$ erhalten wir $k \approx 4{,}47$. Wenn die Zufallsgröße normalverteilt ist, erhalten wir dagegen den wesentlich kleineren Wert $k \approx 1{,}96$ und für eine gleichverteilte Zufallsgröße ergibt sich sogar nur $k \approx 1{,}65$.

4.21 Der zentrale Grenzwertsatz

Am Anfang dieses Kapitels sind wir bei der Behandlung des frequentistischen Wahrscheinlichkeitsbegriffs auf das von J. Bernoulli bewiesene Gesetz der großen Zahlen eingegangen. Wir beschließen das Kapitel mit einem weiteren wichtigen Satz, nämlich mit dem zentralen Grenzwertsatz. Wir geben diesen Satz hier ohne Beweis an.

Satz 4.40 (Zentraler Grenzwertsatz)
Es seien X_i $(i = 1, \dots, n)$ stochastisch unabhängige Zufallsgrößen. Es gelte $\mathsf{E}(X_i) = \mu_i$ und $\mathsf{Var}(X_i) = \sigma_i^2 < \infty$, dann ist die Zufallsgröße

$$Z_n = \frac{\sum\limits_{i=1}^{n}(X_i - \mu_i)}{\sqrt{\sum\limits_{i=1}^{n}\sigma_i^2}}$$

asymptotisch standardnormalverteilt, d. h. es gilt

$$\lim_{n\to\infty} \mathsf{P}(Z_n < z) = \frac{1}{\sqrt{2\pi}} \int\limits_{-\infty}^{z} \mathrm{e}^{-t^2/2}\mathrm{d}t\,.$$

Dieser Satz spielt eine wichtige Rolle in der mathematischen Statistik, mit deren Methoden wir uns im nächsten Kapitel beschäftigen werden. Wir können ihn so interpretieren, dass der arithmetische Mittelwert von n stochastisch unabhängigen, beliebig verteilten Zufallsgrößen gegen eine Normalverteilung strebt, wenn ihre Anzahl ausreichend groß ist. In der Praxis reicht $n \geq 50$ bereits aus, um keinen wesentlichen Unterschied gegenüber einer Normalverteilung mehr festzustellen zu können.

Der zentrale Grenzwertsatz erlaubt es uns in vielen Fällen, eine Zufallsgröße als normalverteilt anzusehen, wenn davon ausgegangen werden darf, dass sie durch eine additive Überlagerung vieler etwa gleichberechtigter Einflüsse zustande gekommen ist. Dies trifft insbesondere häufig für die zufälligen Messabweichungen zu. Es empfiehlt sich aber stets zu prüfen, ob die Annahme einer Normalverteilung auch tatsächlich gerechtfertigt ist.

5 Statistische Methoden

> Es sollte beachtet werden, dass nichts Falsches darin liegt, jede Reihe unabhängiger Messungen als eine zufällige Stichprobe aus einer unendlich großen Grundgesamtheit anzusehen; ...
>
> *(Ronald Aylmer Fisher, 1922)*

Unter Statistik[58] wird ein Teilbereich der Mathematik verstanden, der sich mit den allgemeinen Regeln und Methoden des Erfassens, Aufbereitens, Darstellens und Auswertens zahlenmäßig angebbarer Informationen über Massenerscheinungen beschäftigt. Dabei werden für die Auswertung der erfassten Daten Methoden der Wahrscheinlichkeitsrechnung verwendet.

In der Messtechnik lassen sich statistische Methoden zur Verarbeitung von Messdaten einsetzen, die aus Wiederholungsmessungen gewonnen wurden. Wegen der häufig geringen Anzahl von Messwerten kann dabei aber nicht von Massenerscheinungen gesprochen werden, sodass besondere Vorsicht bei der Anwendung statistischer Methoden geboten ist.

In diesem Kapitel werden wir uns mit den bei der Messdatenauswertung verwendeten statistischen Methoden beschäftigen. Dabei werden wir zusätzlich zur konventionellen Statistik auch die Bayes-Statistik mit einbeziehen.

5.1 Grundgesamtheiten und Stichproben

In der Wahrscheinlichkeitstheorie spielt das Experiment keine Rolle. Dort stehen ausschließlich rein theoretische Betrachtungen im Vordergrund. Dies ist in

[58] Da dieser Begriff zwei unterschiedliche Bedeutungen hat, sollte hier besser von *mathematischer Statistik* gesprochen werden.

der stärker anwendungsbezogenen mathematischen Statistik anders, denn hier stehen die durch Experimente gewonnenen Daten und die daraus abgeleitete Information im Mittelpunkt des Interesses. Dabei spielen die Begriffe „Grundgesamtheit" und „Stichprobe" eine zentrale Rolle.

In der mathematischen Statistik beziehen wir uns stets auf eine genau festgelegte Menge aller denkbaren Betrachtungseinheiten, die Grundgesamtheit genannt wird und folgendermaßen definiert ist (DIN ISO 3534-1, 1.1 [DIN2009]):

Definition 5.1 (Grundgesamtheit)
Eine Grundgesamtheit ist die Gesamtheit der betrachteten Elemente.

Diese Definition sagt nichts darüber aus, was unter den Elementen einer Grundgesamtheit verstanden werden soll. In der Regel sind die Elemente der Grundgesamtheit für uns nur Objekte, die Träger eines oder mehrerer Merkmale sind. Ein Merkmal ist eine den betrachteten Objekten innewohnende oder zugewiesene charakteristische Eigenschaft, die qualitativer oder quantitativer Natur sein kann (DIN ISO 3534-2, 1.1.1 [DIN2010]). In der Messtechnik sind wir allerdings nur an *quantitativen* Merkmalen interessiert.

Definition 5.2 (Quantitatives Merkmal)
Ein quantitatives Merkmal ist eine Funktion, die jedem Element ω der Grundgesamtheit Ω eine reelle Zahl $x = X(\omega)$ zuordnet.

Der Vergleich dieser Definition mit der Definition 4.24 der Zufallsgröße zeigt, dass quantitative Merkmale und Zufallsgrößen als synonym angesehen werden können, wenn wir die Ergebnismenge der Wahrscheinlichkeitstheorie als eine spezielle Grundgesamtheit auffassen und unter ihren Elementen die Ergebnisse eines Zufallsexperiments verstehen. Diese Interpretation des Begriffs „Grundgesamtheit" ist in DIN ISO 3534-1, 1.1, Anmerkung 1 [DIN2009] ausdrücklich zugelassen. Deshalb ist es zulässig, die Methoden der mathematischen Statistik auch dann auf Messergebnisse anzuwenden, wenn die Messungen eines quantitativen Merkmals (Messgröße) nur an *einem* Objekt vorgenommen wurden.

Weil die quantitativen Merkmale einer Grundgesamtheit als Zufallsgrößen aufgefasst werden können, lassen sie sich durch Wahrscheinlichkeitsverteilungsfunktionen beschreiben, die im Allgemeinen unbekannt sind. Wenn sehr viele Daten vorhanden sind, dann kann versucht werden, die dem jeweils betrachteten Merkmal zugrunde liegende Verteilungsfunktion durch eine Häufigkeitsverteilung anzunähern. In der Messtechnik scheidet diese Möglichkeit aber in der Regel aus, weil die Anzahl der Messwerte nicht ausreichend groß ist.

Die Parameter der Verteilungsfunktion dienen zur Charakterisierung der Grundgesamtheit bezüglich des interessierenden Merkmals und heißen daher auch Parameter der Grundgesamtheit (DIN ISO 3534-2, 1.2.2 [DIN2010]).

Definition 5.3 (Parameter der Grundgesamtheit)
Die Parameter der Grundgesamtheit sind ein zusammenfassendes Maß der Werte eines Merkmals einer Grundgesamtheit.

Die Parameter der Grundgesamtheit werden üblicherweise mit kleinen, kursiv gedruckten griechischen Buchstaben bezeichnet. Wir werden dieser Konvention in diesem Kapitel weitestgehend folgen.

Beispiele für die Parameter einer Grundgesamtheit sind der Mittelwert μ und die Standardabweichung σ. Die Parametrisierung ist grundsätzlich beliebig und erfolgt unter praktischen Gesichtspunkten oder weil sie sich bereits bei der Behandlung vergleichbarer Probleme bewährt hat. Für dieselbe Verteilungsfunktion können verschiedene Parametrisierungen verwendet werden, z. B. für die Normalverteilung die Standardabweichung σ, die Varianz σ^2 oder die Präzision $1/\sigma^2$. Alle drei Parametrisierungen ergeben äquivalente Beschreibungen.

Statistische Methoden sind besonders effektiv, wenn möglichst viele Daten über ein interessierendes Merkmal vorhanden sind. Eine vollständige Datenerfassung ist aber praktisch nicht möglich. Dafür gibt es viele Gründe, wie z. B. zu hohe Kosten oder zeitliche Beschränkungen bei der Durchführung von Messungen. Wir werden uns daher in der Regel auf die Erfassung einer Teilmenge der Grundgesamtheit beschränken müssen, die Stichprobe genannt wird (DIN ISO 3534-1, 1.3 [DIN2009]). Dabei wird davon ausgegangen, dass den beobachteten Werten der Stichprobe (DIN ISO 3534-1, 1.4 [DIN2009]) dieselbe Verteilungsfunktion zugrunde liegt, wie den betrachteten Merkmalswerten der Grundgesamtheit. Dies wird in der Messtechnik dadurch erreicht, dass Messungen unter Wiederholbedingungen (siehe Abschnitt 2.5) durchgeführt werden.

Wir können eine Stichprobe mathematisch durch ihren Stichprobenvektor beschreiben, den wir folgendermaßen definieren:

Definition 5.4 (Stichprobenvektor)
Eine mehrdimensionale Zufallsgröße $\boldsymbol{X} = (X_1, \ldots, X_n)^\mathsf{T}$ heißt Stichprobenvektor, wenn sich alle seine Komponenten X_i ($i = 1, \ldots, n$) auf *dasselbe* Merkmal X einer Grundgesamtheit beziehen und *dieselbe* Wahrscheinlichkeitsverteilung besitzen.

Aus dieser Definition ergibt sich, dass alle Komponenten X_i ($i = 1, \ldots, n$) des Stichprobenvektors dieselbe Wahrscheinlichkeitsdichtefunktion $g_X(x)$ des betrachteten Merkmals X der Grundgesamtheit haben müssen. Für die Wahrscheinlichkeit des Auftretens der Messwerte $(x_1, \ldots, x_n)$ gilt demnach

$$\mathsf{P}\Big((X_1 \leq x_1) \cap \cdots \cap (X_n \leq x_n)\Big) = \prod_{i=1}^{n} \mathsf{P}(X_i \leq x_i)\,.$$

Daraus folgt, dass die Zufallsgrößen X_i $(i = 1, \ldots, n)$ stochastisch unabhängig sind. Der Stichprobenvektor ist also eine spezielle mehrdimensionale Zufallsgröße, deren Komponenten identisch verteilt und stochastisch unabhängig[59] sind. Von dieser Eigenschaft wird in der mathematischen Statistik ausgiebig Gebrauch gemacht, weil sie eine Vereinfachung der Rechnungen ermöglicht.

Die durch Wiederholungsmessungen erhaltenen Messwerte $\boldsymbol{x} = (x_1, \ldots, x_n)^{\mathsf{T}}$ stellen im Sinne der Wahrscheinlichkeitstheorie eine Realisierung des Stichprobenvektors dar und werden Messreihe oder empirische Stichprobe genannt. Häufig wird auch nur von „den Daten" gesprochen. Die Anzahl n der in der Messreihe enthaltenen Werte wird Stichprobenumfang genannt.

5.2 Stichprobenfunktionen

Um aus den Messwerten $\boldsymbol{x} = (x_1, \ldots, x_n)^{\mathsf{T}}$ als Realisierung des Stichprobenvektors $\boldsymbol{X} = (X_1, \ldots, X_n)^{\mathsf{T}}$ Erkenntnisse über die Parameter der den Daten zugrunde liegenden Grundgesamtheit zu gewinnen, werden die Werte verschiedener statistischer Kenngrößen herangezogen, wie z. B. der Stichproben-Mittelwert oder die Stichproben-Standardabweichung. Eine statistische Kenngröße ist eine spezielle Stichprobenfunktion, die auch Statistik[60] genannt wird und folgendermaßen definiert ist (DIN ISO 3534-1, 1.8 [DIN2009]):

Definition 5.5 (Stichprobenfunktion)
Eine Stichprobenfunktion ist eine vollständig festgelegte Funktion von Zufallsgrößen.

Dabei ist mit der Redewendung „vollständig festgelegt" gemeint, dass die Stichprobenfunktion ausschließlich von den Komponenten $(X_1, \ldots, X_n)$ des Stichprobenvektors abhängen darf.

[59] In der englischsprachigen Literatur wird für diese Eigenschaft die Abkürzung iid (*independent identically distributed*) benutzt.

[60] Der von R. A. Fisher eingeführte Begriff „Statistik" sollte möglichst nicht verwendet werden, um Missverständnisse zu vermeiden.

Wenn die den Daten der Stichprobe zugrunde liegende Wahrscheinlichkeitsverteilungsfunktion z. B. eine Normalverteilung mit den unbekannten Parametern μ (Mittelwert) und σ (Standardabweichung) ist, dann ist der Ausdruck $(X_1 + \ldots + X_n)/n$ eine zulässige Stichprobenfunktion. Dagegen ist der Ausdruck $(X_1 + \ldots + X_n)/n - \mu$ keine zulässige Stichprobenfunktion, weil er von dem unbekannten Parameter μ abhängig ist.

Folgende statistische Kenngrößen zur Charakterisierung einer Grundgesamtheit sind in DIN ISO 3534-1 [DIN2009] definiert:

Definition 5.6 (Statistische Kenngrößen)

Stichprobenmittelwert (DIN ISO 3534-1, 1.15)

$$\overline{X} = \frac{1}{n}\sum_{i=1}^{n} X_i\,.$$

Stichprobenvarianz (DIN ISO 3534-1, 1.16)

$$S_X^2 = \frac{1}{n-1}\sum_{i=1}^{n}(X_i - \overline{X})^2\,.$$

Stichprobenkovarianz (DIN ISO 3534-1, 1.22)

$$S_{XY} = \frac{1}{n-1}\sum_{i=1}^{n}(X_i - \overline{X})(Y_i - \overline{Y})\,.$$

Stichproben-Korrelationskoeffizient (DIN ISO 3534-1, 1.23)

$$R_{XY} = \frac{S_{XY}}{\sqrt{S_X^2 S_Y^2}}\,.$$

Dabei bezeichnen die Kenngrößen S_X^2 und S_Y^2 die Stichprobenvarianzen der Zufallsgrößen X bzw. Y.

Die nicht negative Quadratwurzel aus der Stichprobenvarianz heißt Standardabweichung der Stichprobe (DIN ISO 3534-1, 1.17). Der nur für $\overline{X} > 0$ definierte Quotient $S/\overline{X}$ aus der Standardabweichung der Stichprobe und dem Stichprobenmittelwert heißt Variationskoeffizient der Stichprobe (DIN ISO 3534-1, 1.18).

Zusätzlich zu diesen Kenngrößen spielen auch noch Kenngrößen eine Rolle, die aus den Ordnungsstatistiken der Komponenten des Stichprobenvektors abgeleitet werden. Die Ordnungsstatistiken sind Stichprobenfunktionen, die wir erhalten, indem wir die Größen $X_1, \ldots, X_n$ linear ordnen, sodass

$$X_{(1)} \leq X_{(2)} \cdots X_{(n-1)} \leq X_{(n)}$$

gilt, wobei $X_{(1)}$ das kleinste und $X_{(n)}$ das größte Element ist. Die Größen $X_{(k)}$ heißen k-te Ordnungsstatistiken (DIN ISO 3534-1, 1.9 [DIN2009]).

Die wichtigsten, aus den Ordnungsstatistiken abgeleiteten Kenngrößen zur Charakterisierung einer Grundgesamtheit sind:

Definition 5.7 (ordnungsstatistische Kenngrößen)

Stichprobenminimum

$$X_{\min} = \min(X_1, \ldots, X_n),$$

Stichprobenmaximum

$$X_{\max} = \max(X_1, \ldots, X_n),$$

Variationsbreite der Stichprobe (DIN ISO 3534-1, 1.10)

$$V = X_{\max} - X_{\min}.$$

Stichprobenmedian (DIN ISO 3534-1, 1.13)

$$X_{\text{med}} = \begin{cases} X_{((n+1)/2)} & \text{wenn } n \text{ ungerade ist} \\ \dfrac{X_{(n/2)} + X_{(n/2+1)}}{2} & \text{wenn } n \text{ gerade ist} \end{cases}.$$

Zum Abschluss dieses Abschnitts geben wir noch zwei nützliche Formeln an, die bei der sukzessiven Berechnung des Stichprobenmittelwerts und der Stichprobenvarianz nützlich sein können.

$$\overline{X}_{n+1} = \frac{n\overline{X}_n + X_{n+1}}{n+1}, \tag{5.1}$$

$$S^2_{n+1} = \frac{n-1}{n} S^2_n + \frac{1}{n}\left(X_{n+1} - \overline{X}_n\right)^2. \tag{5.2}$$

Dabei bezeichnet $\overline{X}_n$ bzw. $\overline{X}_{n+1}$ den Stichprobenmittelwert für n bzw. $(n+1)$ und S^2_n bzw. S^2_{n+1} die Stichprobenvarianz für n bzw. $(n+1)$.

5.3 Schätzer

Wenn wir eine Stichprobe aus einer Grundgesamtheit ziehen, dann gehen wir davon aus, dass die Messwerte $(x_1, \ldots, x_n)$ eine Realisierung des Stichprobenvektors $\boldsymbol{X} = (X_1, \ldots, X_n)^\mathsf{T}$ sind und die X_i $(i = 1, \ldots, n)$ stochastisch unabhängige, identisch verteilte Zufallsgrößen mit der gleichen Wahrscheinlichkeitsverteilungsfunktion, die im Allgemeinen unbekannt ist. Daher machen wir eine Annahme über die Form der vorliegenden Verteilungsfunktion und versuchen, die Werte ihrer Parameter so zu wählen, dass sich eine möglichst gute Übereinstimmung mit den Messdaten der Stichprobe ergibt. Dazu verwenden wir einen Schätzer (DIN ISO 3534-1, 1.12 [DIN2009]):

Definition 5.8 (Schätzer)
Ein Schätzer $\hat{\boldsymbol{\Theta}} = (\hat{\Theta}_1, \ldots, \hat{\Theta}_m)^\mathsf{T}$ ist eine Stichprobenfunktion, die zur Schätzung der Parameter $\boldsymbol{\theta} = (\theta_1, \ldots, \theta_m)^\mathsf{T}$ verwendet wird.

Der Zusammenhang, der zwischen der Grundgesamtheit und der Stichprobe einerseits und dem Schätzer $\hat{\boldsymbol{\Theta}}$ und dem Parametervektor $\boldsymbol{\theta}$ der Wahrscheinlichkeitsverteilungsfunktion der Grundgesamtheit andererseits besteht, wird durch die Abbildung 5.1 veranschaulicht.

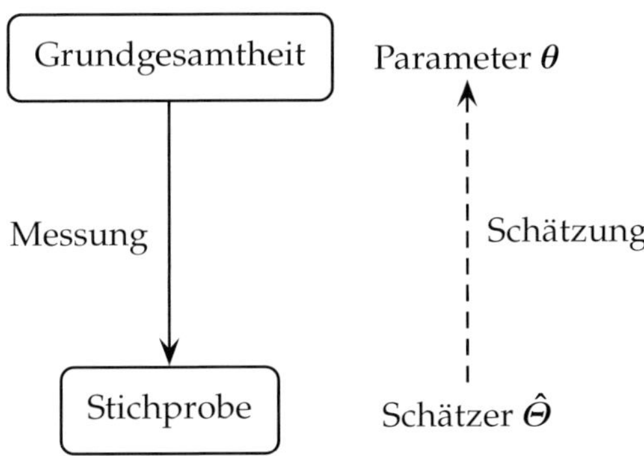

Abbildung 5.1 Schätzung eines Parameters der Grundgesamtheit

Beispiele für Schätzer sind die im vorigen Abschnitt angegebenen statistischen Kenngrößen. Davon sind die am häufigsten verwendeten Schätzer der Stichprobenmittelwert $\overline{X}$ und die Stichprobenvarianz S^2.

Wenn wir in einen gegebenen Schätzer $\hat{\Theta} = f(X_1, \ldots, X_n)$ anstelle der Zufallsgrößen $(X_1, \ldots, X_n)$ die gemessenen Werte $(x_1, \ldots, x_n)$ einsetzen, dann erhalten wir den entsprechenden Schätzwert $\hat{\theta} = f(x_1, \ldots, x_n)$.

Beispiel 5.1 (Schätzung der Parameter einer Normalverteilung)
Wir haben die Werte $(x_1, \dots, x_n)$ gemessen und vermuten, dass die ihnen zugrunde liegende Wahrscheinlichkeitsverteilungsfunktion eine Normalverteilung mit den Parametern μ (Mittelwert) und σ^2 (Varianz) ist. Wir verwenden als Schätzer den Stichprobenmittelwert $\overline{X}$ und die Stichprobenvarianz S^2. Wenn wir die Messwerte $(x_1, \dots, x_n)$ in diese Schätzer einsetzen, dann erhalten wir die Schätzwerte

$$\hat{\mu} = \overline{x} = \frac{1}{n} \sum_{i=1}^{n} x_i$$

für den Mittelwert und

$$\hat{\sigma}^2 = s^2 = \frac{1}{n-1} \sum_{i=1}^{n} (x_i - \overline{x})^2$$

für die Varianz der Normalverteilung.

Wir können nachweisen, dass wir auf diese Weise für den Fall der Normalverteilung unverfälschte Schätzwerte für die Parameter erhalten. Für die verwendeten Schätzer gilt nämlich wegen der stochastischen Unabhängigkeit und der identischen Verteilung der X_i $(i = 1, \dots, n)$

$$\mathsf{E}\left(\overline{X}\right) = \frac{1}{n} \sum_{i=1}^{n} \mathsf{E}(X_i) = \frac{1}{n} \sum_{i=1}^{n} \mathsf{E}(X) = \mathsf{E}(X)\,, \tag{5.3}$$

$$\mathsf{Var}\left(\overline{X}\right) = \mathsf{Var}\left(\frac{1}{n} \sum_{i=1}^{n} X_i\right) = \frac{1}{n^2} \sum_{i=1}^{n} \mathsf{Var}(X_i) = \frac{1}{n^2} \sum_{i=1}^{n} \mathsf{Var}(X) = \frac{1}{n} \mathsf{Var}(X) \tag{5.4}$$

und

$$\begin{aligned} \mathsf{E}\left(S^2\right) = \mathsf{E}\left[\frac{1}{n-1} \sum_{i=1}^{n} \left(X_i - \overline{X}\right)^2\right] &= \frac{1}{n-1} \mathsf{E}\left[\sum_{i=1}^{n} \left(X_i^2 - 2X_i\overline{X} + \overline{X}^2\right)\right] = \\ \frac{1}{n-1} \mathsf{E}\left(\sum_{i=1}^{n} X_i^2 - n\overline{X}^2\right) &= \frac{1}{n-1} \sum_{i=1}^{n} \left[\mathsf{E}\left(X_i^2\right) - \mathsf{E}\left(\overline{X}^2\right)\right] = \\ \frac{1}{n-1} \sum_{i=1}^{n} &\left(\mathsf{Var}(X_i) + \left[\mathsf{E}(X_i)\right]^2 - \mathsf{Var}\left(\overline{X}\right) - \left[\mathsf{E}\left(\overline{X}\right)\right]^2\right) = \\ \frac{1}{n-1} \sum_{i=1}^{n} &\left(\mathsf{Var}(X) + \left[\mathsf{E}(X)\right]^2 - \frac{1}{n}\mathsf{Var}(X) - \left[\mathsf{E}(X)\right]^2\right) = \mathsf{Var}(X)\,. \end{aligned}$$

Da für eine Normalverteilung $\mathsf{E}(X) = \mu$ und $\mathsf{Var}(X) = \sigma^2$ ist, erhalten wir demnach $\mathsf{E}\left(\overline{X}\right) = \mu$ und $\mathsf{E}\left(S^2\right) = \sigma^2$, womit die Behauptung bewiesen ist.

In diesem Beispiel erhalten wir also für jeden der beiden Schätzer, unabhängig vom Umfang der Stichprobe, einen unverfälschten Wert des entsprechenden Parameters der zugrunde liegenden Wahrscheinlichkeitsverteilungsfunktion. Diese Eigenschaft eines Schätzers heißt Erwartungstreue. Allgemein ist die Erwartungstreue eines Schätzers definiert durch:

Definition 5.9 (erwartungstreuer Schätzer)
Es sei $(X_1, \ldots, X_n)$ eine Stichprobe, dann heißt ein Schätzer $\hat{\Theta} = f(X_1, \ldots, X_n)$ für den Wert des Parameters θ erwartungstreu, wenn

$$\mathsf{E}\left(\hat{\Theta}\right) = \theta$$

ist, vorausgesetzt, der Erwartungswert existiert.

Ein Schätzer, der nicht erwartungstreu ist, wird verzerrter Schätzer genannt. Die Differenz $\mathsf{E}\left(\hat{\Theta}\right) - \theta$ heißt Verzerrung des Schätzers oder Bias.

Wenn die Verzerrung eines nicht erwartungstreuen Schätzers mit zunehmendem Umfang der Stichprobe abnimmt und für eine unendlich große Stichprobe gegen null strebt, denn wird der Schätzer asymptotisch erwartungstreu genannt.

Definition 5.10 (asymptotisch erwartungstreuer Schätzer)
Es sei $(X_1, \ldots, X_n)$ eine Stichprobe, dann heißt ein Schätzer $\hat{\Theta}(X_1, \ldots, X_n)$ für den Wert des Parameters θ asymptotisch erwartungstreu, wenn

$$\lim_{n \to \infty} \mathsf{E}\left[\hat{\Theta}(X_1, \ldots, X_n)\right] = \theta$$

ist, vorausgesetzt, der Erwartungswert existiert.

Jeder Schätzer ist als Funktion von Zufallsgrößen selbst eine Zufallsgröße, d. h. selbst für einen erwartungstreuen Schätzer $\hat{\Theta}$ gilt, dass die Schätzwerte $\hat{\theta}$, die sich durch Einsetzen der Messwerte in den Schätzer ergeben, mehr oder weniger stark um den Wert θ streuen werden. Ein Maß für diese Streuung ist die zu erwartende mittlere quadratische Abweichung[61]

$$\mathsf{D}\left(\hat{\Theta}; \theta\right) = \mathsf{E}\left[\left(\hat{\Theta} - \theta\right)^2\right] = \mathsf{Var}\left(\hat{\Theta}\right) + \left[\mathsf{E}\left(\hat{\Theta}\right) - \theta\right]^2 .$$

[61]Der Ausdruck $\left(\hat{\Theta} - \theta\right)^2$ heißt auch quadratische Verlustfunktion. Der Erwartungswert einer Verlustfunktion wird Risikofunktion genannt.

Wir sehen, dass die zu erwartende mittlere quadratische Abweichung sich aus der Varianz des Schätzers und dem Quadrat seiner Verzerrung zusammensetzt. Daraus folgt, dass die Erwartungstreue allein noch kein Kriterium dafür ist, ob ein Schätzer besser als ein anderer ist. Diese Erkenntnis ist sehr beruhigend, denn nur für sehr einfache Fälle gibt es erwartungstreue Schätzer. Die meisten praktischen Probleme führen nur auf asymptotisch erwartungstreue Schätzer. Außerdem ist es durchaus möglich, dass es für ein vorliegendes Problem einen nicht erwartungstreuen Schätzer gibt, der eine kleinere zu erwartende mittlere quadratische Abweichung hat, als ein erwartungstreuer Schätzer. Die Erwartungstreue eines Schätzers spielt also nur eine untergeordnete Rolle.

Wenn wir die zu erwartende mittlere quadratische Abweichung als Gütekriterium für einen Schätzer verwenden wollen, dann stellt sich sofort die Frage, ob es Schätzer gibt, für welche die zu erwartende mittlere quadratische Abweichung gleich null ist. Bedauerlicherweise ist dies nicht der Fall, denn es lässt sich für die Varianz eines Schätzers nur eine untere Schranke angeben, wie C. R. Rao [Rao45] und H. Cramér [Cra46] gezeigt haben. Das Ergebnis ihrer Arbeiten ist

$$\mathsf{Var}\left(\hat{\Theta}\right) \geq \left[\frac{\mathsf{dE}\left(\hat{\Theta}\right)}{\mathrm{d}\theta}\right]^2 [I(\theta)]^{-1} \,. \tag{5.5}$$

Die rechte Seite dieser Ungleichung heißt Cramér-Rao-Schranke und hängt von der Fisher-Information $I(\theta)$ ab.

Unter der Voraussetzung, dass wir die zu erwartende mittlere quadratische Abweichung als Gütekriterium für einen Schätzer verwenden, ergibt sich aus der Ungleichung (5.5) unmittelbar, dass der beste Schätzer ein erwartungstreuer Schätzer ist, dessen Varianz gleich der Cramér-Rao-Schranke ist. Ein derartiger Schätzer heißt effizienter Schätzer. Wir geben hier die Definition für den effizienten Schätzer eines Parametervektors $\boldsymbol{\theta} = (\theta_1, \ldots, \theta_m)^\mathsf{T}$ an:

Definition 5.11 (effizienter Schätzer)
Ein Schätzer $\hat{\boldsymbol{\Theta}}$ heißt effizient, wenn für ihn

$$\mathsf{E}\left(\hat{\boldsymbol{\Theta}}\right) = \boldsymbol{\theta} \,,$$

$$\boldsymbol{C}\left(\hat{\boldsymbol{\Theta}}\right) = \mathbf{I}^{-1}(\boldsymbol{\theta}) \tag{5.6}$$

gilt, wobei $\boldsymbol{C}\left(\hat{\boldsymbol{\Theta}}\right)$ die Kovarianzmatrix des Schätzers $\hat{\boldsymbol{\Theta}}$ und $\mathbf{I}(\boldsymbol{\theta})$ die Fisher-Informationsmatrix ist.

Die Gleichung (5.6) zeigt einen interessanten Zusammenhang auf. Danach ist für einen effizienten Schätzer die Kovarianzmatrix des Schätzers gleich der inversen FISHER-Informationsmatrix. Für den effizienten Schätzer eines einzelnen Parameters ist dementsprechend seine Varianz gleich der inversen FISHER-Information. Das bedeutet, dass mit zunehmender Information die Varianz abnimmt und umgekehrt. Dies ist ein intuitiv nachvollziehbares Ergebnis.

Die (erwartete) FISHER-Informationsmatrix ist für eine Stichprobe identisch verteilter Zufallsgrößen folgendermaßen definiert:

Definition 5.12 (FISHER-Informationsmatrix)
Es sei $\boldsymbol{X} = (X_1, \ldots, X_n)^\mathsf{T}$ ein Stichprobenvektor identisch verteilter Zufallsgrößen mit der von den Parametern $\boldsymbol{\theta} = (\theta_1, \ldots, \theta_m)^\mathsf{T}$ abhängigen Wahrscheinlichkeitsdichtefunktion $g_X(x \mid \boldsymbol{\theta})$, dann heißt die symmetrische Matrix $I(\boldsymbol{\theta})$ mit den Matrixelementen

$$I_{ij} = -n\mathsf{E}\left(\frac{\partial^2 \log g_X(x \mid \boldsymbol{\theta})}{\partial\theta_i\,\partial\theta_j}\right), \qquad i,j = 1, \ldots, m, \tag{5.7}$$

FISHER-Informationsmatrix, vorausgesetzt dass die Bedingungen

$$\mathsf{E}\left(\frac{\partial \log g_X(x \mid \boldsymbol{\theta})}{\partial\theta_i}\right) = 0, \qquad i = 1, \ldots, m, \tag{5.8}$$

erfüllt sind und alle Erwartungswerte existieren. Die Bildung der Erwartungswerte erfolgt dabei mit der Wahrscheinlichkeitsdichtefunktion $g_X(x \mid \boldsymbol{\theta})$.

Wir wollen die Berechnung der FISHER-Informationsmatrix[62] an einem Beispiel zeigen, dessen Ergebnis wir später noch benötigen werden.

Beispiel 5.2 (FISHER-Informationsmatrix für eine Normalverteilung)
Es sei ein Stichprobenvektor identisch verteilter Zufallsgrößen mit der Wahrscheinlichkeitsdichtefunktion (Normalverteilung)

$$g_X(x \mid \theta_1, \theta_2) = \frac{1}{\theta_2\sqrt{2\pi}} \exp\left(-\frac{(x-\theta_1)^2}{2\theta_2^2}\right)$$

gegeben. Aus dieser Wahrscheinlichkeitsdichtefunktion erhalten wir zunächst durch Berechnung des Logarithmus

$$\ln g_X(x \mid \theta_1, \theta_2) = -\frac{\ln(2\pi)}{2} - \ln\theta_2 - \frac{(x-\theta_1)^2}{2\theta_2^2}$$

[62] Die FISHER-Informationsmatrix kann nicht für jede beliebige Wahrscheinlichkeitsdichtefunktion berechnet werden, weil dazu bestimmte Regularitätsbedingungen erfüllt sein müssen. Wir gehen hier nicht weiter darauf ein, erwähnen aber, dass diese Regularitätsbedingungen z. B. für die Rechteckverteilung nicht erfüllt sind.

und daraus durch Differentiation nach den beiden Parametern θ_1 bzw. θ_2

$$\frac{\partial \ln g_X(x \mid \theta_1,\theta_2)}{\partial \theta_1} = \frac{x-\theta_1}{\theta_2^2}$$

bzw.

$$\frac{\partial \ln g_X(x \mid \theta_1,\theta_2)}{\partial \theta_2} = -\frac{1}{\theta_2} + \frac{(x-\theta_1)^2}{\theta_2^3} .$$

Aus diesen beiden Gleichungen ergibt sich durch nochmalige Differentiation

$$\frac{\partial^2 \ln g_X(x \mid \theta_1,\theta_2)}{\partial \theta_1^2} = -\frac{1}{\theta_2^2} ,$$

$$\frac{\partial^2 \ln g_X(x \mid \theta_1,\theta_2)}{\partial \theta_1 \partial \theta_2} = \frac{\partial^2 \ln g_X(x \mid \theta_1,\theta_2)}{\partial \theta_2 \partial \theta_1} = -2\frac{x-\theta_1}{\theta_2^3} ,$$

$$\frac{\partial^2 \ln g_X(x \mid \theta_1,\theta_2)}{\partial \theta_2^2} = \frac{1}{\theta_2^2} - 3\frac{(x-\theta_1)^2}{\theta_2^4} .$$

Durch Berechnen der Erwartungswerte dieser Gleichungen unter Verwendung der Ergebnisse $\mathsf{E}(X-\theta_1) = 0$ und $\mathsf{E}\left[(X-\theta_1)^2\right] = 0$ weisen wir nach, dass die Bedingungen (5.8) erfüllt sind, sodass wir schließlich nach der Beziehung (5.7) für die Fisher-Informationsmatrix

$$\mathbf{I}(\theta_1,\theta_2) = \frac{n}{\theta_2^2}\begin{pmatrix} 1 & 0 \\ 0 & 2 \end{pmatrix}$$

erhalten. Die Fisher-Information ist also für die beiden Parameter durch

$$I(\theta_1) = \frac{n}{\theta_2^2} \qquad \text{und} \qquad I(\theta_2) = \frac{2n}{\theta_2^2}$$

gegeben. Da beide Parameter erwartungstreu sind, sind ihre kleinstmöglichen Varianzen durch die Kehrwerte ihrer Fisher-Informationen gegeben.

Mithilfe der Ergebnisse aus diesem Beispiel lässt sich zeigen, dass für einen Stichprobenvektor mit stochastisch unabhängigen, normalverteilten Komponenten der Schätzer $\overline{X}$ (Stichprobenmittelwert) effizient ist. Für den Schätzer S (Standardabweichung der Stichprobe) ist dies dagegen nicht der Fall.

Bisher sind wir noch nicht darauf eingegangen, wie sich Schätzer zu einem konkret vorgegebenen Problem finden lassen. Dabei müssen wir zwischen Punktschätzern und Bereichsschätzern unterscheiden. Ein Punktschätzer dient zur Schätzung der Parameter einer Wahrscheinlichkeitsverteilungsfunktion, während ein Bereichsschätzer eine Aussage über den Bereich macht, in dem ein Größenwert mit einer vorgegebenen Wahrscheinlichkeit liegt.

In den folgenden Abschnitten werden wir uns eingehender mit der Konstruktion von Punktschätzern beschäftigen. Dabei werden wir auf folgende Methoden näher eingehen:

- Momenten-Methode,
- Maximum-Likelihood-Methode,
- Methode der kleinsten Quadrate,
- BAYES-Methode.

Alle diese Methoden ergeben Punktschätzer, die asymptotisch effizient sind, d. h. sie sind für einen großen Stichprobenumfang nicht nur asymptotisch erwartungstreu, sondern zusätzlich auch approximativ normalverteilt.

5.4 Momentenmethode

Der Erwartungswert und die Varianz sind die wichtigsten Kennzahlen einer Wahrscheinlichkeitsverteilungsfunktion. Sie lassen sich aus den verallgemeinerten Momenten der Verteilung ableiten, die folgendermaßen definiert sind:

Definition 5.13 (Moment einer Wahrscheinlichkeitsverteilung)
Es sei $g_X(x \mid \theta_1, \ldots, \theta_m)$ eine von den Parametern $(\theta_1, \ldots, \theta_m)$ abhängige Wahrscheinlichkeitsdichtefunktion, dann heißt

$$\mathsf{E}\left[(X-c)^k \,\middle|\, \boldsymbol{\theta}\right] = \int_{-\infty}^{+\infty} (x-c)^k g_X(x \mid \boldsymbol{\theta})\,\mathrm{d}x$$

k-tes verallgemeinertes Moment, wobei vorausgesetzt wird, dass der Erwartungswert existiert. Die natürliche Zahl k heißt Ordnung des Moments.

Ist in dieser Definition $c = 0$, dann sprechen wir nur einfach vom Moment, während wir für $c = \mathsf{E}[X \mid \boldsymbol{\theta}]$ vom zentralen Moment sprechen. Die verallgemeinerten Momente sind Funktionen der Parameter der Wahrscheinlichkeitsverteilungsfunktion.

Die Momente einer Wahrscheinlichkeitsverteilungsfunktion müssen nicht immer existieren. So existiert für die CAUCHY-Verteilung kein einziges Moment, während für die Normalverteilung Momente beliebiger Ordnung existieren.

Wenn die Momente einer Wahrscheinlichkeitsverteilungsfunktion existieren, dann kann sie daraus unter bestimmten Voraussetzungen wieder rekonstruiert werden. Diese Feststellung ist die Grundlage der Momentenmethode, die Ende des 19. Jahrhunderts von K. PEARSON vorgeschlagen wurde [Pea94]. Dabei werden die von den Parametern der Wahrscheinlichkeitsverteilungsfunktion abhängigen Momente den Momenten eines Stichprobenvektors gleichgesetzt. Ein Moment eines Stichprobenvektors ist definiert durch:

Definition 5.14 (Stichprobenmoment)
Es sei $\boldsymbol{X} = (X_1, \dots, X_n)^\mathsf{T}$ ein Stichprobenvektor, dann heißt

$$M_k(\boldsymbol{X}) = \frac{1}{n} \sum_{i=1}^{n} X_i^k$$

k-tes Stichprobenmoment.

Durch das Gleichsetzen der Momente eines Stichprobenvektors und der von den Parametern der Wahrscheinlichkeitsverteilungsfunktion abhängigen Momente erhalten wir ein im Allgemeinen nichtlineares Gleichungssystem, aus dem sich die Schätzer für die gesuchten Parameter bestimmen lassen. Diese Schätzer heißen Momentenschätzer und sind folgendermaßen definiert:

Definition 5.15 (Momentenschätzer)
Wenn für eine von den Parametern $(\theta_1, \dots, \theta_m)$ abhängige Wahrscheinlichkeitsverteilungsfunktion die Momente $\mathsf{E}\left[X^k \mid \theta_1, \dots, \theta_m\right]$ $(k = 1, \dots, r\,;\ r \geq m)$ existieren und sich das Gleichungssystem

$$\mathsf{E}\left[X^k \mid \theta_1, \dots, \theta_m\right] = M_k(\boldsymbol{X}), \qquad k = 1, \dots, r,$$

— wobei $M_k(\boldsymbol{X})$ $(k = 1, \dots, r)$ die Schätzer für die k-ten Momente des Stichprobenvektors $\boldsymbol{X} = (X_1, \dots, X_n)^\mathsf{T}$ bezeichnet — eindeutig nach den Parametern $(\theta_1, \dots, \theta_m)$ auflösen lässt, dann heißen die Lösungen $\hat{\Theta}_k(X_1, \dots, X_n)$ $(k = 1, \dots, m)$ Momentenschätzer für die Parameter θ_k $(k = 1, \dots, m)$.

Normalerweise sollte zur Bestimmung der m Momentenschätzer für die m Parameter ein Gleichungssystem mit m Gleichungen ausreichen. Da aber unter bestimmten Umständen einige der Gleichungen für die Schätzung der m Parameter unsinnig sein können, steht in der Definition 5.15 $r \geq m$.

Wir zeigen die Anwendung der Momentenmethode an zwei Beispielen:

Beispiel 5.3 (Anwendung der Momentenmethode bei der Normalverteilung)
Eine Normalverteilung sei durch die Wahrscheinlichkeitsdichtefunktion

$$g_X(x) = \frac{1}{\sqrt{2\pi\theta_2}} \exp\left(-\frac{(x-\theta_1)}{2\theta_2}\right)$$

beschrieben, wobei θ_1 der Mittelwert und θ_2 die Varianz der Verteilung bezeichnen. Wir erhalten damit die Momente

$$\mathsf{E}[X] = \theta_1 \qquad \text{und} \qquad \mathsf{E}[X^2] = \theta_1^2 + \theta_2 \,.$$

Setzen wir diese Momente den ihnen entsprechenden Momenten des Stichprobenvektors $\boldsymbol{X} = (X_1, \ldots, X_n)$ gleich, dann erhalten wir das Gleichungssystem

$$\theta_1 = \frac{1}{n} \sum_{i=1}^{n} X_i \,,$$

$$\theta_1^2 + \theta_2 = \frac{1}{n} \sum_{i=1}^{n} X_i^2 \,.$$

Daraus ergeben sich die Momentenschätzer

$$\hat{\Theta}_1 = \overline{X}$$

und

$$\hat{\Theta}_2 = \frac{n-1}{n} S^2$$

für den Mittelwert und die Varianz der Normalverteilung, wobei $\overline{X}$ den Stichprobenmittelwert und S^2 die Stichprobenvarianz bezeichnen. Der Schätzer $\hat{\Theta}_1$ ist erwartungstreu, der Schätzer $\hat{\Theta}_2$ dagegen nur asymptotisch erwartungstreu.

Beispiel 5.4 (Anwendung der Momentenmethode bei der Rechteckverteilung)
Eine Rechteckverteilung sei durch die Wahrscheinlichkeitsdichtefunktion

$$g_X(x) = \begin{cases} \dfrac{1}{\theta_2 - \theta_1} & \text{wenn } \theta_1 \leq x \leq \theta_2 \\ 0 & \text{sonst} \end{cases}$$

beschrieben, wobei θ_1 und θ_2 die untere bzw. obere Grenze des Trägers der Wahrscheinlichkeitsdichtefunktion bezeichnen. Wir erhalten damit die Momente

$$\mathsf{E}[X] = \frac{\theta_1 + \theta_2}{2} \qquad \text{und} \qquad \mathsf{E}[X^2] = \frac{\theta_1^2 + \theta_1\theta_2 + \theta_2^2}{3} \,.$$

Setzen wir diese Momente den ihnen entsprechenden Momenten des Stichprobenvektors $\boldsymbol{X} = (X_1, \dots, X_n)$ gleich, dann erhalten wir das Gleichungssystem

$$\frac{\theta_1 + \theta_2}{2} = \frac{1}{n} \sum_{i=1}^{n} X_i \,,$$

$$\frac{\theta_1^2 + \theta_1\theta_2 + \theta_2^2}{3} = \frac{1}{n} \sum_{i=1}^{n} X_i^2 \,.$$

Daraus ergeben sich mit der Zusatzbedingung $\theta_1 < \theta_2$ die Momentenschätzer

$$\hat{\Theta}_1 = \overline{X} - \sqrt{\frac{3(n-1)}{n} S^2}$$

und

$$\hat{\Theta}_2 = \overline{X} + \sqrt{\frac{3(n-1)}{n} S^2}$$

für die untere und obere Grenze der Rechteckverteilung, wobei $\overline{X}$ den Stichprobenmittelwert und S^2 die Stichprobenvarianz bezeichnen. Die beiden Schätzer $\hat{\Theta}_1$ und $\hat{\Theta}_2$ sind nur asymptotisch erwartungstreu.

5.5 Maximum-Likelihood-Methode

Die Maximum-Likelihood-Methode wurde von R. A. Fisher in den Jahren 1912 bis 1922 entwickelt [Fis22]. Dieser Methode liegen die im Folgenden dargestellten Überlegungen[63] zugrunde, die R. A. Fisher bereits in seiner ersten Publikation [Fis12] angestellt hat.

Wenn wir die Wahrscheinlichkeitsdichtefunktion $g_X(x)$ einer stetigen Zufallsgröße X kennen, dann ist die Wahrscheinlichkeit einen Messwert x dieser Größe im infinitesimal kleinen Intervall $\mathrm{d}x$ zu erhalten, gleich

$$\mathsf{P}(x \le X \le x + \mathrm{d}x) = g_X(x)\,\mathrm{d}x \,.$$

Wird die Messung n-mal unter gleichen Bedingungen wiederholt, dann ist die Wahrscheinlichkeit die Messwerte $x_1, \dots, x_n$ der Größe X zu erhalten

$$\mathsf{P}(x_1 \le X_1 \le x_1 + \mathrm{d}x, \dots, x_n \le X_n \le x_n + \mathrm{d}x) = \left(\prod_{i=1}^{n} g_{X_i}(x_i)\right) (\mathrm{d}x)^n \,. \tag{5.9}$$

[63]Der gleiche Gedanke findet sich allerdings schon 1874 bei W. Chauvenet [Cha74].

Im Sinne der mathematischen Statistik stellen die Messwerte $x_1, \ldots, x_n$ eine Realisierung der Stichprobe $\boldsymbol{X} = (X_1, \ldots, X_n)^\mathsf{T}$ aus einer Grundgesamtheit mit einer gegebenen Wahrscheinlichkeitsverteilungsfunktion dar, wobei die stetigen Zufallsgrößen X_i $(i = 1, \ldots, n)$ stochastisch unabhängig sind und die gleiche Wahrscheinlichkeitsdichtefunktion besitzen.

Die Wahrscheinlichkeit, bestimmte Messwerte zu erhalten, hängt selbstverständlich von den Parametern $\boldsymbol{\theta} = (\theta_1, \ldots, \theta_m)^\mathsf{T}$ der Grundgesamtheit ab. So ist es z. B. sehr unwahrscheinlich, die Werte 347, 582, 413, ... zu erhalten, wenn die Grundgesamtheit mit dem Mittelwert $\mu = 7$ und der Standardabweichung $\sigma = 2$ normalverteilt ist, während die Werte 5, 8, 6, ... eher zu erwarten sind. Diese Abhängigkeit von den Parametern der Grundgesamtheit drücken wir dadurch aus, dass wir statt der Gleichung (5.9)

$$\mathsf{P}(x_1 \le X_1 \le x_1 + \mathrm{d}x, \ldots, x_n \le X_n \le x_n + \mathrm{d}x) = \left(\prod_{i=1}^{n} g_{X_i}(x_i \mid \boldsymbol{\theta}) \right) (\mathrm{d}x)^n \qquad (5.10)$$

schreiben. Durch diese Gleichung ist die Wahrscheinlichkeit für das Auftreten der beobachteten Messwerte $x_1, \ldots, x_n$ gegeben, wenn die Wahrscheinlichkeitsdichtefunktion $g_X(x \mid \boldsymbol{\theta})$ der Messgröße X bekannt ist. Diese Wahrscheinlichkeit ist proportional zur Funktion

$$l(\boldsymbol{\theta} \mid \boldsymbol{x}) = \prod_{i=1}^{n} g_{X_i}(x_i \mid \boldsymbol{\theta}),$$

die Likelihood-Funktion oder Likelihood genannt wird. Diese Funktion ist folgendermaßen definiert (DIN ISO 3534-1, 1.38) [DIN2009]:

Definition 5.16 (Likelihood-Funktion)
Die Likelihood-Funktion ist eine Wahrscheinlichkeitsdichtefunktion, ausgewertet für die beobachteten Werte, die als Funktion der Parameter einer Familie von Wahrscheinlichkeitsverteilungen angesehen wird.

Unter einer Familie von Wahrscheinlichkeitsverteilungen wird dabei eine Menge von Verteilungsfunktionen verstanden, die durch einen oder mehrere Parameter indiziert wird (DIN ISO 3534-1, 2.8) [DIN2009].

Aus der Definition 5.16 geht hervor, dass die Likelihood-Funktion die gemeinsame Wahrscheinlichkeitsdichtefunktion der Stichprobe als Funktion der unbekannten Parameter für die durch die Stichprobe gegebenen Beobachtungen (Realisierungen der Stichprobe) interpretiert. Der Unterschied in der Betrachtungsweise wird deutlich, wenn wir uns klar machen, dass durch die Gleichung

(5.10) die Wahrscheinlichkeit für das Auftreten der Messwerte bei *bekannten* Parametern beschrieben wird, während wir bei der Likelihood-Funktion die bereits vorliegenden Messwerte als gegeben ansehen und uns für die *unbekannten* Parameter interessieren.

Ausgehend von dieser Betrachtungsweise kam R. A. Fisher zu dem Schluss, dass, wenn man nur die der Stichprobe zugrunde liegende Wahrscheinlichkeitsdichtefunktion kennt, aber nicht die Werte der Parameter, die Wahrscheinlichkeit für irgendeine Wahl der Parameterwerte proportional zur Likelihood-Funktion ist. Daraus folgerte er, dass die wahrscheinlichsten Parameterwerte die Likelihood-Funktion zu einem Maximum machen müssen.

Statt die Likelihood-Funktion selbst durch die Wahl der Parameter zu einem Maximum zu machen, können wir auch die sogenannte Log-Likelihood-Funktion

$$L(\boldsymbol{\theta} \mid \boldsymbol{x}) = \log l(\boldsymbol{\theta} \mid \boldsymbol{x}) = \sum_{i=1}^{n} \log g_{X_i}(x_i \mid \boldsymbol{\theta}) \tag{5.11}$$

maximieren. Dies führt wegen der Monotonie der Logarithmusfunktion zum gleichen Ergebnis und ist häufig für die Rechnung bequemer.

In einigen Fällen kann die Messgröße durch eine diskrete Zufallsgröße beschrieben werden. In diesem Fall wählen wir als Likelihood-Funktion

$$l(\boldsymbol{\theta} \mid \boldsymbol{x}) = \prod_{i=1}^{n} P(X_i = x_i \mid \boldsymbol{\theta}),$$

bzw. als Log-Likelihood-Funktion

$$L(\boldsymbol{\theta} \mid \boldsymbol{x}) = \sum_{i=1}^{n} \log P(X_i = x_i \mid \boldsymbol{\theta}), \tag{5.12}$$

wobei $P(X_i = x_i \mid \boldsymbol{\theta})$ die Wahrscheinlichkeit ist, dass bei der i-ten Messung der Wert x_i erhalten wird. Diese Wahrscheinlichkeit hängt natürlich wieder von den Parametern $\boldsymbol{\theta} = (\theta_1, \ldots, \theta_m)^\mathsf{T}$ der Grundgesamtheit ab.

Wir wollen nun an einigen Beispielen zeigen, wie durch die Anwendung der Maximum-Likelihood-Methode ein Schätzer für die Parameter einer Grundgesamtheit gefunden werden kann. Wir beginnen mit einem Beispiel für einen Schätzer nur eines Parameters für den Fall einer Stichprobe stetiger Zufallsgrößen, das eine große praktische Bedeutung hat.

Beispiel 5.5 (Schätzer für die Lebensdauer eines radioaktiven Isotops)
Der Zerfall radioaktiver Atome ist bekanntlich ein zufälliger Prozess, denn der Zeitpunkt, zu dem ein Atom zerfällt, ist nicht bekannt. Wenn wir ein ganz bestimmtes radioaktives Isotop untersuchen, stellen wir fest, dass die Wahrscheinlichkeit des Zerfalls irgendeines Atomkerns durch eine Exponentialverteilung beschrieben werden kann, deren Wahrscheinlichkeitsdichtefunktion durch

$$g_X(x \mid \theta) = \begin{cases} \dfrac{1}{\theta}\mathrm{e}^{-x/\theta} & \text{wenn } x \geq 0 \\ 0 & \text{sonst} \end{cases}, \qquad \theta > 0\,, \tag{5.13}$$

gegeben ist. Dabei ist x die Zeit, die bis zum Zerfall eines Atomkerns vergeht und der Parameter θ die Lebensdauer des Atomkerns. Die Lebensdauer ist eine für jedes radioaktive Isotop charakteristische Konstante, die mit der Halbwertszeit $T_{1/2}$ über die einfache Beziehung $T_{1/2} = \theta \ln 2$ zusammenhängt.

Wenn wir den Zerfall von insgesamt n Atomkernen eines radioaktiven Präparats zu den Zeitpunkten[64] $x_1, \ldots, x_n$ beobachten, dann erhalten wir nach der Gleichung (5.11) aus der Gleichung (5.13) die Log-Likelihood-Funktion

$$L(\theta \mid \boldsymbol{x}) = -n \ln \theta - \frac{1}{\theta} \sum_{i=1}^{n} x_i\,. \tag{5.14}$$

Aus der Analysis ist uns bekannt, dass für ein Maximum der Log-Likelihood-Funktion die Bedingungen

$$\left[\frac{\mathrm{d}L(\theta \mid \boldsymbol{x})}{\mathrm{d}\theta}\right]_{\theta=\hat{\theta}} = 0 \qquad \text{und} \qquad \left[\frac{\mathrm{d}^2 L(\theta \mid \boldsymbol{x})}{\mathrm{d}\theta^2}\right]_{\theta=\hat{\theta}} < 0 \tag{5.15}$$

erfüllt sein müssen, wobei $\hat{\theta}$ den Wert bezeichnet, für den dieses Maximum angenommen wird. Durch Differentiation ergibt sich aus der Gleichung (5.14)

$$\frac{\mathrm{d}L(\theta \mid \boldsymbol{x})}{\mathrm{d}\theta} = -\frac{n}{\theta} + \frac{1}{\theta^2} \sum_{i=1}^{n} x_i$$

und

$$\frac{\mathrm{d}^2 L(\theta \mid \boldsymbol{x})}{\mathrm{d}\theta^2} = \frac{n}{\theta^2} - \frac{2}{\theta^3} \sum_{i=1}^{n} x_i\,.$$

Setzen wir dieses Ergebnis in die Bedingungen (5.15) ein, dann erhalten wir

$$\hat{\theta} = \frac{1}{n} \sum_{i=1}^{n} x_i$$

---

[64] Hiermit ist natürlich die Zeit gemeint, die jeweils zwischen dem Beginn der Beobachtung und dem beobachteten Zerfall vergangen ist.

und

$$\left[\frac{\mathrm{d}^2 L(\theta \mid \boldsymbol{x})}{\mathrm{d}\theta^2}\right]_{\theta=\hat{\theta}} = -\frac{n}{\hat{\theta}^2} < 0\,,$$

d. h. für $\theta = \hat{\theta}$ liegt ein Maximum der Log-Likelihood-Funktion vor.

Insgesamt ergibt sich somit, dass die Stichprobenfunktion

$$\hat{\Theta} = \frac{1}{n}\sum_{i=1}^{n} X_i \tag{5.16}$$

ein Maximum-Likelihood-Schätzer für die Lebensdauer ist. Für den Erwartungswert dieses Schätzers gilt

$$\mathsf{E}\left(\hat{\Theta}\right) = \frac{1}{n}\sum_{i=1}^{n} \mathsf{E}(X_i) = \frac{1}{n}\sum_{i=1}^{n} \mathsf{E}(X) = \mathsf{E}(X) = \theta\,,$$

d. h. der durch die Gleichung (5.16) gegebene Schätzer ist für eine Stichprobe stochastisch unabhängiger, identisch verteilter Zufallsgrößen erwartungstreu.

Wir betrachten als nächstes ein Beispiel für einen Schätzer nur eines Parameters für den Fall einer Stichprobe diskreter Zufallsgrößen.

Beispiel 5.6 (Schätzer für den Erfolgsparameter beim Bernoulli-Experiment)
Ein Bernoulli-Experiment ist ein Experiment, das nur zwei Ergebnisse haben kann, die traditionell mit „Erfolg“ und „Misserfolg“ bezeichnet werden. Ein typisches Beispiel für ein solches Experiment ist das Werfen einer Münze. Die Zufallsgröße X eines Bernoulli-Experiments ist diskret mit den beiden möglichen Werten $X = 1$ (Erfolg) und $X = 0$ (Misserfolg). Wenn für einen Erfolg die Wahrscheinlichkeit $\mathsf{P}(X = 1) = \theta$ ist, dann ist die Wahrscheinlichkeit für einen Misserfolg $\mathsf{P}(X = 0) = 1 - \theta$, denn die Summe beider Wahrscheinlichkeiten muss eins ergeben, weil es nur zwei mögliche disjunkte Ereignisse gibt. Der Parameter θ wird Erfolgsparameter des Bernoulli-Experiments genannt.

Die beiden Wahrscheinlichkeiten des Bernoulli-Experiments lassen sich zusammenfassend durch den Ausdruck

$$\mathsf{P}(X = x \mid \theta) = \theta^x (1-\theta)^{1-x}\,, \qquad 0 \le \theta \le 1\,, \tag{5.17}$$

beschreiben, wie wir durch Einsetzen von $x = 1$ bzw. $x = 0$ leicht nachprüfen können.

Wenn wir bei n Versuchen die Werte $x_1, \ldots, x_n$ beobachten, dann erhalten wir nach der Gleichung (5.12) aus der Gleichung (5.17) die Log-Likelihood-Funktion

$$L(\theta \mid \boldsymbol{x}) = \log\theta \sum_{i=1}^{n} x_i + \log(1-\theta)\left(n - \sum_{i=1}^{n} x_i\right). \tag{5.18}$$

Für das Maximum dieser Funktion müssen wiederum die Bedingungen (5.15) gelten, wobei $\hat{\theta}$ wieder den Wert bezeichnet, für den dieses Maximum angenommen wird. Durch Differentiation ergibt sich aus der Gleichung (5.18)

$$\frac{\mathrm{d}L(\theta \mid \boldsymbol{x})}{\mathrm{d}\theta} = \frac{1}{\theta}\sum_{i=1}^{n} x_i - \frac{1}{1-\theta}\left(n - \sum_{i=1}^{n} x_i\right)$$

und

$$\frac{\mathrm{d}^2L(\theta \mid \boldsymbol{x})}{\mathrm{d}\theta^2} = -\frac{1}{\theta^2}\sum_{i=1}^{n} x_i - \frac{1}{(1-\theta)^2}\left(n - \sum_{i=1}^{n} x_i\right).$$

Setzen wir dieses Ergebnis in die Bedingungen (5.15) ein, dann erhalten wir

$$\hat{\theta} = \frac{1}{n}\sum_{i=1}^{n} x_i$$

und

$$\left[\frac{\mathrm{d}^2L(\theta \mid \boldsymbol{x})}{\mathrm{d}\theta^2}\right]_{\theta=\hat{\theta}} = -\frac{n}{\theta(1-\theta)} < 0\,,$$

d. h. für $\theta = \hat{\theta}$ liegt ein Maximum der Log-Likelihood-Funktion vor.

Es zeigt sich also, dass die Stichprobenfunktion

$$\hat{\Theta} = \frac{1}{n}\sum_{i=1}^{n} X_i \tag{5.19}$$

ein Maximum-Likelihood-Schätzer für den gesuchten Erfolgsparameter des Bernoulli-Experiments ist, wobei die Zufallsgrößen X_i $(i = 1, \ldots, n)$ nur die Werte 0 oder 1 annehmen. Daraus ergibt sich, dass $\hat{\theta} = k/n$ ist, wobei k die Anzahl der Erfolge bei n Versuchen ist. Der Schätzwert des Erfolgsparameters des Bernoulli-Experiments ist also gleich dem Bruchteil der erfolgreichen Versuche. Dieses Ergebnis ist mit unserem intuitiven Verständnis im Einklang.

Für den Erwartungswert des Schätzers $\hat{\Theta}$ folgt aus der Beziehung (5.17)

$$\mathsf{E}(\hat{\Theta}) = \frac{1}{n}\sum_{i=1}^{n} \mathsf{E}(X_i) = \mathsf{E}(X) = \theta\,,$$

d. h. der durch die Gleichung (5.19) gegebene Schätzer ist für eine Stichprobe stochastisch unabhängiger, identisch verteilter Zufallsgrößen erwartungstreu.

Bisher haben wir Beispiele betrachtet, bei denen die Wahrscheinlichkeitsverteilung der Grundgesamtheit durch nur einen Parameter beschrieben wurde. Wir wenden uns nun den Fällen zu, bei denen mehr als ein Parameter benötigt wird, um die Wahrscheinlichkeitsverteilung der Grundgesamtheit vollständig zu beschreiben. Die Besonderheit dabei ist, dass alle Parameter gleichzeitig aus den Werten der Stichprobe geschätzt werden müssen.

Beispiel 5.7 (Schätzer für die Parameter einer normalverteilten Größe)
Eine Größe X werde n-mal unter Wiederholbedingungen gemessen. Es sei angenommen, dass die Größe die Wahrscheinlichkeitsdichtefunktion (Normalverteilung)

$$g_X(x \mid \theta_1,\theta_2) = \frac{1}{\sqrt{2\pi\theta_2}} \exp\left(-\frac{(x-\theta_1)^2}{2\theta_2}\right) \tag{5.20}$$

besitzt, wobei die beiden Parameter θ_1 (Mittelwert) und θ_2 (Varianz) unbekannt sind.

Wir betrachten die Stichprobe $\boldsymbol{X} = (X_1,\ldots,X_n)^\mathsf{T}$ vom Umfang n, wobei die Zufallsgrößen X_i ($i = 1,\ldots,n$) alle durch die gleiche Wahrscheinlichkeitsdichtefunktion (5.20) beschrieben werden können.

Wenn wir bei den n Wiederholungsmessungen die Werte $(x_1,\ldots,x_n)$ beobachten, dann erhalten wir nach der Gleichung (5.11) aus der Gleichung (5.20) die Log-Likelihood-Funktion

$$L(x_1,\ldots,x_n \mid \theta_1,\theta_2) = -\frac{n}{2}\ln\theta_2 - \frac{1}{2\theta_2}\sum_{i=1}^{n}(x_i-\theta_1)^2\,, \tag{5.21}$$

wobei hier der konstante Term $(-n/2 \cdot \ln 2\pi)$ weggelassen wurde, da sich dadurch die Lage des Maximums der Log-Likelihood-Funktion nicht ändert. Dies entspricht der üblichen Vorgehensweise, alle additiven Terme der Log-Likelihood-Funktion wegzulassen, die von keinem der Parameter abhängig sind.

Aus der Analysis ist uns bekannt, dass für ein Maximum der Log-Likelihood-Funktion die notwendigen Bedingungen

$$\left[\frac{\partial L(\boldsymbol{\theta} \mid \boldsymbol{x})}{\partial\theta_i}\right]_{\boldsymbol{\theta}=\hat{\boldsymbol{\theta}}} = 0\,, \qquad i = 1,\ldots,m\,, \tag{5.22}$$

gelten, wobei $\hat{\boldsymbol{\theta}} = (\hat{\theta}_1,\ldots,\hat{\theta}_n)$ die Parameterwerte bezeichnet, für den dieses Maximum angenommen wird. Außerdem muss noch die Hesse-Matrix $\mathbf{H}$ mit den Matrixelementen

$$H_{ij} = \left[\frac{\partial^2 L(\boldsymbol{\theta} \mid \boldsymbol{x})}{\partial\theta_i\,\partial\theta_j}\right]_{\boldsymbol{\theta}=\hat{\boldsymbol{\theta}}}$$

negativ definit sein.

Durch Differentiation ergibt sich aus der Gleichung (5.21)

$$\frac{\partial L(x_1,\ldots,x_n \mid \theta_1,\theta_2)}{\partial\theta_1} = \frac{1}{\theta_2}\sum_{i=1}^{n}(x_i-\theta_1) \tag{5.23}$$

und

$$\frac{\partial L(x_1,\ldots,x_n \mid \theta_1,\theta_2)}{\partial \theta_2} = -\frac{n}{2\theta_2} + \frac{1}{2\theta_2^2}\sum_{i=1}^{n}(x_i-\theta_1)^2 \tag{5.24}$$

und daraus durch erneutes Differenzieren

$$\frac{\partial^2 L(x_1,\ldots,x_n \mid \theta_1,\theta_2)}{\partial \theta_1^2} = -\frac{n}{\theta_2}, \tag{5.25}$$

$$\frac{\partial^2 L(x_1,\ldots,x_n \mid \theta_1,\theta_2)}{\partial \theta_2^2} = \frac{n}{2\theta_2^2} - \frac{1}{\theta_2^3}\sum_{i=1}^{n}(x_i-\theta_1)^2,$$

$$\frac{\partial^2 L(x_1,\ldots,x_n \mid \theta_1,\theta_2)}{\partial \theta_1\,\partial \theta_2} = \frac{\partial^2 L(x_1,\ldots,x_n \mid \theta_1,\theta_2)}{\partial \theta_2\,\partial \theta_1} = -\frac{1}{\theta_2^2}\sum_{i=1}^{n}(x_i-\theta_1). \tag{5.26}$$

Aus der Bedingung (5.22) folgt mit den Gleichungen (5.23) und (5.24)

$$\hat{\theta}_1 = \frac{1}{n}\sum_{i=1}^{n} x_i \tag{5.27}$$

und

$$\hat{\theta}_2 = \frac{1}{n}\sum_{i=1}^{n}\left(x_i - \hat{\theta}_1\right)^2. \tag{5.28}$$

Setzen wir die Gleichungen (5.27) und (5.28) in die Gleichungen (5.25) bis (5.26) ein, dann erhalten wir die HESSE-Matrix

$$\mathbf{H} = \begin{pmatrix} -\dfrac{n}{\hat{\theta}_2} & 0 \\ 0 & -\dfrac{2n}{\hat{\theta}_2^2} \end{pmatrix}.$$

Diese Matrix ist negativ definit, denn es handelt sich um eine Diagonalmatrix mit ausschließlich negativen Diagonalelementen. Es liegt also für $\theta_1 = \hat{\theta}_1$ und $\theta_2 = \hat{\theta}_2$ ein Maximum der Log-Likelihood-Funktion vor.

Es zeigt sich demnach, dass die Stichprobenfunktionen

$$\hat{\Theta}_1 = \frac{1}{n}\sum_{i=1}^{n} X_i$$

und

$$\hat{\Theta}_2 = \frac{1}{n}\sum_{i=1}^{n}\left(X_i - \hat{\Theta}_1\right)^2$$

Maximum-Likelihood-Schätzer für die Parameter θ_1 und θ_2 der Wahrscheinlichkeitsdichtefunktion (5.20) sind.

Für die Erwartungswerte der Schätzer $\hat{\Theta}_1$ und $\hat{\Theta}_2$ ergibt sich aus der Wahrscheinlichkeitsdichtefunktion (5.20)

$$\mathsf{E}\left(\hat{\Theta}_1\right) = \frac{1}{n}\sum_{i=1}^{n}\mathsf{E}(X_i) = \mathsf{E}(X) = \theta_1\,,$$

bzw.

$$\begin{aligned}
\mathsf{E}\left(\hat{\Theta}_2\right) &= \mathsf{E}\left[\frac{1}{n}\sum_{i=1}^{n}\left(X_i - \hat{\Theta}_1\right)^2\right] = \frac{1}{n}\mathsf{E}\left[\sum_{i=1}^{n}\left(X_i^2 - 2X_i\hat{\Theta}_1 + \hat{\Theta}_1^2\right)\right] = \\
&\frac{1}{n}\mathsf{E}\left(\sum_{i=1}^{n}X_i^2 - n\hat{\Theta}_1^2\right) = \frac{1}{n}\sum_{i=1}^{n}\left[\mathsf{E}\left(X_i^2\right) - \mathsf{E}\left(\hat{\Theta}_1^2\right)\right] = \\
&\frac{1}{n}\sum_{i=1}^{n}\left(\mathsf{Var}(X_i) + \left[\mathsf{E}(X_i)\right]^2 - \mathsf{Var}\left(\hat{\Theta}_1\right) - \left[\mathsf{E}\left(\hat{\Theta}_1\right)\right]^2\right) = \\
&\frac{1}{n}\sum_{i=1}^{n}\left(\mathsf{Var}(X_i) + \left[\mathsf{E}(X)\right]^2 - \mathsf{Var}\left(\frac{1}{n}\sum_{j=1}^{n}X_j\right) - \left[\mathsf{E}(X)\right]^2\right) = \\
&\frac{1}{n}\sum_{i=1}^{n}\left(\mathsf{Var}(X_i) - \frac{1}{n^2}\sum_{j=1}^{n}\mathsf{Var}(X_j)\right) = \frac{1}{n}\sum_{i=1}^{n}\left(\mathsf{Var}(X) - \frac{1}{n^2}\sum_{j=1}^{n}\mathsf{Var}(X)\right) = \\
&\frac{n-1}{n}\mathsf{Var}(X) = \frac{n-1}{n}\theta_2\,,
\end{aligned}$$

d. h. der Schätzer $\hat{\Theta}_1$ ist für eine Stichprobe stochastisch unabhängiger, identisch verteilter Zufallsgrößen erwartungstreu, während dies für den Schätzer $\hat{\Theta}_2$ nicht gilt. Er ist nur asymptotisch erwartungstreu.

Wenn die Wahrscheinlichkeitsdichtefunktion der betrachteten stetigen Zufallsgröße nicht differenzierbar ist, dann können wir nicht wie im vorhergehenden Beispiel vorgehen. Das Maximum der Likelihood-Funktion muss dann direkt bestimmt werden. Wir zeigen dies an einem Beispiel.

Beispiel 5.8 (Schätzer für die Parameter einer gleichverteilten Größe)
Eine Größe X werde n-mal unter Wiederholbedingungen gemessen. Es sei angenommen, dass die Größe die Wahrscheinlichkeitsdichtefunktion (Rechteckverteilung)

$$g_X(x \mid \theta_1,\theta_2) = \begin{cases} \dfrac{1}{\theta_2 - \theta_1} & \text{falls } \theta_1 \le x \le \theta_2 \\ 0 & \text{sonst} \end{cases} \tag{5.29}$$

besitzt, wobei die beiden Parameter θ_1 und θ_2 unbekannt sind.

Wir betrachten die Stichprobe $\boldsymbol{X} = (X_1, \ldots, X_n)^\mathsf{T}$ vom Umfang n, wobei die Zufallsgrößen X_i ($i = 1, \ldots, n$) alle durch die gleiche Wahrscheinlichkeitsdichtefunktion (5.29) beschrieben werden können.

Wenn wir bei den n Wiederholungsmessungen die Werte $(x_1, \ldots, x_n)$ beobachten, dann erhalten wir nach der Gleichung (5.11) aus der Gleichung (5.29) die Likelihood-Funktion

$$l(x_1, \ldots, x_n \mid \theta_1, \theta_2) = \begin{cases} \dfrac{1}{(\theta_2 - \theta_1)^n} & \text{falls } \theta_1 \leq x_i \leq \theta_2 \text{ für } i = 1, \ldots, n \\ 0 & \text{sonst} \end{cases} .$$

Wir betrachten zunächst die Bedingung $\theta_1 \leq x_i \leq \theta_2$ ($i = 1, \ldots, n$). Sie besagt, dass *alle* Messwerte im abgeschlossenen Intervall $[\theta_1, \theta_2]$ liegen müssen. Das ist sicherlich der Fall, wenn

$$\theta_1 \leq \min(x_1, \ldots, x_n) \qquad \text{und} \qquad \max(x_1, \ldots, x_n) \leq \theta_2 \tag{5.30}$$

ist, d. h. wenn der kleinste Messwert nicht kleiner als θ_1 und der größte Messwert nicht größer als θ_2 ist.

Nach dieser Vorbetrachtung können wir nun die Bedingung für ein Maximum der Likelihood-Funktion formulieren. Das Maximum tritt nämlich genau dann auf, wenn die Differenz $(\theta_2 - \theta_1)$ ein Minimum annimmt. Dies ist aber der Fall, wenn in den Bedingungen (5.30) das Gleichheitszeichen gilt.

Es zeigt sich demnach, dass die Stichprobenfunktionen

$$\hat{\Theta}_1 = X_{\mathrm{min}} \qquad \text{und} \qquad \hat{\Theta}_2 = X_{\mathrm{max}}$$

Maximum-Likelihood-Schätzer für die Parameter θ_1 und θ_2 der Wahrscheinlichkeitsdichtefunktion (5.29) sind. Die Schätzer für die Parameter der Rechteckverteilung sind also ein typischer Anwendungsfall für eine Ordnungsstatistik.

Für die Erwartungswerte der Schätzer $\hat{\Theta}_1$ und $\hat{\Theta}_2$ ergibt sich aus der Wahrscheinlichkeitstheorie[65]

$$\mathsf{E}(\hat{\Theta}_1) = \mathsf{E}(X_{\mathrm{min}}) = \frac{n\theta_1 + \theta_2}{n + 1}$$

und

$$\mathsf{E}(\hat{\Theta}_2) = \mathsf{E}(X_{\mathrm{max}}) = \frac{n\theta_2 + \theta_1}{n + 1} ,$$

d. h. die Schätzer $\hat{\Theta}_1$ und $\hat{\Theta}_2$ sind lediglich asymptotisch erwartungstreu.

Wir können außerdem noch feststellen, dass

$$\mathsf{E}\left(\frac{X_{\mathrm{min}} + X_{\mathrm{max}}}{2}\right) = \frac{\mathsf{E}(X_{\mathrm{min}}) + \mathsf{E}(X_{\mathrm{max}})}{2} = \frac{\theta_1 + \theta_2}{2} = \mathsf{E}(X)$$

[65] Auf die Wiedergabe der zwar einfachen, aber umfangreichen Ableitung dieser Gleichungen wird hier aus Platzgründen verzichtet.

und

$$\mathsf{E}\left(\frac{n+1}{n-1}\frac{V}{2\sqrt{3}}\right) = \frac{n+1}{n-1}\frac{\mathsf{E}(X_{\max}) - \mathsf{E}(X_{\min})}{2\sqrt{3}} = \frac{\theta_2 - \theta_1}{2\sqrt{3}} = \sqrt{\mathsf{Var}(X)}$$

ist. Es zeigt sich, dass der Mittelwert aus dem Stichprobenminimum $X_{\min}$ und dem Stichprobenmaximum $X_{\max}$ ein erwartungstreuer Schätzer für den Erwartungswert $\mathsf{E}(X)$ der Grundgesamtheit ist, obwohl die Schätzer $\hat{\Theta}_1$ und $\hat{\Theta}_2$ selbst nicht erwartungstreu sind. Außerdem kann die Standardabweichung $\sqrt{\mathsf{Var}(X)}$ der Grundgesamtheit aus der Variationsbreite der Stichprobe (Spanne) V auf einfache Weise geschätzt werden. Dieser Schätzer ist prinzipiell auch noch für $n = 2$ gültig und führt dann zu der Faustregel $(V/2)\sqrt{3}$ für die maximal mögliche Standardabweichung.

Damit verlassen wir die Behandlung der Maximum-Likelihood-Methode und wenden uns einer anderen wichtigen Methode zu.

5.6 Methode der kleinsten Quadrate

Die Methode der kleinsten Quadrate wurde vor mehr als 200 Jahren unabhängig voneinander von A. M. Legendre [Leg05] und C. F. Gauss [Gau09] entwickelt und ist damit die älteste statistische Schätzmethode überhaupt. Um diese Methode zu verstehen, folgen wir den Überlegungen von C. F. Gauss [Gau21], die heute noch uneingeschränkte Gültigkeit haben.

Angenommen, wir messen eine Größe X, deren Wert wir mit θ bezeichnen wollen. Wir erhalten einen Messwert x, aber aus der Erfahrung wissen wir, dass dieser Wert in der Regel nicht mit dem Wert θ übereinstimmen wird, d. h. es wird sich eine Abweichung $d = x - \theta$ ergeben. Diese Abweichung kann sowohl positiv, als auch negativ sein. Wenn wir nicht nur einmal, sondern mehrmals messen, dann gilt diese Überlegung für jede dieser Messungen.

Wir führen mehrere Messungen unter Wiederholbedingungen durch, sodass wir davon ausgehen dürfen, dass die Messwerte x_i $(i = 1, \ldots, n)$ alle die gleiche Genauigkeit haben. Für diese Messwerte ergeben sich die Abweichungen

$$d_i = x_i - \theta\,, \qquad i = 1, \ldots, n\,.$$

Wenn alle diese Abweichungen aufsummiert und durch die Anzahl der Messwerte dividiert werden, dann erhalten wir die mittlere Abweichung

$$\overline{d} = \frac{1}{n}\sum_{i=1}^{n} x_i - \theta = \overline{x} - \theta\,.$$

Diese mittlere Abweichung wird im Allgemeinen von null verschieden sein. Wir können sie aber jederzeit zu null machen, wenn wir die Messwerte um einen entsprechenden Wert korrigieren. Daraus folgt, dass die mittlere Abweichung als Maß für die Streuung ungeeignet ist. Daher hat C. F. Gauss vorgeschlagen, die mittlere quadratische Abweichung als Maß für die Streuung zu verwenden. Diese ist proportional zur Summe der quadratischen Abweichungen. Wir betrachten also den Ausdruck

$$q^2 = \sum_{i=1}^{n} (x_i - \theta)^2 .$$

Diesen können wir durch eine einfache Rechnung auf die Form

$$q^2 = (n-1)s^2 + n(\overline{x} - \theta)^2$$

bringen, mit den Abkürzungen

$$\overline{x} = \frac{1}{n} \sum_{i=1}^{n} x_i$$

und

$$s^2 = \frac{1}{n-1} \sum_{i=1}^{n} (x_i - \overline{x})^2 .$$

Wir sehen, dass die Summe der Abweichungsquadrate q^2 aus zwei positiven Anteilen besteht. Daher nimmt sie einen kleineren Wert an, wenn der zweite Term zu null wird. Das erreichen wir, indem wir

$$\hat{\theta} = \frac{1}{n} \sum_{i=1}^{n} x_i \tag{5.31}$$

für den Parameter θ wählen, sodass wir als Minimum

$$q^2_{\min} = (n-1)s^2$$

erhalten. Der Wert $\hat{\theta}$ ist dann der beste Schätzwert für den Wert θ der Größe X nach der Methode der kleinsten Quadrate, vorausgesetzt, dass die Messwerte keine systematische Messabweichung enthalten, die noch in diesem Schätzwert enthalten ist, wie wir uns leicht klarmachen können.

Lassen wir die Voraussetzung fallen, dass alle Messwerte gleich genau sein müssen, dann können wir dies dadurch berücksichtigen, dass wir vor dem Addieren jede quadrierte Abweichung mit einem Gewichtsfaktor multiplizieren, der ein Maß für die Genauigkeit der entsprechenden Messung darstellt. Üblicherweise wird als Gewichtsfaktor der Kehrwert der Varianz gewählt, die dann für jeden der Messwerte bekannt sein muss. Wir erhalten dadurch den Ausdruck[66]

$$\chi^2 = \sum_{i=1}^{n} \frac{(x_i - \theta)^2}{\sigma_i^2}$$

für die Summe der gewichteten Abweichungsquadrate, wobei σ_i^2 die Varianz des i-ten Messwerts x_i bezeichnet. Diesen Ausdruck können wir auf die Form

$$\chi^2 = (n-1)\frac{s^2}{\sigma^2} + n\frac{(\overline{x} - \theta)^2}{\sigma^2}$$

bringen, mit den Abkürzungen

$$\overline{x} = \frac{1}{n} \sum_{i=1}^{n} \left(\frac{\sigma}{\sigma_i}\right)^2 x_i \,,$$

$$s^2 = \frac{1}{n-1} \sum_{i=1}^{n} \left(\frac{\sigma}{\sigma_i}\right)^2 (x_i - \overline{x})^2$$

und

$$\sigma^2 = \left(\frac{1}{n} \sum_{i=1}^{n} \frac{1}{\sigma_i^2}\right)^{-1} .$$

Es ergibt sich also, dass auch χ^2 aus zwei positiven Anteilen besteht. Daher können wir diesen Ausdruck zu einem Minimum machen, wenn wir

$$\hat{\theta} = \frac{1}{n} \sum_{i=1}^{n} \left(\frac{\sigma}{\sigma_i}\right)^2 x_i$$

für den Parameter θ wählen, sodass sich das Minimum

$$\chi^2_{\min} = (n-1)\frac{s^2}{\sigma^2}$$

[66] Die Bezeichnung χ^2 ist für Summen von mit dem Kehrwert der Varianz gewichteten Abweichungsquadraten üblich. Die Größe χ^2 hat die Dimension Zahl.

ergibt. Wenn alle Messwerte die gleiche Genauigkeit haben, dann ist $\sigma_i = \sigma$, und wir erhalten wieder das vorhergehende Ergebnis.

Wir sehen, dass die Methode der kleinsten Quadrate auch dann noch angewendet werden kann, wenn die Voraussetzung der gleichen Genauigkeit der Messdaten nicht mehr eingehalten wird. Wir können auf die Begründung dafür hier nicht weiter eingehen und verweisen den Leser auf die Spezialliteratur zur Ausgleichsrechnung[67]. Für den Rest dieses Abschnitts machen wir wieder die Annahme, dass der Stichprobenvektor aus stochastisch unabhängigen, identisch verteilten Komponenten besteht.

Unsere Überlegungen haben gezeigt, dass die Methode der kleinsten Quadrate im Prinzip darin besteht, die Modellgleichung für die Messwerte aufzustellen, die sich daraus ergebenden quadratischen Abweichungen (gegebenenfalls dividiert durch die ihnen zugeordnete Varianz) aufzusummieren und den so erhaltenen Ausdruck durch die Festlegung der in ihm vorkommenden Parameter zu einem Minimum zu machen. Die auf diese Weise bestimmten Werte sind dann die besten Schätzwerte für die unbekannten Parameterwerte.

Wenn wir in einer nach der Methode der kleinsten Quadrate erhaltenen Bestimmungsgleichung für einen Schätzwert des Parameters θ die Messwerte x_i durch die Zufallsgrößen X_i und den Schätzwert $\hat{\theta}$ durch $\hat{\Theta}$ ersetzen, dann erhalten wir den entsprechenden Kleinste-Quadrate-Schätzer (kurz LS-Schätzer[68]). Aus der Gleichung (5.31) wird somit die Gleichung

$$\hat{\Theta} = \frac{1}{n} \sum_{i=1}^{n} X_i$$

für den LS-Schätzer der Messgröße X, falls alle Komponenten des Stichprobenvektors $\boldsymbol{X} = (X_1, \ldots, X_n)$ identisch verteilt sind, d. h. wenn die Messwerte x_i $(i = 1, \ldots, n)$, die ja eine Realisierung des Stichprobenvektors darstellen, alle die gleiche Genauigkeit haben. Von diesem Schätzer wissen wir bereits, dass er erwartungstreu ist, d. h. es gilt $\mathsf{E}(\hat{\Theta}) = \theta$.

Um die Anwendung der Methode der kleinsten Quadrate zu demonstrieren, betrachten wir ein einfaches Beispiel, das in der mathematischen Statistik lineare Regression erster Art[69] der Zufallsgröße Y bezüglich X genannt wird.

---

[67]Das ausgezeichnete Buch von F. R. Helmert [Hel72] ist hier ein Klassiker. Das umfangreiche Werk ist immer noch als Nachdruck bei verschiedenen Verlagen erhältlich.

[68]LS steht für least squares, den englischen Ausdruck für *kleinste Quadrate*

[69]Die lineare Regression erster Art ist *nicht* identisch mit der Berechnung einer Ausgleichsgerade, weil die unabhängige Größe dabei nicht als Zufallsgröße angesehen wird. Für eine Ausgleichsgerade

Die lineare Regression gehört zu den bekanntesten und am intensivsten untersuchten Methoden der Statistik. Wir werden daher in unserem Beispiel mehr die wahrscheinlichkeitstheoretischen Aspekte und die stochastische Modellbildung in den Vordergrund stellen.

Beispiel 5.9 (lineare Regression)
Es liegen die Messwerte y_i ($i = 1, \dots, n$) vor, und wir wissen oder vermuten aufgrund der experimentellen Bedingungen, dass ein linearer Zusammenhang

$$Y = \theta_1 + \theta_2 X$$

zwischen der Messgröße Y und einer während der Messung variierten Kontrollgröße X vorliegt. Die Werte der beiden Parameter θ_1 und θ_2 sind unbekannt und sollen aus den Messwerten nach der Methode der kleinsten Quadrate bestimmt werden.

Wir sehen die Messwerte y_i ($i = 1, \dots, n$) als eine Realisierung des Stichprobenvektors $\boldsymbol{Y} = (Y_1, \dots, Y_n)^\mathsf{T}$ an und verwenden für die Komponenten dieses Stichprobenvektors das stochastische Modell

$$Y_i = \theta_1 + \theta_2 X_i + D_i\,, \qquad i = 1, \dots, n\,,$$

wobei die Zufallsgrößen D_i ($i = 1, \dots, n$) die unbekannten Abweichungen von dem vorausgesetzten linearen Zusammenhang beschreiben. Die Größen X_i sehen wir — wie bei der Regression üblich — nicht als Zufallsgrößen an. Die Parameter θ_1 und θ_2 sind in diesem Modell Konstanten.

Wir betrachten zunächst den Schätzer für die mittlere Abweichung

$$\overline{D} = \overline{Y} - \theta_1 - \theta_2 \overline{X}$$

mit den Abkürzungen

$$\overline{X} = \frac{1}{n} \sum_{i=1}^{n} X_i$$

und

$$\overline{Y} = \frac{1}{n} \sum_{i=1}^{n} Y_i\,.$$

Wenn wir den Erwartungswert dieses Schätzers bilden und nach $\mathsf{E}\left(\overline{Y}\right)$ auflösen, erhalten wir unter den gemachten Voraussetzungen die Geradengleichung

$$\mathsf{E}(\overline{Y}) = \mathsf{E}(\overline{D}) + \theta_1 + \theta_2 \overline{X}\,.$$

müssen aber sowohl die abhängige, als auch die unabhängige Größe als zufällig betrachtet werden. In der Statistik spricht man dann von einer linearen Regression zweiter Art. Einen geeigneten Algorithmus für eine Ausgleichsgerade findet der Leser z. B. in [KA07; KA11].

Wir sehen, dass der Achsenabschnitt dieser Gerade nicht allein durch den Parameter θ_1 bestimmt wird, sondern zusätzlich durch die mittlere zu erwartende Abweichung $\mathsf{E}(\overline{D})$. Diesen Erwartungswert können wir demnach als systematische Abweichung der Stichprobe interpretieren, sodass $\mathsf{E}(\overline{D}) = 0$ bedeutet, dass die Messwerte keine systematische Messabweichung enthalten. Ob dies der Fall ist, können wir den Messwerten selbst nicht entnehmen, sodass wir im Allgemeinen davon ausgehen müssen, dass der noch zu bestimmende Schätzwert $\hat{\theta}_1$ eine systematische Abweichung enthalten kann. Wir benötigen zusätzliche Information, um zu entscheiden, ob dies der Fall ist oder nicht. Der Achsenabschnitt bei der linearen Regression ist demnach stets mit der Möglichkeit einer latenten systematischen Abweichung belastet. Andererseits haben wir dadurch aber auch die Möglichkeit, eine vielleicht vorhandene systematische Abweichung zu ermitteln, wenn wir bereits wissen, dass der Achsenabschnitt der Regressionsgerade einen bestimmten Wert (z. B. null) annehmen muss.

Wir betrachten nun den Schätzer für die Summe der Abweichungsquadrate

$$Q^2 = \sum_{i=1}^{n} (Y_i - \theta_1 - \theta_2 X_i)^2 \ .$$

Durch eine einfache Rechnung können wir diesen Ausdruck umformen zu

$$Q^2 = (n-1)S_{YY}\left(1 - R_{XY}^2\right) + (n-1)S_{XX}\left(\frac{S_{XY}}{S_{XX}} - \theta_2\right)^2 + n(\overline{Y} - \theta_2\overline{X} - \theta_1)^2 \,,$$

mit den zusätzlichen Abkürzungen

$$S_{XX} = \frac{1}{n-1}\sum_{i=1}^{n}(X_i - \overline{X})^2 \,,$$

$$S_{YY} = \frac{1}{n-1}\sum_{i=1}^{n}(Y_i - \overline{Y})^2 \,,$$

$$S_{XY} = \frac{1}{n-1}\sum_{i=1}^{n}(X_i - \overline{X})(Y_i - \overline{Y})$$

und

$$R_{xy} = \frac{S_{XY}}{\sqrt{S_{XX}S_{YY}}} \ .$$

Es zeigt sich also, dass Q^2 aus drei Termen besteht, die alle positiv sind. Wir können daher ein Minimum erhalten, wenn wir die beiden letzten Terme zu null machen, indem wir die Schätzer

$$\hat{\Theta}_2 = \frac{S_{XY}}{S_{XX}}$$

und

$$\hat{\Theta}_1 = \overline{Y} - \hat{\Theta}_2\overline{X}$$

für die Parameterwerte wählen. Dadurch ergibt sich für den Schätzer der kleinsten quadratischen Abweichung der Ausdruck

$$Q^2_{\min} = (n-1)S_{YY}\left(1 - R^2_{XY}\right) .$$

Dabei erlaubt der Schätzwert $\hat{r}^2_{xy}$ von R^2_{XY} eine Aussage darüber, wie gut die Voraussetzung, dass ein linearer Zusammenhang vorliegt, mit den Daten übereinstimmt. Dieser von den meisten Statistik-Programmen ausgegebene Wert des sogenannten Bestimmtheitsmaßes ist ein Maß für die Güte des Modells. Für $\hat{r}^2_{xy} = 0$ liegt kein linearer Zusammenhang vor, und für $\hat{r}^2_{xy} = 1$ liegen alle Messpunkte auf einer Gerade.

Für die weitere Rechnung nehmen wir an, dass die Zufallsgrößen D_i $(i = 1, \ldots, n)$ stochastisch unabhängig und identisch verteilt sind. Daraus ergibt sich $\mathsf{E}(D_i) = \mathsf{E}(D)$, $\mathsf{Var}(D_i) = \mathsf{Var}(D)$ und $\mathsf{Cov}(D_i, D_j) = 0$ $(i = 1, \ldots, n)$. Unter diesen Voraussetzungen berechnen wir nun die Erwartungswerte der Schätzer $\hat{\Theta}_1$ und $\hat{\Theta}_2$. Eine kurze Rechnung ergibt unter Verwendung der Gleichung (5.3)

$$\mathsf{E}\left(\hat{\Theta}_2\right) = \theta_2$$

und

$$\mathsf{E}\left(\hat{\Theta}_1\right) = \theta_1 + \mathsf{E}(D) .$$

Es zeigt sich also, dass der Schätzer $\hat{\Theta}_2$ unter den gemachten Voraussetzungen erwartungstreu ist, während dies für den Schätzer $\hat{\Theta}_1$ nur gilt, wenn $\mathsf{E}(D) = 0$ ist, d. h. wenn keine systematische Messabweichung vorhanden ist.

Wir berechnen noch die Varianzen und die Kovarianz der Schätzer. Nach kurzer Rechnung ergibt sich unter Verwendung der Gleichung (5.4)

$$\mathsf{Var}\left(\hat{\Theta}_2\right) = \frac{\mathsf{Var}(D)}{(n-1)S_{XX}} ,$$

$$\mathsf{Var}\left(\hat{\Theta}_1\right) = \frac{\mathsf{Var}(D)}{(n-1)S_{XX}}\left(\frac{n-1}{n}S_{XX} + \overline{X}^2\right)$$

und

$$\mathsf{Cov}\left(\hat{\Theta}_1, \hat{\Theta}_2\right) = -\frac{\mathsf{Var}(D)}{(n-1)S_{XX}}\,\overline{X} .$$

Alle drei Werte hängen von der noch nicht bekannten Varianz $\mathsf{Var}(D)$ ab, die ein Maß für die zufällige Abweichung der Messpunkte von der Regressionsgerade ist. Um diese zu erhalten, bilden wir den Erwartungswert von $Q^2_{\min}$. Dafür ergibt sich

$$\mathsf{E}\left(Q^2_{\min}\right) = (n-2)\mathsf{Var}(D) .$$

Wir sehen, dass das Minimum der Summe der Abweichungsquadrate proportional zur Varianz der Messdaten ist.

Die in der letzten Gleichung des Beispiels auftretende Proportionalitätskonstante $(n-2)$ ist gleich der Anzahl der Freiheitsgrade. Die allgemeine Definition dieses Begriffs ist:

Definition 5.17 (Anzahl der Freiheitsgrade)

Die Anzahl der Freiheitsgrade ist gleich der Anzahl der Messwerte vermindert um die Anzahl der zu bestimmenden Parameter.

Die in dem Beispiel gezeigte Vorgehensweise lässt sich verallgemeinern, sodass die Methode der kleinsten Quadrate auch auf nichtlineare Probleme angewendet werden kann. Es ist bereits darauf hingewiesen worden, dass sich auch Messdaten ungleicher Genauigkeit berücksichtigen lassen, indem z. B. die Kehrwerte der Varianzen der jeweiligen Größen als Gewichte verwendet werden. Nebenbedingungen oder bekannte Korrelationen der Messgrößen lassen sich ebenfalls mit einbeziehen und auch die bei der Regression üblicherweise verwendete Voraussetzung, dass die Kontrollgrößen nicht als Zufallsgrößen gelten sollen, kann fallengelassen werden. Entscheidend ist lediglich, ob es gelingt, einen funktionalen Zusammenhang zu finden, der die Abweichungen zwischen dem Modell und den Messdaten möglichst gut beschreibt. Allerdings sollten dabei wahrscheinlichkeitstheoretische Aspekte nicht vergessen werden, um die Qualität der Ergebnisse beurteilen zu können. Wir haben in dem Beispiel gesehen, wie dabei im Prinzip zu verfahren ist.

Noch eine Anmerkung zum Schluss dieses Abschnitts: Die Auffassung mancher Autoren, die Methode der kleinsten Quadrate sei nur ein Spezialfall der Maximum-Likelihood-Methode für die Normalverteilung, ist nicht korrekt. Wir haben gesehen, dass bei der Ableitung der Methode der kleinsten Quadrate von der den Daten zugrunde liegenden Wahrscheinlichkeitsverteilung überhaupt kein Gebrauch gemacht wurde.

Dass zwei Methoden unter bestimmten Voraussetzungen zum gleichen Ergebnis führen, rechtfertigt noch nicht den Schluss, dass die eine ein Spezialfall der anderen ist. Die Methode der kleinsten Quadrate lässt sich wahrscheinlichkeitstheoretisch rechtfertigen, ohne dass es einer Likelihood-Funktion bedarf. Es lässt sich sogar beweisen, dass diese Methode für lineare Probleme die Schätzer mit der kleinsten Varianz liefert, ohne dass über die Form der Wahrscheinlichkeitsverteilungsfunktion eine Annahme gemacht werden muss. Der Beweis für diese Eigenschaft der Methode der kleinsten Quadrate wurde bereits von C. F. Gauss [Gau21] erbracht und von A. A. Markoff [Mar12] erneut gefunden. Er ist heute als Gauss-Markov-Theorem bekannt.

5.7 Bayes-Methode

Die Bayes-Statistik lässt sich auf Arbeiten von T. Bayes [Bay63] und P. S. Laplace [Lap74] zurückführen und ist damit älter als die sogenannte klassische Statistik, die wesentlich durch R. A. Fisher geprägt wurde. Beide statistische Methoden haben viele Gemeinsamkeiten, aber zwischen der Bayes-Methode und den anderen bisher behandelten Schätzmethoden gibt es einen wesentlichen Unterschied. Um diesen zu verstehen, gehen wir noch einmal zu den Überlegungen zurück, die uns zur Maximum-Likelihood-Methode geführt haben.

Wir sind bei der Likelihood-Methode davon ausgegangen, dass die beobachteten Messwerte $x_1, \ldots, x_n$ eine Realisierung der Stichprobe $\boldsymbol{X} = (X_1, \ldots, X_n)^\mathsf{T}$ aus einer Grundgesamtheit darstellen, wobei zusätzlich angenommen wurde, dass die stetigen Zufallsgrößen X_i $(i = 1, \ldots, n)$ stochastisch unabhängig und identisch verteilt sind. Die der Grundgesamtheit zugrunde liegende Familie der Wahrscheinlichkeitsdichtefunktionen $g_X(x \mid \boldsymbol{\theta})$ hatten wir als bekannt vorausgesetzt und festgestellt, dass die Wahrscheinlichkeit, bestimmte Messwerte zu erhalten, von den Parametern $\boldsymbol{\theta} = (\theta_1, \ldots, \theta_m)^\mathsf{T}$ der Grundgesamtheit abhängt. Unter diesen Voraussetzungen ist die Wahrscheinlichkeit für das Auftreten der beobachteten Messwerte $x_1, \ldots, x_n$ durch

$$\mathsf{P}(x_1 \le X_1 \le x_1 + \mathrm{d}x, \ldots, x_n \le X_n \le x_n + \mathrm{d}x) = l(\boldsymbol{\theta} \mid \boldsymbol{x})(\mathrm{d}x)^n$$

mit der Likelihood-Funktion

$$l(\boldsymbol{\theta} \mid \boldsymbol{x}) = \prod_{i=1}^{n} g_{X_i}(x_i \mid \boldsymbol{\theta})$$

gegeben, die als Funktion der unbekannten Parameter $\boldsymbol{\theta}$ für die gegebenen Beobachtungen $\boldsymbol{x}$ interpretiert wird. Das Argument für die Anwendung der Maximum-Likelihood-Methode war nun, dass die Parameter am wahrscheinlichsten sind, die zu einem Maximum der Likelihood-Funktion führen. Tatsächlich ist dies aber nicht notwendigerweise der Fall, denn die Likelihood-Funktion allein erlaubt keinerlei Wahrscheinlichkeitsaussagen. Die Anwendung der Maximum-Likelihood-Methode würde z. B. in der medizinischen Diagnostik einer Interpretation der Untersuchungsergebnisse ohne die Berücksichtigung der Prävalenz entsprechen und damit möglicherweise zu vollkommen falschen Schlussfolgerungen und den entsprechenden Konsequenzen führen (siehe dazu das Beispiel 4.27).

Um uns bei der Auswertung von Messdaten vor falschen Schlussfolgerungen zu schützen, müssen wir — ähnlich wie der Mediziner die Prävalenz einer

Erkrankung — die Wahrscheinlichkeit für das Auftreten bestimmter Parameterwerte mit in Betracht ziehen. In offensichtlichen Fällen lässt sich ein unsinniges Messergebnis erkennen, wie z. B. wenn in der Elementarteilchenphysik, bei der ja nur sehr kleine Massewerte vorkommen, das Ergebnis der Auswertung ein negativer Massewert ist. Besser ist es aber, die Vorkenntnisse über die möglichen Parameterwerte bereits in die Auswertung der Messdaten mit einzubeziehen. Genau dies wird bei der BAYES-Methode getan.

Alle Parameter $\boldsymbol{\theta}$ sind bei der Maximum-Likelihood-Methode grundsätzlich *feste Größen*, die aber unbekannt sind. Im Gegensatz dazu werden bei der BAYES-Methode die Parameter als *Zufallsgrößen* angesehen. Auf diese Weise ist es möglich, ihnen eine Wahrscheinlichkeitsdichtefunktion $g_{\Theta}(\boldsymbol{\theta})$ zuzuordnen — die sogenannte Priori[70] — durch welche die Wahrscheinlichkeit für das Auftreten der Parameter $\boldsymbol{\theta}$ beschrieben wird. Die Priori hängt ausschließlich von den Parametern ab und nicht von den Messdaten. Sie beschreibt unser *a priori* Wissen (d. h. *bevor* wir Kenntnis von den Messdaten haben) über die Parameter.

Wenn wir im Zusammenhang mit der BAYES-Methode von *a priori* Wissen sprechen, dann ist damit keine zeitliche Abfolge in dem Sinne verbunden, dass es sich um Kenntnisse handeln muss, die bereits vor Beginn der Messung vorliegen müssen. Auch Kenntnisse, die wir nach der Messung oder zu einem sehr viel späteren Zeitpunkt auf irgendeine Weise erhalten, können zum *a priori* Wissen zählen, vorausgesetzt, sie stehen nicht in unmittelbarem Zusammenhang mit der gerade durchgeführten Messung. Typische Beispiele für ein *a priori* Wissen sind wissenschaftliches Grundlagenwissen, wie z. B. physikalische Theorien, publizierte Ergebnisse in Fachzeitschriften oder Tabellenbüchern, Daten aus Kalibrierscheinen, aber auch Hypothesen, die überprüft bzw. widerlegt werden sollen, sowie das sogenannte Expertenwissen des Messtechnikers.

Wenn wir die Priori mit der Likelihood[71] multiplizieren und dieses Produkt anschließend normieren, dann ergibt sich eine Wahrscheinlichkeitsdichtefunktion, die kurz Posteriori[72] genannt wird. Wir erhalten somit den Zusammenhang (BAYES-LAPLACE-Theorem)

$$g_{\Theta}(\boldsymbol{\theta} \mid \boldsymbol{x}) = C\, l(\boldsymbol{\theta} \mid \boldsymbol{x})\, g_{\Theta}(\boldsymbol{\theta}),$$

wobei C die Normierungskonstante bezeichnet. Die Posteriori beschreibt unser *a posteriori* Wissen (d. h. *nachdem* wir Kenntnis von den Messdaten haben) über die

[70]eigentlich Priori-Wahrscheinlichkeitsdichtefunktion, (engl. *prior probability density function)*
[71]In der BAYES-Statistik wird die Likelihood-Funktion üblicherweise kurz Likelihood genannt.
[72]eigentlich Posteriori-Wahrscheinlichkeitsdichtefunktion, (engl. *posterior probability density function)*

Parameter. Durch die Likelihood wird die durch die Messung zusätzlich zum *a priori* Wissen gewonnene Information erfasst.

Es soll an dieser Stelle nicht unerwähnt bleiben, dass die Vorgehensweise der Bayes-Statistik in der klassischen Statistik als unzulässig angesehen wird. Die vorgebrachten Einwände sind aber mehr philosophischer Art und für die praktische Anwendung der Bayes-Methode unwichtig.

Mithilfe der aus dem Bayes-Laplace-Theorem gewonnenen Posteriori sind wir nun in der Lage zu definieren, was ein Bayes-Schätzer[73] ist:

Definition 5.18 (Bayes-Schätzer)
Der mit der Posteriori $g_{\boldsymbol{\Theta}}(\boldsymbol{\theta} \mid \boldsymbol{x})$ gebildete bedingte Erwartungswert

$$\hat{\boldsymbol{\Theta}} = \mathsf{E}(\boldsymbol{\Theta} \mid \boldsymbol{X}) = \int_{-\infty}^{+\infty} \boldsymbol{\theta}\, g_{\boldsymbol{\Theta}}(\boldsymbol{\theta} \mid \boldsymbol{x})\, \mathrm{d}\boldsymbol{\theta}$$

ist ein Bayes-Schätzer der Zufallsgröße $\boldsymbol{\Theta}$ (Parameter) zur Stichprobe $\boldsymbol{X}$, vorausgesetzt, dass das Integral absolut konvergent ist.

Wir sehen an dieser Definition sehr gut den Unterschied zu den Schätzmethoden der konventionellen Statistik. Da der Bayes-Schätzer ein Erwartungswert bezüglich der Posteriori ist, welche die *gesamte* vorhandene Information repräsentiert, werden auch die vor der Durchführung der Messung bereits vorliegenden Kenntnisse bei der Parameterschätzung berücksichtigt.

Um das Verhalten des Bayes-Schätzers in Abhängigkeit vom Stichprobenumfang einschätzen zu können (insbesondere, wenn wir an einem Vergleich mit anderen Schätzmethoden interessiert sind), benötigen wir seinen Erwartungswert. Dieser ist folgendermaßen definiert:

Definition 5.19 (Erwartungswert des Bayes-Schätzers)
Der mit der Wahrscheinlichkeitsdichtefunktion $g_{\boldsymbol{X}}(\boldsymbol{X})$ des Stichprobenvektors $\boldsymbol{X}$ gebildete Ausdruck

$$\mathsf{E}(\hat{\boldsymbol{\Theta}}) = \int_{-\infty}^{+\infty} \hat{\boldsymbol{\Theta}} g_{\boldsymbol{X}}(\boldsymbol{X})\, \mathrm{d}\boldsymbol{x}$$

ist der Erwartungswert eines Bayes-Schätzers der Zufallsgröße $\boldsymbol{\Theta}$ (Parameter) zum Stichprobenvektor $\boldsymbol{X}$, vorausgesetzt, dass das Integral absolut konvergent ist.

[73] Es sei darauf hingewiesen, dass die hier gegebene Definition eines Bayes-Schätzers nur *eine* Möglichkeit darstellt, denn es gibt auch noch andere Bayes-Schätzer, wie z. B. den Posteriori-Modus oder den Posteriori-Median. Die hier gegebene Definition ist aber am weitesten verbreitet.

Das Problem, die „richtige“ Likelihood zu wählen, hat die BAYES-Statistik mit der konventionellen (orthodoxen) Statistik gemeinsam. Sie ist Teil einer möglichst guten stochastischen Modellierung des Experiments, aus dem die auszuwertenden Daten gewonnen werden. Zusätzlich wird aber in der BAYES-Statistik noch die Priori als weiterer Teil des stochastischen Modells benötigt. Dies wird in der Regel als problematischer angesehen, denn während sich die Annahmen über die Likelihood (zumindest im Prinzip) experimentell überprüfen lassen, gilt dies für die Priori nur sehr eingeschränkt. Wir gehen hier auf die damit zusammenhängenden Diskussionen nicht ein, sondern beschränken uns darauf, die wichtigsten Methoden zur mathematischen Modellierung der Priori kurz anzusprechen.

Wenn wir die zu messende Größe und das verwendete Messgerät gut kennen, können wir häufig die Priori aufgrund unserer Erfahrung formulieren. Wenn es sich insbesondere um Experimente handelt, die bereits häufiger durchgeführt worden sind, können wir die früher verwendete Priori wieder benutzen.

Besitzen wir vor der Messung gar keine oder nur sehr unzureichende Kenntnisse, dann lässt sich die von H. JEFFREYS [Jef39; Jef46] vorgeschlagene nichtinformative Priori verwenden, welche die totale Unkenntnis modelliert. Diese Priori ist für jeden Parameter proportional zur positiven Quadratwurzel aus dem Betrag des entsprechenden Diagonalelements der erwarteten FISHER-Informationsmatrix (auch nur kurz FISHER-Information genannt). Dabei werden multiplikative Anteile, die nicht von dem jeweils betrachteten Parameter abhängen, gleich eins gesetzt. Bei dieser Vorgehensweise wird auch gleichzeitig eine implizite *a priori* Annahme über die stochastische Unabhängigkeit der Parameter gemacht.

Die durch die Priori von H. JEFFREYS repräsentierte Information ist invariant gegenüber einer Umparametrisierung und kann als eine Verallgemeinerung des von P. S. LAPLACE bereits verwendeten Indifferenzprinzips angesehen werden. Von einigen Autoren wird es allerdings als problematisch angesehen, dass die nicht informativen Priori häufig nicht die Normierungsbedingung für eine Wahrscheinlichkeitsdichtefunktion erfüllen. Sie werden daher auch uneigentliche Priori genannt. Für die praktische Anwendung ist dies aber unwesentlich, denn die sich damit ergebenden Posteriori sind stets normierbar. Außerdem lässt sich für alle praktisch wichtigen Fälle nachweisen, dass die uneigentlichen Priori nur spezielle Grenzfälle informativer normierbarer Priori darstellen.

Wir geben ein für die Praxis wichtiges Beispiel für die Anwendung einer Priori nach H. JEFFREYS bei der Konstruktion eines gemeinsamen Schätzers der Parameter eine Normalverteilung:

Beispiel 5.10 (Wiederholungsmessungen)
Eine Zufallsgröße X wird n mal unter Wiederholbedingungen gemessen, wobei davon ausgegangen wird, dass keinerlei Vorkenntnisse über die Messgröße vorhanden sind. Wir suchen den Schätzer für den Erwartungswert und die Varianz der Größe X unter der Annahme, dass die Messergebnisse als eine Realisierung einer normalverteilten Stichprobe mit der Wahrscheinlichkeitsdichtefunktion

$$g_X(x \mid \theta_1,\theta_2) = \frac{1}{\theta_2\sqrt{2\pi}} \exp\left(-\frac{(x-\theta_1)^2}{2\theta_2^2}\right) \tag{5.32}$$

angesehen werden können, wobei θ_1 den Mittelwert und θ_2 die Standardabweichung der Wahrscheinlichkeitsverteilung bezeichnen.

Die FISHER-Informationsmatrix für die Normalverteilung haben wir bereits im Beispiel 5.2 berechnet. Daraus ergibt sich, dass das Diagonalelement für den Parameter θ_1 konstant und das für den Parameter θ_2 proportional zu θ_2^{-2} ist. Damit erhalten wir für die Priori nach H. JEFFREYS

$$g_{\Theta_1,\Theta_2}(\theta_1,\theta_2) \propto \frac{1}{\theta_2} .$$

Aus der Wahrscheinlichkeitsdichtefunktion (5.32) ergibt sich die Likelihood

$$l(\theta_1,\theta_2 \mid \boldsymbol{x}) = \theta_2^{-n} \exp\left(-\frac{1}{2\theta_2^2}\sum_{i=1}^{n}(x_i-\theta_1)^2\right) ,$$

wobei wie üblich die nicht von den Parametern abhängige, multiplikative Konstante gleich eins gesetzt wurde.

Aus der Likelihood und der Priori erhalten wir durch Anwendung des BAYES-LAPLACE-Theorems die Posteriori

$$g_{\Theta_1,\Theta_2}(\theta_1,\theta_2 \mid \boldsymbol{x}) = C\theta_2^{-(n+1)} \exp\left(-\frac{1}{2\theta_2^2}\sum_{i=1}^{n}(x_i-\theta_1)^2\right) ,$$

die wir auch in der Form

$$g_{\Theta_1,\Theta_2}(\theta_1,\theta_2 \mid \boldsymbol{x}) = C\theta_2^{-(n+1)} \exp\left(-\frac{(n-1)s^2 + n(\theta_1-\overline{x})^2}{2\theta_2^2}\right)$$

schreiben können, mit den Abkürzungen

$$\overline{x} = \frac{1}{n}\sum_{i=1}^{n} x_i$$

und

$$s^2 = \frac{1}{n-1}\sum_{i=1}^{n}(x_i-\overline{x})^2 ,$$

wobei sich durch Integration der Posteriori über θ_1 und θ_2 für die Normierungskonstante

$$C = \frac{\sqrt{\frac{2n}{\pi}}\left(\frac{(n-1)s^2}{2}\right)^{(n-1)/2}}{\Gamma\left(\frac{n-1}{2}\right)}$$

ergibt. Die Posteriori ist demnach das Produkt einer Normalverteilung bezüglich θ_1 und einer inversen Gamma-Verteilung bezüglich θ_2^2.

Aus der Posteriori erhalten wir durch Marginalisierung die Randverteilungen

$$g_{\Theta_1}(\theta_1 \mid \boldsymbol{x}) = \frac{\Gamma\left(\frac{n}{2}\right)}{\Gamma\left(\frac{n-1}{2}\right)}\sqrt{\frac{n}{\pi(n-1)s^2}}\left(1+\frac{n(\theta_1-\overline{x})^2}{(n-1)s^2}\right)^{-n/2}$$

und

$$g_{\Theta_2}(\theta_2 \mid \boldsymbol{x}) = 2\frac{\left(\frac{(n-1)s^2}{2}\right)^{(n-1)/2}}{\Gamma\left(\frac{n-1}{2}\right)}\theta_2^{-n}\exp\left(-\frac{(n-1)s^2}{2\theta_2^2}\right).$$

Diese Randverteilungen zeigen, dass die Zufallsgrößen

$$T = \frac{\Theta_1 - \overline{X}}{S}\sqrt{n} \qquad \text{und} \qquad Z = \frac{(n-1)S^2}{\Theta_2^2}$$

eine t-Verteilung bzw. eine χ^2-Verteilung mit $(n-1)$ Freiheitsgraden haben.

Mit der Posteriori erhalten wir nach der Definition 5.18 die Schätzer

$$\hat{\boldsymbol{\Theta}}_1 = \overline{X} \qquad \text{und} \qquad \hat{\boldsymbol{\Theta}}_2^2 = \frac{n-1}{n-3}S^2$$

für die Parameter θ_1 und θ_2. Bilden wir von diesen Schätzern nach der Definition 5.19 die Erwartungswerte, dann ergibt sich

$$\mathsf{E}\left(\hat{\boldsymbol{\Theta}}_1\right) = \theta_1 \qquad \text{und} \qquad \mathsf{E}\left(\hat{\boldsymbol{\Theta}}_2^2\right) = \frac{n-1}{n-3}\theta_2^2\,.$$

Wir stellen also fest, dass der Schätzer $\hat{\boldsymbol{\Theta}}_1$ erwartungstreu ist, der Schätzer $\hat{\boldsymbol{\Theta}}_2$ dagegen nur asymptotisch erwartungstreu.

Der in dem Beispiel auftretende Faktor $(n-1)/(n-3)$ ist die sogenannte BAYES-Korrektur. Dieser Faktor vergrößert die Varianz und nähert sich mit zunehmendem Stichprobenumfang immer mehr dem Wert eins.

Eine auf einem informationstheoretischen Ansatz beruhende Methode zur Festlegung der Priori wurde von E. T. JAYNES [Jay57; Jay68] angegeben. Diese Methode wird auch als Prinzip der maximalen Entropie bezeichnet, weil sie empfiehlt, die Priori so zu wählen, dass die 1948 von C. E. SHANNON [Sha48] eingeführte Informationsentropie der vorhandenen Kenntnisse ein Maximum annimmt. Die Informationsentropie nach C. E. SHANNON kann als ein Maß für die in einer gegebenen Wahrscheinlichkeitsverteilung enthaltene zu erwartende Information angesehen werden.

Der Zusammenhang zwischen Information und Wahrscheinlichkeit lässt sich am einfachsten verstehen, wenn wir uns klarmachen, dass ein überraschendes Ereignis — ein Ereignis mit sehr geringer Wahrscheinlichkeit — für uns einen größeren Informationsgehalt hat, als ein sehr wahrscheinliches Ereignis. Journalisten lernen während ihrer Ausbildung, dass das Ereignis „*Hund beißt Mann*“ als Meldung uninteressant ist, während das seltene Ereignis „*Mann beißt Hund*“ einen Bericht wert ist.

Aus Platzgründen können wir hier auf das Prinzip der maximalen Entropie nicht weiter eingehen und verweisen auf die Arbeiten von E. T. JAYNES. Wir wollen aber wenigstens zwei für die Praxis wichtige Beispiele für seine Anwendung erwähnen. Wenn wir z. B. wissen oder vermuten, dass ein Größenwert zwischen zwei Grenzwerten liegt und Werte außerhalb des von ihnen eingeschlossenen Intervalls sehr unwahrscheinlich sind, dann können wir nach dem Prinzip der maximalen Entropie eine Rechteckverteilung mit den uns bekannten (oder geschätzten) Grenzwerten als Priori wählen. Wenn wir andererseits aus irgendeiner Quelle einen Größenwert und seine Unsicherheit erhalten haben (z. B. durch einen Kalibrierschein) und sonst keine weiteren Kenntnisse vorliegen, dann dürfen wir eine Normalverteilung als Priori wählen, mit dem Größenwert als Mittelwert und der Standardunsicherheit als Standardabweichung.

Wir demonstrieren an einem Beispiel die Anwendung des Prinzips der maximalen Entropie für einen Fall, bei dem wir Vorwissen aus einem Kalibrierschein besitzen und demzufolge eine Normalverteilung als Priori ansetzen dürfen.

Beispiel 5.11 (Kalibrierung eines Messgeräts)

Wir kalibrieren ein Längenmessgerät unter Verwendung einer Maßverkörperung (z. B. ein Endmaß). Die Länge dieser Maßverkörperung sehen wir als Zufallsgröße an und bezeichnen sie mit X. Diese Messgröße wird n mal unter Wiederholbedingungen gemessen. Wir machen die Annahme, dass die Messergebnisse als eine Realisierung einer normalverteilten Stichprobe mit der Wahrscheinlichkeitsdichtefunktion

$$g_X(x \mid \theta,\sigma) = \frac{1}{\sigma\sqrt{2\pi}} \exp\left(-\frac{(x-\theta)^2}{2\sigma^2}\right)$$

angesehen werden können, wobei θ den Mittelwert und σ die Standardabweichung bezeichnet. Aus dieser Wahrscheinlichkeitsdichtefunktion ergibt sich die Likelihood

$$l(\theta,\sigma \mid \boldsymbol{x}) = \sigma^{-n} \exp\left(-\frac{1}{2\sigma^2}\sum_{i=1}^{n}(x_i - \theta)^2\right),$$

wobei wie üblich die nicht von den Parametern abhängige multiplikative Konstante gleich eins gesetzt wurde.

Für die Maßverkörperung liegt ein Kalibrierschein vor, dem wir den Wert w und die ihm beigeordnete Standardunsicherheit u entnehmen. Diese beiden Werte stellen unser Vorwissen über die Länge des Messobjekts dar. Wenn wir das Prinzip der maximalen Entropie verwenden, dann können wir dieses Vorwissen durch eine Normalverteilung beschreiben, d. h. für die Priori können wir die Wahrscheinlichkeitsdichtefunktion

$$g_\Theta(\theta) = \frac{1}{u\sqrt{2\pi}} \exp\left(-\frac{(\theta - w)^2}{2u^2}\right)$$

ansetzen. Wir werden im nächsten Kapitel sehen, warum es zulässig ist, die Standardabweichung dieser Normalverteilung gleich der Standardunsicherheit zu setzen.

Bei der Kalibrierung eines Messgerätes ist die Varianz häufig bekannt, sodass wir σ als bekannt voraussetzen wollen. Wir tun dies hier auch deshalb, weil sich ohne diese Voraussetzung keine analytische Lösung des Problems ergeben würde und wir auf numerische Rechnungen angewiesen wären.

Aus der Likelihood und der Priori erhalten wir unter den genannten Bedingungen durch Anwendung des Bayes-Laplace-Theorems die Posteriori

$$g_\Theta(\theta \mid \boldsymbol{x}) = C \exp\left(-\frac{1}{2\sigma^2}\sum_{i=1}^{n}(x_i - \theta)^2 - \frac{(\theta - w)^2}{2u^2}\right),$$

wobei C die Normierungskonstante ist. Diese Gleichung können wir mit etwas Rechenaufwand auch auf die Form

$$g_\Theta(\theta \mid \boldsymbol{x}) = \sqrt{\frac{nu^2 + \sigma^2}{2\pi u^2\sigma^2}} \exp\left[-\frac{nu^2 + \sigma^2}{2u^2\sigma^2}\left(\theta - \frac{n\overline{x}u^2 + w\sigma^2}{nu^2 + \sigma^2}\right)^2\right] \tag{5.33}$$

bringen, mit der Abkürzung

$$\overline{x} = \frac{1}{n}\sum_{i=1}^{n} x_i .$$

Da sich für die Posteriori die Wahrscheinlichkeitsdichtefunktion einer Normalverteilung ergibt, erhalten wir für den Schätzer des Parameters θ

$$\hat{\Theta} = \frac{n\overline{X}u^2 + w\sigma^2}{nu^2 + \sigma^2} .$$

Dieser Schätzer ist asymptotisch erwartungstreu. Damit ergibt sich für den Wert des Parameters θ ein mit den Varianzen gewichteter Mittelwert aus dem Stichprobenmittelwert und dem Wert aus dem Kalibrierschein.

Bei der Kalibrierung interessiert uns in der Regel nur die Abweichung $d = \theta - w$ vom Wert der Maßverkörperung. Für den Schätzer dieser Abweichung gilt

$$\hat{D} = \frac{nu^2}{nu^2 + \sigma^2}\left(\overline{X} - w\right) .$$

Für einen großen Stichprobenumfang n erhalten wir den Zusammenhang $\hat{D} = \overline{X} - w$, d. h. auch dieser Schätzer ist asymptotisch erwartungstreu.

Vor dem Hintergrund, dass üblicherweise u sehr viel kleiner als σ ist und n nicht besonders groß, ergibt sich $\hat{D} < \overline{X} - w$, d. h. systematische Messabweichungen werden bei der Kalibrierung von Messgeräten in der Regel überschätzt.

Wir wollen noch auf eine weitere wichtige Methode zur Konstruktion der Priori eingehen, die 1961 von H. Raiffa und R. Schlaifer [RS61] im Zusammenhang mit der Bayesschen Entscheidungstheorie eingeführt wurde. Eine auf diese Weise festgelegte Priori heißt konjugierte Priori, weil sie stets eine Posteriori ergibt, die zur gleichen Familie von Wahrscheinlichkeitsdichtefunktionen gehört, wie die Priori selbst. Priori und Posteriori sind demnach bezüglich der Likelihood konjugierte Wahrscheinlichkeitsdichtefunktionen.

Die konjugierten Priori hängen zusätzlich zu den zu schätzenden Parametern — diese werden ja in der Bayes-Statistik als Zufallsgrößen angesehen — noch von weiteren Parametern ab, die Hyperparameter genannt werden. Diese Hyperparameter sind *keine* Zufallsgrößen, sondern dienen der näheren Spezifikation der Priori. In der Regel gibt es zu jedem zu schätzenden Parameter mindestens zwei Hyperparameter. Auf diese Weise lässt sich die Priori sehr flexibel an die vorhandene Information anpassen.

Wir betrachten im Folgenden die Anwendung der konjugierten Priori für dieselben Beispiele, die wir auch bei der Maximum-Likelihood-Methode verwendet haben, um dadurch einen direkten Vergleich zu ermöglichen.

Beispiel 5.12 (Fortsetzung des Beispiels 5.5)
Wir gehen wieder von der Wahrscheinlichkeitsdichtefunktion

$$g_X(x \mid \theta) = \begin{cases} \dfrac{1}{\theta}\mathrm{e}^{-x/\theta} & \text{wenn } x \geq 0 \\ 0 & \text{sonst} \end{cases} , \qquad \theta > 0 ,$$

aus. Daraus ergibt sich die Likelihood

$$l(\theta \mid \boldsymbol{x}) = \begin{cases} \dfrac{1}{\theta^n} \exp\left(-\dfrac{1}{\theta}\sum_{i=1}^{n} x_i\right) & \text{wenn } \theta > 0 \\ 0 & \text{sonst} \end{cases} .$$

Wir wählen für θ die konjugierte Priori

$$g_\Theta(\theta; \alpha, \beta) = \begin{cases} \dfrac{\beta^\alpha}{\Gamma(\alpha)} \theta^{-(1+\alpha)} \mathrm{e}^{-\beta/\theta} & \text{wenn } \theta > 0 \\ 0 & \text{sonst} \end{cases} , \qquad \alpha > 0 , \quad \beta > 0 .$$

Dies ist eine inverse Gamma-Verteilung. Aus dieser Priori und der Likelihood ergibt sich durch Anwendung des BAYES-LAPLACE-Theorems die Posteriori

$$g_\Theta(\theta \mid \boldsymbol{x}) = \begin{cases} \dfrac{\tilde{\beta}^{\alpha+n}}{\Gamma(\alpha+n)} \theta^{-(1+\alpha+n)} \mathrm{e}^{-\tilde{\beta}/\theta} & \text{wenn } \theta > 0 \\ 0 & \text{sonst} \end{cases} , \qquad \alpha > 0 , \quad \beta > 0 ,$$

mit

$$\tilde{\beta} = \beta + \sum_{i=1}^{n} x_i .$$

Die Posteriori ist also wiederum eine inverse Gamma-Verteilung.

Mit dieser Posteriori erhalten wir für den Parameter θ nach der Definition 5.18 den BAYES-Schätzer

$$\hat{\Theta} = \frac{\beta + n\overline{X}}{\alpha + n - 1} .$$

Der Erwartungswert dieses Schätzers ist

$$\mathsf{E}(\hat{\Theta}) = \frac{\beta + n\,\theta}{\alpha + n - 1} ,$$

d. h. er ist asymptotisch erwartungstreu.

Beispiel 5.13 (Fortsetzung des Beispiels 5.6)
Wir gehen wieder von der Beziehung

$$\mathsf{P}(X = x \mid \theta) = \theta^x (1-\theta)^{1-x} , \qquad 0 \le \theta \le 1 ,$$

für die Wahrscheinlichkeiten eines BERNOULLI-Experiments aus. Damit ergibt sich die Likelihood

$$l(\theta \mid \boldsymbol{x}) = \theta^{n\overline{x}} (1-\theta)^{n-n\overline{x}} , \qquad 0 \le \theta \le 1 ,$$

mit

$$\overline{x} = \frac{1}{n}\sum_{i=1}^{n} x_i \,.$$

Als konjugierte Priori für θ wählen wir

$$g_\Theta(\theta;\alpha,\beta) = \frac{\Gamma(\alpha+\beta)}{\Gamma(\alpha)\Gamma(\beta)}\,\theta^{\alpha-1}(1-\theta)^{\beta-1}\,, \qquad 0 \le \theta \le 1\,.$$

Dies ist eine Beta-Verteilung. Aus dieser Priori und der Likelihood ergibt sich durch Anwendung des Bayes-Laplace-Theorems die Posteriori

$$g_\Theta(\theta \mid \boldsymbol{x}) = \frac{\Gamma(n+\alpha+\beta)}{\Gamma(n\overline{x}+\alpha)\Gamma(n-n\overline{x}+\beta)}\theta^{n\overline{x}+\alpha-1}(1-\theta)^{n-n\overline{x}+\beta-1}\,, \qquad 0 \le \theta \le 1\,.$$

Die Posteriori ist also wiederum eine Beta-Verteilung.

Mit dieser Posteriori erhalten wir für den Parameter θ nach der Definition 5.18 den Bayes-Schätzer

$$\hat{\Theta} = \frac{\alpha + n\overline{X}}{n+\alpha+\beta}\,.$$

Der Erwartungswert dieses Schätzers ist

$$\mathsf{E}(\hat{\Theta}) = \frac{\alpha + n\theta}{n+\alpha+\beta}\,,$$

bzw.

$$\mathsf{E}(\hat{\Theta}) = \frac{\alpha + k}{n+\alpha+\beta}\,,$$

wenn wir mit k die Anzahl der Erfolge des Bernoulli-Experiments bei n Versuchen bezeichnen. Es zeigt sich also, dass der Schätzer asymptotisch erwartungstreu ist.

Um einen erwartungstreuen Schätzer zu erhalten, müssten wir $\alpha = \beta = 0$ setzen. Die sich damit ergebende Priori wurde von J. B. S. Haldane [Hal32] vorgeschlagen. Sie führt aber zur Posteriori

$$g_\Theta(\theta \mid \boldsymbol{x}) = \frac{(n-1)!}{(k-1)!(n-k-1)!}\theta^{k-1}(1-\theta)^{n-k-1}\,, \qquad 0 \le \theta \le 1\,,$$

die für $k = 0$ und $k = n$ nicht normierbar ist, sodass diese beiden durchaus möglichen Fälle ausgeschlossen werden müssen. Diese Einschränkung spricht gegen eine praktische Anwendung der Priori von J. B. S. Haldane.

Beispiel 5.14 (Fortsetzung des Beispiels 5.7)
Wir gehen von der Wahrscheinlichkeitsdichtefunktion

$$g_X(x \mid \theta_1,\theta_2) = \frac{1}{\sqrt{2\pi\theta_2}}\exp\left(-\frac{(x-\theta_1)^2}{2\theta_2}\right)$$

der Normalverteilung aus, wobei θ_1 den Mittelwert und θ_2 die Varianz bezeichnen. Damit erhalten wir die Likelihood

$$l(\theta_1,\theta_2 \mid \boldsymbol{x}) = \frac{1}{(2\pi\theta_2)^{n/2}} \exp\left(-\frac{(n-1)s^2 + n(\theta_1 - \overline{x})^2}{2\theta_2}\right),$$

mit

$$\overline{x} = \frac{1}{n}\sum_{i=1}^{n} x_i$$

und

$$s^2 = \frac{1}{n-1}\sum_{i=1}^{n}(x_i - \overline{x})^2 .$$

Als konjugierte Priori wählen wir eine sogenannte Normal-Gamma-Verteilung

$$g_{\Theta_1,\Theta_2}(\theta_1,\theta_2;\lambda,\nu,\alpha,\beta) = \sqrt{\frac{\nu}{2\pi}}\frac{\beta^{\alpha}}{\Gamma(\alpha)}\theta_2^{-(2\alpha+3)/2}\exp\left(-\frac{2\beta + \nu(\theta_1-\lambda)^2}{2\theta_2}\right),$$

$$\alpha > 0, \qquad \beta > 0 .$$

Diese Wahrscheinlichkeitsdichtefunktion ist das Produkt einer Normalverteilung für θ_1 und einer inversen Gamma-Verteilung für θ_2. Die Wahl dieser Priori wird dadurch nahegelegt, dass bereits die Likelihood proportional zur Wahrscheinlichkeitsdichtefunktion einer Normal-Gamma-Verteilung ist. Ein Vergleich mit der Likelihood zeigt, dass die Parameter λ und ν dazu dienen, das Vorwissen über den Mittelwert zu beschreiben und die Parameter α und β das Vorwissen über die Varianz.

Aus der Priori und der Likelihood ergibt sich durch Anwendung des BAYES-LAPLACE-Theorems die Posteriori

$$g_{\Theta_1,\Theta_2}(\theta_1,\theta_2 \mid \boldsymbol{x}) = \sqrt{\frac{\nu+n}{2\pi}}\frac{\tilde{\beta}^{(n+2\alpha)/2}}{\Gamma\left(\frac{n}{2}+\alpha\right)}\theta_2^{-(n+2\alpha+3)/2}\exp\left(-\frac{2\tilde{\beta} + (\nu+n)\left(\theta_1-\tilde{\lambda}\right)^2}{2\theta_2}\right),$$

mit den Abkürzungen

$$\tilde{\beta} = \beta + \frac{n\nu}{\nu+n}\frac{(\lambda-\overline{x})^2}{2} + \frac{(n-1)s^2}{2}$$

und

$$\tilde{\lambda} = \frac{\nu\lambda + n\overline{x}}{\nu+n} .$$

Die Posteriori ist also wiederum eine Normal-Gamma-Verteilung.

Die Marginalisierung der Posteriori ergibt für die Parameter θ_1 und θ_2 die Randverteilungsdichtefunktionen

$$g_{\Theta_1}(\theta_1 \mid \boldsymbol{x}) = \sqrt{\frac{\nu+n}{2\pi\tilde{\beta}}} \frac{\Gamma\left(\dfrac{n+1}{2}+\alpha\right)}{\Gamma\left(\dfrac{n}{2}+\alpha\right)} \left(1 + \frac{(\nu+n)\left(\theta_1 - \tilde{\lambda}\right)^2}{2\tilde{\beta}}\right)^{-(n+2\alpha+1)/2}$$

und

$$g_{\Theta_2}(\theta_2 \mid \boldsymbol{x}) = \frac{\tilde{\beta}^{\,(n+2\alpha)/2}}{\Gamma\left(\dfrac{n}{2}+\alpha\right)} \theta_2^{-(n+2\alpha+2)/2} \mathrm{e}^{-\tilde{\beta}/\theta_2} \,.$$

Damit erhalten wir für die Parameter θ_1 und θ_2 nach der Definition 5.18 die BAYES-Schätzer

$$\hat{\Theta}_1 = \frac{\nu\lambda + n\overline{X}}{\nu+n}$$

bzw.

$$\hat{\Theta}_2 = \frac{1}{2\alpha+n-2}\left(2\beta + \frac{n\nu}{\nu+n}(\lambda - \overline{X})^2 + (n-1)S^2\right) . \tag{5.34}$$

Beide Schätzer sind asymptotisch erwartungstreu.

Dieses Beispiel zeigt sehr gut, dass die Anwendung der BAYES-Methode als eine Art Lernen aufgefasst werden kann, denn die Ergebnisse — eine Kombination der Vorkenntnisse und der durch die Messung erhaltenen Information — lassen sich in diesem Fall sehr gut interpretieren.

Der Schätzer $\hat{\Theta}_1$ in diesem Beispiel zeigt, dass der sich ergebende Mittelwert ein gewichtetes Mittel aus dem vor der Messung bekannten Mittelwert λ und dem aus den Messdaten erhaltenen Mittelwert $\overline{x}$ ist, wobei die Gewichte durch den jeweiligen Stichprobenumfang ν bzw. n festgelegt werden. Hier liegt offensichtlich eine Verallgemeinerung der Gleichung (5.1) für eine Aktualisierung (Update) des Mittelwertes vor, die wir für $\nu = 1$ erhalten würden. Mit zunehmendem Stichprobenumfang n verlieren die Vorkenntnisse gegenüber der durch die Messung erhaltenen Information immer mehr an Gewicht. Bei einem kleinen Stichprobenumfang ist dagegen unser Vorwissen wesentlich und bewahrt uns davor, aus dem Ergebnis weniger Messungen möglicherweise falsche Schlussfolgerungen zu ziehen. Wird durch die Messung unser Vorwissen bestätigt, findet keinerlei Änderung des Mittelwertes statt. Ist dies dagegen nicht der Fall, ist es vernünftig, den Messwerten nur dann ein großes Gewicht beizulegen, wenn sie durch viele Wiederholungen unter gleichen Bedingungen bestätigt werden.

Der Schätzer $\hat{\Theta}_2$ im Beispiel ist eine Verallgemeinerung der Gleichung (5.2) für eine Aktualisierung der Varianz, die wir für $\alpha = 1$, $\beta = 0$ und $\nu = 1$ erhalten würden. Wir sehen, dass die vor der Messung bereits bekannte Varianz, die hier proportional zum Parameter β ist, mit zunehmendem Stichprobenumfang n gegenüber der durch die Messung erhaltenen Information über die Varianz zunehmend an Bedeutung verliert. Da der Schätzer $\hat{\Theta}_2$ asymptotisch erwartungstreu ist, ist zwar garantiert, dass im Grenzfall einer unendlich großen Stichprobe der Wert für die Varianz der Verteilung erreicht wird, die der Stichprobe zugrunde liegt, aber dies muss keineswegs gleichmäßig geschehen. Dies liegt an dem mittleren Term in der Gleichung (5.34), der proportional zur quadratischen Abweichung des durch die Messung erhaltenen Mittelwertes und des vorab bereits bekannten Mittelwertes ist. Ist diese Abweichung groß, dann kann die Varianz durch die aus der Messung erhaltene Information vergrößert werden und nicht, wie wir es gewöhnlich erwarten, verringert. Die Diskrepanz zwischen dem *a priori* Wissen und dem Resultat der Messung vergrößert dann unsere Unsicherheit. Dies motiviert uns üblicherweise, weitere Untersuchungen vorzunehmen, um diese Abweichung aufzuklären. Lernen bedeutet eben nicht immer, dass unsere Unsicherheit abnimmt, sondern kann auch Zweifel hervorrufen.

Zum Schluss dieses Abschnitts beschäftigen wir uns noch einmal mit einer Stichprobe aus einer Grundgesamtheit, der eine Rechteckverteilung zugrunde liegt. Dabei wollen wir zeigen, wie der Fall vager Grenzen bei dieser Verteilung behandelt werden kann, indem eine konjugierte Priori verwendet wird.

Beispiel 5.15 (Fortsetzung des Beispiels 5.8)
Wir gehen von der Wahrscheinlichkeitsdichtefunktion

$$g_X(x \mid \theta_1,\theta_2) = \begin{cases} \dfrac{1}{\theta_2 - \theta_1} & \text{falls } \theta_1 \leq x \leq \theta_2 \\ 0 & \text{sonst} \end{cases}$$

der Rechteckverteilung aus. Damit erhalten wir die Likelihood

$$l(\theta_1,\theta_2 \mid \boldsymbol{x}) = \begin{cases} \dfrac{1}{(\theta_2 - \theta_1)^n} & \text{falls } \theta_1 \leq x_i \leq \theta_2\,, \quad i = 1,\ldots,n \\ 0 & \text{sonst} \end{cases} .$$

Als konjugierte Priori wählen wir eine modifizierte PARETO-Verteilung

$$g_{\Theta_1,\Theta_2}(\theta_1,\theta_2;\alpha,\beta_1,\beta_2) = \begin{cases} \alpha(\alpha+1)\dfrac{(\beta_2 - \beta_1)^\alpha}{(\theta_2 - \theta_1)^{\alpha+2}} & \text{falls } \theta_1 < \beta_1 \text{ und } \theta_2 > \beta_2 \\ 0 & \text{sonst} \end{cases} ,$$

wobei $\alpha > 0$ und $\beta_1 < \beta_2$ vorausgesetzt wird. Durch diese Priori wird unser Vorwissen über die beiden Grenzen θ_1 und θ_2 modelliert, wobei β_1 und β_2 die vorab bekannten Grenzwerte bezeichnen. Der Parameter α charakterisiert, wie vage unser Vorwissen ist. Für $\alpha \to \infty$ wird die Priori zur Diracschen δ-Funktion $\delta(\theta_1 - \beta_1)\delta(\theta_2 - \beta_2)$, d. h. die Grenzen der Rechteckverteilung sind dann exakt bekannt.

Aus der Priori und der Likelihood ergibt sich durch Anwendung des Bayes-Laplace-Theorems die Posteriori

$$g_{\Theta_1,\Theta_2}(\theta_1,\theta_2 \mid \boldsymbol{x}) = \begin{cases} (n+\alpha)(n+\alpha+1)\dfrac{(\gamma_2-\gamma_1)^{n+\alpha}}{(\theta_2-\theta_1)^{n+\alpha+2}} & \text{falls } \theta_1 < \gamma_1 \text{ und } \theta_2 > \gamma_2 \\ 0 & \text{sonst} \end{cases},$$

mit den Abkürzungen

$$\gamma_1 = \min\left(\beta_1, x_{\min}\right) \qquad \text{und} \qquad \gamma_2 = \max\left(\beta_2, x_{\max}\right) .$$

Die beiden Bedingungen $\theta_1 < \gamma_1$ und $\theta_2 > \gamma_2$ tragen dem Umstand Rechnung, dass für die Messwerte die Forderung $\theta_1 \leq x_i \leq \theta_2$ $(i = 1, \ldots, n)$ besteht, d. h. sie müssen alle innerhalb der Grenzen der Rechteckverteilung liegen. Werden die aufgrund der Vorkenntnisse bestehenden Grenzen β_1 und β_2 durch die Priori zu eng vorgegeben, dann werden sie geeignet verändert, sodass alle Messdaten innerhalb der Grenzen liegen, anderenfalls bleiben sie unverändert. Die Werte γ_1 und γ_2 sind also die neuen Schranken für die Parameter θ_1 und θ_2, die sich aufgrund der aus der Messung erhaltenen Information ergeben. Der Wert $g_{\Theta_1,\Theta_2}(\gamma_1,\gamma_2 \mid \boldsymbol{x})$ ist der Posteriori-Modus.

Die Posteriori ist wieder eine modifizierte Pareto-Verteilung. Ihre Marginalisierung ergibt für die Parameter θ_1 und θ_2 die Randverteilungsdichtefunktionen

$$g_{\Theta_1}(\theta_1 \mid \boldsymbol{x}) = (n+\alpha)\frac{(\gamma_2-\gamma_1)^{n+\alpha}}{(\gamma_2-\theta_1)^{n+a+1}}, \qquad \theta_1 < \gamma_1 ,$$

und

$$g_{\Theta_2}(\theta_2 \mid \boldsymbol{x}) = (n+\alpha)\frac{(\gamma_2-\gamma_1)^{n+\alpha}}{(\theta_2-\gamma_1)^{n+a+1}}, \qquad \theta_2 > \gamma_2 .$$

Damit erhalten wir für die Parameter θ_1 und θ_2 nach der Definition 5.18 die Bayes-Schätzer

$$\hat{\Theta}_1 = \frac{(n+\alpha)\min\left(\beta_1, X_{\min}\right) - \max\left(\beta_2, X_{\max}\right)}{n+\alpha-1}$$

bzw.

$$\hat{\Theta}_2 = \frac{(n+\alpha)\max\left(\beta_2, X_{\max}\right) - \min\left(\beta_1, X_{\min}\right)}{n+\alpha-1} .$$

Daraus ergibt sich für den Schätzer der Intervallmitte (Erwartungswert der Rechteckverteilung)

$$\frac{\hat{\Theta}_1 + \hat{\Theta}_2}{2} = \frac{\min\left(\beta_1, X_{\min}\right) + \max\left(\beta_2, X_{\max}\right)}{2} .$$

Dies ist ein offensichtlich vernünftiges Ergebnis, welches das Vorwissen nur berücksichtigt, wenn es nicht im Widerspruch zu den Messdaten steht.

5.8 Intervall- und Bereichsschätzer

In den vorhergehenden Abschnitten haben wir uns nur mit sogenannten Punktschätzern beschäftigt. Diese Schätzer ordnen den Parametern der Wahrscheinlichkeitsverteilung einer Grundgesamtheit einen Schätzwert zu, wobei die aus einer Messung erhaltene Information möglichst vollständig verwendet werden sollte. Das Messergebnis ist demnach für jeden zu schätzenden Parameter genau ein Wert. Dieser Schätzwert stimmt im Allgemeinen nicht mit dem interessierenden Parameterwert der betrachteten Grundgesamtheit überein. Um eine Aussage über die Zuverlässigkeit (Genauigkeit) des auf diese Weise erhaltenen Wertes machen zu können, werden üblicherweise Intervallschätzer verwendet.

Während ein Punktschätzer dazu dient, den besten Schätzwert für den Wert einer Messgröße zu bestimmen, die mit den Messdaten verträglich ist, soll ein Intervallschätzer für die vorliegenden Messdaten eine Aussage darüber machen, in welchem Intervall der Wert der jeweils betrachteten Messgröße mit einer möglichst großen Sicherheit[74] liegt. Intervallschätzer sind also eine wichtige Ergänzung zu den Punktschätzern. Es gibt sogar die Meinung, dass Intervallschätzer allein ausreichend sind und auf Punktschätzer verzichtet werden kann.

Der in der mathematischen Statistik traditionell verwendete Intervallschätzer ist das von J. Neyman [Ney37] eingeführte Vertrauensintervall (Konfidenzintervall), das folgendermaßen definiert ist (siehe DIN ISO 3534-1, 1.28 [DIN2009]):

Definition 5.20 (Vertrauensintervall)
Das Vertrauensintervall ist der Intervallschätzer $(\hat{T}_0, \hat{T}_1)$ für den Parameter θ mit den Statistiken $\hat{T}_0$ und $\hat{T}_1$ als Intervallgrenzen, für die

$$\mathsf{P}\left(\hat{T}_0 < \theta < \hat{T}_1\right) \geq 1 - \alpha \tag{5.35}$$

gilt, wobei $(1 - \alpha)$ das Vertrauensniveau ist. Der Wert α heißt Signifikanzniveau.

Dieser Definition müssen wir noch einige Anmerkungen hinzufügen:

- Der Intervallschätzer ist durch die beiden Schätzer $\hat{T}_0$ und $\hat{T}_1$ für die Intervallgrenzen gegeben.

[74]Wir verwenden hier nicht den Begriff „Wahrscheinlichkeit", weil Intervallschätzer nicht in jedem Fall eine eindeutige Wahrscheinlichkeitsaussage gestatten, wie wir noch sehen werden.

- Die Intervallgrenzen $\hat{T}_0$ und $\hat{T}_1$ sind hier *Zufallsgrößen*, denn sie sind definitionsgemäß Statistiken (Stichprobenfunktionen) und damit Funktionen von Zufallsgrößen.
- Der Parameter θ ist in dieser Definition *keine* Zufallsgröße, sondern ein fester Wert, der aber unbekannt ist.
- Die Intervallgrenzen $\hat{T}_0$ und $\hat{T}_1$ hängen nicht vom Parameter θ ab. Sie sind aber vom Vertrauensniveau $(1-\alpha)$ abhängig.

Das Vertrauensniveau $(1-\alpha)$ ist aus Gründen der Objektivität vorab zu wählen (d. h. bevor die Messdaten bekannt sind) und damit ein bekannter Wert. Dieser Wert spiegelt den Anteil der Fälle wider, in denen das Vertrauensintervall den Wert des Parameters in einer langen Reihe wiederholter zufälliger Stichproben unter identischen Bedingungen enthält. Er bedeutet *nicht*, dass das beobachtete Intervall den Wert des Parameters mit der *Wahrscheinlichkeit* $(1-\alpha)$ enthält, denn entweder enthält es ihn, oder es enthält ihn nicht.

Um die letzte Aussage besser zu verstehen, betrachten wir die Zusammenhänge noch etwas ausführlicher. Für jede einzelne Messung sind die Schätzwerte $\hat{t}_0$ und $\hat{t}_1$ der Stichprobenfunktionen $\hat{T}_0$ und $\hat{T}_1$ bekannte Werte, denn das Intervall $(\hat{t}_0,\hat{t}_1)$ stellt eine der möglichen Realisierungen des Vertrauensintervalls $(\hat{T}_0,\hat{T}_1)$ durch die Messung dar. Weil $\hat{T}_0$ und $\hat{T}_1$ Zufallsgrößen sind, werden sich die Schätzwerte $\hat{t}_0$ und $\hat{t}_1$ von Messung zu Messung ändern. Sie sind aber nach jeder Messung feste Werte. Da der Parameter θ zwar fest, aber unbekannt ist, wissen wir nicht, ob die Aussage $\hat{t}_0 < \theta < \hat{t}_1$ wahr oder falsch ist. Wir wissen lediglich, dass nur *einer* der beiden Fälle gelten kann. Demzufolge ist es sinnlos, über die Wahrscheinlichkeit $\mathsf{P}(\hat{t}_0 < \theta < \hat{t}_1)$ zu reden, dass die Aussage $\hat{t}_0 < \theta < \hat{t}_1$ zutrifft, denn sie trifft entweder zu, oder sie trifft nicht zu. Dagegen können wir eine Wahrscheinlichkeit $\mathsf{P}(\hat{T}_0 < \theta < \hat{T}_1)$ dafür angeben, dass die Aussage $\hat{T}_0 < \theta < \hat{T}_1$ zutrifft, denn $\hat{T}_0$ und $\hat{T}_1$ sind Zufallsgrößen. Werden sehr viele Messungen durchgeführt, dann wird die Aussage $\hat{T}_0 < \theta < \hat{T}_1$ „im Mittel" oder „auf lange Sicht" in $(1-\alpha)$ der Fälle wahr sein.

Die Wahrscheinlichkeit in der Beziehung (5.35) sagt also nur etwas darüber aus, wie häufig es vorkommt, dass ein Vertrauensintervall den Wert des Parameters θ enthält, wenn wir aus der Grundgesamtheit sehr viele Stichproben gezogen und jeweils die zugehörigen Vertrauensintervalle berechnet haben. Diese Wahrscheinlichkeit lässt sich nicht auf eine *einzelne* Stichprobe übertragen. Eine Aussage der Art, „der Wert der Messgröße liegt mit einer Wahrscheinlichkeit von 95 % innerhalb des Vertrauensintervalls", ist falsch. Die Aussage, „95 % einer sehr großen Anzahl von Vertrauensintervallen enthalten den Wert der Messgröße", entspricht dagegen der Definition des Vertrauensintervalls.

Nachdem wir geklärt haben, was unter einem Vertrauensintervall genau zu verstehen ist, wenden wir uns nun der Berechnung dieses Intervalls zu. Wir betrachten dazu zunächst ein einfaches Beispiel.

Beispiel 5.16 (Vertrauensintervall für den Mittelwert einer Normalverteilung) Wir gehen von einer Grundgesamtheit aus, der eine Normalverteilung mit dem Mittelwert μ und der Standardabweichung σ zugrunde liegt. Wenn wir eine Stichprobe vom Umfang n aus dieser Verteilung ziehen, dann ist — wie wir bereits wissen — der beste Schätzer des Mittelwertes durch den Stichprobenmittelwert $\overline{X}$ gegeben.

Da die Normalverteilung symmetrisch zu ihrem Mittelwert μ ist, liegt es nahe, das Vertrauensintervall symmetrisch zum Schätzer $\overline{X}$ des Parameters μ zu konstruieren, d. h. wir setzen in der Beziehung (5.35)

$$\hat{T}_0 = \overline{X} - U$$

und

$$\hat{T}_1 = \overline{X} + U\,,$$

wobei die Größe U so zu bestimmen ist, dass für ein vorgegebenes Vertrauensniveau $(1-\alpha)$ die Bedingung

$$\mathsf{P}\left(\overline{X} - U < \mu < \overline{X} + U\right) \geq 1 - \alpha \tag{5.36}$$

erfüllt ist. Da μ aber in der konventionellen Statistik keine Zufallsgröße sein kann, wird diese Bedingung durch die Bedingung

$$\mathsf{P}\left(\mu - U < \overline{X} < \mu + U\right) \geq 1 - \alpha \tag{5.37}$$

ersetzt, durch welche die Größe U für jeden Stichprobenvektor $\boldsymbol{X} = (X_1, \ldots, X_n)^\mathsf{T}$ eindeutig bestimmt ist. Da nämlich die Größen X_i $(i = 1, \ldots, n)$ nach Voraussetzung alle entsprechend derselben Normalverteilung mit dem Mittelwert μ und der Standardabweichung σ verteilt sind, ist der Stichprobenmittelwert $\overline{X}$ ebenfalls normalverteilt, mit dem Mittelwert μ und der Standardabweichung $\sigma/\sqrt{n}$ (siehe dazu das Beispiel 4.73). Wenn wir nun die lineare Transformation

$$\overline{X} = \mu + \frac{\sigma}{\sqrt{n}} Z \tag{5.38}$$

vornehmen, dann ist die neue Zufallsgröße Z standardnormalverteilt[75] (siehe dazu das Beispiel 4.43). Wenn wir außerdem noch $U = k\sigma/\sqrt{n}$ setzen, dann erhalten wir

[75] Eine Zufallsgröße heißt standardnormalverteilt, wenn sie entsprechend einer Standardnormalverteilung — also entsprechend einer Normalverteilung mit dem Mittelwert null und der Standardabweichung eins — verteilt ist.

die neue Bedingung

$$\mathsf{P}(-k < Z < +k) \geq 1 - \alpha\,,$$

wobei die zugrundeliegende Wahrscheinlichkeitsverteilungsfunktion eine Standardnormalverteilung ist. Diese Bedingung lässt sich wegen des Zusammenhanges zwischen der Wahrscheinlichkeit und der Wahrscheinlichkeitsverteilungsfunktion auch schreiben als

$$\frac{1}{\sqrt{2\pi}} \int_{-k}^{+k} \mathrm{e}^{-z^2/2} \mathrm{d}z \geq 1 - \alpha\,,$$

wobei verwendet wurde, dass die Zufallsgröße Z standardnormalverteilt ist. Wenn wir noch berücksichtigen, dass die Normalverteilung symmetrisch ist, dann können wir diese Gleichung umformen zu

$$\alpha \geq \operatorname{erfc}\left(\frac{k}{\sqrt{2}}\right),$$

wobei

$$\operatorname{erfc}(z) = \frac{2}{\sqrt{\pi}} \int_{z}^{\infty} \mathrm{e}^{-\xi^2} \mathrm{d}\xi$$

die komplementäre Fehlerfunktion ist [Erd+53]. Da $\operatorname{erfc}(z)$ eine monotone Funktion ist, existiert die Umkehrfunktion, sodass jedem Wert α eindeutig ein Wert k zugeordnet werden kann (wir erhalten z. B. für $\alpha = 0{,}05$ den Wert $k \geq 1{,}96$). Mit diesem Wert für k ergeben sich schließlich die Schätzer

$$\hat{T}_0 = \overline{X} - k(\alpha)\frac{\sigma}{\sqrt{n}}$$

und

$$\hat{T}_1 = \overline{X} + k(\alpha)\frac{\sigma}{\sqrt{n}}$$

für die Grenzen des Vertrauensintervalls für den Mittelwert einer Normalverteilung, vorausgesetzt, dass die Standardabweichung σ bekannt ist.

Die Länge des Vertrauensintervalls $\hat{T}_1 - \hat{T}_0$ ist hier unabhängig[76] von den Messdaten. Sie hängt außer vom Signifikanzniveau α nur vom Stichprobenumfang n und von der Standardabweichung der Normalverteilung σ ab und verringert sich mit abnehmender Standardabweichung und zunehmendem Stichprobenumfang. Für $\sigma = 0$ bzw. $n \to \infty$ zieht sich das Vertrauensintervall auf den durch $\overline{X}$ gegebenen Intervallmittelpunkt zusammen, wie wir es auch erwarten würden.

[76] Im Allgemeinen hängt selbstverständlich sowohl die Lage der Mitte als auch die Länge des Vertrauensintervalls von den Daten ab.

Sehen wir uns die Berechnung des Vertrauensintervalls in diesem Beispiel etwas genauer an. Ein wesentlicher Schritt dabei war der Übergang von der Gleichung (5.36) zur Gleichung (5.37), denn nur dadurch wurde es möglich, die Wahrscheinlichkeitsverteilungsfunktion des Stichprobenmittelwerts $\overline{X}$ für die Rechnung zu verwenden. Die Doppelungleichungen in den Bedingungen (5.36) und (5.37) sind in der Abbildung 5.2 veranschaulicht. Der obere Teil der Ab-

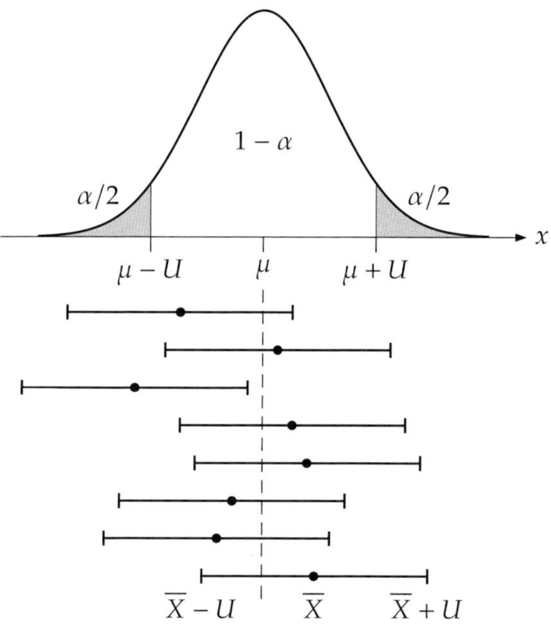

Abbildung 5.2 Vertrauensintervalle für acht verschiedene Stichproben (Messungen) mit gleichem Stichprobenumfang einer normalverteilten Messgröße X mit dem Mittelwert μ und bekannter Standardabweichung

bildung zeigt das beim Mittelwert μ zentrierte unbekannte Vertrauensintervall, darunter sind die um den Stichprobenmittelwert $\overline{X}$ zentrierten Vertrauensintervalle dargestellt, die uns aufgrund der Messdaten zugänglich sind. Wir sehen, dass μ im Intervall $(\overline{X} - U, \overline{X} + U)$ liegt, wie in der Bedingung (5.36) gefordert, wenn $\overline{X}$ im Intervall $(\mu - U, \mu + U)$ liegt, wie in der Bedingung (5.37) gefordert. Die identische Umformung der Doppelungleichung in der Bedingung (5.36) in die Doppelungleichung in der Bedingung (5.37) rechtfertigt es im Allgemeinen aber noch nicht, die beiden Bedingungen als äquivalent anzusehen. In dem Beispiel ist dies zwar der Fall, weil die Wahrscheinlichkeitsdichtefunktion nur von $\left|\overline{X} - \mu\right|$ abhängt, im Allgemeinen muss das aber nicht zutreffen.

Ein weiterer wichtiger Punkt bei der Berechnung des Vertrauensintervalls im Beispiel 5.16 war die Einführung der Größe

$$Z = \frac{\overline{X} - \mu}{\sigma}\sqrt{n}$$

durch die lineare Transformation (5.38). Die Größe Z ist eine sogenannte Pivot-Größe. Als Pivot-Größe wird eine Zufallsgröße bezeichnet, die eine Funktion eines Stichprobenvektors der Messgröße und des interessierenden Parameters ist und deren Wahrscheinlichkeitsverteilungsfunktion nicht vom Parameter abhängt, aber vollständig bekannt ist.

Die im Beispiel 5.16 angewendete Methode zur Berechnung des Vertrauensintervalls heißt Pivot-Größen-Methode. Diese Methode kann immer dann verwendet werden, wenn sich für den Parameter eine Pivot-Größe finden lässt und die Doppelungleichung (5.35) in der Definition 5.20 des Vertrauensintervalls sich identisch so umformen lässt, dass die Pivot-Größe in der Mitte steht.

Wir zeigen die Anwendung der Pivot-Größen-Methode noch an einem weiteren, für die Praxis wichtigen Fall, indem wir das Beispiel 5.16 fortsetzen.

Beispiel 5.17 (Fortsetzung des Beispiels 5.16)
Im Beispiel 5.16 haben wir bei der Berechnung des Vertrauensintervalls vorausgesetzt, dass die Standardabweichung σ der Normalverteilung bekannt ist. Da dies normalerweise nicht der Fall ist, lassen wir diese Voraussetzung nun fallen.

Wir gehen von der Bedingungsgleichung (5.37) aus. Um den Stichprobenmittelwert $\overline{X}$ durch die Pivot-Größe T zu ersetzen, verwenden wir diesmal die lineare Transformation

$$\overline{X} = \mu + \frac{S}{\sqrt{n}}T$$

bzw.

$$T = \frac{\overline{X} - \mu}{S}\sqrt{n}\,,$$

wobei S die Standardabweichung der Stichprobe bezeichnet. Wenn wir zusätzlich noch $U = kS/\sqrt{n}$ setzen, dann geht die Beziehung (5.37) über in

$$\mathsf{P}\,(-k < T < +k) \geq 1 - \alpha\,. \tag{5.39}$$

Da wir vorausgesetzt haben, dass die Zufallsgröße X normalverteilt ist, ist die Pivot-Größe T entsprechend einer Studentschen t-Verteilung[77] mit $(n-1)$ Freiheitsgraden verteilt, wie W. S. Gosset [Stu08] gezeigt hat. Die t-Verteilung mit ν Freiheitsgraden ist durch die Wahrscheinlichkeitsdichtefunktion

$$g_T(t;\nu) = \frac{\Gamma\left(\frac{\nu+1}{2}\right)}{\sqrt{\nu\pi}\,\Gamma\left(\frac{\nu}{2}\right)}\left(1+\frac{t^2}{\nu}\right)^{-(\nu+1)/2}$$

gegeben.

Die Bedingung (5.39) lässt sich wegen des Zusammenhanges zwischen der Wahrscheinlichkeit und der Wahrscheinlichkeitsverteilungsfunktion auch schreiben als

$$\int_{-k}^{+k} g_T(t;\nu-1)\mathrm{d}t \geq 1-\alpha\,,$$

wobei $g_T(t;\nu-1)$ die Wahrscheinlichkeitsdichtefunktion einer t-Verteilung mit $\nu-1$ Freiheitsgraden ist. Da jede Wahrscheinlichkeitsverteilungsfunktion eine monotone Funktion ist, existiert die Umkehrfunktion, sodass jedem Wert α eindeutig ein Wert k zugeordnet werden kann (wir erhalten z. B. für $\alpha = 0{,}05$ und $n = 10$ den Wert $k \geq 2{,}228$). Mit diesem Wert für k ergeben sich schließlich die Schätzer

$$\hat{T}_0 = \overline{X} - k(\alpha,n-1)\sqrt{\frac{S^2}{n}}$$

und

$$\hat{T}_1 = \overline{X} + k(\alpha,n-1)\sqrt{\frac{S^2}{n}}$$

für die Grenzen des Vertrauensintervalls für den Mittelwert einer Normalverteilung, wenn ihre Standardabweichung unbekannt ist.

Die Länge des Vertrauensintervalls hängt in diesem Fall, außer vom Signifikanzniveau α und vom Stichprobenumfang n, auch von der Stichprobenvarianz S^2 ab und verringert sich mit zunehmendem Stichprobenumfang.

Die Abhängigkeit der Länge des Vertrauensintervalls von der Stichprobenvarianz bedeutet, dass stark streuende Messwerte zu einem größeren Vertrauensintervall führen, als weniger stark streuende. Außerdem führt sie dazu, dass die Länge des Vertrauensintervalls nicht konstant ist, wie im vorhergehenden Beispiel, sondern für jede Stichprobe im Allgemeinen eine andere.

---

[77] Die Studentsche t-Verteilung wurde von W. S. Gosset gefunden, der unter dem Pseudonym „Student" publizieren musste, um damit zu verschleiern, dass sein Arbeitgeber, die Guinness-Brauerei, statistische Methoden zur Qualitätssicherung einsetzte.

Wir schließen die Behandlung des Vertrauensintervalls hier ab. Es ist hoffentlich für den Leser deutlich geworden, wo die Schwierigkeiten dieses Intervallschätzers liegen. Das Hauptproblem lässt sich in folgender Aussage zusammenfassen: Ein Vertrauensintervall kann als ein Intervall angesehen werden, das durch ein zufälliges Verfahren erzeugt worden ist, das in $(1 - \alpha)$ aller Fälle den Wert des interessierenden Parameters enthält und ihn in α aller Fälle nicht enthält. Wir wissen aber nicht, welcher der beiden Fälle für das Vertrauensintervall gerade zutrifft, das zu unseren aktuellen Messwerten gehört. Dies ist ein unbefriedigender Zustand und macht das Vertrauensintervall für eine messtechnische Anwendung ungeeignet.

Wir wenden uns jetzt dem im Grundsatz auf der Bayes-Statistik beruhenden Überdeckungsintervall zu, das in der Messtechnik an die Stelle des Vertrauensintervalls getreten ist. Im *Leitfaden zur Angabe der Unsicherheit beim Messen (GUM)* selbst ist vom Überdeckungsintervall noch nicht die Rede. Es wird lediglich das *statistische Überdeckungsintervall* erwähnt (GUM, C.2.30 [GUM]). Dies hat aber die Bedeutung des *statistischen Toleranzintervalls* (DIN ISO 3534-1, 1.26 [DIN2009]), das sowohl vom Vertrauensintervall als auch vom Überdeckungsintervall verschieden ist. Der GUM lehnt die Begriffe Vertrauensintervall und Vertrauensniveau als ungeeignet ab, ohne aber eindeutig festzulegen, was denn an die Stelle dieser Begriffe treten soll (GUM, 6.2.2 [GUM]). Dies geschieht erst im Supplement 1 des GUM [GUM-1], in dem die Begriffe „Überdeckungsintervall" und „Überdeckungswahrscheinlichkeit" eingeführt werden. Dort wird das Überdeckungsintervall definiert als (GUM Suppl. 1, 3.12) [GUM-1]:

> *ein Intervall, das den Wert einer Größe mit einer festgelegten Wahrscheinlichkeit enthält und auf der vorhandenen Information beruht*

und die Überdeckungswahrscheinlichkeit als (GUM Suppl. 1, 3.13) [GUM-1]:

> *die Wahrscheinlichkeit dafür, dass der Wert einer Größe innerhalb eines festgelegten Überdeckungsintervalls enthalten ist.*

Auch im *Internationalen Wörterbuch der Metrologie (VIM)* findet sich eine Definition des Überdeckungsintervalls (VIM:2008, 2.36 [VIM]), die im Wesentlichen mit der im GUM Supplement 1 angegebenen übereinstimmt.

Aus den verbalen Definitionen im GUM Supplement 1 und im VIM lässt sich folgende formale Definition des Überdeckungsintervalls ableiten:

Definition 5.21 (Überdeckungsintervall)
Das Überdeckungsintervall ist ein Intervall (t_0,t_1) für den Parameter Θ, für das

$$\mathsf{P}\,(t_0 < \Theta < t_1) = \int_{t_0}^{t_1} g_\Theta(\theta \mid \boldsymbol{x})\,\mathrm{d}\theta \geq 1 - \alpha \tag{5.40}$$

gilt, wobei $g_\Theta(\theta \mid \boldsymbol{x})$ die Posteriori des Parameters zu den Daten $\boldsymbol{x} = (x_1, \ldots, x_n)^\mathsf{T}$ ist. Der Wert $(1 - \alpha)$ heißt Überdeckungswahrscheinlichkeit.

Wir sehen, dass beim Überdeckungsintervall — im Gegensatz zum Vertrauensintervall — die Intervallgrenzen t_0 und t_1 keine Zufallsgrößen sind, sondern feste Werte, die durch die jeweiligen Messergebnisse festgelegt sind. Dagegen wird nun im Sinne der Bayes-Statistik der Parameter θ als eine Zufallsgröße aufgefasst, weil wir über ihn keine ausreichende Information besitzen. Diese erhalten wir erst durch die Messung. Nachdem die Messwerte bekannt sind, kann die entsprechende Wahrscheinlichkeitsdichtefunktion (die Posteriori) des Parameters bestimmt und damit schließlich sein Erwartungswert als bester Schätzwert berechnet werden. Mithilfe der *gleichen* Wahrscheinlichkeitsdichtefunktion wird dann auch das Überdeckungsintervall bestimmt.

Das Überdeckungsintervall lässt sich als ein Intervall charakterisieren, das die Werte enthält, die einer Messgröße mit einer vorgegebenen Wahrscheinlichkeit vernünftigerweise zugeordnet werden können. Diese Wahrscheinlichkeitsaussage gilt für jede *einzelne* Messung und bedarf nicht einer Häufigkeitsinterpretation, wie das beim Vertrauensintervall notwendig ist. Das Überdeckungsintervall entspricht damit dem, was die Mehrzahl der Messtechniker sich intuitiv unter einem „Vertrauensintervall“ vorstellt, nämlich dass es eine Aussage über die Zuverlässigkeit des Wertes einer Messgröße ermöglicht. Es ist aber wichtig, sich klarzumachen, dass zwischen dem Vertrauensintervall der orthodoxen Statistik und dem Überdeckungsintervall wesentliche Unterschiede bestehen, die keineswegs rein philosophischer Art sind, wie häufig zu hören ist. Leider sind die im GUM und VIM angegebenen Definitionen des Überdeckungsintervalls hier nicht sehr hilfreich, denn die Formulierung, „ *... und auf der vorhandenen Information beruht*“, stellt nicht den unmittelbaren Bezug zur Posteriori her und könnte auch im Sinne der orthodoxen Statistik als die allein aus den Messdaten gewonnene Information missverstanden werden.

Wir zeigen nun beispielhaft, wie ein Überdeckungsintervall berechnet werden kann. Um einen unmittelbaren Vergleich mit den Ergebnissen aus der Berechnung des Vertrauensintervalls zu ermöglichen, berechnen wir es ebenfalls für den Mittelwert einer Normalverteilung.

Beispiel 5.18 (Überdeckungsintervall für den Mittelwert einer Normalverteilung) Im Beispiel 5.10 hatten wir den Fall behandelt, dass eine Zufallsgröße X mehrmals unter Wiederholbedingungen gemessen wird, wobei davon ausgegangen wurde, dass keinerlei Vorkenntnisse über die Messgröße vorhanden sind. Die Anwendung der BAYES-Statistik hatte für den Mittelwert μ der Normalverteilung die Wahrscheinlichkeitsdichtefunktion

$$g_M(\mu \mid \boldsymbol{x}) = \frac{\Gamma\left(\frac{n}{2}\right)}{\Gamma\left(\dfrac{n-1}{2}\right)} \sqrt{\frac{n}{\pi(n-1)s^2}} \left(1 + \frac{n(\mu - \overline{x})^2}{(n-1)s^2}\right)^{-n/2} \tag{5.41}$$

ergeben, mit dem empirischen Mittelwert

$$\overline{x} = \frac{1}{n} \sum_{i=1}^{n} x_i$$

und der empirischen Standardabweichung

$$s^2 = \frac{1}{n-1} \sum_{i=1}^{n} (x_i - \overline{x})^2$$

der Messwerte $(x_1, \ldots, x_n)$. Mit dieser Wahrscheinlichkeitsdichtefunktion erhalten wir unter der Voraussetzung[78] $n > 2$

$$\mathsf{E}(\mu) = \overline{x}$$

als besten Schätzwert für den Mittelwert μ der Normalverteilung.

Für das Überdeckungsintervall des Mittelwertes μ der Normalverteilung müssen wir nach der Definition 5.21 die Intervallgrenzen t_0 und t_1 aus der Bedingung

$$\mathsf{P}\left(t_0 < \mu < t_1\right) = \int_{t_0}^{t_1} g_M(\mu \mid \boldsymbol{x})\,\mathrm{d}\mu = 1 - \alpha \tag{5.42}$$

bestimmen, wobei die Überdeckungswahrscheinlichkeit $(1 - \alpha)$ fest vorgegeben ist. Zum Zweck der Vergleichbarkeit mit der Berechnung beim Vertrauensintervall wählen wir Intervallgrenzen, die symmetrisch zum besten Schätzwert $\overline{x}$ sind. Deshalb setzen wir

$$t_0 = \overline{x} - k\sqrt{\frac{s^2}{n}} \qquad \text{und} \qquad t_1 = \overline{x} + k\sqrt{\frac{s^2}{n}}\,.$$

[78] Für $n \leq 2$ existiert der Erwartungswert nicht.

Wenn wir diese Intervallgrenzen verwenden und die Wahrscheinlichkeitsdichtefunktion (5.41) in die Bedingungsgleichung (5.42) einsetzen, dann erhalten wir mit der Substitution

$$t = \frac{\mu - \overline{x}}{s}\sqrt{n} \qquad \text{bzw.} \qquad \mu = \overline{x} + \frac{s}{\sqrt{n}}\,t$$

die Bedingungsgleichung

$$\frac{\Gamma\left(\frac{n}{2}\right)}{\Gamma\left(\frac{n-1}{2}\right)} \frac{1}{\sqrt{(n-1)\pi}} \int_{-k}^{+k} \left(1 + \frac{t^2}{n-1}\right)^{-n/2} \mathrm{d}t = 1 - \alpha$$

für den Wert k. Es zeigt sich, dass k für eine feste Überdeckungswahrscheinlichkeit $(1 - \alpha)$ durch eine t-Verteilung mit $(n - 1)$ Freiheitsgraden bestimmt ist. Wir erhalten also für die Grenzen des Überdeckungsintervalls den Intervallschätzer

$$\hat{T}_0 = \overline{X} - k(\alpha, n-1)\sqrt{\frac{S^2}{n}} \qquad \text{und} \qquad \hat{T}_1 = \overline{X} + k(\alpha, n-1)\sqrt{\frac{S^2}{n}}\,.$$

Dieses Ergebnis stimmt vollständig mit dem für das Vertrauensintervall im Beispiel 5.17 erhaltenen Ergebnis überein.

Das Ergebnis dieses Beispiels, dass es rein *numerisch* keinen Unterschied zwischen den Grenzen des Vertrauensintervalls und den Grenzen des Überdeckungsintervalls gibt, wenn wir diese Intervalle für den Mittelwert einer Normalverteilung berechnen, scheint auf den ersten Blick überraschend zu sein. Es lässt sich aber nachweisen (siehe dazu E. T. Jaynes [Jay76]), dass das Vertrauensintervall und das Überdeckungsintervall unter bestimmten Umständen aus rein mathematischen Gründen übereinstimmen können. Dies sollte aber niemanden zu der Annahme verleiten, dass Vertrauensintervall und Überdeckungsintervall ohnehin dasselbe sind, denn es gibt genügend Fälle, in denen es keine Übereinstimmung der beiden Intervalle gibt oder bei denen das Vertrauensintervall offensichtlich unsinnig ist, während das Überdeckungsintervall als vernünftig angesehen werden kann [Jay76].

Vertrauensintervall und Überdeckungsintervall können auch noch aus einem anderen Grunde im Allgemeinen nicht übereinstimmen. Zur Berechnung des Überdeckungsintervalls wird die Posteriori verwendet, während bei der Berechnung des Vertrauensintervalls ausschließlich die Wahrscheinlichkeitsdichtefunktion der Stichprobe (also nur die aus den Messdaten erhaltene Information) herangezogen wird. Dies führt unter sonst gleichen Bedingungen sehr häufig dazu, dass das Überdeckungsintervall kürzer als das Vertrauensintervall ist, weil aufgrund der durch die Priori berücksichtigten vorhandenen Vorkenntnisse mehr Information zur Verfügung steht, die in der Regel zu einer geringeren Unsicherheit führt. Um dies zu demonstrieren, betrachten wir ein Beispiel.

Beispiel 5.19 (Überdeckungsintervall bei der Kalibrierung eines Messgeräts) Im Beispiel 5.11 hatten wir die Kalibrierung eines Messgeräts unter Verwendung einer Maßverkörperung betrachtet, deren Wert w und die diesem Wert beigeordnete Standardunsicherheit u wir einem Kalibrierschein entnehmen können. Aus der Gleichung (5.33) ergibt sich für die Abweichung $d = \theta - w$ vom Wert der Maßverkörperung die Wahrscheinlichkeitsdichtefunktion

$$g_D(d \mid \boldsymbol{x}) = \sqrt{\frac{nu^2 + \sigma^2}{2\pi u^2 \sigma^2}} \exp\left[-\frac{nu^2 + \sigma^2}{2u^2\sigma^2}\left(d - \frac{nu^2(\overline{x} - w)}{nu^2 + \sigma^2}\right)^2\right]$$

mit dem empirischen Mittelwert

$$\overline{x} = \frac{1}{n}\sum_{i=1}^{n} x_i$$

der Messwerte $(x_1, \ldots, x_n)$. Dabei bezeichnet σ die als bekannt vorausgesetzte Standardabweichung bei den für die Kalibrierung durchgeführten Messungen. Mit dieser Wahrscheinlichkeitsdichtefunktion erhalten wir

$$\mathsf{E}(D) = \frac{nu^2}{nu^2 + \sigma^2}(\overline{x} - w)$$

und

$$\mathsf{Var}(D) = \frac{u^2\sigma^2}{nu^2 + \sigma^2}$$

als besten Schätzwert für die Abweichung vom Wert der Maßverkörperung und die ihm beigeordnete Varianz.

Wir interessieren uns nun zusätzlich für das Überdeckungsintervall der Abweichung d. Dazu müssen wir nach der Definition 5.21 die Intervallgrenzen t_0 und t_1 aus der Bedingung

$$\mathsf{P}\left(t_0 < \mu < t_1\right) = \int_{t_0}^{t_1} g_D(d \mid \boldsymbol{x})\, \mathrm{d}\mu = 1 - \alpha$$

bestimmen, wobei die Überdeckungswahrscheinlichkeit $(1 - \alpha)$ fest vorgegeben ist. Wenn wir wieder ein zum Erwartungswert symmetrisches Überdeckungsintervall voraussetzen, dann können wir

$$t_0 = \frac{nu^2(\overline{x} - w)}{nu^2 + \sigma^2} - k\frac{u\sigma}{\sqrt{nu^2 + \sigma^2}}$$

und

$$t_1 = \frac{nu^2(\overline{x} - w)}{nu^2 + \sigma^2} + k\frac{u\sigma}{\sqrt{nu^2 + \sigma^2}}$$

setzen. Wenn wir diese Intervallgrenzen verwenden und die Wahrscheinlichkeitsdichtefunktion (5.41) in die Bedingungsgleichung (5.42) einsetzen, dann erhalten wir mit der Substitution

$$t = \frac{\sqrt{nu^2 + \sigma^2}}{u\sigma}\left(d - \frac{nu^2(\overline{x} - w)}{nu^2 + \sigma^2}\right)$$

bzw.

$$d = \frac{nu^2(\overline{x} - w)}{nu^2 + \sigma^2} + \frac{u\sigma}{\sqrt{nu^2 + \sigma^2}}\,t$$

die Bedingungsgleichung

$$\frac{1}{\sqrt{2\pi}}\int\limits_{t_0}^{t_1} \mathrm{e}^{-t^2/2}\mathrm{d}t = 1 - \alpha$$

für den Wert k. Diese Bedingungsgleichung ist äquivalent zu der Beziehung

$$\alpha = \operatorname{erfc}\left(\frac{k}{\sqrt{2}}\right),$$

aus der wir den Wert k für einen vorgegebenen Wert α berechnen können.

Es zeigt sich, dass wir ein Überdeckungsintervall mit der von den Messwerten unabhängigen Länge

$$t_1 - t_0 = k(\alpha)\frac{2u\sigma}{\sqrt{nu^2 + \sigma^2}}$$

erhalten. Dieses Intervall ist um den Faktor

$$\sqrt{\frac{nu^2}{nu^2 + \sigma^2}}$$

kürzer, als das für das gleiche Problem berechnete Vertrauensintervall. Dieser Faktor geht für $n \to \infty$ gegen eins, d. h. für einen sehr großen Stichprobenumfang ($n \gg (\sigma/u)^2$) spielen die Vorkenntnisse praktisch keine Rolle mehr, und die durch die Messung erhaltene Information wird dominant.

Wir wenden uns nun einem anderen Aspekt zu, der bei der Berechnung von Überdeckungsintervallen zu beachten ist. In den beiden letzten Beispielen hatten wir die Entscheidung getroffen, das Überdeckungsintervall symmetrisch zum Erwartungswert des Parameters zu konstruieren. Wir hätten aber auch eine beliebige andere Entscheidung über die Intervallgrenzen treffen können. Daraus können wir schließen, dass die Definition 5.21 das Überdeckungsintervall noch nicht eindeutig festlegt. Es gibt offenbar für eine vorgegebene Überdeckungswahrscheinlichkeit mehr als ein Überdeckungsintervall. Im Supplement 1 des GUM sind zwei mögliche Festlegungen für das Überdeckungsintervall angegeben, nämlich das *wahrscheinlichkeitstheoretisch symmetrische Überdeckungsintervall* und das *kürzeste Überdeckungsintervall*. Für symmetrische Wahrscheinlichkeitsdichtefunktionen sind diese beiden Intervalle identisch.

Das wahrscheinlichkeitstheoretisch symmetrische Überdeckungsintervall ist das Überdeckungsintervall für eine Größe derart, dass die Wahrscheinlichkeit, dass die Größe kleiner als der kleinste Wert innerhalb des Intervalls ist, gleich der Wahrscheinlichkeit ist, dass die Größe größer als der größte Wert innerhalb des Intervalls ist (GUM Supplement 1, 3.15 [GUM-1]). Das entspricht der folgenden formalen Definition:

Definition 5.22 (Symmetrisches Überdeckungsintervall)
Ein Intervall (t_0,t_1) für den Parameter Θ heißt wahrscheinlichkeitstheoretisch symmetrisches Überdeckungsintervall, wenn

$$\mathsf{P}(\Theta < t_0) = \int_{-\infty}^{t_0} g_\Theta(\theta \mid \boldsymbol{x})\,\mathrm{d}\theta \le \frac{\alpha}{2}$$

und

$$\mathsf{P}(\Theta > t_1) = \int_{t_1}^{\infty} g_\Theta(\theta \mid \boldsymbol{x})\,\mathrm{d}\theta \le \frac{\alpha}{2}$$

gilt, wobei $g_\Theta(\theta \mid \boldsymbol{x})$ die Posteriori des Parameters zu den Daten $\boldsymbol{x} = (x_1,\ldots,x_n)^\mathsf{T}$ ist. Der Wert $(1-\alpha)$ heißt Überdeckungswahrscheinlichkeit.

Diese Definition ist im Einklang mit der allgemeineren Definition 5.21 des Überdeckungsintervalls. Sie legt aber getrennte Bedingungen für die Intervallgrenzen t_0 und t_1 fest, wodurch das Überdeckungsintervall eindeutig wird. Für eine symmetrische, unimodale[79] Posteriori (wie z. B. die Normalverteilung) entspricht das wahrscheinlichkeitstheoretisch symmetrische Überdeckungsintervall der Angabe der erweiterten Messunsicherheit[80] des GUM.

[79] Eine Wahrscheinlichkeitsdichtefunktion heißt unimodal, wenn sie nur ein Maximum besitzt, anderenfalls heißt sie multimodal.

[80] Dies ist eine sehr ungeschickte Benennung, da es sich *nicht* um eine Unsicherheit handelt, sondern um die halbe Länge eines symmetrischen Überdeckungsintervalls. Dieser entscheidende Unterschied führt immer wieder zu Missverständnissen.

Das kürzeste Überdeckungsintervall ist das Überdeckungsintervall einer Größe mit der kürzesten Länge aller Überdeckungsintervalle dieser Größe, die die gleiche Überdeckungswahrscheinlichkeit besitzen (GUM Supplement 1, 3.16 [GUM-1]). Generell sind wir an einem möglichst kurzen Überdeckungsintervall interessiert, weil für eine vorgegebene Überdeckungswahrscheinlichkeit ein kurzes Überdeckungsintervall für eine größere Zuverlässigkeit des Wertes einer betrachteten Messgröße spricht, als ein längeres.

Es stellt sich nun die Frage, wie wir das kürzeste Überdeckungsintervall bestimmen können. Wir werden diese Frage zunächst etwas allgemeiner behandeln, nämlich nicht für einen einzelnen Parameter, sondern gleich für den Fall eines Parametervektors. Dann können wir nicht mehr von einem Intervall sprechen, sondern es liegt ein Bereich vor. Wir nennen den kleinstmöglichen Bereich, der die Werte des Parametervektors mit einer vorgegebenen Wahrscheinlichkeit enthält, seinen Zuverlässigkeitsbereich [Kry14]. Das kleinste Überdeckungsintervall ist dann ein Spezialfall für nur einen Parameter.

Wir beginnen mit der Forderung, dass der Zuverlässigkeitsbereich einem vorgegebenen Wahrscheinlichkeitswert entsprechen soll. Die mathematische Präzisierung dieser Forderung lautet in Analogie zur Definition 5.21

$$\mathsf{P}\left(\boldsymbol{\Theta} \in \mathfrak{B}\right) = \int\limits_{\mathfrak{B}} g_{\boldsymbol{\Theta}}(\boldsymbol{\theta} \mid \boldsymbol{x})\,\mathrm{d}\boldsymbol{\theta} \geq 1 - \alpha\,, \tag{5.43}$$

wobei $g_{\boldsymbol{\Theta}}(\boldsymbol{\theta} \mid \boldsymbol{x})$ die Posteriori des Parametervektors $\boldsymbol{\Theta} = (\Theta_1, \ldots, \Theta_m)^\mathsf{T}$ zu den Daten $\boldsymbol{x} = (x_1, \ldots, x_n)^\mathsf{T}$ bezeichnet, $\mathfrak{B}$ den Zuverlässigkeitsbereich und $(1 - \alpha)$ die vorgegebene Wahrscheinlichkeit. Das Integral ist als m-dimensional im Sinne von Lebesgue zu verstehen[81] und erstreckt sich über den Bereich $\mathfrak{B}$. Die Gleichung (5.43) kann als multivariate Verallgemeinerung der Beziehung (5.40) angesehen werden. Der durch diese Gleichung definierte Bereich $\mathfrak{B}$ ist der Zuverlässigkeitsbereich zur Wahrscheinlichkeit $(1 - \alpha)$.

Im Allgemeinen wird es viele Bereiche $\mathfrak{B}$ geben, welche die Beziehung (5.43) erfüllen. Wir sind aber nur an den Bereichen interessiert, welche die Werte des Parametervektors $\boldsymbol{\Theta}$ enthalten, die am wahrscheinlichsten sind. Auch diese Forderung lässt sich mathematisch präzisieren, nämlich durch

$$\mathfrak{B} = \left\{\boldsymbol{\theta} \,\middle|\, g_{\boldsymbol{\Theta}}(\boldsymbol{\theta} \mid \boldsymbol{x}) \geq K\right\}, \tag{5.44}$$

[81]Die Klasse der im Lebesgueschen Sinne integrierbaren Funktionen ist größer als die der gewöhnlichen (im Riemannschen Sinne) integrierbaren Funktionen und lässt z. B. auch die Diracsche δ-Funktion im Integranden zu, was bei der gewöhnlichen Integration unzulässig wäre.

d. h. $\mathfrak{B}$ enthält alle Werte, die einen bestimmten Schwellwert K der Wahrscheinlichkeitsdichte nicht unterschreiten. Durch die Funktion $g_{\Theta}(\boldsymbol{\theta} \mid \boldsymbol{x}) = K$ wird eine (nicht notwendigerweise zusammenhängende) Hyperfläche im m-dimensionalen Parameterraum festgelegt, welche die Werte, die zu $\mathfrak{B}$ gehören, von den Werten trennt, die nicht zu $\mathfrak{B}$ gehören, sondern zum Komplement $\mathfrak{B}^c$. Ein durch die Gleichung (5.44) festgelegter Bereich wird als HPD-Bereich (highest probability density region) bezeichnet [BT65].

Wir zeigen jetzt, dass der HPD-Bereich auch gleichzeitig der kleinstmögliche Bereich ist. Wir betrachten neben dem HPD-Bereich $\mathfrak{B}$ noch einen beliebigen anderen Bereich $\overline{\mathfrak{B}}$, der ebenfalls die Forderung (5.43) erfüllt. Wir lassen die Möglichkeit zu, dass sich die beiden Bereiche überschneiden und bilden deshalb eine Zerlegung des Bereiches $\mathfrak{B} \cup \overline{\mathfrak{B}}$ in die drei disjunkten Teilbereiche $\mathfrak{B} \setminus \overline{\mathfrak{B}}$, $\mathfrak{B} \cap \overline{\mathfrak{B}}$ und $\overline{\mathfrak{B}} \setminus \mathfrak{B}$, wie in der Abbildung 5.3 durch ein Venn-Diagramm veranschaulicht. Es gilt offenbar $\mathfrak{B} = (\mathfrak{B} \setminus \overline{\mathfrak{B}}) \cup (\mathfrak{B} \cap \overline{\mathfrak{B}})$ und $\overline{\mathfrak{B}} = (\overline{\mathfrak{B}} \setminus \mathfrak{B}) \cup (\mathfrak{B} \cap \overline{\mathfrak{B}})$. Da die Bereiche

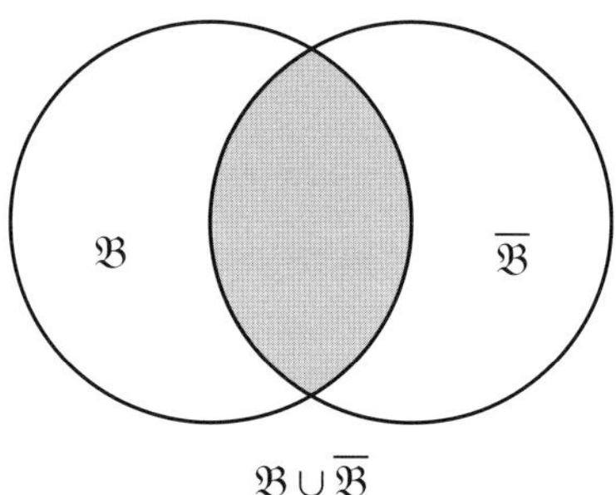

Abbildung 5.3 Darstellung der Mengenbeziehungen. Der linke Kreis stellt die Menge $\mathfrak{B}$ dar, der rechte Kreis die Menge $\overline{\mathfrak{B}}$. Die Menge $\mathfrak{B} \cap \overline{\mathfrak{B}}$ ist grau dargestellt, die Menge $\mathfrak{B} \setminus \overline{\mathfrak{B}}$ wird durch die linke weiße Fläche dargestellt und die Menge $\overline{\mathfrak{B}} \setminus \mathfrak{B}$ durch die rechte weiße Fläche.

disjunkt sind, ergibt sich aus dem Additionstheorem der Wahrscheinlichkeitsrechnung

$$\mathsf{P}\left(\Theta \in \mathfrak{B}\right) = \mathsf{P}\left(\Theta \in (\mathfrak{B} \setminus \overline{\mathfrak{B}})\right) + \mathsf{P}\left(\Theta \in (\mathfrak{B} \cap \overline{\mathfrak{B}})\right)$$

und

$$\mathsf{P}\left(\Theta \in \overline{\mathfrak{B}}\right) = \mathsf{P}\left(\Theta \in (\overline{\mathfrak{B}} \setminus \mathfrak{B})\right) + \mathsf{P}\left(\Theta \in (\mathfrak{B} \cap \overline{\mathfrak{B}})\right) .$$

Daraus folgt wegen der Voraussetzung $\mathsf{P}\Big(\boldsymbol{\Theta} \in \mathfrak{B}\Big) = \mathsf{P}\left(\boldsymbol{\Theta} \in \overline{\mathfrak{B}}\right)$

$$\mathsf{P}\left(\boldsymbol{\Theta} \in (\mathfrak{B} \setminus \overline{\mathfrak{B}})\right) = \mathsf{P}\left(\boldsymbol{\Theta} \in (\overline{\mathfrak{B}} \setminus \mathfrak{B})\right) ,$$

bzw.

$$\int\limits_{\mathfrak{B} \setminus \overline{\mathfrak{B}}} g_{\Theta}(\boldsymbol{\theta} \mid \boldsymbol{x}) \,\mathrm{d}\boldsymbol{\theta} = \int\limits_{\overline{\mathfrak{B}} \setminus \mathfrak{B}} g_{\Theta}(\boldsymbol{\theta} \mid \boldsymbol{x}) \,\mathrm{d}\boldsymbol{\theta} . \tag{5.45}$$

Es ist aber $\mathfrak{B} \setminus \overline{\mathfrak{B}} \subseteq \mathfrak{B}$ und $\overline{\mathfrak{B}} \setminus \mathfrak{B} \subseteq \mathfrak{B}^c$, d. h. wegen der Gleichung (5.44) gilt $g_{\Theta}(\boldsymbol{\theta} \mid \boldsymbol{x}) \geq K$ für alle $\boldsymbol{\theta} \in \mathfrak{B} \setminus \overline{\mathfrak{B}}$ und $g_{\Theta}(\boldsymbol{\theta} \mid \boldsymbol{x}) < K$ für alle $\boldsymbol{\theta} \in \overline{\mathfrak{B}} \setminus \mathfrak{B}$. Demnach ist in der Gleichung (5.45) der linke Integrand größer als der rechte Integrand. Die Werte der Integrale sind aber gleich und $g_{\Theta}(\boldsymbol{\theta} \mid \boldsymbol{x})$ ist als Wahrscheinlichkeitsdichtefunktion nicht negativ. Deshalb muss $\mathfrak{B} \setminus \overline{\mathfrak{B}}$ kleiner sein als $\overline{\mathfrak{B}} \setminus \mathfrak{B}$ und damit ergibt sich wegen $\mathfrak{B} = (\mathfrak{B} \setminus \overline{\mathfrak{B}}) \cup (\mathfrak{B} \cap \overline{\mathfrak{B}})$ und $\overline{\mathfrak{B}} = (\overline{\mathfrak{B}} \setminus \mathfrak{B}) \cup (\mathfrak{B} \cap \overline{\mathfrak{B}})$, dass $\mathfrak{B}$ kleiner als $\overline{\mathfrak{B}}$ sein muss. Der Bereich $\overline{\mathfrak{B}}$ wurde aber beliebig gewählt, also ist der Bereich $\mathfrak{B}$ der kleinstmögliche.

Es stellt sich nun die Frage, ob der Bereich $\mathfrak{B}$ durch die Beziehungen (5.43) und (5.44) bereits vollständig festgelegt wird. Die Antwort darauf ist leider nein, denn ausgerechnet die einfachste Wahrscheinlichkeitsdichtefunktion, nämlich die Gleichverteilung, erlaubt noch keine eindeutige Festlegung von $\mathfrak{B}$. Dies können wir folgendermaßen einsehen. Wenn

$$\mu(\mathfrak{G}) = \int\limits_{\mathfrak{G}} \mathrm{d}\boldsymbol{\theta}$$

den Inhalt (Länge, Fläche, Volumen usw.) eines m-dimensionalen Bereiches $\mathfrak{G}$ bezeichnet, dann ist die m-dimensionale Gleichverteilung durch

$$g_{\Theta}(\boldsymbol{\theta} \mid \boldsymbol{x}) = \begin{cases} \dfrac{1}{\mu(\Omega)} & \text{für } \boldsymbol{\theta} \in \Omega \\ 0 & \text{sonst} \end{cases} \tag{5.46}$$

gegeben — wobei $\Omega \subseteq \mathbb{R}^m$ den Bereich der zulässigen Werte des Parametervektors $\boldsymbol{\Theta}$ bezeichnet — wie wir durch Einsetzen in die für jede m-dimensionale Wahrscheinlichkeitsdichtefunktion geltende Normierungsbedingung

$$\int\limits_{\mathbb{R}^m} g_{\Theta}(\boldsymbol{\theta} \mid \boldsymbol{x}) \,\mathrm{d}\boldsymbol{\theta} = 1$$

unmittelbar verifizieren können. Setzen wir nun die Gleichung (5.46) in die Gleichung (5.43) ein, dann erhalten wir

$$\mu(\mathfrak{B}) = (1 - \alpha)\, \mu(\Omega)\,,$$

bzw. $\mu(\mathfrak{B}) \leq \mu(\Omega)$. Es wird folglich nur der Inhalt $\mu(\mathfrak{B})$ des Bereiches $\mathfrak{B}$ festgelegt, aber nicht seine Lage. Wir benötigen also noch eine weitere Bedingung, um die Lage von $\mathfrak{B}$ festzulegen. Für eine Gleichverteilung kann dies aufgrund der Beziehung (5.43) nur die Forderung $\mathfrak{B} = \Omega$ sein. Dies machen wir uns am einfachsten am eindimensionalen Fall klar. Ein kürzestes Überdeckungsintervall lässt sich für die Rechteckverteilung eines Parameters nicht eindeutig angeben, denn alle Parameterwerte innerhalb der Grenzen der Rechteckverteilung haben die gleiche Wahrscheinlichkeit. Jede Einschränkung auf ein kleineres Intervall würde eine unzulässige Bevorzugung bestimmter Parameterwerte bedeuten und damit im Widerspruch zur durch die Rechteckverteilung vorgegebenen Gleichverteilung der Werte stehen.

Aber auch die Gestalt von $\mathfrak{B}$ ist für eine Gleichverteilung nicht eindeutig festlegt. Die Beziehung (5.44) hilft uns hier nicht weiter, denn bei der Gleichverteilung gibt es nur einen festen Wert der Wahrscheinlichkeitsdichte, wodurch K bereits festgelegt ist. Man stelle sich zur Veranschaulichung einen Mehlsack ($\mathfrak{B}$) vor, den man in eine Kiste (Ω) geworfen hat, in die er vollständig hineinpasst. Er kann dabei eine beliebige, mit den Randbedingungen verträgliche Gestalt annehmen (er dürfte sogar aufplatzen, denn wir haben ja von $\mathfrak{B}$ nicht gefordert, dass es ein zusammenhängender Bereich sein muss), ohne dass sich das eingenommene Volumen verändert.

Für die Gleichverteilung brauchen wir uns nicht darum zu kümmern, ob die Gestalt von $\mathfrak{B}$ eindeutig festlegt ist, denn sie ist wegen der Forderung $\mathfrak{B} = \Omega$ durch Ω bereits vorgegeben. Aber für jede andere Wahrscheinlichkeitsdichtefunktion die Bereiche mit konstanter Wahrscheinlichkeitsdichte besitzt, könnte für bestimmte Werte von α der Fall eintreten, dass sich $\mathfrak{B}$ nicht eindeutig festlegen lässt. In dieser Situation haben wir zwei Möglichkeiten, entweder wir geben die Eindeutigkeitsforderung auf, oder wir versuchen, die Eindeutigkeit irgendwie zu erzwingen. Die pragmatische Lösung ist hier, die Eindeutigkeitsforderung aufzugeben, denn einerseits ist jede weitere Bedingung, die nötig ist, um die Eindeutigkeit zu erreichen, nicht ohne Willkür, andererseits können wir davon ausgehen, dass sich in der Praxis meistens eine eindeutige Lösung bei der Verwendung der Beziehungen (5.43) und (5.44) ergibt. Sollte dies nicht der Fall sein, dann muss unter den möglichen Bereichen $\mathfrak{B}$ nach geeigneten Kriterien eine Auswahl getroffen werden.

Nach diesen Vorüberlegungen können wir jetzt die Definition für einen Zuverlässigkeitsbereich angeben:

Definition 5.23 (Zuverlässigkeitsbereich)
Es sei $g_{\boldsymbol{\Theta}}(\boldsymbol{\theta} \mid \boldsymbol{x})$ die Posteriori des Parametervektors $\boldsymbol{\Theta} = (\Theta_1, \ldots, \Theta_m)^\mathsf{T}$ zu den Daten $\boldsymbol{x} = (x_1, \ldots, x_n)^\mathsf{T}$ und $(1 - \alpha)$ eine vorgegebene Wahrscheinlichkeit, dann heißt der kleinste, nicht notwendigerweise zusammenhängende, m-dimensionale Bereich

$$\mathfrak{B} = \left\{\boldsymbol{\theta} \,\middle|\, g_{\boldsymbol{\Theta}}(\boldsymbol{\theta} \mid \boldsymbol{x}) \geq K\right\},$$

der für K die Bedingung

$$\int_{\mathfrak{B}} g_{\boldsymbol{\Theta}}(\boldsymbol{\theta} \mid \boldsymbol{x})\,\mathrm{d}\boldsymbol{\theta} \geq 1 - \alpha$$

erfüllt, Zuverlässigkeitsbereich des Parametervektors $\boldsymbol{\Theta}$ mit der Überdeckungswahrscheinlichkeit $(1 - \alpha)$.

Im eindimensionalen Fall, d. h. wenn wir nur einen einzelnen Parameter betrachten, wird der Zuverlässigkeitsbereich in der Regel ein Intervall sein, vorausgesetzt die Posteriori besitzt nur einen Modalwert (Modus). Bei einer multimodalen Posteriori kann der Zuverlässigkeitsbereich aber unter bestimmten Umständen auch in mehrere Intervalle zerfallen. Die Abbildung 5.3 zeigt dies am Beispiel einer bimodalen Posteriori.

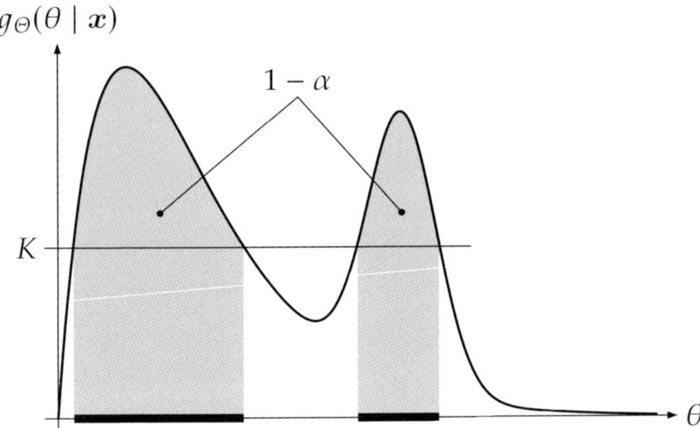

Abbildung 5.4 Zuverlässigkeitsbereich (veranschaulicht durch dicke schwarze Linien auf der θ-Achse) bei einer bimodalen Posteriori

6 Konzepte der Messunsicherheit

> ... nachdem der Beobachter das Seinige getan hat, ist es an dem Geometer, die Unsicherheit der Beobachtungen und der durch Rechnung daraus abgeleiteten Größen nach streng mathematischen Prinzipien zu würdigen, und was das wichtigste ist, da, wo die mit den Beobachtungen zusammenhängenden Größen aus denselben durch verschiedene Kombinationen abgeleitet werden können, diejenige Art vorzuschreiben, bei der so wenig Unsicherheit als möglich zu befürchten bleibt.
>
> *(Carl Friedrich Gauss, 1821)*

Die Berechnung der Messunsicherheit erfolgte während der letzten mehr als zweihundert Jahre nach den im Wesentlichen von C. F. GAUSS, P. S. LAPLACE und ihren Zeitgenossen erarbeiteten Methoden. Der größte Teil dieser Methoden ist auch nach der Einführung des *Leitfadens zur Angabe der Unsicherheit beim Messen (GUM)* nicht vollständig ungültig geworden. Um ein besseres Verständnis für die Gemeinsamkeiten und Unterschiede der traditionellen Methode und der Methoden des GUM zu ermöglichen, werden wir in diesem Kapitel beide einander kritisch gegenüberstellen.

6.1 Die traditionelle Methode

Die Grundlagen der traditionellen Methode sind vor etwa zwei Jahrhunderten im Wesentlichen von C. F. GAUSS [Gau09; Gau21] und P. S. LAPLACE [Lap12] gelegt worden, um astronomische Messdaten auswerten zu können. Die Anwendung ihrer Verfahren war von Anfang an sehr erfolgreich[82] und bildete seitdem die Basis für die Auswertung von astronomischen und physikalischen Messdaten.

Wir beginnen mit Überlegungen zur direkten Messung einer Messgröße und folgen dabei im Wesentlichen den Gedanken von C. F. Gauss [Gau21], die zur traditionellen Methode der Messdatenauswertung geführt haben.

Angenommen, wir messen die Länge eines Objekts (z. B. einer Eisenstange) und erhalten einen Messwert, den wir mit x bezeichnen. Dabei setzen wir voraus, dass die betrachtete Länge einen festen, zeitlich unveränderlichen Wert hat, den wir mit w bezeichnen. Aus Erfahrung wissen wir, dass sich bei wiederholten Messungen nicht dieselben Messwerte ergeben. Deshalb müssen wir davon ausgehen, dass die Messwerte mit dem unbekannten Längenwert im Allgemeinen nicht übereinstimmen werden (selbst wenn dies zufällig der Fall sein sollte, würden wir es nicht wissen). Für die sich bei Wiederholungsmessungen unter gleichen Bedingungen ergebenden Messwerte machen wir daher den Ansatz

$$x_i = w + b + e_i \,, \qquad i = 1, \ldots, n \,, \tag{6.1}$$

wobei die Symbole x_i den i-ten Messwert, e_i die dabei auftretende zufällige Messabweichung[83], b die systematische Messabweichung und n die Anzahl der Wiederholungsmessungen bezeichnen.

Die Aufteilung der Messabweichung in zwei ihrem Charakter nach verschiedene Anteile war bereits zur Zeit von C. F. Gauss [Gau09] üblich. Die systematische Messabweichung b ist der konstante Anteil der Messabweichung und beschreibt eine konstante Verschiebung der Messwerte gegenüber dem (wahren) Wert w der Messgröße. Die zufälligen Messabweichungen sind dagegen der variable Anteil der Messabweichung und erfassen die willkürlichen Streuungen der Messwerte. Dabei wird das Auftreten positiver und negativer Werte von e_i als gleich häufig angenommen. Da außerdem erfahrungsgemäß größere Absolutwerte der Abweichungen weniger häufig vorkommen als kleinere, ergibt sich eine symmetrische Streuung der Messwerte um den Wert

$$\mu = w + b \,.$$

[82] Die Berechnungen von C. F. Gauss ermöglichten die Wiederauffindung des nach seiner Entdeckung durch G. Piazzi im Januar 1801 wieder verloren gegangenen Zwergplaneten Ceres im Dezember 1801 durch F. X. v. Zach.

P. S. Laplace gelang es mithilfe der von ihm entwickelten wahrscheinlichkeitstheoretischen Methoden, die Masse des Saturn aus den beobachteten Positionsdaten des Planeten zu berechnen, mit einer Unsicherheit von — wie wir heute wissen — weniger als 1 %.

[83] C. F. Gauss hat noch vom „Messfehler" gesprochen, aber diese Benennung sollte heute nicht mehr verwendet werden, weil eine Messabweichung auch bei noch so sorgfältigen Messungen auftritt und somit keinen *Fehler* bei der Messung darstellt.

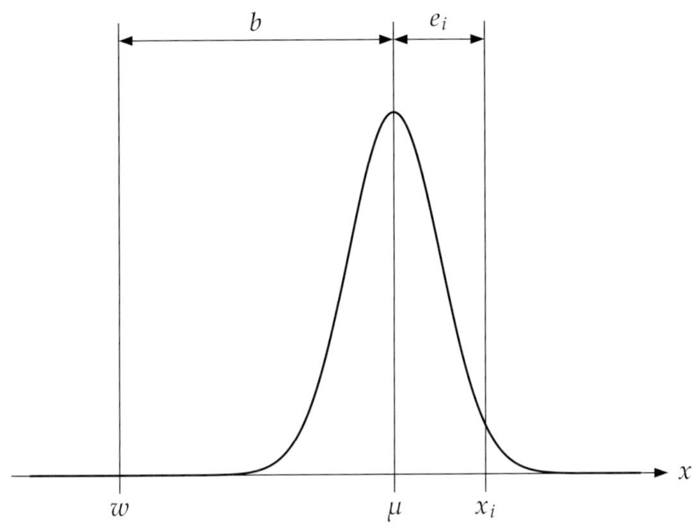

Abbildung 6.1 Systematische und zufällige Messabweichung

Diese Streuung wird durch die in der Abbildung 6.1 dargestellte Wahrscheinlichkeitsdichtefunktion der zufälligen Messabweichung e beschrieben, die 1809 von C. F. Gauss [Gau09] vorgeschlagen wurde.

Ziehen wir eine erste Zwischenbilanz aus den bisherigen Überlegungen. Die traditionelle Methode geht davon aus, dass

- jede quantitative Größe genau einen Wert — den wahren Wert — hat,
- dieser Größenwert zeitlich unveränderlich ist und
- es unvermeidbare Messabweichungen gibt.

Die bei der Messung auftretende Abweichung vom wahren Wert besteht aus einem konstanten Anteil (systematische Messabweichung) und einem variablen Anteil (zufällige Messabweichung). Die zufälligen Messabweichungen können durch eine Gauss-Verteilung ausreichend gut beschrieben werden.

Das Ziel jeder Messung ist es, einen Schätzwert zu ermitteln, der dem wahren Wert möglichst nahe kommt. Sehen wir uns an, wie dieser Schätzwert bei der traditionellen Methode bestimmt wird.

Wenn wir die Gleichung (6.1) über i summieren und anschließend durch die Anzahl der Messwerte dividieren, dann erhalten wir

$$\overline{x} = \frac{1}{n} \sum_{i=1}^{n} x_i = w + b + \frac{1}{n} \sum_{i=1}^{n} e_i , \qquad i = 1, \ldots, n .$$

Da wir vorausgesetzt haben, dass positive und negative zufällige Messabweichungen e_i gleichen Betrages im Mittel gleich häufig vorkommen, können wir hoffen, dass die Summe auf der rechten Seite dieser Gleichung (also der arithmetische Mittelwert der zufälligen Messabweichungen) bei einer ausreichend großen Anzahl von Messwerten sehr schnell gegen null gehen wird. Wenn dies der Fall ist, dann wird

$$\overline{x} \approx w + b ,$$

d. h. der arithmetische Mittelwert der Messwerte $\overline{x}$ ist ein geeigneter Schätzwert für den wahren Wert w der Messgröße, wenn wir davon ausgehen dürfen, dass es keine systematische Messabweichung gibt, also $b = 0$ ist. Wenn die systematische Messabweichung von null verschieden, aber bekannt ist, dann können wir das Messergebnis entsprechend korrigieren.

Unsere Überlegungen haben uns also zu dem Ergebnis geführt, dass der um den Wert b einer bekannten systematischen Messabweichung korrigierte arithmetische Mittelwert der Messwerte ein geeigneter Schätzwert für den (wahren) Wert der Messgröße ist. Es gilt demnach

$$\hat{x} = \overline{x} - b , \tag{6.2}$$

wobei $\hat{x}$ den Schätzwert der Messgröße bezeichnet.

Im Allgemeinen wird der Schätzwert $\hat{x}$ nicht mit dem (wahren) Wert w der Messgröße übereinstimmen. Die Frage ist, wie nahe diese beiden Werte beieinander liegen, d. h. wie unsicher der Schätzwert ist.

Da nach Voraussetzung keine systematische Messabweichung vorhanden ist, oder wir bereits eine entsprechende Korrektur vorgenommen haben, kann die Unsicherheit des Schätzwertes $\hat{x}$ nur noch von den zufälligen Messabweichungen e_i abhängen. Für diese erhalten wir, wenn wir in der Gleichung (6.1) auf beiden Seiten $\overline{x}$ subtrahieren, die Gleichung (6.2) verwenden und nach e_i auflösen, den Zusammenhang

$$e_i = (x_i - \overline{x}) + (\hat{x} - w) . \qquad i = 1, \ldots, n .$$

Die Messabweichungen e_i setzen sich aus zwei Anteilen zusammen, nämlich aus den Schwankungen der Messwerte um ihren arithmetischen Mittelwert und aus der Abweichung des Schätzwertes der Messgröße von ihrem (wahren) Wert, die mit zunehmender Anzahl der Messwerte vernachlässigbar klein wird.

Da sich die Unsicherheit der Messwerte gerade in ihren Schwankungen zeigt, sollte ein Maß dafür von diesen ausgehen. Allerdings kann dabei nur ihr Betrag eine Rolle spielen, denn positive und negative Abweichungen sind gleich schwerwiegend bzw. unbedeutend. Zusätzlich werden wir von einem Maß für die Unsicherheit der Messwerte noch fordern müssen, dass eine Mittelung über alle beobachteten Messwerte stattfindet, um zu verhindern, dass extrem großen oder kleinen Schwankungswerten eine zu große Bedeutung beigemessen wird.

Wenn wir in der letzten Gleichung auf beiden Seiten den Betrag bilden und über alle Messwerte mitteln, dann erhalten wir

$$\frac{1}{n}\sum_{i=1}^{n}|e_i| = \frac{1}{n}\sum_{i=1}^{n}|(x_i - \overline{x}) + (\hat{x} - w)| \le \frac{1}{n}\sum_{i=1}^{n}|x_i - \overline{x}| + |\hat{x} - w| \; ,$$

wobei wir für die Abschätzung die Dreiecksungleichung verwendet haben. Die linke Seite dieser Gleichung ist ein mögliches Maß für die Unsicherheit. Sie entspricht dem ursprünglich von P. S. LAPLACE vorgeschlagenen Maß. Dies ist aber nicht die einzige Möglichkeit, ein Maß für die Unsicherheit festzulegen. Wenn wir nämlich nicht den Betrag bilden, sondern stattdessen quadrieren, dann ergibt sich die Beziehung

$$\frac{1}{n}\sum_{i=1}^{n}e_i^2 = \frac{1}{n}\sum_{i=1}^{n}(x_i - \overline{x})^2 + (\hat{x} - w)^2 \, .$$

Die linke Seite dieser Gleichung entspricht dem von C. F. GAUSS vorgeschlagenen Maß[84] für die Unsicherheit als mittlere quadratische Abweichung.

---

[84] Perinde ut integrale $\int x\varphi x.\mathrm{d}x$, seu valor medius ipsius x, erroris constantis vel absentiam vel praesentiam et magnitudinem docet , integrale

$$\int xx\varphi x.\mathrm{d}x$$

ab $x = -\infty$ usque ad $x = +\infty$ extensum (seu valor medius quadrati xx] aptissimum videtur ad incertitudinem observationum in genere definiendam et dimetiendam, ita ut e duobus observationum systematibus, quae quoad errorum facilitatem inter se differunt, eae praecisione praestare censeantur, in quibus integrale $\int xx\varphi x.\mathrm{d}x$ valorem minorem obtinet. [Gau21]

[Wie das Integral $\int x\varphi(x)\mathrm{d}x$, oder der mittlere Wert von x, das Fehlen oder Vorhandensein und die Größe eines konstanten Fehlers anzeigt, ebenso erscheint das von $x = -\infty$ bis $x = +\infty$ ausgedehnte Integral

$$\int x^2\varphi(x)\mathrm{d}x$$

Wir haben also zwei unterschiedliche Maße für die Unsicherheit der Messwerte erhalten, die beide gleichermaßen geeignet sind. Es ließen sich noch weitere Maße finden, für die das auch gelten würde. Daraus folgt, dass das Maß für die Unsicherheit letztlich auf den jeweils geltenden Konventionen beruht und durch *Vereinbarung* festgelegt wird. Auf diese Tatsache hat bereits C. F. Gauss hingewiesen (siehe dazu die Fußnote auf Seite 33).

Der heutigen Konvention entspricht die von C. F. Gauss getroffene Festlegung, die auf der mittleren quadratischen Abweichung beruht. Danach ist der Wert der Stichprobenvarianz

$$s^2 = \frac{1}{n-1}\sum_{i=1}^{n}(x_i - \overline{x})^2$$

ein Maß für die Streuung der Messwerte. Der in dieser Beziehung vor der Summe stehende Faktor $1/(n-1)$ anstelle des Faktors $1/n$ stellt sicher, dass s^2 für unendlich viele Messwerte gegen die Varianz σ^2 der Gauss-Verteilung konvergiert, wie wir bereits im Beispiel 5.1 gezeigt haben.

Die Unsicherheit der *Einzelwerte* x_i ist als positive Quadratwurzel des Wertes der Stichprobenvarianz definiert. Es gilt also

$$u(x_i) = s\ ,$$

wobei s der Wert der empirischen Standardabweichung ist. Für die Unsicherheit des arithmetischen Mittelwertes der Messwerte $\overline{x}$ gilt entsprechend

$$u(\overline{x}) = \frac{s}{\sqrt{n}}\ ,$$

denn der Wert der empirischen Varianz des Stichprobenmittelwertes ist um den Faktor $1/n$ kleiner, wie wir ebenfalls bereits im Beispiel 5.1 des vorangegangenen Kapitels gezeigt haben.

Da sich $\hat{x}$ und $\overline{x}$ nach der Gleichung (6.2) nur um die konstante systematische Messabweichung b unterscheiden, ist ihre Varianz, und damit auch ihre Unsicherheit, gleich. Es gilt also $u(\hat{x}) = u(\overline{x})$.

Wir fassen unsere bisherigen Überlegungen zusammen:

(oder der mittlere Wert des Quadrates x^2) am geeignetsten, die Unsicherheit von Beobachtungen allgemein zu definieren und zu messen, sodass bei zwei Beobachtungsgruppen, die sich hinsichtlich der Häufigkeit der Fehler unterscheiden, diejenigen Beobachtungen für die genaueren zu halten sind, für welche das Integral $\int x^2\varphi(x)\mathrm{d}x$ den kleineren Wert erhält.]

Definition 6.1 (Messergebnis bei einer direkten Messung)
Eine Messgröße X werde n-mal unter gleichen Bedingungen gemessen, dann ist der beste Schätzwert für den wahren Wert der Messgröße durch

$$\hat{x} = \overline{x} - b$$

gegeben, wobei b die bekannte systematische Messabweichung und

$$\overline{x} = \frac{1}{n} \sum_{i=1}^{n} x_i$$

den arithmetischen Mittelwert der Messwerte bezeichnen. Die Unsicherheit dieses Schätzwertes ist durch

$$u(\hat{x}) = \sqrt{\frac{1}{n(n-1)} \sum_{i=1}^{n} (x_i - \overline{x})^2}$$

gegeben.

Wir wenden uns nun der Frage zu, wie die Auswertung der Messdaten zu erfolgen hat, wenn wir eine Messgröße nicht direkt messen können. Wir betrachten dazu gleich den allgemeinen Fall, dass die uns interessierende Messgröße Y eine beliebige Funktion mehrerer verschiedener Messgrößen $X_1, \ldots, X_n$ ist, die sich direkt messen lassen, d. h. es sei

$$Y = f(X_1, \ldots, X_n) \tag{6.3}$$

eine Modellgleichung für die uns interessierende Messgröße.

Da sich die Messgrößen $X_1, \ldots, X_n$ nach Voraussetzung direkt messen lassen, können wir ihre besten Schätzwerte $\hat{x}_1, \ldots, \hat{x}_n$ und die ihnen beigeordneten Unsicherheiten $u(\hat{x}_1), \ldots, u(\hat{x}_n)$ nach den in der Definition 6.1 angegebenen Gleichungen aus den entsprechenden Messdaten ermitteln.

Es ist nun naheliegend

$$\hat{y} = f(\hat{x}_1, \ldots, \hat{x}_n)$$

als besten Schätzwert für den wahren Wert der Messgröße Y anzusehen. Um eine Aussage über die Unsicherheit dieses Schätzwertes machen zu können, linearisieren wir die Gleichung (6.3) im Punkt $(X_1, \ldots, X_n)$, wie im Abschnitt 3.5

gezeigt. Wir setzen also, indem wir das Restglied weglassen,

$$Y = \hat{y} + \sum_{i=1}^{n} c_i (X_i - \hat{x}_i)\,,$$

mit den Empfindlichkeitskoeffizienten

$$c_i = \left[\frac{\partial f(X_1,\ldots,X_n)}{\partial X_i}\right]_{X_1=\hat{x}_1,\ldots,X_n=\hat{x}_n}\,, \qquad i = 1,\ldots,n\,.$$

Wir berechnen nun die Varianz von Y nach dem Satz 4.36. Damit erhalten wir

$$\mathsf{Var}(Y) = \sum_{i=1}^{n} c_i^2 \mathsf{Var}(X_i) + 2\sum_{i=1}^{n}\sum_{j=i+1}^{n} c_i c_j \mathsf{Cov}(X_i,X_j)\,.$$

Im letzten Schritt nutzen wir noch den Zusammenhang der Unsicherheiten mit den Varianzen aus. Damit ergibt sich schließlich

$$u^2(\hat{y}) = \sum_{i=1}^{n} c_i^2 u^2(\hat{x}_i) + 2\sum_{i=1}^{n}\sum_{j=i+1}^{n} c_i c_j u(x_i,x_j)\,,$$

wobei wir noch $\mathsf{Cov}(X_i,X_j)$ durch $u(x_i,x_j)$ ersetzt haben, um einen Vergleich mit den im GUM angegebenen Formeln zu erleichtern. Damit haben wir die bekannte Formel für die Fortpflanzung der Unsicherheiten[85] gefunden.

Wir fassen unser Ergebnis wieder zusammen:

Definition 6.2 (Fortpflanzung von Unsicherheiten)
Es sei Y eine nicht direkt messbare Größe, die nach einer Funktion $Y = f(X_1,\ldots,X_n)$ von n direkt messbaren Größen $X_1,\ldots,X_n$ abhängt. Dann ist der beste Schätzwert von Y durch

$$\hat{y} = f(\hat{x}_1,\ldots,\hat{x}_n)$$

und die ihm beigeordnete Unsicherheit durch

$$u(\hat{y}) = \sqrt{\sum_{i=1}^{n} c_i^2 u^2(\hat{x}_i) + 2\sum_{i=1}^{n}\sum_{j=i+1}^{n} c_i c_j u(x_i,x_j)}\,,$$

mit der empirischen Kovarianz

$$u(x,y) = \frac{1}{n(n-1)} \sum_{i=1}^{n} (x_i - \overline{x})(y_i - \overline{y})$$

[85]Diese Formel wird in älteren Lehrbüchern als „Fehlerfortpflanzungsgesetz“ bezeichnet.

und den Empfindlichkeitskoeffizienten

$$c_i = \left[\frac{\partial f(X_1, \ldots, X_n)}{\partial X_i} \right]_{X_1 = \hat{x}_1, \ldots, X_n = \hat{x}_n} , \qquad i = 1, \ldots, n ,$$

gegeben.

Um eine Angabe über die Zuverlässigkeit der ermittelten Schätzwerte zu machen, wird bei der traditionellen Methode üblicherweise das Vertrauensintervall verwendet, das im Abschnitt 5.8 bereits ausführlich behandelt worden ist, sodass es sich erübrigt, hier nochmals darauf einzugehen.

Wir kommen noch einmal auf die systematische Messabweichung zurück. Bei unseren bisherigen Überlegungen sind wir immer davon ausgegangen, dass diese Messabweichung entweder nicht vorhanden oder aber bekannt ist, sodass eine entsprechende Korrektur des Messergebnisses möglich ist. Diese Annahmen sind in der Praxis aber leider nicht erfüllt.

Eine systematische Messabweichung kann unbekannt sein und ist dann im Messergebnis enthalten, ohne dass wir dies erkennen können. Wiederholungsmessungen unter gleichen Bedingungen sind — wie wir gesehen haben — nicht geeignet, um systematische Messabweichungen aufzudecken. Nur zusätzliche Experimente und eine sorgfältige Kalibrierung des Messsystems sind geeignet, systematische Messabweichungen aufzudecken.

Bei der experimentellen Bestimmung einer systematischen Messabweichung erhalten wir im Allgemeinen nur ein Intervall $(b-d, b+d)$ der möglichen Werte. Das Gleiche gilt, wenn wir eine systematische Messabweichung aus einer Abschätzung der Auswirkungen bekannter Einflussgrößen auf die Messung bestimmen und dabei eine Rechteckverteilung zugrunde legen. Für diese beiden Fälle wurde von C. EISENHART [Eis63] vorgeschlagen, den Wert b der Intervallmitte wie zuvor zur Korrektur des Messergebnisses zu verwenden, die halbe Spanne d des Intervalls dagegen als einen zusätzlichen Beitrag zur Messunsicherheit anzusehen. Wegen der grundsätzlichen Verschiedenheit der systematischen und der zufälligen Messabweichung vertrat C. EISENHART die Auffassung, dass das Messergebnis für eine Messgröße X in der Form

$$(x - b) \pm [k_{95}\, u(x) + d]$$

angegeben werden sollte, wobei k_{95} so bestimmt wird, dass sich ein Vertrauensniveau von 95 % ergibt. Diese Vorgehensweise wurde dann auch bis zur Einführung des *Leitfadens zur Angabe der Unsicherheit beim Messen (GUM)* gängige Praxis in den metrologischen Staatsinstituten in den USA (NBS, heute NIST) und — in ähnlicher Weise — in Großbritannien (NPL).

Zum Schluss dieses Abschnitts sei noch angemerkt, dass selbstverständlich die bereits im Abschnitt 5.8 behandelte Methode der kleinsten Quadrate von Anfang an ein fester Bestandteil der traditionellen Methode ist.

6.2 Die Methoden des GUM

Durch die Einführung des *Leitfadens zur Angabe der Unsicherheit beim Messen (GUM)* [GUM] ist die Berechnung der Messunsicherheit international vereinheitlicht worden. Dies war wegen der Globalisierung des Handels und des weltweiten Gebrauchs des Internationalen Einheitensystems (SI) notwendig geworden, damit die Ergebnisse von in verschiedenen Ländern vorgenommenen Messungen leicht miteinander verglichen werden können.

Bei den im GUM beschriebenen Methoden wird der Schwerpunkt auf die mathematische Behandlung der Messunsicherheit unter Verwendung eines expliziten Modells der Auswertung gelegt. Dabei wird angenommen, dass die jeweils interessierende Messgröße durch einen einzigen Wert gekennzeichnet werden kann. Es ist aber nicht das Ziel der Auswertung, den „wahren Wert" dieser Messgröße so genau wie möglich zu bestimmen, wie dies bei der traditionellen Methode der Fall ist, sondern ein Intervall von für die Messgröße sinnvollen Werten festzulegen. Dieses Intervall wird durch einen seiner Werte, den „Messwert", und durch die ihm beigeordnete „erweiterte Messunsicherheit" repräsentiert. Beide Werte bilden gemeinsam das „vollständige Messergebnis".

Die Messgröße ist die Ausgangsgröße des Modells der Auswertung. Sie hängt über dieses Modell mit einer oder mehreren Eingangsgrößen zusammen. Das Modell beschreibt sowohl das Messverfahren, als auch das Verfahren der Auswertung. Es gibt in mathematischer Form an, wie der Wert der Ausgangsgröße aus den Werten der Eingangsgrößen erhalten wird. In der Regel ist das Modell durch eine oder mehrere Gleichungen gegeben, es kann aber auch in Form einer Berechnungsvorschrift (Algorithmus) vorliegen, die z. B. durch ein Computerprogramm realisiert wird. Das Modell muss ausreichend komplex sein, um die geforderte Genauigkeit des Messergebnisses erreichen zu können. Zu Einzelheiten der Modellierung sei auf das Kapitel 3 verwiesen.

Für die Auswertung werden alle im Modell vorkommenden Größen, mit Ausnahme der Modellkonstanten, als Zufallsgrößen angesehen. Dazu gehören neben der Messgröße selbst auch alle Einflussgrößen, die sich direkt oder indirekt auf das Messergebnis auswirken. Die Eingangsgrößen werden in Abhängigkeit von der Art, wie ihre Werte und die diesen Werten beigeordneten Messunsicherheiten ermittelt wurden, den folgenden Klassen zugeordnet:

a) Größen, deren Werte zusammen mit den ihnen beigeordneten Messunsicherheiten aus den während einer Messung erhaltenen Werten bestimmt wurden. Diese Werte können z. B. aus einer einzelnen Messung oder aus unter Vergleichsbedingungen wiederholten Messungen erhalten worden sein. Sie können Korrektionen von Anzeigewerten sowie Korrektionen bezüglich der Umgebungsbedingungen, wie z. B. Umgebungstemperatur, Luftdruck oder Luftfeuchtigkeit, einschließen.

b) Größen, deren Werte zusammen mit den ihnen beigeordneten Messunsicherheiten *nicht* unmittelbar aus den während einer Messung erhaltenen Werten bestimmt, sondern auf andere Weise ermittelt wurden. Diese Werte können z. B. den Kalibrierscheinen von Normalen oder den Zertifikaten von Referenzmaterialien entnommen worden sein, oder es kann sich um Daten aus Handbüchern oder Tabellenwerken handeln.

c) Größen, deren Werte zusammen mit den ihnen beigeordneten Messunsicherheiten aufgrund der jeweils vorliegenden Kenntnisse und der experimentellen Erfahrung (Expertenwissen) abgeschätzt wurden.

Die unter b) und c) genannten Eingangsgrößen wurden bei der traditionellen Methode nicht zur Berechnung des Messergebnisses herangezogen.

Bis zur Einführung des GUM wurden systematische und zufällige Messabweichungen nicht nur unterschiedlich behandelt, sondern auch getrennt im Messergebnis angegeben. Bei den Methoden des GUM wird nicht mehr zwischen systematischen und zufälligen Messabweichungen unterschieden, sondern die Beiträge zur Messunsicherheit werden nach ihrer Ermittlungsmethode in zwei Klassen eingeteilt. Die beiden Ermittlungsmethoden sind

Methode A: Berechnung mit statistischen Methoden und
Methode B: Ermittlung auf andere Weise (nicht statistisch).

Die Methode A wird verwendet, wenn der Wert einer Größe durch Wiederholungsmessungen unter gleichen Bedingungen ermittelt wird. Die diesem Wert beigeordnete Typ-A-Standardunsicherheit wird nach den Methoden der mathematischen Statistik berechnet, wie wir sie im Kapitel 5 behandelt haben. Die sich ergebenden Formeln sind mit denen identisch, die in der Definition 6.1

im vorhergehenden Abschnitt angegeben sind. Der beste Schätzwert der jeweiligen Größe ist demnach der arithmetische Mittelwert, und die ihm beigeordnete Standardunsicherheit ist gleich der empirischen Standardabweichung.

Die Methode A schließt auch die Möglichkeit ein, die Schätzwerte einer Größe und die ihnen beigeordnete Standardunsicherheit nach der Methode der kleinsten Quadrate zu ermitteln. Ein Beispiel dafür ist die Bestimmung der Parameter einer Kalibrierkurve für ein Messgerät.

Wir sehen also, dass es keinen Unterschied zwischen den Messergebnissen gibt, die nach der Methoden des GUM oder nach der traditionellen Methode erhalten werden, wenn die Information über die Messgröße nur aus Wiederholungsmessungen oder nach der Methode der kleinsten Quadrate gewonnen wird und die systematische Messabweichung vernachlässigbar klein ist.

Die Methode B wird immer dann verwendet, wenn der Wert einer Größe nicht nach der Methode A ermittelt werden kann. Der beste Schätzwert der jeweiligen Größe und die diesem Wert beigeordnete Typ-B-Standardunsicherheit wird dabei durch Verfahren bestimmt, die auf der vorhandenen Information über die Messgröße beruhen, aber nicht aus der aktuellen Messung selbst stammen, sondern aus anderen Quellen.

Die nach der Methode B ermittelten Schätzwerte und die ihnen beigeordneten Standardunsicherheiten sind nicht weniger zuverlässig, als die entsprechenden nach der Methode A bestimmten Werte. Sie können sogar zuverlässiger sein, wenn bei der Methode A nur sehr wenige Messwerte verwendet werden können. Dies liegt daran, dass der arithmetische Mittelwert und die empirische Standardabweichung nur für einen genügend großen Stichprobenumfang (Anzahl der Messwerte) ausreichend gute Schätzwerte sind.

Die bei der Methode B verwendeten Verfahren sind unterschiedlichster Art und schließen zu einem gewissen Teil auch die Methoden der Bayes-Statistik ein, die wir im Kapitel 5 behandelt haben. Daraus darf aber nicht gefolgert werden, dass die Methoden des GUM insgesamt auf der Bayes-Statistik beruhen. Dies ist bedauerlicherweise nicht der Fall, obwohl es prinzipiell möglich ist, eine Theorie der Messunsicherheit vollständig auf Bayessche Methoden zu gründen, wie K. Weise und W. Wöger [WW92; WW93; WW99] gezeigt haben.

Wenn die Methode B gemeinsam mit der Methode A eingesetzt wird, dann ist bei der Modellbildung darauf zu achten, dass Unsicherheitsbeiträge, die bereits in der empirischen Standardabweichung enthalten sind, nicht nochmals bei den nach der Methode B abgeschätzten Beiträgen berücksichtigt werden.

Nachdem für alle Eingangsgrößen die Schätzwerte und die ihnen beigeordneten Standardunsicherheiten bestimmt worden sind, kann im nächsten Schritt zunächst der Schätzwert der Messgröße (Ausgangsgröße) berechnet werden. Dabei wird vorausgesetzt, dass die Eingangswerte bereits in Bezug auf die für das Modell wesentlichen Effekte korrigiert wurden. Ist das nicht der Fall, dann müssen die erforderlichen Korrektionen als zusätzliche Eingangsgrößen in das Modell der Auswertung aufgenommen werden.

Um den Schätzwert $\hat{y}$ der Messgröße zu erhalten, werden die Schätzwerte $(\hat{x}_1, \ldots, \hat{x}_n)$ der Eingangsgrößen $(X_1, \ldots, X_n)$ in die Modellgleichung(en) eingesetzt. Liegt also die Modellgleichung

$$Y = f(X_1, \ldots, X_n)$$

vor, dann ergibt sich der beste Schätzwert für Y nach der Vorschrift

$$\hat{y} = f(\hat{x}_1, \ldots, \hat{x}_n)\,.$$

Wenn die Schätzwerte der Eingangsgrößen nach der Methode A ermittelt wurden, dann gibt es noch eine weitere Möglichkeit zur Berechnung des Schätzwertes der Ausgangsgröße. Dafür ist es aber erforderlich, dass die Anzahl der Messwerte für alle Eingangsgrößen $(X_1, \ldots, X_n)$ gleich groß ist. Ist dies der Fall, dann kann der Schätzwert für Y nach der Vorschrift

$$\hat{y} = \frac{1}{N} \sum_{k=1}^{N} f(x_{1,k}, \ldots, x_{n,k}) \tag{6.4}$$

berechnet werden, wobei $x_{i,k}$ den k-ten Messwert der Eingangsgröße X_i und N die Anzahl der Messwerte bezeichnen.

Die beiden Möglichkeiten zur Berechnung des Schätzwertes der Ausgangsgröße sind im Falle einer linearen Modellgleichung äquivalent, d. h. sie führen zum gleichen Ergebnis. Im Falle nichtlinearer Modellgleichungen ergeben sich aber unterschiedliche Werte. Im GUM wird empfohlen (GUM, 4.1.4, [GUM]), die durch die Gleichung (6.4) beschriebene Möglichkeit zu verwenden.

Um die Unsicherheit der Ausgangsgröße Y zu erhalten, ist die sogenannte *kombinierte Standardunsicherheit* aus allen nach den Methoden A und B ermittelten Standardunsicherheiten zu berechnen. Dazu wird das aus der Linearisierung der Modellgleichung abgeleitete Unsicherheitsfortpflanzungsgesetz als Hilfsmittel verwendet. Da die Ableitung der entsprechenden Formeln für die Fortpflanzung der Unsicherheiten vollkommen identisch mit der im vorhergehenden Abschnitt gezeigten ist, sind die in der Definition 6.2 angegebenen Gleichungen dieselben, die sich auch im GUM finden (GUM, 5, [GUM]).

Bei der Berechnung der kombinierten Standardunsicherheit werden die nach den Methoden A und B ermittelten Standardunsicherheiten vollkommen gleichwertig behandelt. Diese Vorgehensweise ist allerdings nicht unumstritten, denn die Typ-A-Standardunsicherheiten gründen sich auf Häufigkeitsverteilungen, während die Typ-B-Standardunsicherheiten auf Wahrscheinlichkeitsverteilungen im Sinne der BAYES-Statistik beruhen und somit einen Grad der Überzeugung ausdrücken. Die beiden Typen der Standardunsicherheit basieren demnach auf unterschiedlichen Wahrscheinlichkeitsauffassungen (siehe dazu den Abschnitt 4.1). Die Autoren des GUM waren sich dessen wohl bewusst, denn sie weisen darauf hin, dass „*... die Verteilungen in beiden Fällen Modelle sind, die zur Darstellung unseres Wissensstandes benutzt werden.*" (GUM, 4.1.6, [GUM]). Durch diese Bemerkung soll klargestellt werden, dass die Typ-A-Standardunsicherheiten ebenfalls als auf Wahrscheinlichkeitsverteilungen beruhend zu denken sind, die einen Grad der Überzeugung ausdrücken.

Bei der Berechnung der kombinierten Standardunsicherheit nach dem Unsicherheitsfortpflanzungsgesetz ist es wichtig, signifikante Korrelationen zu berücksichtigen. In bestimmten Fällen kann sich dadurch eine wesentliche Änderung des Wertes der kombinierten Standardunsicherheit ergeben. Wir zeigen dies an einem bei Vergleichsmessungen auftretenden Fall.

Beispiel 6.1 (Auswirkung von Korrelationen beim E_n-Kriterium)
Bei Vergleichsmessungen zwischen Laboratorien wird zur Überprüfung der Übereinstimmung der Messergebnisse das sogenannte E_n-Kriterium verwendet. Dieses Kriterium erlaubt die Beurteilung der Unsicherheit der Differenz eines in einem Laboratorium gemessenen Größenwertes und eines gewichteten Mittelwertes der Größenwerte aller beteiligten Laboratorien.

Ausgangspunkt der Berechnung sind die in den einzelnen Laboratorien ermittelten Größenwerte x_i (i=1,...,n) und die ihnen beigeordneten Standardunsicherheiten $u(x_i)$. Aus den Standardunsicherheiten wird zunächst der mit den relativen inversen Varianzen gewichtete Mittelwert

$$\overline{x} = \sum_{i=1}^{n} w_i x_i$$

und die ihm beigeordnete Standardunsicherheit

$$u(\overline{x}) = \left(\sum_{i=1}^{n} \frac{1}{u^2(x_i)} \right)^{-1/2}$$

berechnet, wobei die Gewichtsfaktoren durch

$$w_i = \left(\frac{u(\overline{x})}{u(x_i)}\right)^2 , \qquad i = 1,\ldots,n ,$$

gegeben sind. Anschließend werden die Abweichungen

$$d_i = x_i - \overline{x} , \qquad i = 1,\ldots,n ,$$

und die ihnen beigeordneten Standardunsicherheiten

$$u(d_i) = \sqrt{u^2(x_i) + u^2(\overline{x}) - 2u(x_i,\overline{x})} , \qquad i = 1,\ldots,n ,$$

ermittelt, wobei die Kovarianz $u(x_i,\overline{x})$ die Korrelation des Größenwertes x_i mit dem gewichteten Mittelwert $\overline{x}$ *aller* Größenwerte beschreibt.

Wir rechnen nun die Kovarianzen $u(x_i,\overline{x})$ aus, wobei wir ausnutzen, dass die von den einzelnen Laboratorien ermittelten Größen stochastisch unabhängig sind. Es ergibt sich

$$u(x_i,\overline{x}) = \mathsf{Cov}\left(X_i, \sum_{k=1}^{n} w_k X_k\right) = \sum_{k=1}^{n} w_k \mathsf{Cov}\,(X_i,X_k) = w_i \mathsf{Var}(X_i) = w_i u^2(x_i) , \qquad i = 1,\ldots,n .$$

Daraus folgt durch Einsetzen der Gleichung für die Gewichtsfaktoren w_i

$$u(x_i,\overline{x}) = u^2(\overline{x}) , \qquad i = 1,\ldots,n .$$

Setzen wir dieses Ergebnis in die Gleichung zur Berechnung der Standardunsicherheiten $u(d_i)$ ein, dann erhalten wir

$$u(d_i) = \sqrt{u^2(x_i) - u^2(\overline{x})} , \qquad i = 1,\ldots,n .$$

Dieser Ausdruck ist wohldefiniert, denn es ist stets $u^2(x_i) > u^2(\overline{x})$. Dies lässt sich folgendermaßen einsehen: Die Summe aller Gewichtsfaktoren w_i ist gleich eins. Alle Gewichtsfaktoren sind positiv. Daraus folgt, dass jeder einzelne Gewichtsfaktor kleiner als eins sein muss, woraus sich schließlich die Behauptung ergibt.

Nachdem die Abweichungen d_i und die ihnen beigeordneten Standardunsicherheiten berechnet worden sind, kann für jedes Laboratorium die Zahl

$$E_{\mathrm{n}} = \frac{d_i}{ku(d_i)} = \frac{x_i - \overline{x}}{k\sqrt{u^2(x_i) - u^2(\overline{x})}}$$

bestimmt werden, wobei k der übliche Erweiterungsfaktor nach GUM ist.

Die Zahl E_n bezieht die Abweichung vom gewichteten Mittelwert auf ihre erweiterte Unsicherheit. Wenn sich $|E_n| \leq 1$ ergibt (d. h. anschaulich, dass der gewichtete Mittelwert gerade noch innerhalb des mit der erweiterten Unsicherheit gezeichneten „Fehlerbalkens" um den betrachteten Messwert liegt), dann wird der entsprechende Wert x_i als mit dem gewichteten Mittelwert verträglich angesehen [Wög99].

In diesem Beispiel hat sich aufgrund der bestehenden Korrelation der Messgrößen X_i mit dem gemeinsamen gewichteten Mittelwert eine sehr viel kleinere Unsicherheit der Abweichung des Einzelwertes vom Mittelwert ergeben.

Nachdem der Wert y der interessierenden Messgröße Y und die ihm beigeordnete Unsicherheit $u(y)$ bestimmt sind, ist die eigentliche Auswertung der Messdaten abgeschlossen. In bestimmten Fällen, z. B. bei industriellen, kommerziellen und regulatorischen Anwendungen, oder wenn Gesundheits- und Sicherheitsaspekte zum Tragen kommen, wird häufig gefordert, die Unsicherheit in Form eines Bereichs um das Messergebnis anzugeben, von dem erwartet werden kann, dass er einen großen Anteil der Verteilung der Werte umfasst, die der gemessenen Größe sinnvollerweise zugeordnet werden können (GUM, 6.1.2 [GUM]). Zu diesem Zweck ist im GUM die sogenannte *erweiterte Unsicherheit* (GUM, 6.2 [GUM]) eingeführt worden, die aus der Standardunsicherheit nach der Gleichung

$$U(y) = k\, u(y)$$

berechnet wird, wobei k der sogenannte *Erweiterterungsfaktor* ist, der üblicherweise zwischen 2 und 3 liegt (GUM, 6.3.1 [GUM]). Es ist aber — unabhängig von der zugrunde liegenden Wahrscheinlichkeitsverteilung der Ausgangsgröße — stets $k \leq 1/\sqrt{1-p}$, d. h. für $p = 95\,\%$ erhalten wir $k \approx 4{,}47$ (siehe dazu das Beispiel 4.79 im Abschnitt 4.20). Das Messergebnis für eine Messgröße Y wird dann in der Form

$$y \pm U$$

angegeben. Diese Angabe ist so zu interpretieren, dass y der beste Schätzwert des Größenwertes der Messgröße Y ist und dass $(y - U, y + U)$ ein Intervall darstellt, von dem erwartet werden kann, dass es einen großen Anteil der Werte enthält, die der gemessenen Größe sinnvollerweise zugeordnet werden können (GUM, 6.2.1 [GUM]). Die erweiterte Unsicherheit U wird im GUM auch so interpretiert, dass durch sie ein symmetrisches Intervall um den Messwert y definiert ist, das einen großen Anteil p der durch diesen Wert und die ihm beigeordnete Standardunsicherheit charakterisierten Wahrscheinlichkeitsverteilungsfunktion umfasst, wobei p die Überdeckungswahrscheinlichkeit oder den Grad des Vertrauens dieses Intervalls darstellt (GUM, 6.2.2 [GUM]).

Die Interpretation der erweiterten Messunsicherheit im GUM hat Parallelen mit dem im Abschnitt 5.8 besprochenen Überdeckungsintervall. Das Problem besteht aber hier darin, dass es zur Berechnung eines Überdeckungsintervalls zu einer vorgegebenen Überdeckungswahrscheinlichkeit eigentlich notwendig ist, die der betrachteten Messgröße zugrunde liegende Posteriori zu kennen. Da aber die Methoden des GUM nicht konsequent der BAYES-Statistik folgen, liegt nach der Auswertung der Messdaten keine Posteriori vor. Wäre dies der Fall, dann ließe sich ein eindeutiger Zusammenhang zwischen der Überdeckungswahrscheinlichkeit p und dem Erweiterungsfaktor k herstellen.

Die durch den Schätzwert y der Messgröße und die ihm beigeordnete Standardunsicherheit $u(y)$ gegebene Information reicht nicht aus, um eine Wahrscheinlichkeitsverteilungsfunktion festzulegen, welche die Kenntnisse über die interessierende Messgröße ausreichend beschreibt. Als Ausweg aus diesem Dilemma wird im GUM das approximative Verfahren der *effektiven Freiheitsgrade* vorgeschlagen (GUM, G.4 [GUM]). Das Verfahren beruht auf Arbeiten von B. L. WELCH [Wel36; Wel38; Wel47] und F. E. SATTERTHWAITE [Sat46] und besteht darin, eine approximative t-Verteilung mit dem Erwartungswert y und der Varianz $u^2(y)$ festzulegen, die mit den vorhandenen Daten möglichst gut im Einklang ist. Diese Vorgehensweise ist allerdings nicht unumstritten [Kac06].

In der Praxis wird das Verfahren der effektiven Freiheitsgrade selten angewendet, sondern es wird einfach nur angenommen, dass die durch y und $u(y)$ charakterisierte Wahrscheinlichkeitsverteilungsfunktion eine Normalverteilung ist bzw. dass der effektive Freiheitsgrad groß genug ist, um diese Annahme als eine ausreichend gute Approximation zu rechtfertigen. In diesem Fall wird durch die Wahl $k = 2$ ein Überdeckungsintervall festgelegt, für das der Grad des Vertrauens (Überdeckungswahrscheinlichkeit) etwa 95 % beträgt. Für $k = 3$ ergibt sich entsprechend ein Grad des Vertrauens von etwa 99 %.

Anhänge

A Multivariate Messunsicherheit

Dieser Anhang ist eine übersetzte und überarbeitete Version eines Artikels,[86] der im Jahr 2010 vor der Veröffentlichung des Suppl. 2 des *Leitfaden zur Angabe der Unsicherheit beim Messen (GUM)* geschrieben wurde. Er sollte als Tutorium für multivariate Unsicherheitsberechnungen dienen.

A.1 Einleitung

Der *Leitfaden zur Angabe der Unsicherheit beim Messen* (GUM) [GUM] befasst sich nur mit Modellen, die eine einzige Ausgangsgröße haben. Ein solches Modell wird als *univariates Modell* bezeichnet. In vielen Fällen sind jedoch Modelle mit mehreren Ausgangsgrößen erforderlich, die alle von einer gemeinsamen Menge von Eingangsgrößen abhängen. Diese Modelle werden als *multivariate Modelle* bezeichnet. Um die den besten Schätzwerten der Ausgangsgrößen beigeordneten Messunsicherheiten berechnen zu können, ist eine entsprechende Erweiterung der im GUM behandelten Methode zur Unsicherheitsfortpflanzung notwendig, die zwar in den Abschnitten 3.1.7 und F.1.2.3 des GUM bereits erwähnt ist, aber nur im Beispiel H.2 des Leitfadens ausführlicher behandelt wird. Inzwischen gibt es den Anhang 2 des GUM [JCGM 102], der eine Erweiterung auf Modelle mit mehreren Ausgangsgrößen beschreibt.

A.2 Univariate Unsicherheitsberechnungen

Um das Verständnis des Konzepts zu erleichtern, das der multivariaten Unsicherheitsberechnung zugrunde liegt, geben wir zunächst eine kurze Einführung in

[86]Die Originalversion dieses Artikels ist auf dem Preprint-Server der Cornell University Library verfügbar (`arxiv.org`: Michael P. Krystek, *From Univariate to Multivariate Uncertainty Calculation*, arXiv:1008.2700 [physics.data-an]).

die univariate Unsicherheitsberechnung, denn es wird sich zeigen, dass die multivariate Unsicherheitsberechnung nur eine Verallgemeinerung der univariaten mit Hilfe der Matrizenrechnung ist.

Wir beginnen mit dem einfachen Fall, dass die Ausgangsgröße Y nur von einer Eingangsgröße X abhängt. Das Modell ist dann durch die Gleichung

$$Y = f(X) \tag{A.1}$$

gegeben, d. h. die Ausgangsgröße Y ist irgendeine reelle Funktion der Eingangsgröße X. Der einfachste Fall einer solchen funktionalen Beziehung ist die lineare Gleichung

$$Y = b + cX\,, \tag{A.2}$$

wobei b und c bereits vorgegebene reelle Konstanten sind, d. h. sie sind nicht Teil der Messaufgabe. Wenn wir den Erwartungswert dieser Gleichung berechnen, erhalten wir

$$y = b + cx\,, \tag{A.3}$$

wobei $x = \mathsf{E}(X)$ und $y = \mathsf{E}(Y)$ die Erwartungswerte von X bzw. Y bezeichnen.

Erinnern wir uns nun daran, dass die Unsicherheit $u(y)$, die dem Erwartungswert y beigeordnet ist (d. h. dem Wert y der Messgröße Y und *nicht* der Messgröße selbst, wie oft fälschlicherweise gesagt wird), durch

$$u(y) = \sqrt{\mathsf{Var}(Y)} \tag{A.4}$$

definiert ist, mit der Varianz von Y, gegeben durch

$$\mathsf{Var}(Y) = \mathsf{E}(Y - y)^2\,. \tag{A.5}$$

Durch Einsetzen der Gleichungen (A.2) und (A.3) in diese Gleichung ergibt sich

$$\mathsf{Var}(Y) = \mathsf{E}\big[c(X - x)\big]^2 = c^2\mathsf{E}(X - x)^2 = c^2\mathsf{Var}(X)\,. \tag{A.6}$$

Die dem Erwartungswert y beigeordnete Unsicherheit $u(y)$ ist also durch

$$u(y) = |c|\,u(x) \tag{A.7}$$

gegeben, wie aus den Gleichungen (A.4) und (A.6) folgt, d. h. nur durch Multiplikation der Unsicherheit $u(x)$, die dem gemessenen Wert x der Eingangsgröße X beigeordnet ist, mit der reellen Konstanten c.

Im Falle eines linearen Modells war es möglich, die x beigeordnete Unsicherheit $u(x)$ auf die y beigeordnete Unsicherheit $u(y)$ fortzupflanzen. Es ist jedoch keineswegs garantiert, dass eine solche Unsicherheitsfortpflanzung immer möglich ist. Um zu zeigen, warum dies ein Problem darstellen kann, betrachten wir ein komplizierteres Beispiel, nämlich das Modell

$$Y = \mathrm{e}^{-\sin X} . \tag{A.8}$$

Berechnet man den besten Schätzwert dieser Gleichung nach den Empfehlungen des GUM (siehe GUM, 4.1.4 [GUM]), so ergibt sich

$$y = \mathrm{e}^{-\sin x} . \tag{A.9}$$

Wenn wir nun versuchen, die Varianz von Y genauso wie vorher durch Einsetzen der Gleichungen (A.8) und (A.9) in die Gleichung (A.5) zu berechnen, stellen wir fest, dass wir die Varianz von Y nicht mit der Varianz von X verknüpfen können, d. h. die Unsicherheitsfortpflanzung ist nicht mit denselben Mitteln möglich wie im linearen Fall.

Um die Unsicherheitsfortpflanzung zu vereinfachen, folgen wir der Empfehlung von C. F. Gauss [Gau09], der vorschlug, die Modellgleichung $Y = f(X)$, zu linearisieren, d. h. die Funktion $f(X)$ durch ihre Tangente beim Erwartungswert x zu approximieren. Wie sich aus der Analysis ergibt, ist die Gleichung dieser Tangente durch

$$\frac{Y - y}{X - x} = \tan \alpha = \left(\frac{\mathrm{d}f(X)}{\mathrm{d}X} \right)_{X=x} \tag{A.10}$$

gegeben, wobei α den Steigungswinkel der Tangente im Punkt x bezeichnet. Die Gleichung (A.10) kann auch geschrieben werden als

$$Y = y + c(X - x) , \tag{A.11}$$

wobei

$$c = \left(\frac{\mathrm{d}f(X)}{\mathrm{d}X} \right)_{X=x} \tag{A.12}$$

üblicherweise als *Empfindlichkeitskoeffizient* bezeichnet wird. Der Empfindlichkeitskoeffizient ist ein Maß dafür, um wie viel sich die Ausgangsgröße bezüglich ihres Erwartungswertes y ändert, wenn sich die Eingangsgröße bezüglich ihres Erwartungswertes x ändert, vorausgesetzt, dass eine solche Änderung klein genug ist, um eine Linearisierung zu rechtfertigen.

Da Gleichung (A.11) wiederum das Ergebnis der Gleichung (A.7) ist, wird die Unsicherheitsfortpflanzung für die Modellgleichung (A.1) durch folgende Gleichung beschrieben

$$u(y) = u(x) \left(\frac{\mathrm{d}f(X)}{\mathrm{d}X} \right)_{X=x} .$$

Im Allgemeinen hängt die Messgröße Y von mehr als einer Eingangsgröße ab. Unter der Annahme, dass es n zu berücksichtigende Eingangsgrößen gibt, muss dann anstelle der einfachen Modellgleichung (A.1) die Modellgleichung

$$Y = f(X_1, \ldots, X_n) \tag{A.13}$$

verwendet werden. Das einfachste Beispiel eines solchen Modells ist

$$Y = X_1 + X_2 , \tag{A.14}$$

das häufig verwendet wird, wenn eine Messgröße X_1 eine systematische Messabweichung X_2 hat und daher entsprechend korrigiert werden muss. Wenn man den Erwartungswert dieser Modellgleichung berechnet, ergibt sich

$$y = x_1 + x_2 , \tag{A.15}$$

wobei $x_1 = \mathsf{E}(X_1)$ und $x_2 = \mathsf{E}(X_2)$ die Erwartungswerte von X_1 bzw. X_2 sind. Aus den Gleichungen (A.14) und (A.15) und der Definitionsgleichung (A.5) der Varianz erhalten wir

$$\mathsf{Var}(Y) = \mathsf{E}\big[(X_1 - x_1) + (X_2 - x_2)\big]^2 = \mathsf{Var}(X_1) + \mathsf{Var}(X_2) + 2u(x_1,x_2) ,$$

wobei nach der Konvention des GUM

$$u(x_i,x_j) = \mathsf{Cov}(X_i,X_j) = \mathsf{E}\big[(X_i - x_i)(X_j - x_j)\big] \tag{A.16}$$

die Kovarianz bezeichnet, die den Erwartungswerten x_1 und x_2 beigeordnet ist (die Kovarianz ist nicht, wie oft fälschlicherweise gesagt wird, den Messgrößen selbst, sondern den jeweiligen Erwartungswerten beigeordnet). Somit erhalten wir mit Hilfe der Definitionsgleichung (A.4) der Unsicherheit

$$u(y) = \sqrt{u^2(x_1) + u^2(x_2) + 2u(x_1,x_2)} . \tag{A.17}$$

Wenn der Korrelationskoeffizient

$$\varrho(x_i,x_j) = \frac{u(x_i,x_j)}{u(x_i)u(x_j)}, \qquad -1 \leq \varrho(x_i,x_j) \leq +1, \tag{A.18}$$

eingeführt wird, kann die Gleichung (A.17) auch in der Form

$$u(y) = \sqrt{u^2(x_1) + u^2(x_2) + 2\varrho(x_1,x_2)u(x_1)u(x_2)} \tag{A.19}$$

geschrieben werden. Diese Gleichung ist insbesondere dann von Vorteil, wenn die Größen X_1 und X_2 unkorreliert sind, d. h. wenn $\varrho(x_1,x_2) = 0$ ist, weil sie sich dann zu

$$u(y) = \sqrt{u^2(x_1) + u^2(x_2)}$$

vereinfachen lässt. Auch wenn die Größen X_1 und X_2 vollständig korreliert sind, d. h. $\varrho(x_1,x_2) = \pm 1$ ist, kann die Gleichung (A.19) vereinfacht werden, denn dann ergibt sich

$$u(y) = |u(x_1) \pm u(x_2)| .$$

Es zeigt sich, dass bei vollständiger Korrelation im Vergleich zum unkorrelierten Fall die Unsicherheit durch eine positive Korrelation erhöht und durch eine negative Korrelation verringert wird.

Wir betrachten nun den allgemeinen Fall einer möglicherweise nichtlinearen Modellgleichung

$$Y = f(X_1,X_2). \tag{A.20}$$

Wenn wir den besten Schätzwert dieser Gleichung nach den Empfehlungen des GUM (siehe GUM, 4.1.4 [GUM]) berechnen, so ergibt sich

$$y = f(x_1,x_2).$$

Da wir bereits die Erfahrung gemacht haben, dass ein nichtlineares Modell für die Unsicherheitsfortpflanzung nicht besonders geeignet ist, nehmen wir wieder eine Linearisierung der Modellgleichung vor. Hierzu approximieren wir die Funktion $f(X_1,X_2)$ durch die Tangentialebene im Punkt (x_1,x_2). Nach der Differentialgeometrie ist diese Tangentialebene durch

$$Y = y + (X_1 - x_1)\left(\frac{\partial f(X_1,X_2)}{\partial X_1}\right)_{(X_1,X_2)=(x_1,x_2)} + (X_2 - x_2)\left(\frac{\partial f(X_1,X_2)}{\partial X_2}\right)_{(X_1,X_2)=(x_1,x_2)} \tag{A.21}$$

gegeben. Diese Gleichung kann auch in der Form

$$Y = y + c_1(X_1 - x_1) + c_2(X_2 - x_2) \tag{A.22}$$

geschrieben werden, wobei die Konstanten

$$c_i = \left(\frac{\partial f(X_1,X_2)}{\partial X_i}\right)_{(X_1,X_2)=(x_1,x_2)}, \qquad i = 1,2\,, \tag{A.23}$$

wiederum als Empfindlichkeitskoeffizienten bezeichnet werden, und zwar aus dem aus der Rechnung unmittelbar ersichtlichen Grund, dass die Gleichung (A.12) als ein Sonderfall der Gleichung (A.23) verstanden werden kann, der sich ergibt, wenn das Modell bereits linear ist. Der Empfindlichkeitskoeffizient c_i ist ein Maß dafür, wie stark sich die Ausgangsgröße bezüglich ihres Erwartungswerts y ändert, wenn sich die i-te Eingangsgröße bezüglich ihres Erwartungswerts x_i ändert, vorausgesetzt, dass eine solche Änderung klein genug ist, um die Linearisierung zu rechtfertigen.

Unter Verwendung der Definitionsgleichungen (A.5) und (A.16) der Varianz bzw. der Kovarianz erhalten wir aus der Gleichung (A.22) nach kurzer Rechnung

$$\mathsf{Var}(Y) = \mathsf{E}\big[c_1(X_1 - x_1) + c_2(X_2 - x_2)\big]^2 = c_1^2\mathsf{Var}(X_1) + c_2^2\mathsf{Var}(X_2) + 2c_1c_2u(x_1,x_2)$$

und damit, unter Verwendung der Definitionsgleichung (A.4) der Unsicherheit, schließlich das Ergebnis

$$u(y) = \sqrt{c_1^2u^2(x_1) + c_2^2u^2(x_2) + 2c_1c_2u(x_1,x_2)}\,,$$

oder mit dem Korrelationskoeffizienten nach der Gleichung (A.18)

$$u(y) = \sqrt{c_1^2u^2(x_1) + c_2^2u^2(x_2) + 2c_1c_2\varrho(x_1,x_2)u(x_1)u(x_2)}\,. \tag{A.24}$$

Wenn die Größen X_1 und X_2 unkorreliert sind, d. h. wenn $\varrho(x_1,x_2) = 0$ ist, kann diese Gleichung zu

$$u(y) = \sqrt{c_1^2u^2(x_1) + c_2^2u^2(x_2)}$$

vereinfacht werden. Wenn die Größen X_1 und X_2 dagegen vollständig korreliert sind, d. h. wenn $\varrho(x_1,x_2) = \pm 1$ ist, kann die Gleichung (A.24) zu

$$u(y) = |c_1u(x_1) \pm c_2u(x_2)|$$

vereinfacht werden. Es sei darauf hingewiesen, dass diesmal bei vollständiger Korrelation die Unsicherheit im Vergleich zum unkorrelierten Fall im Allgemeinen nicht durch eine positive Korrelation erhöht und durch eine negative Korrelation verringert wird, da das Ergebnis wesentlich von den Vorzeichen der Empfindlichkeitskoeffizienten c_1 und c_2 abhängt.

Wir beschäftigen uns nun mit dem allgemeinsten univariaten Modell, wie es durch die Gleichung (A.13) gegeben ist. Der beste Schätzwert dieser Gleichung entsprechend den Empfehlungen des GUM (siehe GUM, 4.1.4 [GUM]) ist

$$y = f(x_1, \dots, x_n)\,.$$

Die Linearisierung der Gleichung (A.13) kann analog zur Modellgleichung (A.20) durchgeführt werden, die zur Gleichung (A.21) geführt hat. Durch eine Verallgemeinerung der letztgenannten Gleichung ergibt sich die Linearisierung

$$Y = y + \sum_{i=1}^{n} (X_i - x_i) \left(\frac{\partial f(X_1, \dots, X_n)}{\partial X_i} \right)_{(X_1,\dots,X_n)=(x_1,\dots,x_n)} . \tag{A.25}$$

Diese Gleichung kann auch in der Form

$$Y = y + \sum_{i=1}^{n} c_i (X_i - x_i) \tag{A.26}$$

geschrieben werden, wobei die Konstanten

$$c_i = \left(\frac{\partial f(X_1, \dots, X_n)}{\partial X_i} \right)_{(X_1,\dots,X_n)=(x_1,\dots,x_n)} , \qquad i = 1, \dots, n\,, \tag{A.27}$$

wieder die Empfindlichkeitskoeffizienten sind.

Unter Verwendung der Definitionsgleichungen (A.5) und (A.16) der Varianz bzw. der Kovarianz erhalten wir aus der Gleichung (A.26) durch eine kurze Rechnung

$$\mathsf{Var}(Y) = \mathsf{E}\left[\sum_{i=1}^{n} c_i (X_i - x_i) \right]^2 = \sum_{i=1}^{n} c_i^2 \mathsf{Var}(X_i) + 2 \sum_{i=1}^{n-1} \sum_{j=i+1}^{n} c_i c_j u(x_i, x_j)$$

und somit, unter Verwendung der Definitionsgleichung (A.4) der Unsicherheit, schließlich

$$u(y) = \sqrt{\sum_{i=1}^{n} c_i^2 u^2(x_i) + 2 \sum_{i=1}^{n-1} \sum_{j=i+1}^{n} c_i c_j u(x_i, x_j)}\,, \tag{A.28}$$

oder unter Verwendung des Korrelationskoeffizienten nach der Gleichung (A.18)

$$u(y) = \sqrt{\sum_{i=1}^{n} c_i^2 u^2(x_i) + 2 \sum_{i=1}^{n-1} \sum_{j=i+1}^{n} c_i c_j \varrho(x_i,x_j) u(x_i) u(x_j)} \,. \tag{A.29}$$

Die Gleichungen (A.28) und (A.29) sind äquivalent zu den Gleichungen, die im Abschnitt 5.2 des GUM [GUM] für korrelierte Eingangsgrößen angegeben sind. Wenn die Eingangsgrößen nicht korreliert sind, d. h. wenn $\varrho(x_i,x_j) = \delta_{ij}$ ist, wobei δ_{ij} das KRONECKER-Symbol bezeichnet, kann die Gleichung (A.29) vereinfacht werden zu

$$u(y) = \sqrt{\sum_{i=1}^{n} c_i^2 u^2(x_i)} \,.$$

Das entspricht der im Abschnitt 5.1 des GUM [GUM] für diesen speziellen Fall angegebenen Gleichung.

A.3 Multivariate Unsicherheitsberechnung

Nach einer Wiederholung der univariaten Unsicherheitsberechnung, die gezeigt hat, woher die im GUM angegebenen Formeln stammen, sind wir nun in einer guten Ausgangsposition, um den multivariaten Fall zu behandeln.

Wie bereits in der Einleitung erwähnt, ist der multivariate Fall dadurch gekennzeichnet, dass es mehr als eine Ausgangsgröße gibt, wobei alle Ausgangsgrößen von einer gemeinsamen Menge von Eingangsgrößen abhängen. Wenn n Eingangsgrößen und m Ausgangsgrößen vorliegen, wobei sowohl n als auch m beliebige natürliche Zahlen sind, die nicht notwendigerweise gleich sein müssen, ist das multivariate Modell durch das Gleichungssystem

$$Y_i = f_i(X_1, \ldots, X_n) \,, \qquad i = 1, \ldots, m \,, \tag{A.30}$$

gegeben, wobei die (im Allgemeinen nichtlinearen) Funktionen $f_i(X_1, \ldots, X_n)$ gleich oder verschieden sein können. Für $m = 1$ erhalten wir den univariaten Fall, der demzufolge als Sonderfall der multivariaten Unsicherheitsberechnung angesehen werden kann.

Nach den Empfehlungen des GUM (siehe GUM, 4.1.4 [GUM]) sind die besten Schätzwerte, die sich aus dem Gleichungssystem (A.30) ergeben,

$$y_i = f_i(x_1, \ldots, x_n) \,, \qquad i = 1, \ldots, m \,.$$

Die Linearisierung der Gleichung (A.30) kann durch eine Verallgemeinerung der Gleichung (A.25) erreicht werden, die Folgendes ergibt

$$Y_i = y_i + \sum_{j=1}^{n}(X_j - x_j)\left(\frac{\partial f_i(X_1,\ldots,X_n)}{\partial X_j}\right)_{(X_1,\ldots,X_n)=(x_1,\ldots,x_n)}, \qquad i = 1,\ldots,m\,.$$

Dieses Gleichungssystem kann auch in der Form

$$Y_i = y_i + \sum_{j=1}^{n} c_{ij}(X_j - x_j)\,, \qquad i = 1,\ldots,m\,, \tag{A.31}$$

geschrieben werden, wobei die Konstanten, analog zum univariaten Fall,

$$c_{ij} = \left(\frac{\partial f_i(X_1,\ldots,X_n)}{\partial X_j}\right)_{(X_1,\ldots,X_n)=(x_1,\ldots,x_n)}, \quad i = 1,\ldots,m\,, \quad j = 1,\ldots,n\,, \tag{A.32}$$

Empfindlichkeitskoeffizienten genannt werden. Der Empfindlichkeitskoeffizient c_{ij} ist ein Maß dafür, wie stark sich die i-te Ausgangsgröße bezüglich ihres Erwartungswerts y_i ändert, wenn sich die j-te Eingangsgröße bezüglich ihres Erwartungswerts x_j ändert, vorausgesetzt, dass eine solche Änderung klein genug ist, um die Linearisierung zu rechtfertigen.

Mit Hilfe der Definitionsgleichungen (A.5) und (A.16) für die Varianz bzw. die Kovarianz und der Definitionsgleichung (A.4) für die Unsicherheit erhalten wir durch einige einfache Rechnungen aus dem Gleichungssystem (A.31) die Gleichungssysteme

$$u^2(y_i) = \sum_{j=1}^{n} c_{ij}^2 u^2(x_j) + 2\sum_{j=1}^{n-1}\sum_{k=j+1}^{n} c_{ij}c_{ik}u(x_j,x_k)\,, \qquad i = 1,\ldots,m\,, \tag{A.33}$$

bzw.

$$u(y_i,y_j) = \sum_{k=1}^{n} c_{ik}^2 u^2(x_k) + 2\sum_{k=1}^{n-1}\sum_{\ell=k+1}^{n} c_{ik}c_{j\ell}u(x_k,x_\ell)\,,$$
$$i = 1,\ldots,m\,, \quad j = i+1,\ldots,m\,. \tag{A.34}$$

Im Gegensatz zum univariaten Fall, erhalten wir im multivariaten Fall zusätzlich zu den Varianzen auch noch Kovarianzen der Ausgangsgrößen.

Aus den Gleichungen (A.33) und (A.34) und der Definitionsgleichung des Korrelationskoeffizienten (A.18) erhalten wir das Gleichungssystem

$$\varrho(y_i,y_j) = \sum_{k=1}^{n} \sum_{\ell=1}^{n} c_{ik} c_{j\ell} \varrho(x_k,x_\ell) \frac{u(x_k)u(x_\ell)}{u(y_i)u(y_j)} , \qquad i,j = 1,\ldots,m . \tag{A.35}$$

Wenn die Eingangsgrößen unkorreliert sind, d. h. wenn $\varrho(x_k,x_\ell) = \delta_{k\ell}$ ist, kann dieses Gleichungssystem zu

$$\varrho(y_i,y_j) = \sum_{k=1}^{n} c_{ik} c_{jk} \frac{u^2(x_k)}{u(y_i)u(y_j)} , \qquad i,j = 1,\ldots,m , \tag{A.36}$$

vereinfacht werden. Im multivariaten Fall sind also die Ausgangsgrößen im Allgemeinen korreliert, auch wenn die Eingangsgrößen unkorreliert sind. Wie sich zeigen lässt, ist dies darauf zurückzuführen, dass alle Ausgangsgrößen von einer gemeinsamen Menge von Eingangsgrößen abhängen. Wenn wir insbesondere die Modellgleichungen

$$Y_i = f_i(X_i) , \qquad i = 1,\ldots,m ,$$

vorliegen haben, d. h. wenn die Ausgangsgrößen *nicht* von einer gemeinsamen Menge von Eingangsgrößen abhängen, sondern jede von ihnen nur von einer der Eingangsgrößen, dann können wir mit Hilfe der Gleichungen (A.32) und (A.27) nachweisen, dass

$$c_{ij} = c_i \delta_{ij} , \qquad i,j = 1,\ldots,m ,$$

gilt. In diesem Fall geht das Gleichungssystem (A.33) und (A.34) über in

$$u(y_i) = c_i u(x_i) , \qquad i = 1,\ldots,m , \tag{A.37}$$

und

$$u(y_i,y_j) = c_i c_j u(x_i,x_j) , \qquad i = 1,\ldots,m , \quad j = i+1,\ldots,m .$$

Mit Hilfe der Definitionsgleichung (A.18) des Korrelationskoeffizienten kann dieses Gleichungssystem auch als

$$\varrho(y_i,y_j)u(y_i)u(y_j) = c_i c_j \varrho(x_i,x_j)u(x_i)u(x_j) , \qquad i,j = 1,\ldots,m , \tag{A.38}$$

geschrieben werden. Wenn die Eingangsgrößen unkorreliert sind, d. h. wenn $\varrho(x_k,x_\ell) = \delta_{k\ell}$ ist, erhalten wir aus den Gleichungen (A.38) und (A.37)

$$\varrho(y_i,y_j) = \delta_{ij} , \qquad i,j = 1,\ldots,m ,$$

d. h. in dem betrachteten Sonderfall sind auch die Ausgangsgrößen unkorreliert.

A.4 Matrixdarstellung

Die multivariate Unsicherheitsberechnung lässt sich wesentlich kompakter und eleganter schreiben, wenn eine Matrixdarstellung verwendet wird. Dazu fassen wir die Eingangs- und Ausgangsgrößen in den Vektoren $\boldsymbol{X} = (X_1, \ldots, X_n)^\mathsf{T}$ und $\boldsymbol{Y} = (Y_1, \ldots, Y_m)^\mathsf{T}$ zusammen. Wenn zusätzlich noch ein Vektor $\boldsymbol{f}(\boldsymbol{X})$ mit den Komponenten $f_i = f_i(X_1, \ldots, X_n) = f_i(\boldsymbol{X})$ $(i = 1, \ldots, m)$ eingeführt wird, lässt sich das Gleichungssystem (A.30) auf die Form

$$\boldsymbol{Y} = \boldsymbol{f}(\boldsymbol{X}) \tag{A.39}$$

bringen. Berechnet man den besten Schätzwert dieser Gleichung entsprechend den Empfehlungen des GUM (siehe GUM, 4.1.4 [GUM]), dann ergibt sich

$$\boldsymbol{y} = \boldsymbol{f}(\boldsymbol{x})\,,$$

mit den Vektoren $\boldsymbol{x} = (x_1, \ldots, x_n)^\mathsf{T}$ und $\boldsymbol{y} = (y_1, \ldots, y_m)^\mathsf{T}$ der Erwartungswerte der Eingangs- bzw. Ausgangsgrößen.

Die Linearisierung des Modells (A.39) kann in der Form

$$\boldsymbol{Y} = \boldsymbol{y} + \mathbf{C}(\boldsymbol{X} - \boldsymbol{x}) \tag{A.40}$$

geschrieben werden, wobei **C** die Empfindlichkeitsmatrix der Eingangsgrößen bezeichnet,[87] die als Matrixelemente die Empfindlichkeitskoeffizienten hat, die nach den Gleichungen (A.32) zu berechnen sind. Die Empfindlichkeitsmatrix **C** ist im Allgemeinen nicht quadratisch, sondern hat m Zeilen und n Spalten. Für den univariaten Fall, d. h. für $m = 1$, degeneriert die Empfindlichkeitsmatrix zu einem Zeilenvektor. Die Gleichung (A.40) entspricht dem Gleichungssystem (A.31), wie leicht gezeigt werden kann.

Wir führen nun die Varianz-Kovarianz-Matrix (manchmal auch als Unsicherheitsmatrix bezeichnet) der Eingangsgrößen

$$\mathbf{U}_{\boldsymbol{X}} = \begin{pmatrix} u^2(x_1) & u(x_1,x_2) & \ldots & u(x_1,x_{n-1}) & u(x_1,x_n) \\ u(x_2,x_1) & u^2(x_2) & \ldots & u(x_2,x_{n-1}) & u(x_2,x_n) \\ \vdots & \vdots & \ddots & \vdots & \vdots \\ u(x_{n-1},x_1) & u(x_{n-1},x_2) & \ldots & u^2(x_{n-1}) & u(x_{n-1},x_n) \\ u(x_n,x_1) & u(x_n,x_2) & \ldots & u(x_n,x_{n-1}) & u^2(x_n) \end{pmatrix} \tag{A.41}$$

[87] In der Mathematik wird diese Matrix Jacobi-Matrix des Gleichungssystems genannt.

und der Ausgangsgrößen ein

$$\mathbf{U}_{\boldsymbol{Y}} = \begin{pmatrix} u^2(y_1) & u(y_1,y_2) & \dots & u(y_1,y_{m-1}) & u(y_1,y_m) \\ u(y_2,y_1) & u^2(y_2) & \dots & u(y_2,y_{m-1}) & u(y_2,y_m) \\ \vdots & \vdots & \ddots & \vdots & \vdots \\ u(y_{m-1},y_1) & u(y_{m-1},y_2) & \dots & u^2(y_{m-1}) & u(y_{m-1},y_m) \\ u(y_m,y_1) & u(y_m,y_2) & \dots & u(y_m,y_{m-1}) & u^2(y_m) \end{pmatrix} . \tag{A.42}$$

Da aus der Gleichung (A.16) $u(x_i,x_j) = u(x_j,x_i)$ und $u(y_i,y_j) = u(y_j,y_i)$ folgt, ist $\mathbf{U}_{\boldsymbol{X}}$ eine symmetrische $(n \times n)$-Matrix und $\mathbf{U}_{\boldsymbol{Y}}$ eine symmetrische $(m \times m)$-Matrix. Außerdem kann gezeigt werden, dass beide Matrizen positiv definit sind, d. h. sie haben nur positive reelle Eigenwerte.

Mit Hilfe der Varianz-Kovarianz-Matrizen $\mathbf{U}_{\boldsymbol{X}}$ und $\mathbf{U}_{\boldsymbol{Y}}$ der Eingangs- bzw. Ausgangsgrößen und der Empfindlichkeitsmatrix $\mathbf{C}$ kann das Gleichungssystem (A.33) und (A.34) in der Form

$$\mathbf{U}_{\boldsymbol{Y}} = \mathbf{C}\mathbf{U}_{\boldsymbol{X}}\mathbf{C}^{\mathsf{T}} \tag{A.43}$$

geschrieben werden, wobei $\mathbf{C}^{\mathsf{T}}$ die transponierte Matrix von $\mathbf{C}$ bezeichnet. Die Matrixgleichung (A.43) beschreibt die Unsicherheitsfortpflanzung für den allgemeinen multivariaten Fall. Als Sonderfall ist darin auch der univariate Fall enthalten, bei dem $\mathbf{C}$ zu einem Zeilenvektor und $\mathbf{U}_{\boldsymbol{Y}}$ zu einer reellen positiven Zahl, der Varianz der einzigen Ausgangsgröße, entartet.

Es gibt zwei Möglichkeiten, um Korrelationskoeffizienten in die Matrixdarstellung einzuführen. Eine ist die Verwendung von Varianzmatrizen, die andere die Verwendung sogenannter Unsicherheitsvektoren. Da sich Varianzmatrizen natürlicher aus Varianz-Kovarianz-Matrizen ergeben, werden wir nur den zuerst genannten Weg einer Matrixdarstellung verfolgen.

Die Varianzmatrix der Eingangsgrößen wird durch eine Diagonalmatrix der n Varianzen dargestellt, d. h. durch

$$\mathbf{V}_{\boldsymbol{X}} = \operatorname{diag}\big(u^2(x_1), \dots, u^2(x_n)\big) .$$

Wenn die Eingangsgrößen unkorreliert sind, erhalten wir $\mathbf{V}_{\boldsymbol{X}} = \mathbf{U}_{\boldsymbol{X}}$. Nun führen wir die Korrelationsmatrix $\mathbf{R}_{\boldsymbol{X}}$ der Eingangsgrößen mit den n^2 Korrelationskoeffizienten $\varrho(x_i,x_j)$ $(i,j = 1,\dots,n)$ als Matrixelemente ein. Diese Matrix ist eine symmetrische und positiv definite Quadratmatrix, die mit der Einheitsmatrix $\mathbf{I}$ identisch ist, wenn die Eingangsgrößen alle unkorreliert sind. Der Zusammenhang zwischen der Korrelationsmatrix, der Varianzmatrix und der Varianz-Kovarianz-Matrix der Eingangsgrößen wird durch die Matrixgleichung

$$\mathbf{U}_{\boldsymbol{X}} = \mathbf{V}_{\boldsymbol{X}}^{1/2}\mathbf{R}_{\boldsymbol{X}}\mathbf{V}_{\boldsymbol{X}}^{1/2} \tag{A.44}$$

hergestellt, wobei $\mathbf{V}_{\boldsymbol{X}}^{1/2} = \operatorname{diag}\big(u(x_1),\dots,u(x_n)\big)$ eine Diagonalmatrix mit den Unsicherheiten der Eingangsgrößen als Matrixelementen ist. In ähnlicher Weise erhalten wir für die Ausgangsgrößen die Matrixgleichung

$$\mathbf{U}_{\boldsymbol{Y}} = \mathbf{V}_{\boldsymbol{Y}}^{1/2}\mathbf{R}_{\boldsymbol{Y}}\mathbf{V}_{\boldsymbol{Y}}^{1/2}\,. \tag{A.45}$$

Durch Einsetzen der Gleichungen (A.44) und (A.45) in die Gleichung (A.43) ergibt sich

$$\mathbf{R}_{\boldsymbol{Y}} = \mathbf{V}_{\boldsymbol{Y}}^{-1/2}\mathbf{C}\mathbf{V}_{\boldsymbol{X}}^{1/2}\mathbf{R}_{\boldsymbol{X}}\mathbf{V}_{\boldsymbol{X}}^{1/2}\mathbf{C}^{\mathsf{T}}\mathbf{V}_{\boldsymbol{Y}}^{-1/2}\,.$$

Das ist die Matrixdarstellung des Gleichungssystems (A.35).

Im Falle unkorrelierter Eingangsgrößen, d. h. wenn $\mathbf{R}_{\boldsymbol{X}} = \mathbf{I}$ ist, erhalten wir aus der Gleichung (A.44) $\mathbf{U}_{\boldsymbol{X}} = \mathbf{V}_{\boldsymbol{X}}$. Durch Einsetzen dieses Ergebnisses in die Gleichung (A.43) ergibt sich

$$\mathbf{U}_{\boldsymbol{Y}} = \mathbf{C}\mathbf{V}_{\boldsymbol{X}}\mathbf{C}^{\mathsf{T}}\,. \tag{A.46}$$

Wenn wir die rechten Seiten der Gleichungen (A.45) und (A.46) gleichsetzen und anschließend nach $\mathbf{R}_{\boldsymbol{Y}}$ auflösen, erhalten wir

$$\mathbf{R}_{\boldsymbol{Y}} = \mathbf{V}_{\boldsymbol{Y}}^{-1/2}\mathbf{C}\mathbf{V}_{\boldsymbol{X}}\mathbf{C}^{\mathsf{T}}\mathbf{V}_{\boldsymbol{Y}}^{-1/2}\,. \tag{A.47}$$

Das ist die Matrixdarstellung des Gleichungssystems (A.36). Man beachte, dass sich im Allgemeinen $\mathbf{R}_{\boldsymbol{Y}} \neq \mathbf{I}$ ergibt, weil $\mathbf{V}_{\boldsymbol{X}} \neq \mathbf{I}$ ist, d. h. die Ausgangsgrößen sind in der Regel korreliert, unabhängig davon, ob die Eingangsgrößen korreliert sind oder nicht, es sei denn, $\mathbf{C}$ ist eine Diagonalmatrix. Wenn $\mathbf{C}$ eine Diagonalmatrix ist, folgt aus der Gleichung (A.46), dass $\mathbf{U}_{\boldsymbol{Y}}$ ebenfalls eine Diagonalmatrix ist und damit auch $\mathbf{U}_{\boldsymbol{Y}} = \mathbf{V}_{\boldsymbol{Y}} = \mathbf{C}\mathbf{V}_{\boldsymbol{X}}\mathbf{C}^{\mathsf{T}}$ ist, wodurch wir schließlich aus der Gleichung (A.47) das Ergebnis $\mathbf{R}_{\boldsymbol{Y}} = \mathbf{I}$ erhalten.

A.5 Verallgemeinerung

Bisher sind wir davon ausgegangen, dass das Modell in der Form (A.30) oder (A.39) gegeben ist, d. h. durch ein Gleichungssystem, das vollständig nach den

Ausgangsgrößen aufgelöst ist. Wir sprechen dann von einem expliziten Modell. Es gibt jedoch Fälle, in denen die Modellgleichungen aus irgendeinem Grund nicht nach den Ausgangsgrößen aufgelöst sind. Ein solches Modell wird als implizites Modell bezeichnet und ist in der Matrixdarstellung (es reicht aus, unsere Überlegungen auf diese Darstellung zu beschränken) durch

$$\boldsymbol{F}(\boldsymbol{X},\boldsymbol{Y}) = \mathbf{o} \tag{A.48}$$

gegeben, wobei $\boldsymbol{X} = (X_1,\ldots,X_n)^\mathsf{T}$ und $\boldsymbol{Y} = (Y_1,\ldots,Y_m)^\mathsf{T}$ wieder die Vektoren der Eingangs- bzw. Ausgangsgrößen bezeichnen, $\boldsymbol{F}(\boldsymbol{X},\boldsymbol{Y})$ einen Vektor mit den Komponenten $F_i = F_i(X_1,\ldots,X_n,Y_1,\ldots,Y_m) = F_i(\boldsymbol{X},\boldsymbol{Y})$ $(i = 1,\ldots,M)$ und $\mathbf{o}$ den Nullvektor der Länge M. Weil mindestens so viele Gleichungen benötigt werden, wie Ausgangsgrößen im Modell vorhanden sind, muss $M \geq m$ sein, wobei $M > m$ auch zulässig ist, was oft, aber nicht immer, zum überbestimmten Fall bei der Methode der kleinsten Quadrate führt.

Die Vektorgleichung (A.48) stellt das allgemeinste Modell dar. Alle anderen Modelle, ob sie multivariat oder univariat sind, sind nur Sonderfälle dieses Modells. Die Gleichung (A.39) kann z. B. als ein besonderer Fall der Gleichung (A.48) mit $\boldsymbol{F}(\boldsymbol{X},\boldsymbol{Y}) = \boldsymbol{f}(\boldsymbol{X}) - \boldsymbol{Y}$ und $M = m$ angesehen werden.

Die Berechnung des besten Schätzwerts der Gleichung (A.48) entsprechend den Empfehlungen des GUM (siehe GUM, 4.1.4 [GUM]) ergibt

$$\boldsymbol{F}(\boldsymbol{x},\boldsymbol{y}) = \mathbf{o}\,. \tag{A.49}$$

Um aus diesem Gleichungssystem die Erwartungswerte der Ausgangsgrößen zu erhalten, müssen wir es nach dem Vektor $\boldsymbol{y}$ auflösen. Die Auflösung kann entweder algebraisch, soweit dies möglich ist, oder numerisch mit einem dafür geeigneten Algorithmus erfolgen.

Die Linearisierung der Gleichung (A.48) an dem durch die Erwartungswerte $\boldsymbol{x}$ und $\boldsymbol{y}$ der Eingangs- und Ausgangsgrößen gegebenen Punkt, ergibt unter Verwendung der Gleichung (A.49) die Beziehung

$$\mathbf{C}_{\boldsymbol{Y}}(\boldsymbol{Y} - \boldsymbol{y}) + \mathbf{C}_{\boldsymbol{X}}(\boldsymbol{X} - \boldsymbol{x}) = \mathbf{o}\,, \tag{A.50}$$

wobei $\mathbf{C}_{\boldsymbol{X}}$ und $\mathbf{C}_{\boldsymbol{Y}}$ die Empfindlichkeitsmatrizen der Eingangs- bzw. Ausgangsgrößen bezeichnen. $\mathbf{C}_{\boldsymbol{X}}$ ist eine $(M \times n)$-Matrix mit den Matrixelementen

$$c_{\boldsymbol{X},ij} = \left(\frac{\partial F_i(\boldsymbol{X},\boldsymbol{Y})}{\partial X_j}\right)_{(\boldsymbol{X}=\boldsymbol{x},\boldsymbol{Y}=\boldsymbol{y})}, \qquad i = 1,\ldots,M\,, \quad j = 1,\ldots,n\,,$$

und $\mathbf{C}_{\boldsymbol{Y}}$ eine $(M \times m)$-Matrix mit den Matrixelementen

$$c_{\boldsymbol{Y},ij} = \left(\frac{\partial F_i(\boldsymbol{X},\boldsymbol{Y})}{\partial Y_j}\right)_{(\boldsymbol{X}=\boldsymbol{x},\boldsymbol{Y}=\boldsymbol{y})}, \qquad i = 1,\ldots,M\,, \quad j = 1,\ldots,m\,.$$

Es sei daran erinnert, dass M die Anzahl der Modellgleichungen, n die Anzahl der Eingangsgrößen und m die Anzahl der Ausgangsgrößen ist.

Für gut gestellte Probleme ist $\mathbf{C}_{\boldsymbol{Y}}^{\mathsf{T}}\mathbf{C}_{\boldsymbol{Y}}$ eine symmetrische und positiv definite $(m \times m)$-Matrix. Daher existiert die inverse Matrix $(\mathbf{C}_{\boldsymbol{Y}}^{\mathsf{T}}\mathbf{C}_{\boldsymbol{Y}})^{-1}$ und wir können die Gleichung (A.50) in der Form

$$\boldsymbol{Y} - \boldsymbol{y} = -\mathbf{C}(\boldsymbol{X} - \boldsymbol{x}) \tag{A.51}$$

schreiben, mit der kombinierten Empfindlichkeitsmatrix

$$\mathbf{C} = (\mathbf{C}_{\boldsymbol{Y}}^{\mathsf{T}}\mathbf{C}_{\boldsymbol{Y}})^{-1}\mathbf{C}_{\boldsymbol{Y}}^{\mathsf{T}}\mathbf{C}_{\boldsymbol{X}}\,,$$

die eine $(m \times n)$-Matrix ist. Aus der Gleichung (A.51) leiten wir ab, dass

$$(\boldsymbol{Y} - \boldsymbol{y})(\boldsymbol{Y} - \boldsymbol{y})^{\mathsf{T}} = \mathbf{C}(\boldsymbol{X} - \boldsymbol{x})(\boldsymbol{X} - \boldsymbol{x})^{\mathsf{T}}\mathbf{C}^{\mathsf{T}} \tag{A.52}$$

ist. Dabei sind die beiden Matrizen $(\boldsymbol{X}-\boldsymbol{x})(\boldsymbol{X}-\boldsymbol{x})^{\mathsf{T}}$ und $(\boldsymbol{Y}-\boldsymbol{y})(\boldsymbol{Y}-\boldsymbol{y})^{\mathsf{T}}$ dyadische Produkte von Vektoren.

Die Berechnung des Erwartungswerts der Gleichung (A.52) ergibt

$$\boldsymbol{U}_{\boldsymbol{Y}} = \mathbf{C}\boldsymbol{U}_{\boldsymbol{X}}\mathbf{C}^{\mathsf{T}}\,, \tag{A.53}$$

weil $\boldsymbol{U}_{\boldsymbol{X}} = \mathsf{E}\left[(\boldsymbol{X} - \boldsymbol{x})(\boldsymbol{X} - \boldsymbol{x})^{\mathsf{T}}\right]$ und $\boldsymbol{U}_{\boldsymbol{Y}} = \mathsf{E}\left[(\boldsymbol{Y} - \boldsymbol{y})(\boldsymbol{Y} - \boldsymbol{y})^{\mathsf{T}}\right]$ ist, wie leicht anhand der Gleichungen (A.41) und (A.42) unter Verwendung der Definitionen (A.5) und (A.16) der Varianz bzw. der Kovarianz nachgewiesen werden kann.

A.6 Überdeckungsbereiche

Bevor wir mit der Diskussion über das Konzept eines Überdeckungsbereichs beginnen, wollen wir uns zunächst die Definition der erweiterten Unsicherheit nach dem GUM wieder in Erinnerung rufen. Wenn es nur eine zu messende Ausgangsgröße Y gibt, dann ist das vollständige Messergebnis für diese Größe durch den besten Schätzwert y und die diesem Wert beigeordnete Standardunsicherheit $u(y)$ gegeben. Normalerweise wird dieses Messergebnis durch $y \pm u(y)$

angegeben. Aus bestimmten Gründen ziehen es die meisten Anwender jedoch vor, das Messergebnis in der Form $y \pm U(y)$ anzugeben, mit $U(y) = ku(y)$, wobei $U(y)$ als *erweiterte Unsicherheit* und k als *Erweiterungsfaktor* bezeichnet werden, obwohl diese Angabe keinerlei neue Information liefert.

Die erweiterte Unsicherheit wird im GUM definiert als *Größe, die ein Intervall bezüglich des Ergebnisses einer Messung bestimmt, von dem erwartet werden kann, dass es einen großen Teil der Verteilung der Werte umfasst, die vernünftigerweise der Messgröße zugeordnet werden können* (GUM, 2.3.5 [GUM]), wobei *die Wahl des Faktors k, der normalerweise im Bereich 2 bis 3 liegt, auf der Überdeckungswahrscheinlichkeit oder dem vom Intervall geforderten Vertrauensniveau basiert* (GUM, 3.3.7 [GUM]). Die Interpretation dieser Definition ist, dass die Wahrscheinlichkeit, die Werte der Messgröße Y innerhalb eines symmetrischen Intervalls $\big(y - U(y), y + U(y)\big)$ zentriert um den besten Schätzwert y zu finden, gleich der sogenannten Überdeckungswahrscheinlichkeit p ist, d. h. es gilt

$$\mathsf{P}\left(\left|Y - y\right| < U(y)\right) = p\,. \tag{A.54}$$

Genau genommen ist diese Gleichung eine Formel zur Berechnung des Faktors k für eine vorgegebene Wahrscheinlichkeit p unter der Voraussetzung, dass die Wahrscheinlichkeitsdichtefunktion der Ausgangsgröße Y bekannt ist, d. h. k kann nicht beliebig gewählt werden.

Wenn es m Ausgangsgrößen Y_i $(i = 1, \ldots, m)$ gibt, d. h. im multivariaten Fall, können wir die Gleichung (A.54) nicht mehr verwenden. Aber wir können stattdessen auch nicht einfach $\mathsf{P}\left(\left|Y_1 - y_1\right| < U(y_1), \ldots, \left|Y_m - y_m\right| < U(y_m)\right) = p$ benutzen, denn wenn wir dies tun, haben wir mögliche Korrelationen nicht berücksichtigt, d. h. wir würden gegen das Prinzip verstoßen, *alle* verfügbare Information in die Unsicherheitsberechnung einzubeziehen.

Um die Gleichung (A.54) zu verallgemeinern, stellen wir fest, dass wir statt dessen ebenso gut auch

$$\mathsf{P}\left(\frac{(Y - y)^2}{u^2(y)} < k^2\right) = p \tag{A.55}$$

schreiben dürfen. Damit wird eine Verallgemeinerung möglich und es ergibt sich für den multivariaten Fall

$$\mathsf{P}\left((\boldsymbol{Y} - \boldsymbol{y})^{\mathsf{T}}\mathbf{U}_{\boldsymbol{Y}}^{-1}(\boldsymbol{Y} - \boldsymbol{y}) < k^2\right) = p\,. \tag{A.56}$$

Es wird deutlich, dass die Gleichung (A.55) nur ein Spezialfall der Gleichung (A.56) ist. Der Überdeckungsbereich für den multivariaten Fall ist also durch

$$(\boldsymbol{Y} - \boldsymbol{y})^{\mathsf{T}}\mathbf{U}_{\boldsymbol{Y}}^{-1}(\boldsymbol{Y} - \boldsymbol{y}) < k^2$$

gegeben. Das ist die mathematische Darstellung eines Ellipsoids in einem Raum der Dimension, die durch die Anzahl der durch den Vektor $\boldsymbol{Y}$ dargestellten Messgrößen bestimmt wird. Dieses Ellipsoid ist an einem Punkt zentriert, der durch die besten Schätzwerte der Ausgangsmessgrößen als Koordinaten gegeben ist. Für den bivariaten Fall ist der Überdeckungsbereich also eine Ellipse und im univariaten Fall degeneriert er zu einem Intervall.

Man beachte, dass immer die Gleichung (A.56) zu verwenden ist, um den Erweiterungsfaktor k zu einer vorgegebenen Wahrscheinlichkeit p zu berechnen, und dass die Wahrscheinlichkeitsdichtefunktion für $\boldsymbol{Y}$ bekannt sein muss.

Zum Abschluss der Diskussion über die Überdeckungsbereiche wollen wir noch eine Anmerkung machen. Wenn wir die Gleichungen (A.51) und (A.53) kombinieren, erhalten wir das bemerkenswerte Ergebnis

$$(\boldsymbol{Y} - \boldsymbol{y})^{\mathsf{T}} \mathbf{U}_{\boldsymbol{Y}}^{-1} (\boldsymbol{Y} - \boldsymbol{y}) = (\boldsymbol{X} - \boldsymbol{x})^{\mathsf{T}} \mathbf{U}_{\boldsymbol{X}}^{-1} (\boldsymbol{X} - \boldsymbol{x})\,,$$

d. h. die Überdeckungsbereiche der Eingangs- und Ausgangsgrößen gehören zum gleichen Erweiterungsfaktor. Das bedeutet aber keineswegs, dass die Überdeckungswahrscheinlichkeiten für die Überdeckungsbereiche der Eingangs- und Ausgangsgrößen notwendigerweise gleich sind. Das kann nur dann der Fall sein, wenn die Wahrscheinlichkeitsdichtefunktionen gleich wären, was im Allgemeinen nicht angenommen werden kann.

Wenn wir für die Überdeckungsbereiche der Eingangs- und Ausgangsgrößen die gleiche Überdeckungswahrscheinlichkeit fordern, was wir in der Regel tun werden, dann müssen wir die Bedingung

$$\mathsf{P}\left((\boldsymbol{Y} - \boldsymbol{y})^{\mathsf{T}} \mathbf{U}_{\boldsymbol{Y}}^{-1} (\boldsymbol{Y} - \boldsymbol{y}) < k_{\boldsymbol{Y}}^2\right) = \mathsf{P}\left((\boldsymbol{X} - \boldsymbol{x})^{\mathsf{T}} \mathbf{U}_{\boldsymbol{X}}^{-1} (\boldsymbol{X} - \boldsymbol{x}) < k_{\boldsymbol{X}}^2\right)$$

erfüllen, wobei im Allgemeinen $k_{\boldsymbol{Y}} \neq k_{\boldsymbol{X}}$ ist. Diese Bedingung macht deutlich, dass der Erweiterungsfaktor nicht beliebig gewählt werden kann.

A.7 Zusammenfassung der Berechnungen

Der Übersichtlichkeit halber fassen wir in diesem Abschnitt die Einzelheiten der multivariaten Unsicherheitsberechnung zusammen. Diese Berechnungen umfassen die folgenden Schritte:

1. Wir wählen ein mathematisches Modell

$$\boldsymbol{F}(\boldsymbol{X}, \boldsymbol{Y}) = \mathbf{0}\,, \tag{A.57}$$

das unsere Messaufgabe beschreibt. Das Modell wird im Allgemeinen ein System von M-Gleichungen sein, die nicht notwendigerweise linear sind. Es beschreibt den Zusammenhang der m Ausgangsgrößen, die durch einen Vektor $\boldsymbol{Y}$ dargestellt werden, mit den n Eingangsgrößen, die durch einen Vektor $\boldsymbol{X}$ dargestellt werden.

2. Wir fassen unsere Messergebnisse in einem Vektor $\boldsymbol{x}$ zusammen und die zugehörigen Varianzen und Kovarianzen in einer $(n \times n)$-Matrix $\mathbf{U}_{\boldsymbol{X}}$. Alternativ können wir die Standardunsicherheiten auch durch eine Diagonalmatrix
$$\mathbf{V}_{\boldsymbol{X}}^{1/2} = \operatorname{diag}\big(u(x_1), \ldots, u(x_n)\big)$$
darstellen und die Korrelationskoeffizienten in einer $(n \times n)$-Matrix $\mathbf{R}_{\boldsymbol{X}}$ mit Diagonalelementen, die alle gleich eins sind. In diesem Fall erhalten wir die Varianz-Kovarianz-Matrix $\mathbf{U}_{\boldsymbol{X}}$ aus der Matrixgleichung
$$\mathbf{U}_{\boldsymbol{X}} = \mathbf{V}_{\boldsymbol{X}}^{1/2} \mathbf{R}_{\boldsymbol{X}} \mathbf{V}_{\boldsymbol{X}}^{1/2} . \tag{A.58}$$
Diese Matrixgleichung bedeutet, dass jede Zeile und Spalte der Korrelationsmatrix $\mathbf{R}_{\boldsymbol{Y}}$ mit der entsprechenden Standardunsicherheit multipliziert werden muss, um die Varianz-Kovarianz-Matrix $\mathbf{U}_{\boldsymbol{X}}$ zu erhalten.

3. Wir lösen das Gleichungssystem
$$\boldsymbol{F}(\boldsymbol{x},\boldsymbol{y}) = \mathbf{0} \tag{A.59}$$
nach den besten Schätzwerten $\boldsymbol{y} = (y_1, \ldots, y_m)^{\mathsf{T}}$ der Messgrößen (Ausgangsgrößen) $\boldsymbol{Y} = (Y_1, \ldots, Y_m)^{\mathsf{T}}$ auf. Für nichtlineare Gleichungssysteme kann dazu die Verwendung eines geeigneten numerischen Verfahrens erforderlich sein, falls die Lösung nicht analytisch gefunden werden kann. Man beachte, dass das Gleichungssystem (A.59) zum Gleichungssystem (A.57) ähnlich ist, denn wir müssen nur die Vektoren $\boldsymbol{X}$ und $\boldsymbol{Y}$ durch die Vektoren $\boldsymbol{x}$ bzw. $\boldsymbol{y}$ ersetzen.

4. Um die $(M \times n)$-Matrix $\mathbf{C}_{\boldsymbol{X}}$ und die $(M \times m)$-Matrix $\mathbf{C}_{\boldsymbol{Y}}$ zu erhalten, berechnen wir die partiellen Ableitungen
$$c_{\boldsymbol{X},ij} = \left(\frac{\partial F_i(\boldsymbol{X},\boldsymbol{Y})}{\partial X_j} \right)_{(\boldsymbol{X}=\boldsymbol{x},\boldsymbol{Y}=\boldsymbol{y})} , \qquad i = 1, \ldots, M , \quad j = 1, \ldots, n , \tag{A.60}$$

und

$$c_{\boldsymbol{Y},ij} = \left(\frac{\partial F_i(\boldsymbol{X},\boldsymbol{Y})}{\partial Y_j} \right)_{(\boldsymbol{X}=\boldsymbol{x},\boldsymbol{Y}=\boldsymbol{y})}, \qquad i = 1,\ldots,M\,, \quad j = 1,\ldots,m\,. \tag{A.61}$$

Diese Ableitungen sollten vorzugsweise analytisch berechnet werden. In einigen Fällen ist dies jedoch entweder unmöglich oder unbequem. Dann kann auch eine geeignete Methode der numerischen Differenzierung oder besser das automatische Differenzieren (zu Einzelheiten dieser Technik siehe z. B. [Gri00]) verwendet werden.

Man beachte, dass für das explizite Modell, d. h. wenn $\boldsymbol{F}(\boldsymbol{X},\boldsymbol{Y}) = \boldsymbol{F}(\boldsymbol{X}) - \boldsymbol{Y}$ ist, $M = m$ und $\mathbf{C}_{\boldsymbol{Y}} = -\mathbf{I}$ gilt, wobei $\mathbf{I}$ die $(m \times m)$ Einheitsmatrix bezeichnet.

5. Der nächste Schritt ist die Berechnung der Empfindlichkeitsmatrix $\mathbf{C}$ unter Verwendung der Matrixgleichung

$$\mathbf{C} = (\mathbf{C}_{\boldsymbol{Y}}^{\mathsf{T}} \mathbf{C}_{\boldsymbol{Y}})^{-1} \mathbf{C}_{\boldsymbol{Y}}^{\mathsf{T}} \mathbf{C}_{\boldsymbol{X}}\,. \tag{A.62}$$

Man beachte, dass für den oft vorkommenden Fall $M = m$ die Matrix $\mathbf{C}_{\boldsymbol{Y}}$ quadratisch ist und die Matrixgleichung (A.62) dann vereinfacht werden kann zu

$$\mathbf{C} = \mathbf{C}_{\boldsymbol{Y}}^{-1} \mathbf{C}_{\boldsymbol{X}}\,. \tag{A.63}$$

Für ein explizites Modell kann diese Gleichung noch weiter zu $\mathbf{C} = -\mathbf{C}_{\boldsymbol{X}}$ vereinfacht werden.

6. Der letzte Schritt ist die Berechnung der Varianz-Kovarianz-Matrix $\boldsymbol{U}_{\boldsymbol{Y}}$ der Ausgangsgrößen nach der Matrixgleichung

$$\boldsymbol{U}_{\boldsymbol{Y}} = \mathbf{C} \boldsymbol{U}_{\boldsymbol{X}} \mathbf{C}^{\mathsf{T}}. \tag{A.64}$$

7. Wenn die Korrelationsmatrix $\mathbf{R}_{\boldsymbol{Y}}$ der Ausgangsgrößen benötigt wird, kann die Matrixgleichung

$$\mathbf{R}_{\boldsymbol{Y}} = \mathbf{V}_{\boldsymbol{Y}}^{-1/2} \mathbf{U}_{\boldsymbol{Y}} \mathbf{V}_{\boldsymbol{Y}}^{-1/2} \tag{A.65}$$

verwenden. Diese Matrixgleichung bedeutet, dass jede Zeile und Spalte der Varianz-Kovarianz-Matrix $\mathbf{U}_{\boldsymbol{Y}}$ durch die Standardunsicherheit der jeweiligen Ausgangsgröße dividiert werden muss, um die Korrelationsmatrix $\mathbf{R}_{\boldsymbol{Y}}$ der Ausgangsgrößen zu erhalten.

A.8 Beispiele

Um das im vorhergehenden Abschnitt beschriebene Verfahren zu demonstrieren und ein besseres Verständnis der multivariaten Unsicherheitsberechnungen zu ermöglichen, werden im Folgenden einige Beispiele gegeben.

Beispiel A.1 (Widerstand und Blindwiderstand)
Dieses Beispiel ist durch das Beispiel in Anhang H.2 des GUM motiviert. Das Modell ist in diesem Fall von expliziter Form.

Der Widerstand (hier mit Y_1 bezeichnet) und der Blindwiderstand (hier mit Y_2 bezeichnet) eines Schaltkreiselements werden durch Messung der Amplitude (hier mit X_1 bezeichnet) einer sinusförmigen Wechselspannung an seinen Anschlüssen, der Amplitude (hier mit X_2 bezeichnet) des durch das Element hindurch fließenden Wechselstroms und des Phasenverschiebungswinkels (hier mit X_3 bezeichnet) der Wechselspannung relativ zum Wechselstrom bestimmt. In diesem Fall ist das Modell das Gleichungssystem

$$\frac{X_1}{X_2} \cos X_3 - Y_1 = 0 \tag{A.66}$$

$$\frac{X_1}{X_2} \sin X_3 - Y_2 = 0\,. \tag{A.67}$$

Wir verwenden die in Anhang H.2 des GUM angegebenen Daten, d. h. wir haben den Eingangsdatenvektor $\boldsymbol{x} = (4{,}9990\ \text{V}; 19{,}6610\ \text{mA}; 1{,}04446\ \text{rad})^\mathsf{T}$ und die Standardunsicherheiten $u(x_1) = 0{,}0032$ V, $u(x_2) = 0{,}0095$ mA, bzw. $u(x_3) = 0{,}00075$ rad. Zusätzlich ist die Korrelationsmatrix

$$\mathbf{R}_{\boldsymbol{X}} = \begin{pmatrix} 1 & -0{,}36 & 0{,}86 \\ -0{,}36 & 1 & -0{,}65 \\ 0{,}86 & -0{,}65 & 1 \end{pmatrix}$$

gegeben. Mit Hilfe der Gleichung (A.58) erhalten wir daher die Varianz-Kovarianz-Matrix

$$\mathbf{U}_{\boldsymbol{X}} = 10^{-6} \begin{pmatrix} 10{,}24\ \text{V}^2 & -10{,}944\ \text{V} \cdot \text{mA} & 2{,}064\ \text{V} \\ -10{,}944\ \text{V} \cdot \text{mA} & 90{,}25\ (\text{mA})^2 & -4{,}63125\ \text{mA} \\ 2{,}064\ \text{V} & -4{,}63125\ \text{mA} & 0{,}5625 \end{pmatrix}.$$

Die besten Schätzwerte der Ausgangsgrößen lassen sich nach den Gleichungen

$$y_1 = \frac{x_1}{x_2} \cos x_3$$

und

$$y_2 = \frac{x_1}{x_2} \sin x_3$$

berechnen. Damit erhalten wir $\boldsymbol{y} = (127{,}732\ \Omega, 219{,}847\ \Omega)^\mathsf{T}$. Dieses Ergebnis stimmt mit dem in Anhang H.2 des GUM angegebenen Ergebnis überein.

Unter Anwendung der Gleichung (A.60) erhalten wir aus den Gleichungen (A.66) und (A.67)

$$\mathbf{C}_{\boldsymbol{X}} = \begin{pmatrix} \dfrac{y_1}{x_1} & -\dfrac{y_1}{x_2} & -y_2 \\ \dfrac{y_2}{x_1} & -\dfrac{y_2}{x_2} & y_1 \end{pmatrix}$$

oder

$$\mathbf{C}_{\boldsymbol{X}} = \begin{pmatrix} 25{,}5515\ \mathrm{A}^{-1} & -6496{,}7280\ \mathrm{V}\cdot\mathrm{A}^{-2} & -219{,}8465\ \mathrm{V}\cdot\mathrm{A}^{-1} \\ 43{,}9781\ \mathrm{A}^{-1} & -11181{,}8581\ \mathrm{V}\cdot\mathrm{A}^{-2} & 127{,}7322\ \mathrm{V}\cdot\mathrm{A}^{-1} \end{pmatrix}.$$

Da wir ein explizites Modell haben, führt dies sofort zur Empfindlichkeitsmatrix

$$\mathbf{C} = \begin{pmatrix} -25{,}5515\ \mathrm{A}^{-1} & 6496{,}7280\ \mathrm{V}\cdot\mathrm{A}^{-2} & 219{,}8465\ \mathrm{V}\cdot\mathrm{A}^{-1} \\ -43{,}9781\ \mathrm{A}^{-1} & 11181{,}8581\ \mathrm{V}\cdot\mathrm{A}^{-2} & -127{,}7322\ \mathrm{V}\cdot\mathrm{A}^{-1} \end{pmatrix}.$$

Unter Verwendung der Gleichung (A.64) erhalten wir

$$\mathbf{U}_{\boldsymbol{Y}} = \mathbf{C}\mathbf{U}_{\boldsymbol{X}}\mathbf{C}^\mathsf{T} = \begin{pmatrix} 0{,}004897\ \Omega^2 & -0{,}012240\ \Omega^2 \\ -0{,}012240\ \Omega^2 & 0{,}087448\ \Omega^2 \end{pmatrix},$$

d. h. die Standardunsicherheit des Widerstandes y_1 ist $u(y_1) = 0{,}070\ \Omega$ und die des Blindwiderstandes y_2 ist $u(y_2) = 0{,}296\ \Omega$. Diese Ergebnisse unterscheiden sich nur geringfügig von den in Anhang H.2 des GUM angegebenen Ergebnissen.

Nach der Gleichung (A.65) erhalten wir schließlich die Korrelationsmatrix

$$\mathbf{R}_{\boldsymbol{Y}} = \begin{pmatrix} 1 & -0.592 \\ -0.592 & 1 \end{pmatrix},$$

d. h. der Wert $r(y_1,y_2) = -0{,}592$ für den Korrelationskoeffizienten stimmt nicht mit dem Wert überein, der im Anhang H.2 des GUM angegebenen ist, weicht aber nur sehr wenig davon ab.

Die geringfügigen Unterschiede zwischen unseren Ergebnissen und denen in Anhang H.2 des GUM sind vermutlich auf eine begrenzte numerische Genauigkeit bei den Berechnungen zurückzuführen, die zu den im GUM angegebenen Ergebnissen geführt haben. Da wir unsere Berechnungen mit einem Computeralgebraprogramm überprüft haben, sind wir von der Richtigkeit unserer Ergebnisse überzeugt.

Beispiel A.2 (Kreisparameter)
Es ist bekannt, dass ein Kreis in einer Ebene vollständig durch drei Punkte bestimmt wird. Dieses Beispiel soll zeigen, wie die Kreisparameter, d. h. die Koordinaten seines Mittelpunktes und sein Radius, durch die Unsicherheit der Punktkoordinaten beeinflusst werden.

Wenn die Koordinaten der drei Punkte mit (X_1,X_2), (X_3,X_4) bzw. (X_5,X_6), die Mittelpunktskoordinaten des Kreises mit (Y_1,Y_2) und sein Radius mit Y_3 bezeichnet werden, haben wir die Modellgleichungen

$$\begin{aligned}(X_1 - Y_1)^2 + (X_2 - Y_2)^2 - Y_3^2 &= 0\,,\\ (X_3 - Y_1)^2 + (X_4 - Y_2)^2 - Y_3^2 &= 0\,,\\ (X_5 - Y_1)^2 + (X_6 - Y_2)^2 - Y_3^2 &= 0\,.\end{aligned} \tag{A.68}$$

Wir nehmen an, dass der Vektor $\boldsymbol{x} = (-1,0,0,1,1,0)^{\mathrm{T}}$ gegeben ist und dass die Daten unkorreliert sind, d. h. die Korrelationsmatrix der Eingangsgrößen gleich der Einheitsmatrix und die Varianz-Kovarianz-Matrix eine Diagonalmatrix ist. Weiterhin nehmen wir an, dass $\mathbf{U_X} = \sigma^2\mathbf{I}$ ist, mit einer positiven reellen Konstante σ, welche die für alle Eingangsgrößen gleiche Standardunsicherheit darstellt.

Um die besten Schätzwerte für die Ausgangsgrößen zu berechnen, müssen wir das Gleichungssystem

$$\begin{aligned}(x_1 - y_1)^2 + (x_2 - y_2)^2 - y_3^2 &= 0\,,\\ (x_3 - y_1)^2 + (x_4 - y_2)^2 - y_3^2 &= 0\,,\\ (x_5 - y_1)^2 + (x_6 - y_2)^2 - y_3^2 &= 0\,,\end{aligned}$$

nach y_1, y_2, und y_3 auflösen. Nach einigen algebraischen Umformungen erhalten wir die Gleichungen

$$y_1 = \frac{(x_4 - x_6)x_1^2 + (x_6 - x_2)x_3^2 + (x_2 - x_4)x_5^2 - (x_4 - x_6)(x_6 - x_2)(x_2 - x_4)}{2\left[(x_4 - x_6)x_1 + (x_6 - x_2)x_3 + (x_2 - x_4)x_5\right]}\,,$$

$$y_2 = \frac{(x_3 - x_5)x_2^2 + (x_5 - x_1)x_4^2 + (x_1 - x_3)x_6^2 - (x_3 - x_5)(x_5 - x_1)(x_1 - x_3)}{2\left[(x_3 - x_5)x_2 + (x_5 - x_1)x_4 + (x_1 - x_3)x_6\right]}\,,$$

$$y_3 = \sqrt{(x_1 - y_1)^2 + (x_2 - y_2)^2}\,.$$

Einsetzen der Eingangsdaten in diese Gleichungen ergibt $\boldsymbol{y} = (0,0,1)^{\mathrm{T}}$ für die besten Schätzwerte der Ausgangsgrößen, d. h. das Ergebnis ist ein am Ursprung des Koordinatensystems zentrierter Einheitskreis.

Unter Verwendung der Gleichungen (A.60) und (A.61) erhalten wir aus den Gleichungen (A.68)

$$\mathbf{C_X} = 2\begin{pmatrix} x_1 - y_1 & x_2 - y_2 & 0 & 0 & 0 & 0 \\ 0 & 0 & x_3 - y_1 & x_4 - y_2 & 0 & 0 \\ 0 & 0 & 0 & 0 & x_5 - y_1 & x_6 - y_2 \end{pmatrix}$$

und

$$\mathbf{C_Y} = -2\begin{pmatrix} x_1 - y_1 & x_2 - y_2 & y_3 \\ x_3 - y_1 & x_4 - y_2 & y_3 \\ x_5 - y_1 & x_6 - y_2 & y_3 \end{pmatrix},$$

bzw. durch Einsetzen der Eingangs- und Ausgangsdaten

$$\mathbf{C_X} = 2\begin{pmatrix} -1 & 0 & 0 & 0 & 0 & 0 \\ 0 & 0 & 0 & 1 & 0 & 0 \\ 0 & 0 & 0 & 0 & 1 & 0 \end{pmatrix} \tag{A.69}$$

und

$$\mathbf{C_Y} = 2\begin{pmatrix} 1 & 0 & -1 \\ 0 & -1 & -1 \\ -1 & 0 & -1 \end{pmatrix}. \tag{A.70}$$

Da wir hier den Fall $M = m$ haben, können wir die Gleichung (A.63) verwenden. Durch Einsetzen der Ergebnisse (A.69) und (A.70) in diese Matrixgleichung ergibt sich die Empfindlichkeitsmatrix

$$\mathbf{C} = \frac{1}{2}\begin{pmatrix} -1 & 0 & 0 & 0 & -1 & 0 \\ -1 & 0 & 0 & -2 & 1 & 0 \\ 1 & 0 & 0 & 0 & -1 & 0 \end{pmatrix}.$$

Unter Verwendung der Gleichung (A.64) erhalten wir

$$\mathbf{U_Y} = \frac{\sigma^2}{2}\begin{pmatrix} 1 & 0 & 0 \\ 0 & 3 & -1 \\ 0 & -1 & 1 \end{pmatrix},$$

d. h. die Standardunsicherheiten der Mittelpunktskoordinaten sind $u(y_1) = \sigma/\sqrt{2}$ und $u(y_2) = \sigma\sqrt{3/2}$, und die Standardunsicherheit des Radius $u(y_3) = \sigma/\sqrt{2}$.

Mit der Gleichung (A.65) erhalten wir schließlich die Korrelationsmatrix

$$\mathbf{R_Y} = \begin{pmatrix} 1 & 0 & 0 \\ 0 & 1 & -\frac{1}{\sqrt{3}} \\ 0 & -\frac{1}{\sqrt{3}} & 1 \end{pmatrix},$$

d. h. die Mittelpunktskoordinaten sind untereinander unkorreliert und der Radius ist nur mit einer der Mittelpunktskoordinaten korreliert. Dieses Ergebnis war aufgrund der Symmetrie des Problems zu erwarten.

Beispiel A.3 (Ausrichtung von Strecken)
Für zwei gleich lange Strecken in einer Ebene gibt es eine Transformation, die aus einer Rotation und einer Translation zusammengesetzt ist und die es ermöglicht,

die beiden Strecken so zueinander auszurichten, dass die jeweiligen Endpunkte der Strecken zusammenfallen (es muss allerdings bereits vorab festgelegt werden, welche Punkte miteinander gepaart werden sollen, um eine eindeutige Lösung des Problems zu erhalten). Dieses Beispiel soll zeigen, wie die Parameter der Transformation zur Ausrichtung durch die Unsicherheiten der Koordinaten der Endpunkte der beiden Strecken beeinflusst werden.

Wenn wir die Koordinaten der Endpunkte der beiden Strecken mit (X_1,X_2), (X_3,X_4) bzw. (X_5,X_6), (X_7,X_8), den Drehwinkel mit Y_1 und die Komponenten der Translation mit Y_2 und Y_3 bezeichnen, ist das Modell durch das Gleichungssystem

$$
\begin{aligned}
X_5 - X_1 \cos Y_1 + X_2 \sin Y_1 - Y_2 &= 0\,,\\
X_6 - X_1 \sin Y_1 - X_2 \cos Y_1 - Y_3 &= 0\,,\\
X_7 - X_3 \cos Y_1 + X_4 \sin Y_1 - Y_2 &= 0\,,\\
X_8 - X_3 \sin Y_1 - X_4 \cos Y_1 - Y_3 &= 0\,,
\end{aligned}
\tag{A.71}
$$

gegeben. Dieses Modell enthält implizit die Anforderung, dass der Punkt mit den Koordinaten (X_1,X_2) in den Punkt mit den Koordinaten (X_5,X_6) transformiert werden muss (diese Bedingung stellt hier die Eindeutigkeit der Transformation sicher). Man beachte, dass wir zwar mehr Gleichungen als Ausgangsgrößen haben, aber kein überbestimmtes Gleichungssystem vorliegt, d. h. wir haben es hier *nicht* mit einer Anpassung nach der Methode der kleinsten Quadrate zu tun.

Wir gehen davon aus, dass der Vektor $\boldsymbol{x} = (0,0,1,0,0,0,1,0,2)^{\mathsf{T}}$ gegeben ist und die Daten unkorreliert sind, d. h. die Korrelationsmatrix der Eingangsgrößen gleich der Einheitsmatrix und die Varianz-Kovarianz-Matrix eine Diagonalmatrix ist. Wir nehmen an, dass $\mathbf{U}_{\boldsymbol{X}} = \sigma^2\mathbf{I}$ ist, mit einer positiven reellen Konstante σ, welche die für alle Eingangsgrößen gleiche Standardunsicherheit darstellt.

Um die besten Schätzwerte für die Ausgangsgrößen zu berechnen, müssen wir das Gleichungssystem

$$
\begin{aligned}
x_5 - x_1 \cos y_1 + x_2 \sin y_1 - y_2 &= 0\,,\\
x_6 - x_1 \sin y_1 - x_2 \cos y_1 - y_3 &= 0\,,\\
x_7 - x_3 \cos y_1 + x_4 \sin y_1 - y_2 &= 0\,,\\
x_8 - x_3 \sin y_1 - x_4 \cos y_1 - y_3 &= 0\,,
\end{aligned}
$$

nach y_1, y_2, und y_3 auflösen. Nach einigen algebraischen Umformungen erhalten wir die Gleichungen

$$
y_1 = \arctan \frac{(x_2 - x_4)(x_5 - x_7) - (x_1 - x_3)(x_6 - x_8)}{(x_1 - x_3)(x_5 - x_7) + (x_2 - x_4)(x_6 - x_8)}\,,
$$

$$
y_2 = \frac{x_5 + x_7}{2} - \frac{x_1 + x_3}{2} \cos y_1 - \frac{x_2 + x_4}{2} \sin y_1\,,
$$

$$y_3 = \frac{x_6 + x_8}{2} + \frac{x_1 + x_3}{2} \sin y_1 - \frac{x_2 + x_4}{2} \cos y_1 \,.$$

Das Einsetzen der Eingangsdaten in diese Gleichungen ergibt $\boldsymbol{y} = (\pi/2{,}0{,}1)^\mathsf{T}$ für die beste Schätzung der Ausgangsgrößen, d. h. das erste Geradensegment kann zu dem zweiten durch eine gegen den Uhrzeigersinn erfolgende Drehung mit einem Winkel von 90° um den Ursprung des Koordinatensystems und einer Verschiebung um eine Einheit entlang seiner y-Achse ausgerichtet werden.

Unter Verwendung der Gleichungen (A.60) und (A.61) erhalten wir aus den Gleichungen (A.71)

$$\mathbf{C}_{\boldsymbol{X}} = \begin{pmatrix} -\cos y_1 & \sin y_1 & 0 & 0 & 1 & 0 & 0 & 0 \\ -\sin y_1 & -\cos y_1 & 0 & 0 & 0 & 1 & 0 & 0 \\ 0 & 0 & -\cos y_1 & \sin y_1 & 0 & 0 & 1 & 0 \\ 0 & 0 & -\sin y_1 & -\cos y_1 & 0 & 0 & 0 & 1 \end{pmatrix}$$

und

$$\mathbf{C}_{\boldsymbol{Y}} = \begin{pmatrix} x_1 \sin y_1 + x_2 \cos y_1 & -1 & 0 \\ -x_1 \cos y_1 + x_2 \sin y_1 & 0 & -1 \\ x_3 \sin y_1 + x_4 \cos y_1 & -1 & 0 \\ -x_3 \cos y_1 + x_4 \sin y_1 & 0 & -1 \end{pmatrix},$$

oder durch Einsetzen der Eingangs- und Ausgangsdaten

$$\mathbf{C}_{\boldsymbol{X}} = \begin{pmatrix} 0 & 1 & 0 & 0 & 1 & 0 & 0 & 0 \\ -1 & 0 & 0 & 0 & 0 & 1 & 0 & 0 \\ 0 & 0 & 0 & 1 & 0 & 0 & 1 & 0 \\ 0 & 0 & -1 & 0 & 0 & 0 & 0 & 1 \end{pmatrix} \tag{A.72}$$

und

$$\mathbf{C}_{\boldsymbol{Y}} = \begin{pmatrix} 0 & -1 & 0 \\ 0 & 0 & -1 \\ 1 & -1 & 0 \\ 0 & 0 & -1 \end{pmatrix}. \tag{A.73}$$

Da hier der Fall $M > m$ vorliegt, müssen wir die vollständige Gleichung (A.62) verwenden. Das Einsetzen der Ergebnisse (A.72) und (A.73) in diese Matrixgleichung ergibt die Empfindlichkeitsmatrix

$$\mathbf{C} = \frac{1}{2} \begin{pmatrix} 0 & -2 & 0 & 2 & -2 & 0 & 2 & 0 \\ 0 & -2 & 0 & 0 & -2 & 0 & 0 & 0 \\ 1 & 0 & 1 & 0 & 0 & -1 & 0 & -1 \end{pmatrix}$$

Unter Verwendung der Gleichung (A.64) erhalten wir

$$\mathbf{U}_{\boldsymbol{Y}} = \sigma^2 \begin{pmatrix} 4 & 2 & 0 \\ 2 & 2 & 0 \\ 0 & 0 & 1 \end{pmatrix},$$

d. h. die Unsicherheit des Drehwinkels ist $u(y_1) = 2\sigma$ und die Unsicherheiten der Komponenten der Translation sind $u(y_2) = \sqrt{2}\,\sigma$ bzw. $u(y_3) = \sigma$.

Unter Verwendung der Gleichung (A.65) erhalten wir schließlich die Korrelationsmatrix

$$\mathbf{R}_Y = \begin{pmatrix} 1 & \frac{1}{\sqrt{2}} & 0 \\ \frac{1}{\sqrt{2}} & 1 & 0 \\ 0 & 0 & 1 \end{pmatrix},$$

d. h. die Komponenten der Translation sind nicht korreliert, aber der Rotationswinkel ist mit der Translation in x-Richtung korreliert.

B Systematische Messabweichungen

Dieser Anhang ist eine übersetzte und überarbeitete Version eines Artikels,[88] der im Jahr 2010 geschrieben wurde. Er ist ein Tutorium zur Anwendung BAYESscher Methoden auf systematische Messabweichungen.

B.1 Einleitung

Der *Leitfaden zur Angabe der Unsicherheit beim Messen* (GUM) [GUM] wurde 1995 veröffentlicht. Daher sind seine Methoden zur Berechnung der Messunsicherheit inzwischen gut bekannt. Bezüglich der Berücksichtigung systematischer Effekte hat der GUM aber leider wenig anzubieten.

Die Empfehlung des GUM lautet, bekannte systematische Abweichungen zu korrigieren, aber es gibt dort leider keine Information darüber, was zu tun ist, wenn man nicht in der Lage (oder nicht bereit) ist, diese Regel anzuwenden. Es gibt dafür eine einfache und leicht anzuwendende Lösung, die aber nicht allgemein bekannt zu sein scheint. Das hat in der Vergangenheit immer wieder zu Missverständnissen geführt.

Es gibt gut bekannte systematische Effekte wie Schwankungen der Umgebungstemperatur, den Kosinusfehler bei der Längenmessung, durch Rauschen verfälschte Signale und andere, die bei der Messdatenauswertung in der Praxis eine wesentliche Rolle spielen. Obwohl sich die meisten Wissenschaftler der Notwendigkeit bewusst sind, solche Effekte berücksichtigen zu müssen, haben sie in der Regel keine Vorstellung davon, wie sie diese in ihre Unsicherheitsbilanz einbeziehen könnten. Das Problem scheint zu sein, dass es keine einfache Methode (kein "Kochbuchrezept") gibt. Die Hauptfrage ist, wie die Kenntnisse über syste-

[88]Die Originalversion dieses Artikels ist auf dem Preprint-Server der Cornell University Library verfügbar (`arxiv.org`: Michael Krystek, *Bayesian theory of systematic measurement deviations*, arXiv:1009.0942 [physics.data-an]).

matische Effekte dazu verwendet werden können, um den Erwartungswert der betreffenden systematischen Messabweichung und die ihr beigeordnete Standardunsicherheit zu berechnen. Das Ziel dieses Anhangs ist es daher, zu zeigen, wie systematische Messabweichungen auf der Grundlage der BAYESschen Wahrscheinlichkeitstheorie, die auch die Grundlage vieler der im GUM angegebenen Regeln ist, behandelt werden können.

Wir werden mit einigen Vorbemerkungen zu den benutzten Begriffen beginnen. Anschließend wird ein Überblick über die verwendeten Verfahren und Werkzeuge gegeben, wie die Produktregel der Wahrscheinlichkeitstheorie, das BAYES-Theorem, das Prinzip der maximalen Entropie und die Marginalisierungsgleichung. Dann wird ein Überblick über die hier vorgeschlagene Methode zur Behandlung systematischer Messabweichungen gegeben. Schließlich wird durch einige einfache Beispiele von praktischem Interesse die Anwendbarkeit dieser Methode demonstriert.

B.2 Vorbemerkungen

Nach der von K. WEISE und W. WÖGER formulierten BAYESschen Theorie der Messunsicherheit [WW93], ist die Wahrscheinlichkeitsdichtefunktion die mathematische Darstellung des Kenntnisstandes über die Werte der interessierenden Messgrößen. Alle relevanten Werte dieser Größen können direkt aus der jeweiligen Wahrscheinlichkeitsdichtefunktion entnommen werden.

Jede Wahrscheinlichkeitsdichtefunktion kann durch zwei wesentliche Werte charakterisiert werden. Wenn die Messgröße mit X und ihre Wahrscheinlichkeitsdichtefunktion mit $p(X)$ bezeichnet wird, können wir den Wert

$$x = \mathsf{E}(X) = \int_{-\infty}^{+\infty} X p(X) \mathrm{d}X$$

definieren, der Erwartungswert von X genannt wird. Der zweite Wert ist die Varianz der Wahrscheinlichkeitsdichtefunktion, die durch

$$\mathsf{Var}(X) = \mathsf{E}(X - x)^2 \tag{B.1}$$

gegeben ist. Dieser Wert charakterisiert die Streuung der Wahrscheinlichkeitsdichtefunktion um den Erwartungswert.

Die Wahrscheinlichkeitsdichtefunktion enthält Information über den Wert, der als bester Schätzwert für den wahren Wert der Messgröße anzusehen ist. Die internationalen Vereinbarungen folgen dem Vorschlag von C. F. GAUSS [Gau09], dass der Wert, für den die Streuung der Wahrscheinlichkeitsdichtefunktion am kleinsten ist, als bester Schätzwert angegeben werden sollte.

Wenn wir irgendeinen beliebigen Wert ξ wählen, dann ist die Streuung der Wahrscheinlichkeitsdichtefunktion um diesen Wert gegeben durch

$$\mathsf{E}(X-\xi)^2 = \mathsf{Var}(X) + (x-\xi)^2 \,. \tag{B.2}$$

Diese Streuung hat ein Minimum bei $\xi = x$, d. h. die Streuung um den Wert x ist durch die Varianz der Wahrscheinlichkeitsdichtefunktion gegeben.

Die einem beliebigen Wert ξ beigeordnete Messunsicherheit ist als Quadratwurzel der Streuung definiert, d. h. es gilt

$$u(\xi) = \sqrt{\mathsf{E}(X-\xi)^2} \,. \tag{B.3}$$

Die kleinstmögliche Unsicherheit $u(x)$ ist dem besten Schätzwert x beigeordnet. Sie wird im GUM Standardunsicherheit genannt.

Im Allgemeinen wird statt der interessierenden Größe X die Größe

$$Y = X + X_{\text{syst}} \tag{B.4}$$

gemessen, wobei X_{syst} systematische Messabweichung genannt wird. Wenn die Gleichung (B.4) nach x aufgelöst und anschließend der Erwartungswert berechnet wird, ergibt sich

$$x = y - x_{\text{syst}} \,. \tag{B.5}$$

Um also den besten Schätzwert x der interessierenden Größe X zu erhalten, müssen wir unseren gemessenen Wert y um die systematische Messabweichung korrigieren, indem wir den Wert x_{syst} subtrahieren. Die dem Wert x beigeordnete Standardmessunsicherheit beträgt

$$u(x) = \sqrt{u^2(y) + u^2(x_{\text{syst}})} \,. \tag{B.6}$$

Es sei hier angemerkt, dass selbst für den Fall $x_{\text{syst}} = 0$ noch die Unsicherheit der systematischen Messabweichung nach Gleichung (B.6) berücksichtigt werden muss, denn wir haben immer $u(x_{\text{syst}}) \neq 0$, es sei denn, x_{syst} wäre vollständig bekannt, was aber unmöglich nachzuweisen wäre.

Wenn zwei Größen X und Y (ganz oder teilweise) korreliert sind, können wir ihre Kovarianz einführen

$$\mathsf{Cov}(XY) = \mathsf{E}\big((X-x)(Y-y)\big) \,.$$

B.3 Ignorieren einer systematischen Abweichung

Die empfohlene Vorgehensweise nach dem GUM ist die Korrektur einer bekannten systematischen Messabweichung. Manchmal wird sie jedoch aus bestimmten Gründen nicht durchgeführt. In diesem Fall wird statt des Erwartungswerts x nach (B.5) der unkorrigierte Wert x^* als Schätzwert der Größe X verwendet, wodurch unser Wissen über systematische Effekte ignoriert wird. Die x^* beigeordnete Standardmessunsicherheit kann sicherlich nicht $u(x)$ sein, da diese Unsicherheit x und nicht $x^* \neq x$ beigeordnet ist. Wir müssen stattdessen eine andere Unsicherheit $u(x^*)$ verwenden.

Aus den Gleichungen (B.1), (B.2) und (B.3) mit $\xi = x^*$ erhalten wir

$$u^2(x^*) = \mathsf{E}(X - x^*)^2 = u^2(x) + (x - x^*)^2 \,. \tag{B.7}$$

Aber unsere Annahme war, dass wir keinen systematischen Effekt zu korrigieren brauchen, d. h. wir haben tatsächlich das Modell $X = X^*$ verwendet. Unter dieser Annahme wird die linke Seite der Gleichung (B.7), die gleich $u^2(x^*)$ ist, zu der Varianz, die x^* zugeordnet werden muss. Da wir die bekannte systematische Messabweichung nicht korrigiert haben, haben wir immer noch $x_{\text{syst}} = x - x^*$. Somit erhalten wir nun aus Gleichung (B.7)

$$u(x^*) = \sqrt{u^2(x) + x_{\text{syst}}^2} \,.$$

Es stellt sich heraus, dass $u(x^*) \geq u(x)$ ist, wobei das Gleichheitszeichen nur im Fall von $x_{\text{syst}} = 0$ gültig ist. Dies war natürlich zu erwarten, denn das Ignorieren bekannter Information sollte immer die Unsicherheit erhöhen.

Wir haben hier nur einen kurzen Überblick über den Fall gegeben, dass die Korrektur einer bekannten systematischen Messabweichung ignoriert wird. Für weitere Einzelheiten siehe [LW98; HK09].

B.4 Bayes-Theorem und Marginalisierung

Da wir in den folgenden Abschnitten die Produktregel, das Bayes-Theorem und die Marginalisierung verwenden, werden wir hier eine kurze Einführung zu diesem Thema geben. Weitere Details finden sich in verschiedenen Lehrbüchern zur Bayesschen Wahrscheinlichkeitstheorie.

Angenommen, es sind zwei Zufallsgrößen X und Y und ihre gemeinsame Wahrscheinlichkeitsdichtefunktion $p(X,Y)$ gegeben. Dann folgt aus der Produktregel der Wahrscheinlichkeitstheorie

$$p(X,Y) = p(X|Y)p(Y)\,, \tag{B.8}$$

wobei $p(X|Y)$ die bedingte Wahrscheinlichkeitsdichtefunktion von X ist, wenn Y gegeben ist, und $p(Y)$ die Wahrscheinlichkeitsdichtefunktion von Y. Die Produktregel kann durch rekursive Anwendung der Gleichung (B.8) auf mehr als zwei Größen verallgemeinert werden. Wenn X und Y stochastisch unabhängig sind, gilt $p(X|Y) = p(X)$ und die Gleichung (B.8) ändert sich zu $p(X,Y) = p(X)p(Y)$, d. h. die gemeinsame Wahrscheinlichkeitsdichtefunktion unabhängiger Größen ist das Produkt ihrer Wahrscheinlichkeitsdichtefunktionen.

Da $p(Y,X) = p(X,Y)$ ist, erhalten wir aus der Gleichung (B.8) durch Vertauschen von X und Y

$$p(X|Y)p(Y) = p(Y|X)p(X)\,, \tag{B.9}$$

wobei $p(X|Y)$ und $p(Y)$ wie zuvor definiert sind, $p(Y|X)$ die bedingte Wahrscheinlichkeitsdichtefunktion von Y, gegeben X, und $p(X)$ die Wahrscheinlichkeitsdichtefunktion von X ist. Wenn wir nun Y durch einen konstanten Wert y, z.B. einen Messwert, ersetzen, kann die Gleichung (B.9) geschrieben werden als

$$p(X|y) = Cp(y|X)p(X)\,, \tag{B.10}$$

wobei $p(y) = 1/C$ verwendet wurde, mit einer Normierungskonstante C, weil $p(y)$ konstant ist, wenn y konstant ist. Die Gleichung (B.10) ist eine mögliche Darstellung des Theorems von BAYES. Die Funktion $p(X|y)$ wird als Posteriori der Größe X bezeichnet, wenn y gegeben ist. Sie stellt den Wissensstand dar, nachdem der Wert y durch eine Messung erhalten wurde. Die Funktion $p(X)$ wird als Priori der Größe X bezeichnet. Sie stellt den Wissensstand vor der Durchführung einer Messung dar. Die Funktion $p(y|X)$ ist proportional zur so genannten Likelihood-Funktion. Diese Funktion repräsentiert die Wahrscheinlichkeit, den Wert y zu messen, wenn die Größe X bekannt ist.

Wenn mehr als eine Größe gegeben ist und mehr als ein Wert aus den Messungen bekannt ist, z. B. die Größen X_i ($i = 1,2,\ldots$) und die Werte y_k ($k = 1,2,\ldots$), dann kann das BAYESsche Theorem verallgemeinert werden zu

$$p(X_1, X_2, \ldots |y_1,y_2,\ldots) = Cp(y_1,y_2,\ldots |X_1, X_2,\ldots)p(X_1, X_2,\ldots)\,. \tag{B.11}$$

Auch hier bezeichnet C eine Normierungskonstante, die sich jedoch von der in der Gleichung (B.10) verwendeten unterscheidet. Die Likelihood-Funktion repräsentiert nun die Wahrscheinlichkeit, die Werte $y_1, y_2, \ldots$ zu messen, wenn die Größen $X_1, X_2, \ldots$ bekannt sind.

Wenn die gemeinsame Wahrscheinlichkeitsdichtefunktion $p(X,Y)$ der beiden Größen X und Y bekannt ist, uns aber nur die Wahrscheinlichkeitsdichte der Größe X interessiert, können wir die Marginalisierung

$$p(X) = \int_{-\infty}^{+\infty} p(X,Y)\mathrm{d}Y$$

anwenden. Die Marginalisierung kann ebenfalls verallgemeinert werden, d. h.

$$p(X) = \int_{-\infty}^{+\infty} \cdots \int_{-\infty}^{+\infty} p(X,Y_1,Y_2,\ldots,Y_n)\mathrm{d}Y_1\mathrm{d}Y_2 \cdots \mathrm{d}Y_n\,.$$

Die Marginalisierung ist ein mächtiges Instrument, das es ermöglicht, nicht erwünschte Größen zu entfernen, d. h. Größen, die notwendigerweise in die Berechnung eingehen, aber für das Endergebnis nicht von Interesse sind.

B.5 Das Prinzip der maximalen Entropie

Wir nehmen an, dass wir bestimmte Vorkenntnisse über eine Größe X haben, d. h. die Priori $p(X)$ ist bekannt. Wir kennen auch einige Werte y_k $(k = 1,2,\ldots)$. Wenn wir auch noch die Likelihood-Funktion $p(y_1,y_2,\ldots|X)$ kennen würden, könnten wir das Bayessche Theorem (B.11) verwenden, um die Posteriori $p(X|y_1,y_2,\ldots)$ zu erhalten. Aber die Frage ist in vielen Fällen, wie man die Priori findet. Nach einem Vorschlag von E. T. Jaynes [Jay57; Jay68], können wir diese Funktion durch Anwendung des Prinzips der maximalen Entropie erhalten.[89]

Die hier verwendete Variante des Prinzips der maximalen Entropie beruht darauf, die relative Informationsentropie[90] der Posteriori in Bezug auf die Priori

[89] Das Prinzip der maximalen Entropie wird oft nur verwendet, um eine Priori zu erhalten. Tatsächlich hat E. T. Jaynes selbst diesen Ansatz unter der Annahme, dass die Wahrscheinlichkeit bereits bekannt ist, stark befürwortet. Das Prinzip der maximalen Entropie ist jedoch nicht auf diese spezielle Anwendung beschränkt. Wir verwenden es hier auf eine andere Weise, wobei wir davon ausgehen, dass die Priori aus dem mathematischen Modell der Messung bekannt ist. Dieser Ansatz wird durch ein Theorem von B. O. Koopman [Koo36] und E. J. G. Pitman [Pit36] gerechtfertigt. Nach diesem Theorem ist eine notwendige und hinreichende Bedingung für eine Stichprobenverteilung, dass sie die allgemeine Form einer Wahrscheinlichkeitsdichtefunktion hat, die der maximalen Informationsentropie entspricht.

[90] Die relative Informationsentropie [KA51] ist eine Verallgemeinerung der Shannonschen Informationsentropie [Sha48].

maximieren, die als invariante Maßfunktion dient, d. h. in unserem Fall das Funktional

$$S = -\int_{-\infty}^{+\infty} p(X)p(y_1,y_2,\ldots|X)\ln p(y_1,y_2,\ldots|X)\mathrm{d}X\,.$$

Da die Posteriori normiert werden muss, gilt die Normierungsbedingung

$$\int_{-\infty}^{+\infty} p(X|y_1,y_2,\ldots)\mathrm{d}X = 1\,. \tag{B.12}$$

Wenn zusätzliche Informationen bekannt sind, können wir weitere Nebenbedingungen verwenden, z. B.

$$\int_{-\infty}^{+\infty} g_k(X)p(X|y_1,y_2,\ldots)\mathrm{d}X = g_k(x)\,, \qquad k = 1,2,\ldots,n\,. \tag{B.13}$$

Unter diesen Nebenbedingungen müssen wir also den Ausdruck

$$J = -\int_{-\infty}^{+\infty} p(X)p(y_1,y_2,\ldots|X)\ln p(y_1,y_2,\ldots|X)\mathrm{d}X + \sum_{k=0}^{n}\lambda_k\left(g_k(x) - \int_{-\infty}^{+\infty} g_k(X)p(X)p(y_1,y_2,\ldots|X)\mathrm{d}X\right)$$

durch Variation von $p(y_1,y_2,\ldots|X)$ maximieren, wobei λ_k ($k = 0,1,2,\ldots$) der sogenannte Lagrange-Parameter des Variationsproblems ist. Das Extremum von J ist durch $\delta J = 0$ gegeben, wobei

$$\delta J = -\int_{-\infty}^{+\infty} p(X)\left(1 + \ln p(y_1,y_2,\ldots|X) + \sum_{k=0}^{n}\lambda_k g_k(X)\right)\delta p(y_1,y_2,\ldots|X)\mathrm{d}X$$

ist. Das Ergebnis der Variation ist

$$p(y_1,y_2,\ldots|X) = \exp\left(-1 - \sum_{k=0}^{n}\lambda_k g_k(X)\right)\,.$$

Wenn wir dieses Ergebnis in die Gleichung (B.11) einsetzen, erhalten wir

$$p(X|y_1,y_2,\ldots) = C\exp\left(-\sum_{k=1}^{n}\lambda_k g_k(X)\right)p(X)\,, \tag{B.14}$$

wobei $C = \exp(-1-\lambda_0)$ verwendet wurde. Die Normierungskonstante C erhält man durch Einsetzen von der Gleichung (B.14) in die Gleichungen (B.12) und die LAGRANGE-Parameter λ_k ($k = 1,2,3,\ldots$) können durch Einsetzen des Ergebnisses (B.14) in die Gleichungen (B.13) berechnet werden.

Wir demonstrieren die Anwendung des Prinzips der maximalen Entropie an zwei einfachen Beispielen:

Beispiel B.1 (Gleichverteilung)
Im ersten Beispiel nehmen wir an, dass die einzige Kenntnis, die wir über eine Größe X haben, ist, dass sie jeden Wert innerhalb des Intervalls $(x_{\min},x_{\max})$ annehmen kann. Dies kann durch die Priori

$$p(X) \propto \Theta(X - x_{\min})\Theta(x_{\max} - X) \tag{B.15}$$

ausgedrückt werden, wobei

$$\Theta(x) = \begin{cases} 0 & \text{wenn } x < 0 \\ 1 & \text{wenn } x \geq 0 \end{cases}$$

die HEAVISIDEsche Sprungfunktion ist.

Außer der Normierungsbedingung haben wir keine weiteren Nebenbedingungen, d.h. alle LAGRANGE-Parameter λ_k ($k = 1,2,\ldots$) müssen in der Gleichung (B.14) auf null gesetzt werden. Mit der Priori (B.15) erhalten wir demzufolge

$$p(X|x_{\min},x_{\max}) = C\,\Theta(X - x_{\min})\Theta(x_{\max} - X)\,.$$

Die Normierungskonstante erhalten wir durch Einsetzen dieses Ergebnisses in die Normierungsbedingung (B.12), wodurch sich schließlich

$$p(X|x_{\min},x_{\max}) = \frac{1}{x_{\max} - x_{\min}}\Theta(X - x_{\min})\Theta(x_{\max} - X)$$

ergibt, d.h. wir erhalten die Wahrscheinlichkeitsdichtefunktion einer Rechteckverteilung (Gleichverteilung), die jedem Wert der Größe X innerhalb des Intervalls $(x_{\min},x_{\max})$ die gleiche Wahrscheinlichkeit zuweist. In Bezug auf unser begrenztes Wissen über die Größe X ist dies ist ein vernünftiges Ergebnis.

Beispiel B.2 (Exponentialverteilung)
Im zweiten Beispiel gehen wir davon aus, dass wir über eine Größe X wissen, dass sie keine negativen Werte annehmen kann und wir nur einen solchen Wert x kennen. Unser Wissen kann durch die Priori

$$p(X) \propto \Theta(X) \tag{B.16}$$

ausgedrückt werden, unter der vernünftigen Annahme, dass x der Erwartungswert von X ist, d. h.

$$x = \int_{-\infty}^{+\infty} X p(X|x) \mathrm{d}X \,. \tag{B.17}$$

Neben der Normierungsbedingung haben wir nun eine weitere Nebenbedingung. Daher ist der LAGRANGE-Parameter λ_1 nicht null, während alle anderen LAGRANGE-Parameter gleich null sind. Wenn wir die Gleichungen (B.13) und (B.17) vergleichen, sehen wir, dass $g_1(X) = X$ und $g_1(x) = x$ ist. Aus den Beziehungen (B.14) und (B.16) erhalten wir also

$$p(X|x) = C \exp(-\lambda_1 X) \Theta(X) \,. \tag{B.18}$$

Einsetzen dieses Ergebnisses in die Normierungsbedingung (B.12) ergibt

$$C \int_0^{\infty} \exp(-\lambda_1 X) \, \mathrm{d}X = \frac{C}{\lambda_1} = 1$$

und Einsetzen in die Gleichung (B.17)

$$C \int_0^{\infty} X \exp(-\lambda_1 X) \, \mathrm{d}X = \frac{C}{\lambda_1^2} = x \,,$$

d. h. wir erhalten $C = \lambda_1 = 1/x$. Damit folgt schließlich aus der Gleichung (B.18)

$$p(X|x) = \frac{1}{x} \exp\left(-\frac{X}{x}\right) \Theta(X) \,.$$

Dies ist die gesuchte Wahrscheinlichkeitsdichtefunktion. Sie ermöglicht es uns die Standardunsicherheit zu berechnen, die dem Wert x beigeordnet ist. Wir erhalten

$$\mathsf{E}(X^2) = \int_0^{\infty} X^2 \, p(X|x) \mathrm{d}X = 2x^2 \,.$$

Nach der Definition der Standardunsicherheit ergibt sich also $u(x) = x$.

B.6 Behandlung systematischer Abweichungen

Nachdem wir die Grundlagen der Bayesschen Theorie der Messunsicherheit diskutiert haben, wollen wir nun einen Überblick über ein Verfahren zum Umgang mit systematischen Messabweichungen geben.

Am Anfang wird immer ein mathematisches Modell der systematischen Messabweichung benötigt. Wenn X_{syst} diese Größe bezeichnet und wir wissen, dass sie von einigen anderen Größen $X_1,X_2,\ldots$ sowie von einigen bekannten Werten $y_1,y_2,\ldots$ abhängt, können wir eine Modellgleichung

$$X_{\text{syst}} = f(X_1,X_2,\ldots;y_1,y_2,\ldots) \tag{B.19}$$

aufstellen, die die Beziehung zwischen der systematischen Messabweichung X_{syst} und den sie beeinflussenden Größen und Werten beschreibt.

Die systematische Messabweichung X_{syst}, sowie alle in der Gleichung (B.19) auftretenden Größen $X_1,X_2,\ldots$ sind als stochastische Größen zu behandeln, während die Werte $y_1,y_2,\ldots$ als bekannt vorausgesetzt werden. Demnach haben wir eine gemeinsame Wahrscheinlichkeitsdichtefunktion $p(X_{\text{syst}},X_1,X_2,\ldots|y_1,y_2,\ldots)$ aller betrachteten stochastischen Größen $X_1,X_2,\ldots$, wobei die Werte $y_1,y_2,\ldots$ als gegeben angenommen werden.

Mit Hilfe der Produktregel der Wahrscheinlichkeitstheorie können wir die gemeinsame Wahrscheinlichkeitsdichtefunktion $p(X_{\text{syst}},X_1,X_2,\ldots|y_1,y_2,\ldots)$ aufteilen, um ein Produkt von Wahrscheinlichkeitsdichtefunktionen zu erhalten, das weiter verarbeitet werden kann, d. h.

$$\begin{aligned} &p(X_{\text{syst}},X_1,X_2,\ldots|y_1,y_2,\ldots) = \\ &\qquad p(X_{\text{syst}}|X_1,X_2,\ldots,y_1,y_2,\ldots)p(X_1,X_2,\ldots|y_1,y_2,\ldots)\,, \end{aligned} \tag{B.20}$$

wobei $p(X_{\text{syst}}|X_1,X_2,\ldots,y_1,y_2,\ldots)$ die bedingte Wahrscheinlichkeitsdichtefunktion von X_{syst} ist, gegeben die Größen $X_1,X_2,\ldots$ und die Werte $y_1,y_2,\ldots$, und $p(X_1,X_2,\ldots|y_1,y_2,\ldots)$ die Wahrscheinlichkeitsdichtefunktion der Größen $X_1,X_2,\ldots$, gegeben die Werte $y_1,y_2,\ldots$.

Aus der Modellgleichung (B.19) erhalten wir die bedingte Wahrscheinlichkeitsdichtefunktion

$$p(X_{\text{syst}}|X_1,X_2,\ldots,y_1,y_2,\ldots) = \delta\left[X_{\text{syst}} - f(X_1,X_2,\ldots;y_1,y_2,\ldots)\right],$$

wobei $\delta(\cdot)$ die DIRACsche δ-Funktion bezeichnet, definiert durch

$$\int_{-\infty}^{+\infty} f(x)\,\delta(x-y)\,\mathrm{d}x = f(y)\,.$$

Um mit dem zweiten Faktor $p(X_1,X_2,\ldots|y_1,y_2,\ldots)$ auf der rechten Seite der Gleichung (B.20) fortzufahren, können wir die Produktregel der Wahrscheinlichkeitstheorie rekursiv verwenden, bis wir Wahrscheinlichkeitsdichtefunktionen erhalten, die wir spezifizieren können, wobei wir das gesamte verfügbare Wissen über die beteiligten Größen nutzen. In einigen Fällen kann es hilfreich sein, das Prinzip der maximalen Entropie zu verwenden, um die Wahrscheinlichkeitsdichtefunktion zu erhalten. Manchmal kann es auch nützlich sein, die Marginalisierung anzuwenden, um unerwünschte Größen zu beseitigen. Das gesamte Verfahren kann kompliziert sein und erfordert eine gewisse Erfahrung. Leider können wir an dieser Stelle nicht näher darauf eingehen, da jeder einzelne Fall seine eigenen Besonderheiten haben kann.

Als Endergebnis des oben beschriebenen Verfahrens sollten wir schließlich einen Ausdruck für die Posteriori $p(X_{\mathrm{syst}},X_1,X_2,\ldots|y_1,y_2,\ldots)$ erhalten, die nun zur Berechnung der Erwartungswerte

$$\mathsf{E}(X_{\mathrm{syst}}) = \int_{-\infty}^{+\infty}\cdots\int_{-\infty}^{+\infty} X_{\mathrm{syst}}p(X_{\mathrm{syst}},X_1,X_2,\ldots|y_1,y_2,\ldots)\mathrm{d}X_{\mathrm{syst}}\mathrm{d}X_1\mathrm{d}X_2\ldots \quad \text{(B.21)}$$

und

$$\mathsf{E}\big(X^2_{\mathrm{syst}}\big) = \int_{-\infty}^{+\infty}\cdots\int_{-\infty}^{+\infty} X^2_{\mathrm{syst}}p(X_{\mathrm{syst}},X_1,X_2,\ldots|y_1,y_2,\ldots)\mathrm{d}X_{\mathrm{syst}}\mathrm{d}X_1\mathrm{d}X_2\ldots \quad \text{(B.22)}$$

benutzt werden kann. Diese beiden Werte können anschließend dazu verwendet werden, den besten Schätzwert der systematischen Messabweichung x_{syst} und die ihm beigeordnete Standardunsicherheit $u(x_{\mathrm{syst}})$ zu berechnen.

An dieser Stelle sei angemerkt, dass es Fälle gibt, in denen wir die Integrale (B.21) und (B.22) nicht in geschlossener analytischer Form auswerten können. Tatsächlich wird dies in vielen praktischen Fällen vorkommen. Dann können wir geeignete Approximationen benutzen, wie z. B. die LAPLACEsche Näherung, um das Problem doch noch analytisch zu behandeln, vorausgesetzt diese Näherung kann gerechtfertigt werden. Ist das nicht möglich, dann müssen wir numerische Methoden zur Auswertung der Integrale verwenden. Da diese Integrale in der Regel von einer hohen Dimensionalität sind, können Monte-Carlo-Methoden geeignet sein. Einzelheiten über solche Methoden sind z. B. in [CS06] und im Supplement 1 des GUM beschrieben, das sich mit den auf Messunsicherheitsberechnungen angewandten Monte-Carlo-Methoden befasst. Bei den numerischen Methoden ist es nicht einmal erforderlich, dass die Wahrscheinlichkeitsdichtefunktion als geschlossene Formel vorliegt, sondern es ist ausreichend einen geeigneten Algorithmus für ihre Berechnung anzugeben, wodurch sich die größtmögliche Flexibilität zur Lösung des Problems ergibt.

Um die Anwendung des in diesem Abschnitt beschriebenen Verfahrens zu demonstrieren, werden wir in den folgenden Abschnitten an einigen Beispielen zeigen, wie man die Werte systematischer Messabweichungen und der ihnen beigeordneten Unsicherheiten berechnet. Die Beispiele sind so gewählt, dass sie einerseits einfach genug sind, um alle auftretenden Integrale analytisch auswerten zu können, sie andererseits aber von praktischem Interesse sind.

B.7 Thermische Längenänderung

Es ist bekannt, dass die Umgebungstemperatur eine der Hauptursachen für die systematische Messabweichung bei Längenmessungen ist. Wir werden diesen Einfluss hier im Detail untersuchen.

Wir nehmen an, dass wir einen Stab aus einem bekannten Material haben, der bereits in der Vergangenheit in Bezug auf seine Länge kalibriert wurde. Damit ist der Erwartungswert ℓ_0 der Länge dieses Stabes bei einer bestimmten Temperatur ϑ_0 — z.B. bei der Referenztemperatur 20 °C nach ISO 1 — sowie die dieser Länge beigeordnete Standardunsicherheit $u(\ell_0)$ aus seinem Kalibrierschein bekannt. Wir beabsichtigen, die Messung der Länge bei der angegebenen Temperatur zu wiederholen. Die mit dieser Länge verbundene Größe soll mit L_0 bezeichnet werden. Wir versuchen, die Umgebungstemperatur so gut wie möglich auf dem angegebenen Wert konstant zu halten, aber wir können nicht sicher sein, ob die Temperatur gleich ϑ_0 ist, wie wir es verlangen. Wenn die Temperatur nicht gleich ϑ_0 ist, sondern gleich T, dann messen wir die Länge

$$L = L_0\left[1 + \alpha(T - \vartheta_0)\right], \tag{B.23}$$

wobei α den Wärmeausdehnungskoeffizienten des Materials bezeichnet. Da wir uns bezüglich des Wertes der Temperatur nicht sicher sind, müssen wir von einer systematischen Messabweichung

$$X_{\text{syst}} = L - L_0 \tag{B.24}$$

ausgehen. Aus den Gleichungen (B.23) und (B.24) ergibt sich demzufolge die Modellgleichung

$$X_{\text{syst}} = L_0\alpha(T - \vartheta_0) \,. \tag{B.25}$$

Wir sind am Erwartungswert x_{syst} dieser systematischen Messabweichung und der ihm beigeordneten Standardunsicherheit $u(x_{\text{syst}})$ interessiert.

Die Werte von α und ϑ_0 werden als bekannt vorausgesetzt, aber die Größen X_{syst}, L_0 und T müssen als stochastische Größen behandelt werden. Nehmen wir an, dass wir bei unserer Längenmessung ein spezielles Temperaturmessgerät (z. B. ein Minimum-Maximum-Thermometer) verwendet haben, das uns nur die minimale und die maximale Temperatur $\vartheta_{\min}$ bzw. $\vartheta_{\max}$ angibt. Wir haben also nur die Information, dass T innerhalb des Intervalls $(\vartheta_{\min},\vartheta_{\max})$ liegt, und darin einen beliebigen Wert annehmen kann.

Sei $p(X_{\text{syst}},L_0,T|\alpha,\vartheta_0,\vartheta_{\min},\vartheta_{\max})$ die gemeinsame Wahrscheinlichkeitsdichtefunktion der Größen X_{syst}, L_0 und T, da der thermische Ausdehnungskoeffizient α und die Temperaturen ϑ_0, $\vartheta_{\min}$ und $\vartheta_{\max}$ bekannte Werte sind. Mit Hilfe der Produktregel der Wahrscheinlichkeitstheorie erhalten wir

$$p(X_{\text{syst}},L_0,T|\alpha,\vartheta_0,\vartheta_{\min},\vartheta_{\max}) = p(X_{\text{syst}}|L_0,T,\alpha,\vartheta_0)p(L_0,T|\vartheta_{\min},\vartheta_{\max}) \,, \tag{B.26}$$

wobei $p(X_{\text{syst}}|L_0,T,\alpha,\vartheta_0)$ die bedingte Wahrscheinlichkeitsdichtefunktion von X_{syst} ist, da L_0 und T neben α und ϑ_0 bekannt sind, und $p(L_0,T|\vartheta_{\min},\vartheta_{\max})$ ist die gemeinsame Wahrscheinlichkeitsdichtefunktion von L_0 und T, da $\vartheta_{\min}$ und $\vartheta_{\max}$ bekannt sind. Man beachte, dass sowohl X_{syst} als auch L_0 nicht von $\vartheta_{\min}$ und $\vartheta_{\max}$ abhängen, T hingegen schon. Andererseits hängen L_0 und T nicht von α und ϑ_0 ab. Daher wurden die entsprechenden Argumente der betreffenden Wahrscheinlichkeitsdichtefunktion in der Gleichung (B.26) weggelassen.

Eine nochmalige Anwendung der Produktregel ergibt

$$p(L_0,T|\vartheta_{\min},\vartheta_{\max}) = p(L_0)p(T|\vartheta_{\min},\vartheta_{\max}) \,, \tag{B.27}$$

wobei $p(L_0)$ die Wahrscheinlichkeitsdichtefunktion von L_0 bezeichnet, die unabhängig von T, $\vartheta_{\min}$ und $\vartheta_{\max}$ ist, und $p(T|\vartheta_{\min},\vartheta_{\max})$ die bedingte Wahrscheinlichkeitsdichtefunktion von T, gegeben $\vartheta_{\min}$ und $\vartheta_{\max}$.

Die bedingte Wahrscheinlichkeitsdichtefunktion $p(X_{\text{syst}}|L_0,T,\alpha,\vartheta_0)$ kann aus der Modellgleichung (B.25) abgeleitet werden. Es ergibt sich

$$p(X_{\text{syst}}|L_0,T,\alpha,\vartheta_0) = \delta\big[X_{\text{syst}} - \alpha(T - \vartheta_0)\big]\,, \tag{B.28}$$

wobei $\delta(\cdot)$ die Diracsche δ-Funktion bezeichnet.

Die Wahrscheinlichkeitsdichtefunktion $p(T|\vartheta_{\min},\vartheta_{\max})$ kann durch die Anwendung des Prinzips der maximalen Entropie erhalten werden. Da unser Vorwissen nur darin besteht, dass T irgendwo im Intervall $(\vartheta_{\min},\vartheta_{\max})$ liegt, erhalten wir die Rechteckverteilung (Gleichverteilung)

$$p(T|\vartheta_{\min},\vartheta_{\max}) = \frac{\Theta(T-\vartheta_{\min})\Theta(\vartheta_{\max}-T)}{\vartheta_{\max}-\vartheta_{\min}}\,, \tag{B.29}$$

wobei $H(\cdot)$ die Heavisidesche Sprungfunktion bezeichnet. Das ist ein sinnvolles Ergebnis, denn nach unserer Kenntnis sollte jede Temperatur innerhalb des Intervalls $(\vartheta_{\min},\vartheta_{\max})$ gleich wahrscheinlich sein.

Durch die Kombination der Gleichungen (B.26), (B.27), (B.28) und (B.29) erhalten wir schließlich

$$\begin{aligned} &p(X_{\text{syst}},L_0,T|\alpha,\vartheta_0,\vartheta_{\min},\vartheta_{\max}) = \\ &\qquad \delta\big[X_{\text{syst}} - L_0\alpha(T-\vartheta_0)\big]\,\frac{\Theta(T-\vartheta_{\min})\Theta(\vartheta_{\max}-T)}{\vartheta_{\max}-\vartheta_{\min}}p(L_0)\,. \end{aligned} \tag{B.30}$$

Wir sind jetzt in der Lage, die Erwartungswerte

$$\mathsf{E}(X_{\text{syst}}) = \int\limits_{-\infty}^{+\infty}\int\limits_{-\infty}^{+\infty}\int\limits_{-\infty}^{+\infty} X_{\text{syst}}\,p(X_{\text{syst}},L_0,T|\alpha,\vartheta_0,\vartheta_{\min},\vartheta_{\max})\mathrm{d}X_{\text{syst}}\mathrm{d}L_0\mathrm{d}T$$

und

$$\mathsf{E}\big(X_{\text{syst}}^2\big) = \int\limits_{-\infty}^{+\infty}\int\limits_{-\infty}^{+\infty}\int\limits_{-\infty}^{+\infty} X_{\text{syst}}^2\,p(X_{\text{syst}},L_0,T|\alpha,\vartheta_0,\vartheta_{\min},\vartheta_{\max})\mathrm{d}X_{\text{syst}}\mathrm{d}L_0\mathrm{d}T\,.$$

zu berechnen. Unter Verwendung der Gleichung (B.30), der Definition der Diracschen δ-Funktion und der Definition der Heavisideschen Sprungfunktion ergibt die Integration bezüglich X_{syst}

$$\mathsf{E}(X_{\text{syst}}) = \frac{\alpha}{\vartheta_{\max}-\vartheta_{\min}}\int\limits_{-\infty}^{+\infty}\int\limits_{\vartheta_{\min}}^{\vartheta_{\max}} L_0(T-\vartheta_0)p(L_0)\mathrm{d}L_0\mathrm{d}T$$

und

$$\mathsf{E}\left(X_{\text{syst}}^2\right) = \frac{\alpha^2}{\vartheta_{\max} - \vartheta_{\min}} \int\limits_{-\infty}^{+\infty} \int\limits_{\vartheta_{\min}}^{\vartheta_{\max}} L_0^2 (T - \vartheta_0)^2 p(L_0) \mathrm{d}L_0 \mathrm{d}T \,,$$

und die Integration bezüglich L_0 und T schließlich

$$\mathsf{E}(X_{\text{syst}}) = \alpha \ell_0 \left(\frac{\vartheta_{\max} + \vartheta_{\min}}{2} - \vartheta_0 \right) \tag{B.31}$$

und

$$\mathsf{E}\left(X_{\text{syst}}^2\right) = \alpha^2 \left[\left(\frac{\vartheta_{\max} + \vartheta_{\min}}{2} - \vartheta_0 \right)^2 + \frac{1}{12} (\vartheta_{\max} - \vartheta_{\min})^2 \right] \mathsf{E}(L_0^2) \,, \tag{B.32}$$

mit

$$\ell_0 = \mathsf{E}(L_0) = \int\limits_{-\infty}^{+\infty} L_0 \, p(L_0) \mathrm{d}L_0$$

und

$$\mathsf{E}(L_0^2) = \int\limits_{-\infty}^{+\infty} L_0^2 \, p(L_0) \mathrm{d}L_0 \,.$$

Aus der Gleichung (B.31) erhalten wir unmittelbar

$$x_{\text{syst}} = \alpha \ell_0 \left(\frac{\vartheta_{\max} + \vartheta_{\min}}{2} - \vartheta_0 \right) .$$

Unter Verwendung der Definition der Standardunsicherheit ergibt sich aus den Gleichungen (B.31) und (B.32)

$$u(x_{\text{syst}}) = \alpha \sqrt{ \left(\frac{\vartheta_{\max} + \vartheta_{\min}}{2} - \vartheta_0 \right)^2 u^2(\ell_0) + \frac{(\vartheta_{\max} - \vartheta_{\min})^2}{12} \left(\ell_0^2 + u^2(\ell_0) \right) } \,. \tag{B.33}$$

In der Literatur wird in der Regel die Formel

$$u(x_{\text{syst}}) = \alpha \ell_0 \frac{\vartheta_{\max} - \vartheta_{\min}}{2\sqrt{3}}$$

angegeben, die unter der Voraussetzung $u(\ell_0) \ll \ell_0$ eine gute Annäherung an die Gleichung (B.33) darstellt.

B.8 Der Kosinusfehler bei der Längenmessung

Wenn der Abstand zweier paralleler Ebenen bestimmt werden soll, muss die Messung rechtwinklig zu diesen Ebenen erfolgen. Jede Abweichung von der geforderten Rechtwinkligkeit führt zu einer systematischen Messabweichung, die als Kosinusfehler bezeichnet wird. Hier wird gezeigt, wie man mit dieser Messabweichung umgeht.

Angenommen, wir wollen den Abstand D zweier paralleler Ebenen messen. Wenn Φ den Winkel angibt, um den die Messrichtung von der Senkrechten abweicht, wird die Größe

$$L = \frac{D}{\cos \Phi} \tag{B.34}$$

anstelle des korrekten Abstands D erhalten. Daraus folgt, dass wir mit einer systematischen Messabweichung

$$X_{\text{syst}} = L - D \tag{B.35}$$

rechnen müssen. Aus den Gleichungen (B.34) und (B.35) ergibt sich demzufolge die Modellgleichung

$$X_{\text{syst}} = L(1 - \cos \Phi)\,,$$

die unter Verwendung einer trigonometrischen Identität auch als

$$X_{\text{syst}} = 2L \sin^2 \frac{\Phi}{2} \tag{B.36}$$

geschrieben werden kann. Wir sind am Erwartungswert x_{syst} dieser systematischen Messabweichung und der ihm beigeordneten Standardunsicherheit $u(x_{\text{syst}})$ interessiert.

Wir gehen hier von der Annahme aus, dass der Wert φ_{m} bekannt ist und dass der Winkel Φ jeden Wert innerhalb des Intervalls $(-\varphi_{\text{m}},\varphi_{\text{m}})$ annehmen kann. Dies ist die einzige verfügbare Information.

Die drei Größen X_{syst}, L und Φ müssen als stochastische Größen behandelt werden. Wenn φ_{m} bekannt ist, haben X_{syst}, L und Φ eine gemeinsame Wahrscheinlichkeitsdichtefunktion $p(X_{\text{syst}},L,\Phi|\varphi_{\text{m}})$, die unter Verwendung der Produktregel der Wahrscheinlichkeitstheorie als

$$p(X_{\text{syst}},L,\Phi|\varphi_{\text{m}}) = p(X_{\text{syst}}|L,\Phi,\varphi_{\text{m}})p(L,\Phi|\varphi_{\text{m}}) \tag{B.37}$$

geschrieben werden kann, wobei $p(X_{\text{syst}}|L,\Phi,\varphi_{\text{m}})$ die bedingte Wahrscheinlichkeitsdichtefunktion der systematischen Messabweichung X_{syst} ist, wenn neben

φ_m auch noch die Länge L und der Winkel Φ gegeben sind, und $p(L,\Phi|\varphi_\mathrm{m})$ die gemeinsame Wahrscheinlichkeitsdichtefunktion von L und Φ, wenn φ_m bekannt ist. Da L nicht von φ_m abhängt, ergibt sich

$$p(L,\Phi|\varphi_\mathrm{m}) = p(L)p(\Phi|\varphi_\mathrm{m})\,. \tag{B.38}$$

Die bedingte Wahrscheinlichkeitsdichtefunktion $p(X_\mathrm{syst}|L,\Phi,\varphi_\mathrm{m})$ kann unmittelbar aus der Modellgleichung (B.36) abgeleitet werden. Es ergibt sich

$$p(X_\mathrm{syst}|L,\Phi,\varphi_\mathrm{m}) = \delta\left(X_\mathrm{syst} - 2L\sin^2\frac{\Phi}{2}\right), \tag{B.39}$$

wobei $\delta(\cdot)$ die Diracsche δ-Funktion bezeichnet.

Wenn wir davon ausgehen, dass der Winkel Φ jeden Wert innerhalb des Intervalls $(-\varphi_\mathrm{m},\varphi_\mathrm{m})$ annehmen kann, können wir die Wahrscheinlichkeitsdichtefunktion $p(\Phi|\varphi_\mathrm{m})$ durch die Anwendung des Prinzips der maximalen Entropie erhalten. Es ergibt sich die Rechteckverteilung (Gleichverteilung)

$$p(\Phi|\varphi_\mathrm{m}) = \frac{\Theta(\Phi+\varphi_\mathrm{m})\Theta(\varphi_\mathrm{m}-\Phi)}{2\varphi_\mathrm{m}}, \tag{B.40}$$

wobei $\Theta(\cdot)$ die Heavisidesche Sprungfunktion bezeichnet.

Die Kombination der Gleichungen (B.37), (B.38), (B.39) und (B.40) ergibt

$$p(X_\mathrm{syst},L,\Phi|\varphi_\mathrm{m}) = \frac{1}{2\varphi_\mathrm{m}}\delta\left(X_\mathrm{syst} - 2L\sin^2\frac{\Phi}{2}\right)\Theta(\Phi+\varphi_\mathrm{m})\Theta(\varphi_\mathrm{m}-\Phi)p(L)\,. \tag{B.41}$$

Wie wir später sehen werden, muss die Wahrscheinlichkeitsdichtefunktion $p(L)$ nicht vollständig festgelegt werden. Wir müssen nur verlangen, dass sie in der üblichen Weise normiert werden kann, um sicherzustellen, dass die Wahrscheinlichkeitsdichtefunktion $p(X_\mathrm{syst},L,\Phi|\varphi_\mathrm{m})$ normiert ist.

Wir sind jetzt in der Lage, die Erwartungswerte

$$\mathsf{E}(X_\mathrm{syst}) = \int\limits_{-\infty}^{+\infty}\int\limits_{-\infty}^{+\infty}\int\limits_{-\infty}^{+\infty} X_\mathrm{syst}p(X_\mathrm{syst},L,\Phi|\varphi_\mathrm{m})\,\mathrm{d}X_\mathrm{syst}\,\mathrm{d}L\,\mathrm{d}\Phi\,,$$

und

$$\mathsf{E}\left(X_\mathrm{syst}^2\right) = \int\limits_{-\infty}^{+\infty}\int\limits_{-\infty}^{+\infty}\int\limits_{-\infty}^{+\infty} X_\mathrm{syst}^2p(X_\mathrm{syst},L,\Phi|\varphi_\mathrm{m})\,\mathrm{d}X_\mathrm{syst}\,\mathrm{d}L\,\mathrm{d}\Phi$$

zu berechnen. Durch Einsetzen der Gleichung (B.41), sowie der Verwendung der Definition der DIRACschen δ-Funktion und der HEAVISIDEschen Sprungfunktion ergibt die Integration bezüglich X_{syst} und L

$$\mathsf{E}(X_{\mathrm{syst}}) = \frac{\ell}{\varphi_{\mathrm{m}}} \int_{-\varphi_{\mathrm{m}}}^{+\varphi_{\mathrm{m}}} \sin^2 \frac{\Phi}{2}\, \mathrm{d}\Phi \,,$$

und

$$\mathsf{E}\left(X_{\mathrm{syst}}^2\right) = \frac{2}{\varphi_{\mathrm{m}}} \mathsf{E}(L^2) \int_{-\varphi_{\mathrm{m}}}^{+\varphi_{\mathrm{m}}} \sin^4 \frac{\Phi}{2}\, \mathrm{d}\Phi \,,$$

mit

$$\ell = \int_{-\infty}^{+\infty} L\, p(L) \mathrm{d}L$$

und

$$\mathsf{E}(L^2) = \int_{-\infty}^{+\infty} L^2\, p(L) \mathrm{d}L \,,$$

und die Integration bezüglich Φ schließlich

$$\mathsf{E}(X_{\mathrm{syst}}) = \ell \left(1 - \frac{\sin \varphi_{\mathrm{m}}}{\varphi_{\mathrm{m}}}\right) \qquad \text{(B.42)}$$

und

$$\mathsf{E}\left(X_{\mathrm{syst}}^2\right) = \left(\frac{3}{2} - 2\frac{\sin \varphi_{\mathrm{m}}}{\varphi_{\mathrm{m}}} + \frac{\sin 2\varphi_{\mathrm{m}}}{4\varphi_{\mathrm{m}}}\right) \mathsf{E}(L^2) \,. \qquad \text{(B.43)}$$

Aus Gleichung (B.42) erhalten wir unmittelbar

$$x_{\mathrm{syst}} = \ell \left(1 - \frac{\sin \varphi_{\mathrm{m}}}{\varphi_{\mathrm{m}}}\right) \,, \qquad \text{(B.44)}$$

und unter Verwendung der Definition der Unsicherheit schließlich aus den Gleichungen (B.42) und (B.43)

$$u(x_{\mathrm{syst}}) = \sqrt{\left(\frac{3}{2} - 2\frac{\sin \varphi_{\mathrm{m}}}{\varphi_{\mathrm{m}}} + \frac{\sin 2\varphi_{\mathrm{m}}}{4\varphi_{\mathrm{m}}}\right) u^2(\ell) + \ell^2 \left[\frac{1}{2} + \frac{\sin 2\varphi_{\mathrm{m}}}{4\varphi_{\mathrm{m}}} - \left(\frac{\sin \varphi_{\mathrm{m}}}{\varphi_{\mathrm{m}}}\right)^2\right]} \,.$$

(B.45)

In der Praxis kann der Winkel φ_m in der Regel als sehr klein angenommen werden. In diesem Fall können wir die rechten Seiten der Gleichungen (B.44) und (B.45) zu einer TAYLOR-Reihe bezüglich φ_m entwickeln. Unter Berücksichtigung von Termen bis zur zweiten Ordnung erhalten wir die Näherungen

$$x_\mathrm{syst} \approx \frac{\ell}{6}\,\varphi_\mathrm{m}^2\,, \tag{B.46}$$

und

$$u(x_\mathrm{syst}) \approx \varphi_\mathrm{m}^2 \sqrt{\frac{1}{5}\left(\frac{u^2(\ell)}{4} + \frac{\ell^2}{9}\right)}\,. \tag{B.47}$$

Dieses Ergebnis zeigt, dass der Kosinusfehler ein sogenannter systematischer Effekt zweiter Ordnung ist, da es keinen linearen Term in φ_m gibt.

Für den Fall, dass $u(\ell) \ll \ell$ ist, kann die Gleichung (B.47) noch weiter vereinfacht werden. Wir erhalten dann

$$u(x_\mathrm{syst}) \approx \frac{\ell}{3\sqrt{5}}\,\varphi_\mathrm{m}^2\,. \tag{B.48}$$

Die durch die Ausdrücke (B.46) und (B.48) gegebenen Näherungen sind identisch mit den Ergebnissen, die im Abschnitt F.2.4.4 des GUM unter der Annahme einer rechteckigen Verteilung für den Winkel angegeben sind.

B.9 Der Einfluss von Formabweichungen

Wenn der Abstand zweier Kugeln, d. h. der Abstand ihrer jeweiligen Mittelpunkte, bestimmt werden soll, muss der Einfluss der Formabweichungen der Kugeln als eine systematische Messabweichung berücksichtigt werden. Im Folgenden wird gezeigt, wie dies geschehen kann.

Aus der Geometrie ist bekannt, dass der Abstand zweier Kugeln gleich der Summe ihrer Radien ist, d. h. es gilt

$$D = R_1 + R_2\,, \tag{B.49}$$

wobei der Abstand mit D und die Radien der beiden Kugeln mit R_1 bzw. R_2 bezeichnet sind.

In der Praxis können wir nicht davon ausgehen, dass die Kugeln geometrisch ideal sind. Im Allgemeinen müssen wir mit Formabweichungen rechnen. Um die folgenden Rechnungen zu vereinfachen, nehmen wir ohne Beschränkung der Allgemeinheit an, dass eine der beiden Kugeln, sagen wir die erste, keine Formabweichungen aufweist, während die andere eine hat. Wir müssen also davon ausgehen, dass der Radius der zweiten Kugel R_2^* statt R_2 ist. Damit ergibt sich anstatt des Abstandes D der Abstand

$$D^* = R_1 + R_2^* . \tag{B.50}$$

Dies verursacht eine systematische Messabweichung

$$X_{\text{syst}} = D^* - D .$$

Aus den Gleichungen (B.49) und (B.50) ergibt sich die Modellgleichung

$$X_{\text{syst}} = R_2^* - R_2 . \tag{B.51}$$

Wir sind am Erwartungswert x_{syst} dieser systematischen Messabweichung und der ihm beigeordneten Standardunsicherheit $u(x_{\text{syst}})$ interessiert.

Um die Formabweichungen der betrachteten Kugel in unsere Berechnungen einzuführen, können wir ihre reale Oberfläche zwischen zwei ideale und konzentrische Kugeln mit den Radien R_{min} bzw. R_{max} einschließen. Diese Kugeln werden so angepasst, dass die Differenz $R_{\text{max}} - R_{\text{min}}$ ein Minimum wird. Der Radius R_2^* der Kugel liegt also irgendwo innerhalb des Intervalls $(R_{\text{min}}, R_{\text{max}})$. Da wir aber die Grenzen dieses Intervalls aus den Messdaten bestimmen wollen, müssen wir ihnen Unsicherheiten zuordnen, d. h. wir haben eine Situation mit unsicheren Grenzen.

In der Praxis ist es sinnvoller, die Größen R_{min} und R_{max} durch die Formabweichung

$$F = R_{\text{max}} - R_{\text{min}}$$

und der mittlere Radius

$$R_{\text{m}} = \frac{R_{\text{max}} + R_{\text{min}}}{2} ,$$

auszudrücken, woraus sich

$$R_{\text{min}} = R_{\text{m}} - \frac{F}{2} \tag{B.52}$$

und

$$R_{\text{max}} = R_{\text{m}} + \frac{F}{2} \tag{B.53}$$

ergibt.

Alle fünf Größen X_{syst}, R_2^*, R_2, R_{m} und F müssen wir als zufällige Größen behandeln. Ihre gemeinsame Wahrscheinlichkeitsdichtefunktion bezeichnen wir mit $p(X_{\mathrm{syst}},R_2^*,R_2,R_{\mathrm{m}},F)$. Wir können die Produktregel der Wahrscheinlichkeitstheorie rekursiv verwenden, um diese Wahrscheinlichkeitsdichtefunktion aufzuspalten. Dadurch ergibt sich

$$p(X_{\mathrm{syst}},R_2^*,R_2,R_{\mathrm{m}},F) = p(X_{\mathrm{syst}}|R_2^*,R_2,F,R_{\mathrm{m}})p(R_2^*|R_2,R_{\mathrm{m}},F)p(R_2,R_{\mathrm{m}},F)\,, \tag{B.54}$$

wobei $p(X_{\mathrm{syst}}|R_2^*,R_2,R_{\mathrm{m}},F)$ die bedingte Wahrscheinlichkeitsdichtefunktion von X_{syst} bezeichnet, wenn R_2^*, R_2, R_{m} und F bekannt sind, $p(R_2^*|R_2,R_{\mathrm{m}},F)$ die bedingte Wahrscheinlichkeitsdichtefunktion von R_2^*, wenn R_2, R_{m} und F bekannt ist, und $p(R_2,R_{\mathrm{m}},F)$ die gemeinsame Wahrscheinlichkeitsdichtefunktion von R_2, R_{m} und F.

Die bedingte Wahrscheinlichkeitsdichtefunktion $p(X_{\mathrm{syst}}|R_2^*,R_2,R_{\mathrm{m}},F)$ kann unmittelbar aus der Modellgleichung (B.51) abgeleitet werden. Es ergibt sich

$$p(X_{\mathrm{syst}}|R_2^*,R_2,R_{\mathrm{m}},F) = \delta(X_{\mathrm{syst}} - R_2^* + R_2)\,. \tag{B.55}$$

Wenn der mittlere Radius R_{m} und die Formabweichung F gegeben sind, dann sind auch die Grenzen R_{min} und R_{max} gegeben, weil sie mit R_{m} und F über die Gleichungen (B.52) und (B.53) zusammenhängen. Wir haben also eine Situation, die es uns erlaubt, mit Hilfe des Prinzips der maximalen Entropie die bedingte Wahrscheinlichkeitsdichtefunktion $p(R_2^*|R_2,R_{\mathrm{m}},F)$ des Radius R_2^* zu bestimmen. Es ergibt sich die Rechteckverteilung (Gleichverteilung)

$$p(R_2^*|R_2,R_{\mathrm{m}},F) = \frac{1}{F}\,\Theta\left(R_2^* - R_{\mathrm{m}} + \frac{F}{2}\right)\Theta\left(R_{\mathrm{m}} + \frac{F}{2} - R_2^*\right), \tag{B.56}$$

wobei $\Theta(\cdot)$ die HEAVISIDEsche Sprungfunktion bezeichnet.

Durch Kombination der Gleichungen (B.54), (B.55) und (B.56) erhalten wir

$$p(X_{\mathrm{syst}},R_2^*,R_2,R_{\mathrm{m}},F) =$$

$$\frac{1}{F}\delta(X_{\mathrm{syst}} - R_2^* + R_2)\Theta\left(R_2^* - R_{\mathrm{m}} + \frac{F}{2}\right)\Theta\left(R_{\mathrm{m}} + \frac{F}{2} - R_2^*\right)p(R_2,R_{\mathrm{m}},F)\,. \tag{B.57}$$

Wir geben hier die Wahrscheinlichkeitsdichtefunktion $p(R_2,R_{\mathrm{m}},F)$ nicht an, da sich später herausstellt, dass diese Funktion beliebig sein kann. Es genügt die Annahme, dass sie wie üblich normiert werden kann, um sicherzustellen, dass auch $p(X_{\mathrm{syst}},R_2^*,R_2,R_{\mathrm{m}},F)$ normiert ist.

Wir sind jetzt in der Lage, die Erwartungswerte

$$\mathsf{E}(X_{\text{syst}}) = \int\limits_{-\infty}^{+\infty}\int\limits_{-\infty}^{+\infty}\int\limits_{-\infty}^{+\infty}\int\limits_{-\infty}^{+\infty}\int\limits_{-\infty}^{+\infty} X_{\text{syst}} p(X_{\text{syst}}, R_2^*, R_2, R_{\text{m}}, F) \mathrm{d}X_{\text{syst}} \mathrm{d}R_2^* \mathrm{d}R_2 \mathrm{d}R_{\text{m}} \mathrm{d}F \,,$$

und

$$\mathsf{E}\left(X_{\text{syst}}^2\right) = \int\limits_{-\infty}^{+\infty}\int\limits_{-\infty}^{+\infty}\int\limits_{-\infty}^{+\infty}\int\limits_{-\infty}^{+\infty}\int\limits_{-\infty}^{+\infty} X_{\text{syst}}^2 p(X_{\text{syst}}, R_2^*, R_2, R_{\text{m}}, F) \mathrm{d}X_{\text{syst}} \mathrm{d}R_2^* \mathrm{d}R_2 \mathrm{d}R_{\text{m}} \mathrm{d}F$$

zu berechnen. Durch Einsetzen der Gleichung (B.57) sowie der Verwendung der Definition der Diracschen δ-Funktion und der Heavisideschen Sprungfunktion ergibt die Integration bezüglich X_{syst}

$$\mathsf{E}(X_{\text{syst}}) = \int\limits_{-\infty}^{+\infty}\int\limits_{-\infty}^{+\infty}\int\limits_{-\infty}^{+\infty}\int\limits_{R_{\text{m}}-F/2}^{R_{\text{m}}+F/2} \frac{1}{F}(R_2^* - R_2) p(R_2, R_{\text{m}}, F) \mathrm{d}R_2^* \mathrm{d}R_2 \mathrm{d}R_{\text{m}} \mathrm{d}F \,,$$

und

$$\mathsf{E}\left(X_{\text{syst}}^2\right) = \int\limits_{-\infty}^{+\infty}\int\limits_{-\infty}^{+\infty}\int\limits_{-\infty}^{+\infty}\int\limits_{R_{\text{m}}-F/2}^{R_{\text{m}}+F/2} \frac{1}{F}(R_2^* - R_2)^2 p(R_2, R_{\text{m}}, F) \mathrm{d}R_2^* \mathrm{d}R_2 \mathrm{d}R_{\text{m}} \mathrm{d}F \,.$$

Eine weitere Integration bezüglich R_2^* ergibt

$$\mathsf{E}(X_{\text{syst}}) = \int\limits_{-\infty}^{+\infty}\int\limits_{-\infty}^{+\infty}\int\limits_{-\infty}^{+\infty} (R_{\text{m}} - R_2) p(R_2, R_{\text{m}}, F) \mathrm{d}R_2 \mathrm{d}R_{\text{m}} \mathrm{d}F \,,$$

und

$$\mathsf{E}\left(X_{\text{syst}}^2\right) = \int\limits_{-\infty}^{+\infty}\int\limits_{-\infty}^{+\infty}\int\limits_{-\infty}^{+\infty} \left[(R_{\text{m}} - R_2)^2 + \frac{F^2}{12}\right] p(R_2, R_{\text{m}}, F) \mathrm{d}R_2 \mathrm{d}R_{\text{m}} \mathrm{d}F \,.$$

Durch Ausführung der verbliebenen drei Integrationen, wobei die Marginalisierung so weit als nötig verwendet wird, erhalten wir

$$\mathsf{E}(X_{\text{syst}}) = r_{\text{m}} - r_2 \,, \tag{B.58}$$

und

$$\mathsf{E}\big(X_{\text{syst}}^2\big) = \mathsf{E}(R_{\text{m}}^2) + \mathsf{E}(R_2^2) - 2\mathsf{E}(R_{\text{m}}R_2) + \frac{\mathsf{E}(F^2)}{12}\,, \tag{B.59}$$

mit

$$r_{\text{m}} = \int\limits_{-\infty}^{+\infty}\int\limits_{-\infty}^{+\infty}\int\limits_{-\infty}^{+\infty} R_{\text{m}}\, p(R_2,R_{\text{m}},F)\mathrm{d}R_2\mathrm{d}R_{\text{m}}\mathrm{d}F\,,$$

$$r_2 = \int\limits_{-\infty}^{+\infty}\int\limits_{-\infty}^{+\infty}\int\limits_{-\infty}^{+\infty} R_2\, p(R_2,R_{\text{m}},F)\mathrm{d}R_2\mathrm{d}R_{\text{m}}\mathrm{d}F\,,$$

$$\mathsf{E}(R_{\text{m}}^2) = \int\limits_{-\infty}^{+\infty}\int\limits_{-\infty}^{+\infty}\int\limits_{-\infty}^{+\infty} R_{\text{m}}^2\, p(R_2,R_{\text{m}},F)\mathrm{d}R_2\mathrm{d}R_{\text{m}}\mathrm{d}F\,,$$

$$\mathsf{E}(R_2^2) = \int\limits_{-\infty}^{+\infty}\int\limits_{-\infty}^{+\infty}\int\limits_{-\infty}^{+\infty} R_2^2\, p(R_2,R_{\text{m}},F)\mathrm{d}R_2\mathrm{d}R_{\text{m}}\mathrm{d}F\,,$$

$$\mathsf{E}(R_{\text{m}}R_2) = \int\limits_{-\infty}^{+\infty}\int\limits_{-\infty}^{+\infty}\int\limits_{-\infty}^{+\infty} R_{\text{m}}R_2\, p(R_2,R_{\text{m}},F)\mathrm{d}R_2\mathrm{d}R_{\text{m}}\mathrm{d}F\,,$$

und

$$\mathsf{E}(F^2) = \int\limits_{-\infty}^{+\infty}\int\limits_{-\infty}^{+\infty}\int\limits_{-\infty}^{+\infty} F^2\, p(R_2,R_{\text{m}},F)\mathrm{d}R_2\mathrm{d}R_{\text{m}}\mathrm{d}F\,.$$

Aus der Gleichung (B.58) ergibt sich unmittelbar

$$x_{\text{syst}} = r_{\text{m}} - r_2\,, \tag{B.60}$$

und unter Verwendung der Definition der Unsicherheit und der Kovarianz erhalten wir aus den Gleichungen (B.58) und (B.59)

$$u(x_{\text{syst}}) = \sqrt{u^2(r_{\text{m}}) + u^2(r_2) - 2\mathsf{Cov}(R_{\text{m}}R_2) + \frac{f^2 + u^2(f)}{12}}\,, \tag{B.61}$$

mit

$$f = \mathsf{E}(F) = \int\limits_{-\infty}^{+\infty}\int\limits_{-\infty}^{+\infty}\int\limits_{-\infty}^{+\infty} F\, p(R_2,R_{\text{m}},F)\mathrm{d}R_2\mathrm{d}R_{\text{m}}\mathrm{d}F\,.$$

Im Allgemeinen werden sich die Größen R_m und R_2 unterscheiden, da R_2 in den meisten Fällen mittels eines *Least-Squares-Fits* der Kugel erhalten wird, während R_m der mittlere Radius einer *Minimum Zone Evaluation* ist. Wenn aber $R_2 = R_m$ gilt, können die Gleichungen (B.60) und (B.61) zu

$$x_{syst} = 0$$

und

$$u(x_{syst}) = \sqrt{\frac{f^2 + u^2(f)}{12}} \tag{B.62}$$

vereinfacht werden, d. h. die systematische Messabweichung wird gleich null. Man beachte aber, dass die Unsicherheit $u(x_{syst})$ nicht null ist, solange eine Formabweichung vorhanden ist.

Wenn die Formabweichung sehr groß ist und ihre Standardunsicherheit im Vergleich dazu vernachlässigbar ist, d. h. wenn $u(f) \ll f$ ist, dann ergibt sich aus der Gleichung (B.62) die Näherung

$$u(x_{syst}) \approx \frac{f}{2\sqrt{3}} .$$

In diesem Fall wird die Unsicherheit der systematischen Messabweichung nur noch durch die geschätzte Formabweichung bestimmt.

Bei unseren Rechnungen sind wir davon ausgegangen, dass nur eine der beiden Kugeln Formabweichungen aufweist, während die andere ideal ist. In der Praxis haben aber beide Kugeln Formabweichungen, und jede von ihnen liefert einen Beitrag zur systematischen Messabweichung. Die entsprechenden Gleichungen ergeben sich durch eine Verallgemeinerung der Rechnung, die leicht durchgeführt werden kann.

B.10 Rauschen als systematische Messabweichung

Ein gemessenes Signal ist häufig durch Rauschen verfälscht. Aus diesem Grund ist es allgemein üblich, die Signale zu filtern, um das Rauschen zu unterdrücken. Darüber gibt es eine umfangreiche Literatur.

Wir werden in diesem Abschnitt eine alternative Möglichkeit vorstellen und damit demonstrieren, dass wir Rauschen unter bestimmten Umständen auch als systematische Messabweichung behandeln können.[91] Um die Rechnungen so einfach wie möglich zu halten, nehmen wir hier den Fall eines konstanten, durch Rauschen verfälschten Signals an.

Die Rauschamplitude unterliegt einer schnellen Schwankung während der Messperiode. Wir gehen davon aus, dass wir nur den maximalen und minimalen Amplitudenwert x_{max} bzw. x_{min} erfassen können, weil das Messinstrument nicht in der Lage ist, den schnellen Schwankungen der Amplitudenwerte zu folgen. Um die beobachteten Fluktuationen zu beschreiben, verwenden wir das einfache Rauschmodell

$$X_{\text{syst}} = A \sin \Phi \,, \tag{B.63}$$

wobei A die Amplitude des Rauschens bezeichnet und Φ den Phasenwinkel, der jeden Wert innerhalb des Intervalls $[0,2\pi)$ annehmen kann.

Wir wollen den Erwartungswert x_{syst} der systematischen Messabweichung und die ihm beigeordnete Standardunsicherheit $u(x_{\text{syst}})$ berechnen.

Da nur die Werte x_{max} und x_{min} bekannt sind, müssen wir die Größen X_{syst}, A und Φ als zufällig behandeln. Ihre gemeinsame Wahrscheinlichkeitsdichtefunktion sei mit $p(X_{\text{syst}},A,\Phi|x_{\text{max}},x_{\text{min}})$ bezeichnet, wobei die Werte x_{max} und x_{min} gegeben sind. Durch rekursive Anwendung der Produktregel der Wahrscheinlichkeitstheorie erhalten wir

$$p(X_{\text{syst}},A,\Phi|x_{\text{max}},x_{\text{min}}) = p(X_{\text{syst}}|A,\Phi,x_{\text{max}},x_{\text{min}})p(A|x_{\text{max}},x_{\text{min}})p(\Phi) \,. \tag{B.64}$$

Dabei bezeichnet $p(X_{\text{syst}}|A,\Phi,x_{\text{max}},x_{\text{min}})$ die bedingte Wahrscheinlichkeitsdichtefunktion der systematischen Messabweichung, wenn die Amplitude A und der Phasenwinkel Φ, sowie die Amplitudenwerte x_{max} und x_{min} bekannt sind, $p(A|x_{\text{max}},x_{\text{min}})$ die bedingte Wahrscheinlichkeitsdichtefunktion von A, unter der Voraussetzung, dass die Werte x_{max} und x_{min} bekannt sind, und $p(\Phi)$ die Wahrscheinlichkeitsdichtefunktion des Phasenwinkels Φ. Bei der Anwendung der Produktregel wurde davon Gebrauch gemacht, dass die Amplitude A und der Phasenwinkel Φ stochastisch unabhängig sind und dass der Phasenwinkel unabhängig von den Werten x_{max} und x_{min} ist.

---

[91] Rauschen wird im Allgemeinen immer als zufällige Messabweichung angesehen. Wenn wir jedoch ein Modell haben, das detailliert beschreibt, wie das Rauschen zustande kommt, können wir es auch als systematische Messabweichung ansehen. Darüber kann man sicherlich unterschiedlicher Meinung sein, aber der Unterschied zwischen einer zufälligen und einer systematischen Messabweichung besteht nur darin, dass letztere sich in vorhersehbarer Weise ändert, während erstere das nicht tut. Wenn also ein Modell zur Beschreibung des Rauschens existiert, ist es sicherlich nicht unvernünftig, es als systematische Messabweichung zu betrachten.

Die bedingte Wahrscheinlichkeitsdichtefunktion $p(X_{\mathrm{syst}}|\Phi,x_{\mathrm{max}},x_{\mathrm{min}})$ kann unmittelbar aus der Modellgleichung (B.63) abgeleitet werden. Es ergibt sich

$$p(X_{\mathrm{syst}}|\Phi,x_{\mathrm{max}},x_{\mathrm{min}}) = \delta\left(X_{\mathrm{syst}} - A\sin\Phi\right) , \tag{B.65}$$

wobei $\delta(\cdot)$ die Diracsche δ-Funktion bezeichnet.

Die Wahrscheinlichkeitsdichtefunktion $p(A|x_{\mathrm{max}},x_{\mathrm{min}})$ kann durch Anwendung des Prinzips der maximalen Entropie erhalten werden. Da unser Vorwissen nur darin besteht, dass A im Intervall $(x_{\mathrm{min}},x_{\mathrm{max}})$ liegt, erhalten wir die Rechteckverteilung (Gleichverteilung)

$$p(A|x_{\mathrm{max}},x_{\mathrm{min}}) = \frac{\Theta(A - x_{\mathrm{min}})\Theta(x_{\mathrm{max}} - A)}{x_{\mathrm{max}} - x_{\mathrm{min}}} , \tag{B.66}$$

wobei $\Theta(\cdot)$ die Heavisidesche Sprungfunktion bezeichnet.

Da wir angenommen haben, dass der Phasenwinkel Φ jeden Wert innerhalb des Intervalls $(0,2\pi)$ annehmen kann, können wir die Wahrscheinlichkeitsdichtefunktion $p(\Phi)$ durch die Anwendung des Prinzips der maximalen Entropie erhalten. Damit ergibt sich die Rechteckverteilung (Gleichverteilung)

$$p(\Phi) = \frac{\Theta(\Phi)\Theta(2\pi - \Phi)}{2\pi} , \tag{B.67}$$

wobei $\Theta(\cdot)$ wieder die Heavisidesche Sprungfunktion bezeichnet.

Durch die Kombination der Gleichungen (B.64), (B.65), (B.66) und (B.67) erhalten wir

$$p(X_{\mathrm{syst}},A,\Phi|x_{\mathrm{max}},x_{\mathrm{min}}) = \frac{\delta(X_{\mathrm{syst}} - A\sin\Phi)\Theta(A - x_{\mathrm{min}})\Theta(x_{\mathrm{max}} - A)\Theta(\Phi)\Theta(2\pi - \Phi)}{2\pi(x_{\mathrm{max}} - x_{\mathrm{min}})} . \tag{B.68}$$

Wir sind jetzt in der Lage, die Erwartungswerte

$$\mathsf{E}(X_{\mathrm{syst}}) = \int_{-\infty}^{+\infty}\int_{-\infty}^{+\infty}\int_{-\infty}^{+\infty} X_{\mathrm{syst}}\,p(X_{\mathrm{syst}},A,\Phi|x_{\mathrm{max}},x_{\mathrm{min}})\mathrm{d}X_{\mathrm{syst}}\mathrm{d}A\mathrm{d}\Phi \tag{B.69}$$

und

$$\mathsf{E}\left(X_{\mathrm{syst}}^2\right) = \int_{-\infty}^{+\infty}\int_{-\infty}^{+\infty}\int_{-\infty}^{+\infty} X_{\mathrm{syst}}^2\,p(X_{\mathrm{syst}},A,\Phi|x_{\mathrm{max}},x_{\mathrm{min}})\mathrm{d}X_{\mathrm{syst}}\mathrm{d}A\mathrm{d}\Phi . \tag{B.70}$$

zu berechnen. Durch Einsetzen der Gleichung (B.68), sowie der Verwendung der Definition der DIRACschen δ-Funktion und der HEAVISIDEschen Sprungfunktion ergibt die Integration bezüglich X_{syst} und A

$$\mathsf{E}(X_{\mathrm{syst}}) = \frac{x_{\mathrm{max}} + x_{\mathrm{min}}}{4\pi} \int\limits_0^{2\pi} \sin \Phi \mathrm{d}\Phi$$

und

$$\mathsf{E}\left(X_{\mathrm{syst}}^2\right) = \frac{(x_{\mathrm{max}} - x_{\mathrm{min}})^2 + 3x_{\mathrm{max}}x_{\mathrm{min}}}{6\pi} \int\limits_0^{2\pi} \sin^2 \Phi \mathrm{d}\Phi ,$$

und die Integration bezüglich Φ schließlich

$$\mathsf{E}(X_{\mathrm{syst}}) = 0 \tag{B.71}$$

und

$$\mathsf{E}\left(X_{\mathrm{syst}}^2\right) = \frac{(x_{\mathrm{max}} - x_{\mathrm{min}})^2}{6} + \frac{1}{2}\, x_{\mathrm{max}}x_{\mathrm{min}} . \tag{B.72}$$

Aus der Gleichung (B.71) erhalten wir unmittelbar

$$x_{\mathrm{syst}} = 0$$

und unter Verwendung der Definition der Unsicherheit ergibt sich aus den Gleichungen (B.71) und (B.72)

$$u(x_{\mathrm{syst}}) = \sqrt{\frac{(x_{\mathrm{max}} - x_{\mathrm{min}})^2}{6} + \frac{1}{2}\, x_{\mathrm{max}}x_{\mathrm{min}}} , \tag{B.73}$$

d. h. wir müssen einen systematischen Effekt, der durch das Rauschen verursacht wird, nicht korrigieren, aber wir müssen mit einer Unsicherheit aufgrund des Rauschens rechnen.

Das Ergebnis (B.73) ist nach bestem Wissen des Autors noch nicht in der Literatur erwähnt. Stattdessen wird häufig ein anderes Ergebnis für den Einfluss des Rauschens angegeben. Dieses ergibt sich, wenn die Amplitude A nicht als stochastische Größe behandelt wird, sondern als Konstante mit dem Wert

$$A = \frac{x_{\mathrm{max}} - x_{\mathrm{min}}}{2} .$$

Unter dieser Annahme ergibt sich

$$p(A|x_{\text{max}},x_{\text{min}}) = \delta\left(A - \frac{x_{\text{max}} - x_{\text{min}}}{2}\right)$$

anstelle der Gleichung (B.66), wobei $\delta(\cdot)$ die Diracsche δ-Funktion bezeichnet, und damit

$$p(X_{\text{syst}},A,\Phi|x_{\text{max}},x_{\text{min}}) =$$

$$\frac{1}{2\pi}\,\delta(X_{\text{syst}} - A\sin\Phi)\delta\left(A - \frac{x_{\text{max}} - x_{\text{min}}}{2}\right)\Theta(\Phi)\Theta(2\pi - \Phi)$$

anstelle der durch die Gleichung (B.68) gegebenen Wahrscheinlichkeitsdichtefunktion. Unter Verwendung der neuen Wahrscheinlichkeitsdichtefunktion in den Gleichungen (B.69) und (B.70), der Definition der Diracschen δ-Funktion und der Heavisideschen Sprungfunktion ergibt die Integration bezüglich X_{syst} und A nun

$$\mathsf{E}(X_{\text{syst}}) = \frac{x_{\text{max}} - x_{\text{min}}}{4\pi}\int_0^{2\pi}\sin\Phi \mathrm{d}\Phi$$

und

$$\mathsf{E}\left(X^2_{\text{syst}}\right) = \frac{(x_{\text{max}} - x_{\text{min}})^2}{8\pi}\int_0^{2\pi}\sin^2\Phi \mathrm{d}\Phi\,,$$

und die Integration bezüglich Φ schließlich

$$\mathsf{E}(X_{\text{syst}}) = 0 \tag{B.74}$$

und

$$\mathsf{E}\left(X^2_{\text{syst}}\right) = \frac{(x_{\text{max}} - x_{\text{min}})^2}{8}\,. \tag{B.75}$$

Aus der Gleichung (B.74) erhalten wir unmittelbar

$$x_{\text{syst}} = 0 \tag{B.76}$$

und die Verwendung der Definition der Unsicherheit sowie der Gleichungen (B.74) und (B.75) führt zu

$$u(x_{\text{syst}}) = \frac{x_{\text{max}} - x_{\text{min}}}{2\sqrt{2}} = \frac{A}{\sqrt{2}}\,, \tag{B.77}$$

d. h. wir brauchen auch hier den systematischen Effekt des Rauschens nicht zu korrigieren, aber wir müssen trotzdem mit einer Unsicherheit rechnen, die nun dem effektiven Amplitudenwert entspricht. Dies ist das in der Literatur häufig vorkommende Ergebnis.

Wenn also die Amplitude einer sinusförmigen Fluktuation konstant ist und nur ihr Phasenwinkel zufällig variiert, erhalten wir eine Standardunsicherheit, die gleich dem effektiven Amplitudenwert ist. Tatsächlich ist die Annahme einer sinusförmigen Fluktuation in einem solchen Fall nicht einmal notwendig. Wir brauchen nur die schwächere Annahme, dass es sich bei den Fluktuationen um einen ergodischen Zufallsprozess handelt (für weitere Details zur Ergodizität siehe z. B. [BP00]). In diesem Fall können wir die Erwartungswerte durch die Mittelwerte über die Messzeit T ersetzen, sofern T ausreichend lang ist. Wenn also die beobachtete ergodische Fluktuation durch die Funktion $x(t)$ gegeben ist, dann erhalten wir in Abhängigkeit von der Messzeit T

$$\mathsf{E}(X_{\text{syst}}) = \overline{x(t)} = \frac{1}{T}\int\limits_0^T x(t)\mathrm{d}t \tag{B.78}$$

und

$$\mathsf{E}\left(X_{\text{syst}}^2\right) = \overline{x^2(t)} = \frac{1}{T}\int\limits_0^T x^2(t)\mathrm{d}t\,, \tag{B.79}$$

wobei $\overline{x(t)}$ das Zeitmittel des fluktuierenden Signals $x(t)$ bezeichnet und $x_{\text{eff}}^2 = \overline{x^2(t)}$ das Quadrat seines effektiven Amplitudenwertes.

Aus der Gleichung (B.78) ergibt sich demzufolge

$$x_{\text{syst}} = \overline{x(t)} \tag{B.80}$$

und unter Verwendung der Definition der Unsicherheit erhalten wir aus den Gleichungen (B.78) und (B.79)

$$u(x_{\text{syst}}) = \sqrt{x_{\text{eff}}^2 - \overline{x(t)}^2}\,. \tag{B.81}$$

Diese beiden Gleichungen gelten für einen durch Rauschen verursachten systematischen Effekt, wenn das Rauschen als ergodischer Zufallsprozess angesehen werden kann. Im Falle eines sinusförmigen Prozesses mit einer konstanten Amplitude $(x_{\max} - x_{\min})/2$ und einem zufälligen Phasenwinkel erhalten wir wieder die Gleichungen (B.76) und (B.77).

Es sei darauf hingewiesen, dass eine sinusförmige Fluktuation mit einem zufälligen Phasenwinkel und einer zufälligen Amplitude nicht ergodisch ist. In diesem Fall sind die Gleichungen (B.80) und (B.81) nicht anwendbar.

Wenn das Rauschen nicht als ergodisch angenommen werden kann und die Wahrscheinlichkeitsdichtefunktion der Amplitudenschwankungen nicht angegeben werden kann, dann können wir immer noch die Standardunsicherheit der systematischen Messabweichung berechnen, vorausgesetzt, dass wir zumindest den Erwartungswert a der Amplitude und die ihm beigeordnete Standardunsicherheit $u(a)$ kennen. In diesem Fall verwenden wir die gemeinsame Wahrscheinlichkeitsdichtefunktion

$$p(X_{\text{syst}},A,\Phi|a,u(a)) = \frac{1}{2\pi}\,\delta(X_{\text{syst}} - A\sin\Phi)\Theta(\Phi)\Theta(2\pi - \Phi)p(A|a,u(a))$$

anstelle der Gleichung (B.68). Durch Einsetzen dieser Wahrscheinlichkeitsdichtefunktion in die Gleichungen (B.69) und (B.70) und Integration bezüglich X_{syst} und Φ ergibt sich

$$\mathsf{E}(X_{\text{syst}}) = 0 \tag{B.82}$$

und

$$\mathsf{E}\left(X^2_{\text{syst}}\right) = \frac{1}{2}\int\limits_{-\infty}^{+\infty} A^2 p(A|a,u(a))\mathrm{d}A = \frac{\mathsf{E}(A^2)}{2}\,. \tag{B.83}$$

Also erhalten wir aus der Gleichung (B.82) wieder $x_{\text{syst}} = 0$ und unter Verwendung der Definition der Unsicherheit aus den Gleichungen (B.82) und (B.83)

$$u(x_{\text{syst}}) = \sqrt{\frac{a^2 + u^2(a)}{2}}\,. \tag{B.84}$$

Dieses Ergebnis ist für jede Wahrscheinlichkeitsdichtefunktion der Amplitude A gültig. Für den Fall einer Gleichverteilung ist das Ergebnis (B.73) im Einklang mit der Gleichung (B.84). Wenn A gemäß einer Gaussschen Wahrscheinlichkeitsdichtefunktion variiert, d. h. im Falle eines sogenannten Gaussschen Rauschens mit dem Mittelwert $a = 0$ und der Standardabweichung $u(a) = \sigma$, erhalten wir aus Gleichung (B.84) das Ergebnis

$$u(x_{\text{syst}}) = \frac{\sigma}{\sqrt{2}}\,.$$

Diese Formel zeigt, dass für ein Gausssches Rauschen die Standardabweichung der Rauschamplitude die Rolle des Effektivwertes spielt.

Liste der Definitionen

Liste der Theoreme

Symbolverzeichnis

Zu jedem Symbol ist die Nummer der Seite angegeben, auf der es eingeführt oder erstmals verwendet wird.

$(\Omega,\mathcal{A})$	messbarer Raum (Messraum) (S. 125)
$(\Omega,\mathcal{A},\mu)$	Maßraum (S. 126)
$(\Omega,\mathcal{A},\mathsf{P})$	Wahrscheinlichkeitsraum (S. 128)
$G_X(x)$	Wahrscheinlichkeitsverteilungsfunktion der Zufallsgröße X (S. 156)
$G_X(x \mid \mathfrak{B})$	bedingte Wahrscheinlichkeitsverteilungsfunktion der Zufallsgröße X unter der Bedingung $\mathfrak{B}$ (S. 166)
$G_{X_1,\ldots,X_n}(x_1,\ldots,x_n)$	multivariate (gemeinsame) Wahrscheinlichkeitsverteilungsfunktion der Zufallsgröße $\boldsymbol{X} = (X_1,\ldots,X_n)^\mathsf{T}$ (S. 196)
$G_{\boldsymbol{X}}(\boldsymbol{x})$	multivariate (gemeinsame) Wahrscheinlichkeitsverteilungsfunktion der Zufallsgröße $\boldsymbol{X} = (X_1,\ldots,X_n)^\mathsf{T}$ (S. 196)
$H_n(\mathfrak{E})$	absolute Häufigkeit eines beliebigen Ereignisses $\mathfrak{E}$ bei n Versuchen (S. 105)
$L(\boldsymbol{\theta} \mid \boldsymbol{x})$	Log-Likelihood-Funktion (Logarithmus der Likelihood-Funktion) der Parameter $\boldsymbol{\theta} = (\theta_1,\ldots,\theta_m)^\mathsf{T}$ zu den Messwerten $\boldsymbol{x} = (x_1,\ldots,x_n)^\mathsf{T}$ (S. 248)
$M_k(\boldsymbol{X})$	k-tes Moment des Stichprobenvektors $\boldsymbol{X} = (X_1,\ldots,X_n)^\mathsf{T}$ (S. 244)

$R(X)$	Restglied für die Abweichung einer Näherung der Funktion $f(X)$ (S. 60)
R_{XY}	Stichproben-Korrelationskoeffizient (S. 235)
S^2	Stichprobenvarianz (S. 235)
S_{XY}	Stichprobenkovarianz (S. 235)
S_X^2	Stichprobenvarianz der Komponenten der Zufallsgröße $\boldsymbol{X}$ (S. 235)
X	Eingangsgröße (S. 49)
$X(\omega)$	Zufallsgröße X (Funktion, die dem Ergebnis ω eine reelle Zahl zuordnet) (S. 151)
$X_{\max}$	Maximum von $(X_1,\ldots,X_n)$ (S. 236)
X_{med}	Stichprobenmedian von $(X_1,\ldots,X_n)$ (S. 236)
$X_{\min}$	Minimum von $(X_1,\ldots,X_n)$ (S. 236)
X_k	k-te Eingangsgröße (S. 49)
$X_{(k)}$	k-te Ordnungsstatistik von $(X_1,\ldots,X_n)$ (S. 236)
Y	Ausgangsgröße (S. 49)
Y_{lin}	lineare Näherung für die Ausgangsgröße einer Modellfunktion (S. 63)
Y_{qu}	quadratische Näherung für die Ausgangsgröße einer Modellfunktion (S. 79)
ΔX	Änderung der Eingangsgröße X (S. 60)
$\Theta(x)$	HEAVISIDEsche Sprungfunktion (S. 160)
$\mathsf{Cov}(X_1,X_2)$	Kovarianz der Zufallsgrößen X_1 und X_2 (S. 219)
$\det \mathbf{J}$	Determinante der JACOBI-Matrix $\mathbf{J}$ (Funktionaldeterminante) (S. 203)
$\mathsf{D}(X;\xi)$	Dispersion der Zufallsgröße X um den Bezugswert ξ (S. 186)

$\mathsf{E}(X)$	Erwartungswert der Zufallsgröße X (S. 181)
$\mathsf{E}(X_i)$	Erwartungswert der i-ten Komponente einer mehrdimensionalen Zufallsgröße $\boldsymbol{X}$ (S. 214)
$\mathsf{E}(\boldsymbol{X})$	Erwartungswert der mehrdimensionalen Zufallsgröße $\boldsymbol{X}$ (S. 214)
$\mathsf{E}\left[X^k\right]$	k-tes Moment einer Wahrscheinlichkeitsverteilungsfunktion (S. 243)
$\mathsf{E}\left[f(X)\right]$	Erwartungswert der Funktion $f(X)$ der Zufallsgröße X (S. 183)
$\mathsf{E}\left[f(X_1,\ldots,X_n)\right]$	Erwartungswert der Funktion $f(X_1,\ldots,X_n)$ der mehrdimensionalen Zufallsgröße $\boldsymbol{X} = (X_1,\ldots,X_n)^\mathsf{T}$ (S. 214)
$\hat{\boldsymbol{\Theta}}$	Schätzer für den Parameter $\boldsymbol{\theta}$ (S. 237)
$\hat{\boldsymbol{\theta}}$	Schätzwert des Parameters $\boldsymbol{\theta}$ (S. 237)
$\mathbb{N}$	Menge der natürlichen Zahlen (S. 123)
$\mathbb{R}$	Menge der reellen Zahlen (S. 123)
$\mathbf{C}$	Kovarianzmatrix (S. 225)
$\mathbf{I}(\boldsymbol{\theta})$	FISHER-Informationsmatrix des Parametervektors $\boldsymbol{\theta}$ (S. 241)
$\mathbf{M}$	Matrix $\mathbf{M}$ (S. 205)
$\mu(\mathfrak{M})$	Maß der Menge $\mathfrak{M}$ (S. 126)
$\overline{X}$	Stichprobenmittelwert (S. 235)
$\overline{x}$	arithmetischer Mittelwert der Werte der Zufallsgröße X (S. 178)
$\mathsf{P}(\mathfrak{E})$	Wahrscheinlichkeit des Ereignisses $\mathfrak{E}$ (S. 128)
$\mathcal{A}$	Ereignismenge (σ-Algebra auf der Ergebnismenge) (S. 125)
$\mathcal{P}(\mathfrak{M})$	Potenzmenge der Menge $\mathfrak{M}$ (S. 122)

$\mathfrak{E}$	Ereignis (S. 118)
$\mathfrak{E}^c$	komplementäres Ereignis (S. 123)
Ω	Ergebnismenge (S. 116)
ω	Ergebnis eines Experiments (S. 118)
ω_k	k-tes Ergebnis eines Experiments (S. 118)
$\sigma(X)$	Standardabweichung der Zufallsgröße X (S. 188)
$\sigma_{\mathrm{r}}(X)$	relative Standardabweichung (Variationskoeffizient) der Zufallsgröße X (S. 188)
$\mathsf{Var}(X)$	Varianz der Zufallsgröße X (S. 187)
$\varrho(X_1,X_2)$	Korrelationskoeffizient der Zufallsgrößen X_1 und X_2 (S. 221)
$\boldsymbol{C}\left(\hat{\boldsymbol{\Theta}}\right)$	Kovarianzmatrix des Schätzers $\hat{\boldsymbol{\Theta}}$ (S. 241)
$\boldsymbol{X}(\omega)$	mehrdimensionale Zufallsgröße $\boldsymbol{X}(\omega) = (X_1,\ldots,X_n)^\mathsf{T}$ (Vektorfunktion, die dem Ergebnis $\omega \in \Omega$ einen Vektor $\boldsymbol{x} = (x_1,\ldots,x_n)^\mathsf{T}$ reeller Zahlen zuordnet) (S. 194)
$\boldsymbol{\theta}$	Parameter (S. 237)
c_k	k-ter Sensitivitätskoeffizient (Empfindlichkeitskoeffizient) (S. 67)
$f'(X_0)$	Ableitung der Funktion $f(X)$ an der Stelle X_0 (S. 61)
$f(X_1,\ldots,X_n)$	Modellfunktion der Eingangsgrößen $X_1,\ldots,X_n$ (S. 51)
$f(Y,X_1,\ldots,X_n)$	Modellfunktion der Ausgangsgröße Y und der Eingangsgrößen $X_1,\ldots,X_n$ (S. 52)
$f(x)$	Modellfunktion der Eingangsgröße X (S. 60)
$f * g$	Faltung der Funktionen f und g (S. 210)
$f^{-1}(Y)$	Umkehrfunktion der Funktion $f(X)$ (S. 173)

$g_X(x)$	Wahrscheinlichkeitsdichtefunktion der Zufallsgröße X (S. 168)
$g_X(x \mid \mathfrak{B})$	bedingte Wahrscheinlichkeitsdichtefunktion der Zufallsgröße X (S. 172)
$g_{X_1,\ldots,X_n}(x_1,\ldots,x_n)$	multivariate (gemeinsame) Wahrscheinlichkeitsdichtefunktion der Zufallsgrößen $X_1,\ldots,X_n$ (S. 199)
$g_{\boldsymbol{X}}(\boldsymbol{x})$	multivariate (gemeinsame) Wahrscheinlichkeitsdichtefunktion der Zufallsgröße $\boldsymbol{X} = (X_1,\ldots,X_n)^\mathsf{T}$ (S. 199)
$h_n(\mathfrak{E})$	relative Häufigkeit eines beliebigen Ereignisses $\mathfrak{E}$ bei n Versuchen (S. 105)
$l(\boldsymbol{\theta} \mid \boldsymbol{x})$	Likelihood-Funktion der Parameter $\boldsymbol{\theta} = (\theta_1,\ldots,\theta_m)^\mathsf{T}$ zu den Messwerten $\boldsymbol{x} = (x_1,\ldots,x_n)^\mathsf{T}$ (S. 247)
$r(X)$	relative Abweichung als Funktion der Eingangsgröße X (S. 60)

Literaturverzeichnis

[Abe61] Th. Abelin. „Rauchen als Ursache von Lungenkrebs". In: *Z. Präventivmedizin* 6 (1961), S. 349–366.

[Bay63] T. Bayes. „An essay towards solving a problem in the doctrine of chances". Englisch. In: *Phil. Trans. Roy. Soc. London* 53 (1763), S. 370–418.

[Ber13] J. Bernoulli. *Ars conjectandi, opus posthumum. Accedit Tractatus de seriebus infinitis, et epistola gallicé scripta de ludo pilae reticularis*. Lateinisch. Basel: Gebrüder Thurneysen, 1713.

[Ber27] S. N. Bernstein. *Theorie der Wahrscheinlichkeit*. Russisch. Moskau, Leningrad, 1927.

[Ber89] B. Bertrand. *Calcul des probabilités*. Französisch. Paris: Gauthier-Villars et fils, 1889.

[Boo54] G. Boole. *An investigation on the laws of thought*. Englisch. London: Walton und Maberly, 1854.

[Bor98] E. Borel. *Leçons sur la théorie des fonctions*. Französisch. Paris: Gauthier-Villars, 1898.

[BP00] J. S. Bendat und A. G. Piersol. *Random Data Analysis and Measurement Procedures*. New York: Wiley & Sons, 2000.

[BS91] I. N. Bronstein und K. A. Semendjajew. *Taschenbuch der Mathematik*. Stuttgart: B. G. Teubner Verlag, 1991.

[BT65] G. E. P. Box und G. C. Tiao. „Multiparameter problems from a Bayesian point of view". Englisch. In: *Ann. Math. Statist.* 36 (1965), S. 1468–1482.

[Car50] R. Carnap. *Logical Foundations of Probability*. Englisch. Chicago: University of Chicago Press, 1950.

[Cha74] W. Chauvenet. *A Manual of Spherical and Practical Astronomy*. Englisch. Bd. 2. London: Trübner & Co., 1874, S. 481–482.

[Cox61] R. T. Cox. *The Algebra of Probable Inference*. Englisch. Baltimore: John Hopkins Press, 1961.

[Cra46] H. Cramér. *Mathematical methods in statistics*. Englisch. Princeton University Press, 1946.

[CS06] M. G. Cox und B. R. L. Siebert. „The use of a Monte Carlo method for evaluating uncertainty and expanded uncertainty". Englisch. In: *Metrologia* 43.4 (2006), S. 178–188.

[DIN1987] Deutsches Institut für Normung (DIN), Hrsg. *Begriffe der Qualitätssicherung und Statistik; Begriffe zur Genauigkeit von Ermittlungsverfahren und Ermittlungsergebnissen*. Berlin, 1987.

[DIN1989] Deutsches Institut für Normung (DIN), Hrsg. *Begriffe der Qualitätssicherung und Statistik; Merkmalsbezogene Begriffe*. Berlin, 1989.

[DIN1995] Deutsches Institut für Normung (DIN), Hrsg. *Grundlagen der Messtechnik — Teil 1: Grundbegriffe*. Berlin, 1995.

[DIN2009] Deutsches Institut für Normung (DIN), Hrsg. *Statistik — Begriffe und Formelzeichen — Teil 1: Wahrscheinlichkeit und allgemeine statistische Begriffe (ISO 3534-1:2006)*. Berlin, 2009.

[DIN2010] Deutsches Institut für Normung (DIN), Hrsg. *Statistik — Begriffe und Formelzeichen — Teil 2: Angewandte Statistik (ISO 3534-2:2006)*. Berlin, 2010.

[Dir27] P. A. M. Dirac. „The Physical Interpretation of Quantum Dynamics". Englisch. In: *Proc. Royal. Soc., Ser. A* 113 (1927), S. 625–641.

[DKD1998] Deutscher Kalibrierdienst (DKD), Hrsg. *Angabe der Messunsicherheit bei Kalibrierungen — Ergänzung 1 — Beispiele*. Braunschweig, 1998.

[DKD2002] Deutscher Kalibrierdienst (DKD), Hrsg. *Angabe der Messunsicherheit bei Kalibrierungen — Ergänzung 2 — Zusätzliche Beispiele*. Braunschweig, 2002.

[Dör01] D. Dörner. *Die Logik des Mißlingens — Strategisches Denken in komplexen Situationen*. 14. Auflage. Reinbek bei Hamburg: Rowohlt Verlag GmbH, Sep. 2001.

[Eis63] C. Eisenhart. „Realistic evaluation of the precision and accuracy of instrument calibration". Englisch. In: *Journal of Research of the National Bureau of Standards* 67C (1963), S. 161–187.

[Els96] J. Elstrodt. *Maß- und Integrationstheorie*. Berlin: Springer Verlag, 1996.

[ER70] P. Erdős und A. Rényi. „On a new law of large numbers". Englisch. In: *Jour. Analyse Mathematique* 23 (1970), S. 103–111.

[Erd+53] A. Erdélyi u. a. *Higher Transcendental functions*. Englisch. Bd. 2. New York: MacGraw-Hill, 1953.

[Fin37] B. de Finetti. „La prévision: ses lois logiques, ses sources subjektives". Italienisch. In: *Annales de l'Institut Henri Poincaré* 7 (1937), S. 168.

[Fis12] R. A. Fisher. „On an absolute criterion for fitting frequency curves". Englisch. In: *Messenger of Mathematics* 41 (1912), S. 155–160.

[Fis22] R. A. Fisher. „On the mathematical foundations of theoretical statistics". Englisch. In: *Philosophical Transactions of the Royal Society* A 222 (1922), S. 309–368.

[Gau09] C. F. Gauss. *Theoria motus corporum coelestium in sectionibus conicis solem ambientium*. Lateinisch. Hamburg: Perthes, 1809.

[Gau21] C. F. Gauss. *Theoria combinationis observationum erroribus minimum obnoxiae*. Lateinisch. Göttingen: Commentationes societatis regiae scientiarum Gottingensis, 1821.

[Gri00] A. Griewank. *Evaluating Derivatives: Principles and Techniques of Algorithmic Differentiation*. Englisch. Philadelphia: SIAM, 2000.

[GUM] Deutsches Institut für Normung (DIN), Hrsg. *Leitfaden zur Angabe der Unsicherheit beim Messen*. Berlin, 1995.

[GUM-1] Deutsches Institut für Normung (DIN), Hrsg. *Auswertung von Messdaten — Supplement 1 zum Leitfaden zur Angabe der Unsicherheit beim Messen — Fortpflanzung von Verteilungen unter Verwendung einer Monte-Carlo-Methode*. Berlin, 2010.

[Hal32] J. B. S. Haldane. „A note on inverse probability". Englisch. In: *Mathem. Proc. Cambridge Phil. Soc.* 28 (1932), S. 55–61.

[Hal68] P. R. Halmos. *Naive Mengenlehre*. Göttingen: Vandenhoek & Ruprecht, 1968.

[Hea99] O. Heaviside. *Electromagnetic Theory*. Englisch. Bd. II. London: "The Electrician" Printing und Publishing Company Ltd., 1899.

[Hel72] F. R. Helmert. *Die Ausgleichsrechnung nach der Methode der kleinsten Quadrate*. Leipzig: Teubner-Verlag, 1872.

[HK09] F. Härtig und M. Krystek. *Correct treatment of systematic errors in the evaluation of measurement uncertainty*. Englisch. 2009.

[Huy57] C. Huygens. „De ratiociniis in aleæ ludo". Lateinisch. In: *Exercitationum mathematicarum libri quinque: Quibus accedit Christiani Hugenii tractatus De ratiociniis in aleæ ludo*. Hrsg. von F. à Schooten. Lugd. Batav.: Ex officina Johannis Elsevirii, 1657, S. 517–534.

[Jac41] C. G. J. Jacobi. „De determinantibus functionalibus". Lateinisch. In: *Crelle's Journ.* 22 (1841), S. 319–359.

[Jay57] E. T. Jaynes. „Information Theory and Statistical Mechanics". Englisch. In: *Physical Review* 106 (1957), S. 620–630.

[Jay68] E. T. Jaynes. „Prior Probabilities". Englisch. In: *IEEE Transactions On Systems Science and Cybernetics* sec-4, no. 3 (1968), S. 227–241.

[Jay76] E. T. Jaynes. „Confidence intervals vs Bayesian intervals". Englisch. In: *Foundations of Probability Theory, Statistical Inference, and Statistical Theories of Science*. Hrsg. von W. L. Harper und C. A. Hooker. Bd. II. Dordrecht-Holland: D. Reidel Pub. Co., 1976, S. 175–257.

[JCGM 102] Joint Committee for Guides in Metrology (JCGM), Hrsg. *Evaluation of measurement data — Supplement 2 to the Guide to the expression of uncertainty in measurement — Extension to any number of output quantities*. Englisch. Paris, 2011.

[Jef39] H. Jeffreys. *Theory of Probability*. Englisch. Oxford: Oxford University Press, 1939.

[Jef46] H. Jeffreys. „An Invariant Form for the Prior Probability in Estimation Problems". Englisch. In: *Proceedings of the Royal Society of London* A 186 (1946), S. 453–460.

[KA07] M. Krystek und M. Anton. „A weighted total least-squares algorithm for fitting a straight line". Englisch. In: *Measurement Science and Technology* 18 (2007), S. 3438–3442.

[KA11] M. Krystek und M. Anton. „A least-squares algorithm for fitting data points with mutually correlated coordinates to a straight line". Englisch. In: *Measurement Science and Technology* 22 (2011), 035101 (9pp).

[KA51] S. Kullback und Leibler R. A. „On Information and Sufficiency". Englisch. In: *Ann. Math. Statist.* 22.1 (1951), S. 79–86.

[Kac06] R. N. Kacker. „Bayesian alternative to the ISO-GUM's use of the Welch–Satterthwaite formula". Englisch. In: *Metrologia* 43 (2006), S. 1–11.

[Kno64] K. Knopp. *Theorie und Anwendung der unendlichen Reihen*. 5. Aufl. Berlin: Springer Verlag, 1964.

[Kol33] A. N. Kolmogoroff. *Grundbegriffe der Wahrscheinlichkeitsrechnung*. Ergebnisse der Mathematik. Berlin: Springer Verlag, 1933.

[Koo36] B. O. Koopman. „On Distributions Admitting a Sufficient Statistic". Englisch. In: *Transactions of the American Mathematical Society* 39.3 (1936), S. 399–409.

[Kry14] M. Krystek. „Zuverlässigkeitsbereiche als Maße der Messgenauigkeit". In: *Technisches Messen* 81 (2014), S. 605–617.

[Kry15] M. P. Krystek. „The term 'dimension' in the international system of units". Englisch. In: *Metrologia* 52 (2015), S. 297.

[Lap12] P. S. de Laplace. *Théorie Analytique des Probabilités*. Französisch. Paris: Gauthier-Villars, 1812.

[Lap74] P. S. de Laplace. „Mémoire sur la probabilité des causes par les évènemens". Französisch. In: *Mém. Academ. Roy. Scie.* VI (1774), S. 621–656.

[Lap86] P. S. de Laplace. „Mémoire sur les approximations des formules qui sont fonctions de très grand nombres (suite)". Französisch. In: *Mém. Academ. Roy. Scie.;Oeuvres complètes* X (1783;1786), S. 295–338.

[Leb04] H. Lebesgue. *Leçons sur l'intégration et la recherche des fonctions primitives*. Französisch. Paris: Gauthier-Villars, 1904.

[Leb10] H. Lebesgue. „Sur l'intégration des fonctions discontinues". Französisch. In: *Annales scientifiques de l'École Normale Supérieure, Sér. 3* 27 (1910), S. 361–450.

[Leg05] A. M. Legendre. *Nouvelles méthodes pour la détermination des orbites des comètes*. Französisch. Paris: Courcier, 1805.

[Lei66] G. W. Leibniz. *Dissertatio de arte combinatoria*. Lateinisch. Leipzig: Fick & Seubold, 1666.

[LW98] I. Lira und W. Wöger. „Evaluation of the uncertainty associated with a measurement result not corrected for systematic effects“. Englisch. In: *Meas. Sci. Technol.* 9.6 (1998), S. 1010–1011.

[Mar12] A. A. Markoff. *Wahrscheinlichkeitsrechnung*. Leipzig: B. G. Teubner Verlag, 1912.

[Mis19] R. von Mises. „Grundlagen der Wahrscheinlichkeitsrechnung“. In: *Math. Zeitschrift* 5 (1919), S. 52–99.

[Mis28] R. von Mises. *Wahrscheinlichkeit, Statistik und Wahrheit*. Wien: Springer Verlag, 1928.

[MTN08] P. J. Mohr, B. N. Taylor und D. B. Newell. „CODATA recommended values of the fundamental physical constants: 2006“. Englisch. In: *Rev. Mod. Phys.* 80 (2008), S. 633–730.

[New+18] D. B. Newell u. a. „The CODATA 2017 values of h, e, k, and N_A for the revision of the SI“. Englisch. In: *Metrologia* 55 (2018), S. L13–L16.

[Ney37] J. Neyman. „Outline of a Theory of Statistical Estimation Based on the Classical Theory of Probability“. Englisch. In: *Phil. Trans. R. Soc. Lond.* A 236 (1937), S. 333–380.

[Pas19] B. Pascal. *Oeuvre de Blaise Pascal, Nouvelle Édition, Tome Quatrième*. Französisch. Paris: Libraire chez Lefèvre, 1819.

[Pas65] B. Pascal. *Traite du triangle arithmetique, avec quelques autres petits traitez sur la mesme matière*. Französisch. Paris: Libraire chez Guillaume Despres, 1665.

[Pea89] G. Peano. *Arithmetices principia nova methodo exposita*. Italienisch. Roma: Bocca, 1889.

[Pea94] K. Pearson. „Contributions to the mathematical theory of evolution“. Englisch. In: *Philosophical Transactions of the Royal Society* 185 (1894), S. 71–110.

[Pit36] E. J. G. Pitman. „Sufficient statistics and intrinsic accuracy“. Englisch. In: *Mathematical Proceedings of the Cambridge Philosophical Society* 32.4 (1936), S. 567–579.

[PS93] E.-A. Pforr und W. Schirotzek. *Differential- und Integralrechnung für Funktionen mit einer Variablen*. Stuttgart: B. G. Teubner Verlag, 1993.

[Ram26] F. P. Ramsey. „Truth and Probability". Englisch. In: *The Foundations of Mathematics and other Logical Essays*. Hrsg. von R. B. Braithwaite. London: Kegan, Paul, Trench, Trubner & Co., 1926. Kap. 7, S. 156–198.

[Rao45] C. R. Rao. „Information and accuracy obtainable in an estimation of a statistical parameter". Englisch. In: *Bull. Calcutta Math. Soc.* 37 (1945), S. 81.

[Rei32] H. Reichenbach. „Axiomatik der Wahrscheinlichkeitsrechnung". In: *Math. Zeitschrift* 34 (1932), S. 568–619.

[RS61] H. Raiffa und R. Schlaifer. *Applied Statistical Decision Theory*. Englisch. Techn. Ber. Harvard: Division of Research, Graduate School of Business Administration, Harvard University, 1961.

[Sad63] D. Sadeh. „Experimental Evidence for the Constancy of the Velocity of Gamma Rays, Using Annihilation in Flight". Englisch. In: *Phys. Rev. Lett.* 10 (1963), S. 271–273.

[Sat46] F. E. Satterthwaite. „An Approximate Distribution of Estimates of Variance Components". Englisch. In: *Biometrics Bulletin* 2 (1946), S. 110–114.

[Sav54] L. J. Savage. *The foundations of statistics*. Englisch. New York: John Wiley & Sons, 1954.

[Sch45] L. Schwartz. „Généralisation de la notion de fonction, de dérivation, de transformation de Fourier et applications mathématiques et physiques". Französisch. In: *Annales de l'université de Grenoble* 21 (1945), S. 57–74.

[Sha48] C. E. Shannon. „A Mathematical Theory of Communication". In: *The Bell System Technical Journal* 27 (1948), S. 623–656.

[Stö99] H. Stöcker, Hrsg. *Taschenbuch mathematischer Formeln und moderner Verfahren*. Frankfurt am Main: Verlag Harri Deutsch, 1999.

[Stu08] Student. „The Probable Error of a Mean". Englisch. In: *Biometrika* 6(1) (1908). Author: Gosset, W. S., S. 1–25.

[Ven81] J. Venn. *Symbolic Logic*. Englisch. London: Macmillan & Co., 1881.

[VIM] Deutsches Institut für Normung (DIN), Hrsg. *Internationales Wörterbuch der Metrologie — Grundlegende und allgemeine Begriffe und zugeordnete Benennungen (VIM), Deutsch-Englische Fassung, ISO/IEC-Leitfaden 99:2007, Korrigierte Fassung 2011*. Berlin, 2011.

[Vit05] G. Vitali. *Sul problema della misura dei gruppi di punti di una retta*. Italienisch. Bologna: Gamberini und Parmeggiani, 1905.

[Wel36] B. L. Welch. „Specification of rules for rejecting too variable a product, with particular reference to an electric lamp problem". Englisch. In: *J. Roy. Statist. Soc. Suppl.* 3 (1936), S. 29–48.

[Wel38] B. L. Welch. „The significance of the difference between two means when the population variances are unequal". Englisch. In: *Biometrica* 29 (1938), S. 350–362.

[Wel47] B. L. Welch. „The Generalization of 'Student's' Problem when Several Different Population Variances are Involved". Englisch. In: *Biometrika* 34 (1947), S. 28–35.

[Wög99] W. Wöger. „Remarks on the En-Criterion Used in Measurement Comparisons". Englisch. In: *PTB-Mitteilungen* 1 (1999), S. 24–27.

[WW92] K. Weise und W. Wöger. *Eine Bayessche Theorie der Messunsicherheit*. PTB-Bericht N-11. Braunschweig: Physikalisch-Technische Bundesanstalt, 1992.

[WW93] K. Weise und W. Wöger. „A Bayesian Theory of Measurement Uncertainty". In: *Measurement Science and Technology* 4 (1993), S. 1–11.

[WW99] K. Weise und W. Wöger. *Meßunsicherheit und Meßdatenauswertung*. Weinheim: Wiley-VCH Verlag GmbH, 1999.

Sachverzeichnis

Alle **fett** gedruckten Seitenzahlen verweisen auf Seiten mit der Definition des jeweiligen Begriffs, während normal gedruckte Seitenzahlen auf Seiten einer Verwendung des jeweiligen Begriffs verweisen.